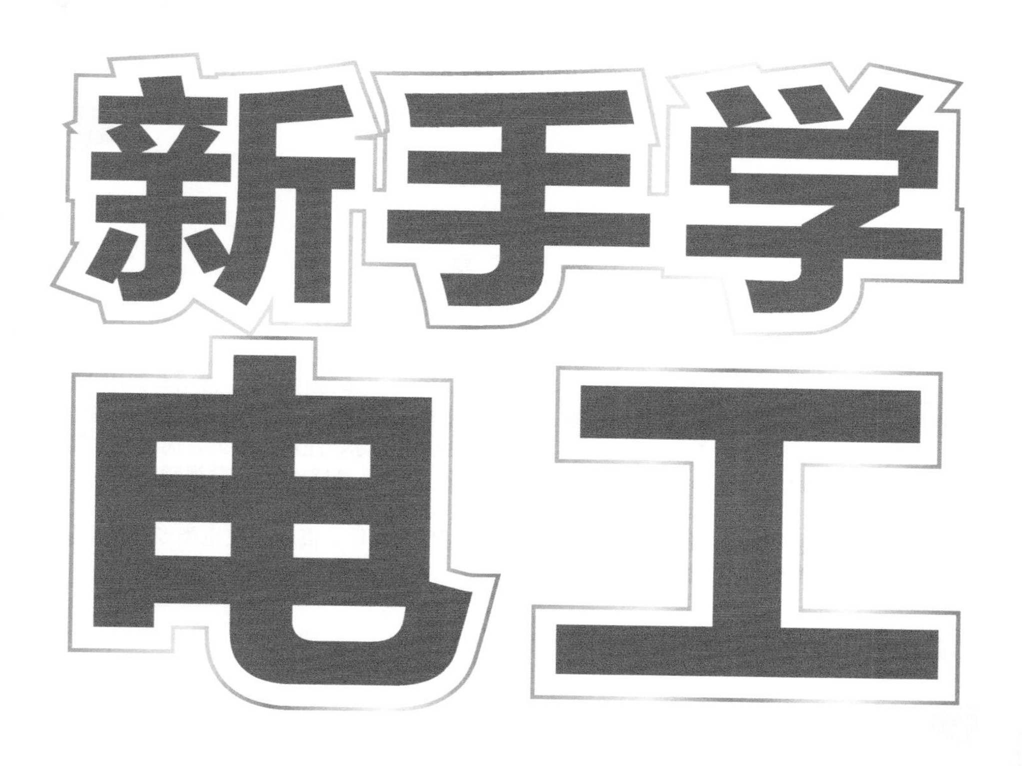

杨清德　高　杰◎主编

人民邮电出版社
北京

图书在版编目（CIP）数据

新手学电工 / 杨清德，高杰主编. -- 北京 : 人民邮电出版社，2020.5
ISBN 978-7-115-52291-7

Ⅰ. ①新… Ⅱ. ①杨… ②高… Ⅲ. ①电工技术－基本知识 Ⅳ. ①TM

中国版本图书馆CIP数据核字(2019)第224754号

内 容 提 要

本书集作者多年的工作经验，从实用的电工技术出发，重点介绍了电工初学者入门必须具备的基础知识和基本技能，包括电路基础知识及应用、电磁现象及应用、电工基本操作技能、常用高低压电器及应用、常用电工材料及应用、室内照明电路安装与检修、电动机及其控制电路、PLC 和变频器应用基础等内容。本书采用了新（新技术、新方法、新工艺、新应用）、实（贴近实际、注重应用）、简（文字简洁、风格明快）、活（模块式结构配以图表，便于自学）的编写风格，并嵌入 118 个教学微视频，可带给读者耳目一新的感受。

本书可作为电工培训班教材、电工岗前培训教材，也可作为中职、高职院校电类专业学生辅导教材，还可作为广大电工技术初学者的自学读物。

◆ 主　　编　杨清德　高　杰
责任编辑　黄汉兵
责任印制　彭志环

◆ 人民邮电出版社出版发行　　北京市丰台区成寿寺路 11 号
邮编　100164　　电子邮件　315@ptpress.com.cn
网址　http://www.ptpress.com.cn
固安县铭成印刷有限公司印刷

◆ 开本：787×1092　1/16
印张：18.5　　2020 年 5 月第 1 版
字数：460 千字　　2025 年 4 月河北第 7 次印刷

定价：99.00 元

读者服务热线：(010)53913866　印装质量热线：(010)81055316
反盗版热线：(010)81055315

前言

众所周知，电能从生产到消费有发电、输电、变电、配电、用电 5 个环节，这些环节都需要设计、建设和运行维护等技术人员。学一技之长，做一名合格电工，是许多年轻人的迫切愿望。国家规定，电工属于特种作业人员。《中华人民共和国安全生产法》规定：生产经营单位的特种作业人员必须按照国家有关规定经专门的安全作业培训，取得相应资格，方可上岗作业。

电工是一门技术，是需要理论知识和实践经验高度结合的一门专业技术。电工技术可以细分不同的分支，负责的电工作业范畴也不同。例如：普通的维修电工主要负责各种简单的电路故障排查、电线敷设、线路接线等；工厂的电工维修或者维保的师傅负责工厂设备的维护保养和线路控制等；装配电工和接线电工主要负责设备的安装、接线、配电盘的组装和接线等；户外电工主要负责户外电力设备的安装调试、电力线路的敷设、接线等；变配电运行电工主要负责变配电室的值班和操作，能够及时对供电负荷进行调整等；家装电工主要负责家庭电路的安装、接线、维修等。电工的分支工种有很多，初学者不可能面面俱到学习全部的技术。初学者往往会遇到先学什么、再学什么、怎么学、怎样才能轻轻松松快速入门、怎样才能学以致用等一系列问题。鉴于此，我们组织有关专家学者和技术人员进行了深入系统的研究，并根据广大初学者的实际需要，结合《维修电工国家职业技能标准》（初级、中级）的要求，以及国家《低压电工作业人员安全技术培训大纲和考核标准（2011 年版）》的要求，编写了这本《新手学电工》。

本书重点介绍了电工技术入门必须具备的基础知识和基本技能，包括电路基础知识及应用、电磁现象及应用、电工基本操作技能、常用高低压电器及应用、常用电工材料及应用、室内照明电路安装与检修、电动机及其控制电路、PLC 和变频器应用基础等内容。本书配有 118 个教学微视频。

本书可作为电工短期培训班的教材、电工岗前培训教材，也可作为中职、高职院校电类专业学生辅导教材，还可作为广大电工技术初学者的自学读物。

本书由杨清德、高杰任主编，邱庆、兰远见、谭光明任副主编。其中，第 1 章和第 2 章由高杰编写，第 3 章和第 6 章由邱庆编写，第 4 章由兰远见编写，第 5 章由谭光明编写，第 7 章和第 8 章由杨清德、陈小兰编写。书中微视频除已署名外由谭光明老师负责设计及制作，全书由杨清德教授负责统稿和审稿。

由于编者水平有限，加之时间仓促，书中难免存在不足之处，敬请广大读者批评指正。对本书有任何意见和建议，请发电子邮件至 370169719@qq.com。

编 者

2020.1

目录

第1章 电路基础知识及应用

1.1 认识电路

1.1.1 电路介绍

我们的生活离不开电路，每一个用电设备都是由电路构成的。电路是由电气设备和元器件按一定方式连接起来，为电荷流通提供了路径（导电回路）的总体。即电路是用导线将电源、用电器、开关等连接起来组成的电的路径。

视频 1.1：电路的组成

1 电路的类型

电路按照传输电压、电流的频率可以分为直流电路和交流电路。按照作用不同，可将电路分为两大类：一是用于传输、分配、使用电能的电力电路，如电力供、配电线路；二是传递处理信号的电子电路，如电视机、计算机中的电路。电路的分类如图 1-1 所示。

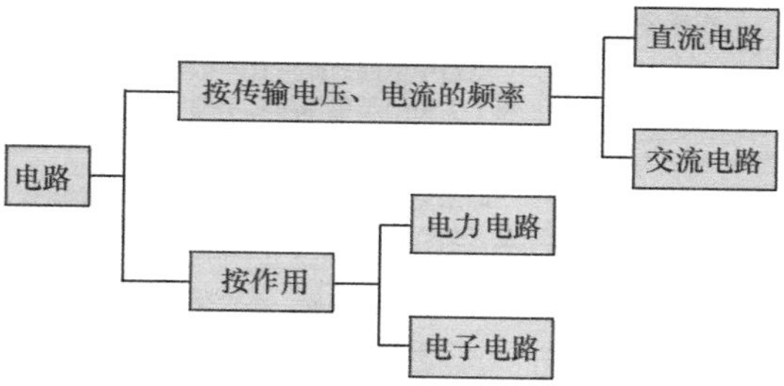

- 电路
  - 按传输电压、电流的频率
    - 直流电路
    - 交流电路
  - 按作用
    - 电力电路
    - 电子电路

图 1-1　电路的分类

2 电路的组成

（1）最简单电路的组成

最简单的电路一般是由电源、负载（用电器）、中间环节、控制及保护装置 4 个基本部分按一定方式连接起来构成的闭合回路。图 1-2 所示为最简单的照明电路。其中，电源——干电池，负载（用电器）——灯泡，中间环节——连接导线，控制及保护装置——开关。

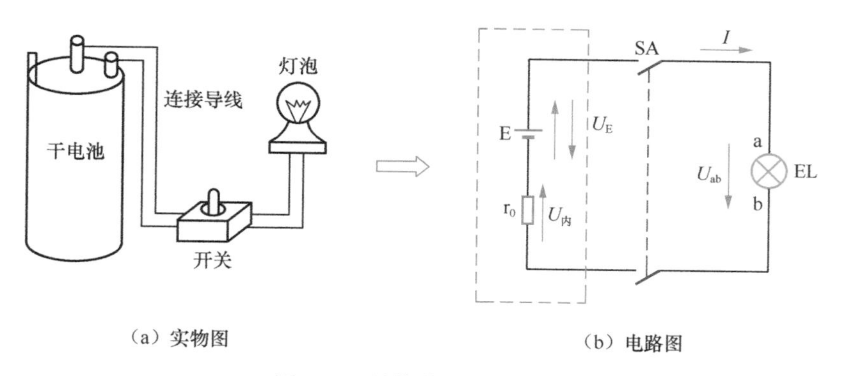

（a）实物图　　（b）电路图

图 1-2　最简单的照明电路

（2）家庭电路的组成

图 1-3 所示为常见的家庭照明电路，它也由 4 部分组成。其中，电源——220V 交流电源，负载——灯泡及各种家用电器，中间环节——进户线、室内线路、电能表、插座等，控制及保护装置——总开关、若干控制开关、保险盒。

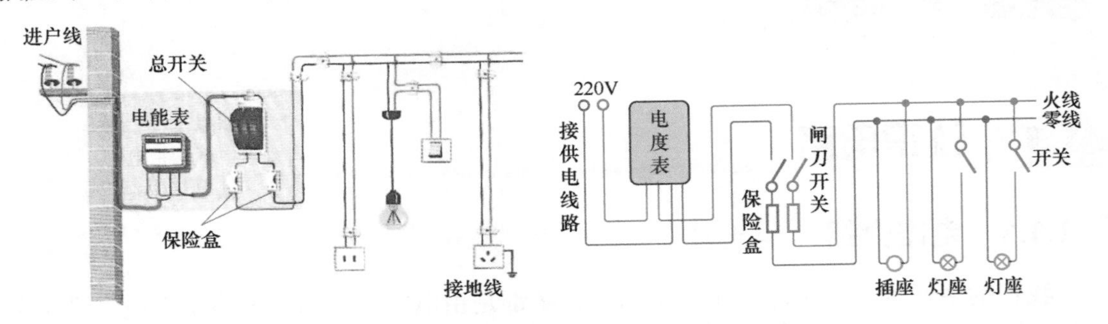

图 1-3　常见的家庭照明电路

（3）电路各个组成部分的作用

电路的各个组成部分既相互独立又彼此依赖，任何一个环节出现故障，整个电路就无法正常工作。电路各个组成部分的作用见表 1-1。

表 1-1　电路各个组成部分的作用

组成部分	作用	举例
电源	电路中电能的提供者，将其他形式的能量转化为电能的装置（如图 1-1 中的干电池将化学能转化为电能）。含有交流电源的电路叫作交流电路，含有直流电源的电路叫作直流电路	蓄电池、发电机等
负载	即用电装置，其作用是将电源供给的电能转换成所需形式的能量（如灯泡将电能转化为光能和热能）	如照明灯、洗衣机、电视机、机床等
控制及保护装置	根据负载的需要，在电路中控制整个电路的通断	开关、熔断器等控制电路工作状态（通/断）的器件或设备
中间环节	使电源与负载形成通路，输送和分配电能	各种连接电线

【记忆口诀】

电流路径叫电路，四个部分来组成。
电源设备和负载，还有开关和连线。
电路工作怕短路，断路漏电要维修。
开关一合电路通，用电设备就做功。

1.1.2　电路的工作状态

电路的工作状态一般有 3 种：有载状态、开路状态和短路状态，如图 1-4 所示。

视频 1.2：电路的三种状态

1　有载状态

在有载工作状态下，电源与负载接通，电路中有电流通过，负载能获得一定的电压和电功率。有载状态又称为通路状态。

电气设备工作在额定值时的状态，称为额定工作状态。电气设备的额定工作状态是既安全又经济的最佳工作状态。

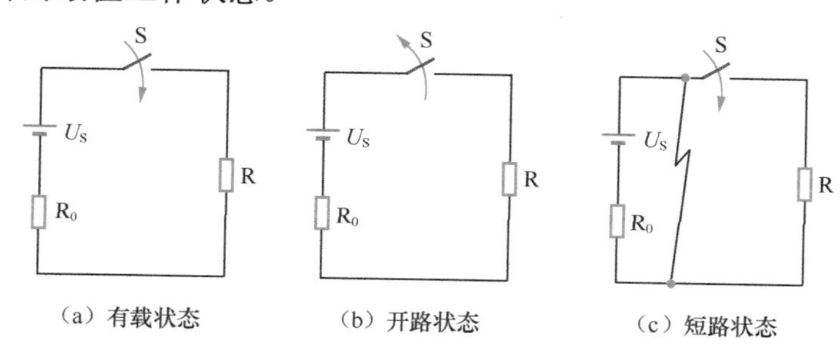

（a）有载状态　（b）开路状态　（c）短路状态

图 1-4　电路的工作状态

电路的有载状态有 3 种情形：满载（额定工作状态）、欠载（小于额定值）和过载（超过额定值）。

2 开路状态

电路中的某一连接部分断开的状态，称为电路开路，又称为断路。电路发生断路后，电气设备便不能工作，运行中的设备陷于停顿状态或异常状态。电路开路的特点如下：

① 电路中开路点之间无电流。

② 开路点之间电阻为无穷大。

③ 开路点之间的电压称为开路电压，一般情况下开路点之间有电压，其大小由外电路决定。

电路发生开路的原因很多，如开关断开、熔体熔断、电气设备与连接导线断开等均可导致电路发生开路。开路分为正常开路和故障开路。如不需要电路工作时，把电源开关打开为正常开路；而灯丝烧断、导线断裂产生的开路为故障开路，使电路不能正常工作。

3 短路状态

电路中本不该接通的地方短接在一起的现象称为短路。电路短路的特点如下：

① 短路点之间的电阻为零。

② 短路点之间无电压。

③ 短路点之间的电流称为短路电流。一般情况下，短路电流很大，如电路中没有保护措施，电源或用电器会被烧毁或发生火灾，所以通常要在电路或电气设备中安装熔断器、保险丝等保险装置，以避免发生短路时出现不良后果。

4 如何区分短路和断路

（1）故障现象不同

短路和断路故障发生时，都以电器的不通电为第一特征，具体的表现有所不同。

短路发生时的表现：电路短路多由雷击和电量负荷过高而引起的。短路时一般会发生电流击断导线的声音，比较严重的短路会损坏电源并且产生火灾。所以我们在实际应用中一定要避免这种现象的发生。

断路发生时的表现：断路是电路中某个部位的电线发生断线或接触不良导致的电器不通电故障。具体的表现为用电器不通电，不能正常工作。发生断路时不会像短路时有比较强烈的表现。

（2）电流值不同

短路和断路故障发生时，电流表测定值有区别。

短路故障是由电流过大引起的，所以用电流表测量短路的线路时，就会显示出较大的电流。如果电流过大就一定是发生短路故障了。

断路电路中是没有电流通过的，所以用电流表测量时，是没有读数的。在实际应用中，可以依据二者的电流表测定值的不同进行区分和诊断。

（3）电阻值不同

如果将电阻表连在电路中，发现电路中电阻非常小，趋近于零，那么就一定是发生短路现象了。如果我们将电阻表连在电路中没有读数，就是发生了断路故障。

诊断出故障的原因之后，如果是短路，首先要断开电源，然后再进行检修。如果是短路，可以用电流表对线路进行分段测试，检测出断路的故障点再进行维修。

1.1.3　电路的连接方式

电路有串联、并联两种基本连接方式。

1　串联

将电路元件（如电阻、电容、电感等）逐个顺次首尾相连接，称为串联。将各电路元件（用电器）串联起来组成的电路叫作串联电路，如图 1-5 所示。

视频 1.3：电阻串联电路

串联电路的主要特点如下：

① 所有串联元件中的电流是同一个电流，即电流相等。

② 元件串联后的总电压是所有元件的端电压之和。

2　并联

将电路中的各个用电器并列接到电路的两点之间称为并联。将各个电路元件（用电器）并联起来组成的电路叫作并联电路，如图 1-6 所示。

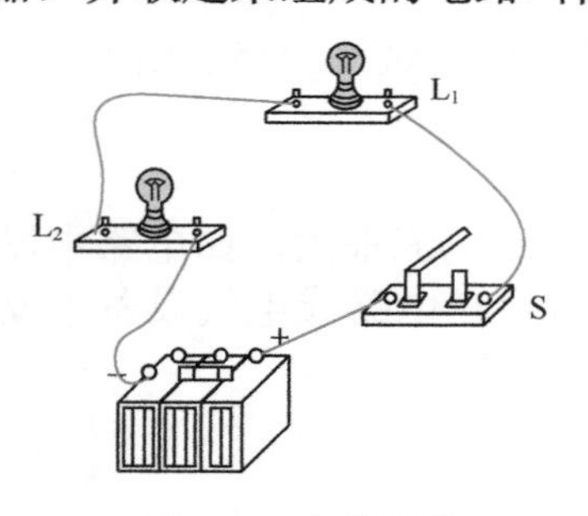

图 1-5　串联电路

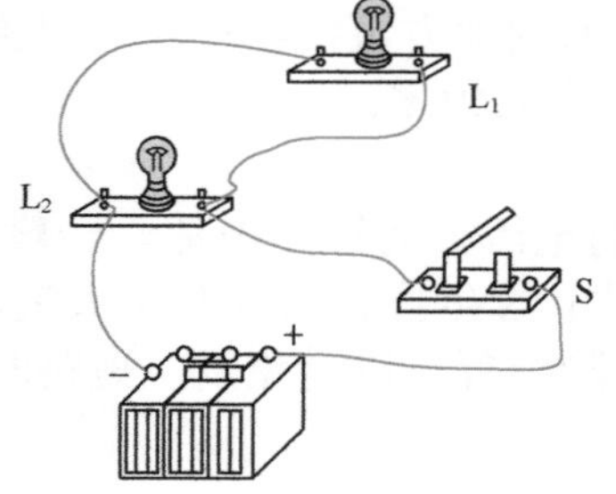

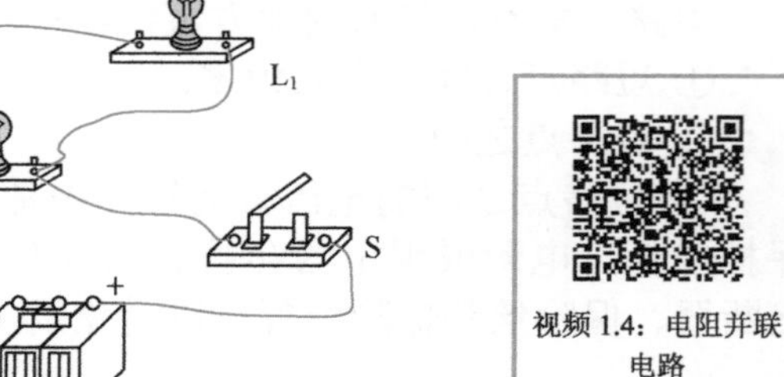
图 1-6　并联电路

视频 1.4：电阻并联电路

并联电路的主要特点如下：

① 并联组合中的元件具有相同的电压，即电压相等。

② 流入组合端点的电流等于流过几个元件的电流之和。

视频 1.5：电阻混联电路

特别提醒

在一些比较复杂的电路中，元件之间的连接，不仅有串联或并联的连接，还有既有并联又有串联的连接，我们把它称为混联电路，关于混联电路的分析请读者观看视频 1.5。

1.1.4　电路图

电路图是人们为研究或工程规划的需要，用物理电学标准化的符号绘制的一种表示各元器件组成及器件关系的原理布局图。

1　电路图的组成

电路图主要由元件符号、连线、结点、注释四大部分组成。

（1）元件符号

元件符号表示实际电路中的元件，它的形状与实际的元件不一定相似，甚至完全不一样。但是它一般都表示出了元件的特点，而且引脚的数目都和实际元件保持一致。元件图形符号的种类繁多，GB/T 4728—2018《电气简图用图形符号　第 5 部分：半导体管和电子管》分为 13 个部分，即：一般要求；符号要素、限定符号和其他常用符号；导体和连接件；基本无源元件；半导体管和电子管；电能的发生与转换；开关、控制和保护器件；测量仪表、灯和信号器件；电信：交换和外围设备；电信：传输；建筑安装平面布置图；二进制逻辑元件；模拟元件。关于电气简图用图形符号的详尽知识，请读者自己阅读相关的国际标准。

常用低压电器的电气符号见表 1-2。

表 1-2　常用低压电器的电气符号

电器名称	实物图	图形符号	字母符号
刀开关		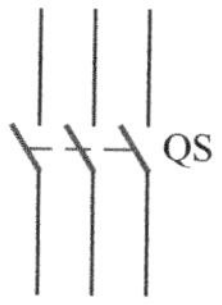 QS	QS
铁壳开关		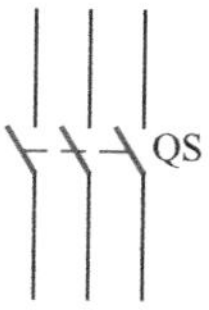 QS	QS
组合开关		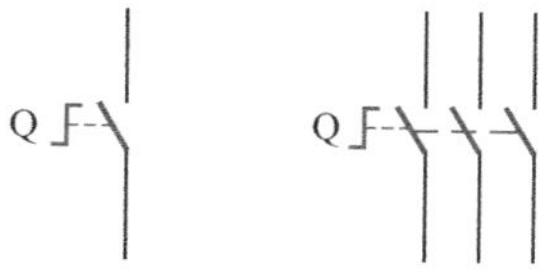 Q　a. 单极 Q　b. 三极	SA
断路器		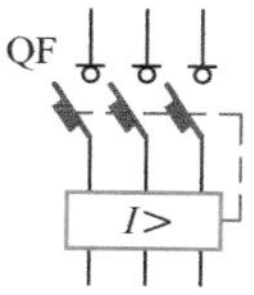 QF　I>	QF

续表

电器名称	实物图	图形符号	字母符号
按钮开关		 SB SB SB 动合按钮 动断按钮 复合按钮	SB
熔断器	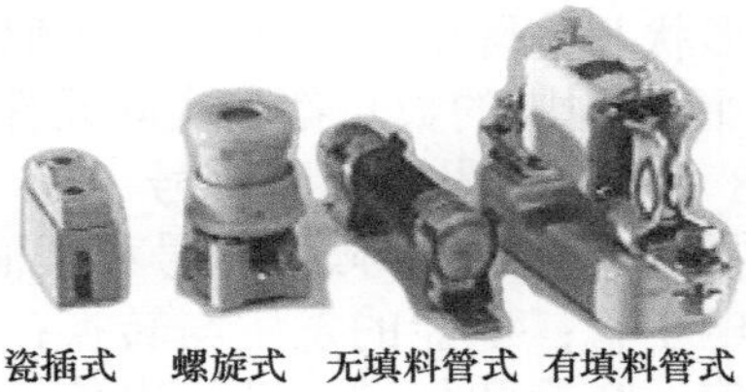 瓷插式 螺旋式 无填料管式 有填料管式	 FU 符号	FU
接触器		 KM KM KM 线圈 动合触点 动断触点	KM
中间继电器		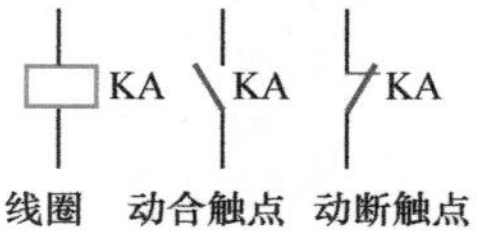 KA KA KA 线圈 动合触点 动断触点	KA
电流继电器		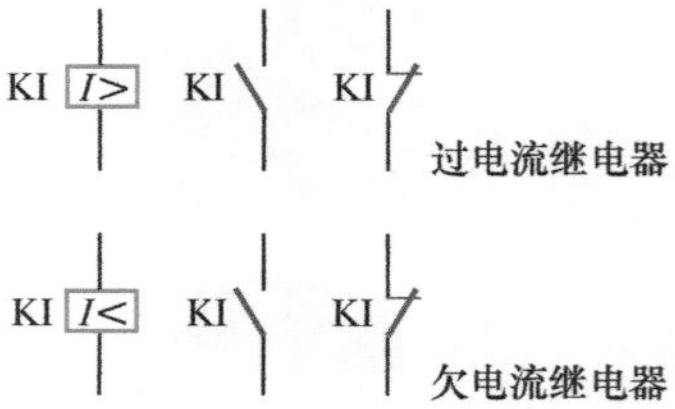 KI I> KI KI 过电流继电器 KI I< KI KI 欠电流继电器	KI
电压继电器		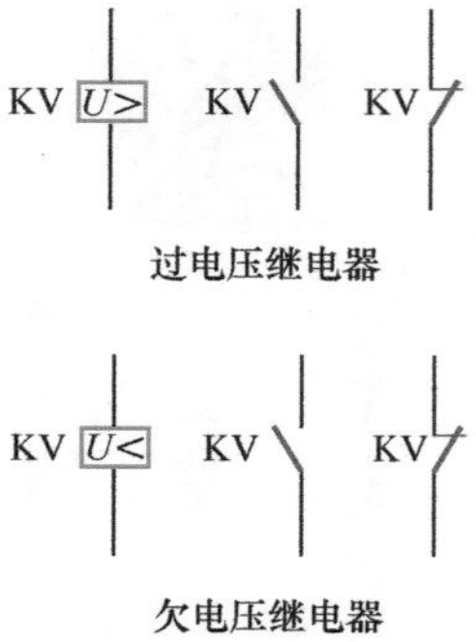 KV U> KV KV 过电压继电器 KV U< KV KV 欠电压继电器	KV

续表

电器名称	实物图	图形符号	字母符号
时间继电器		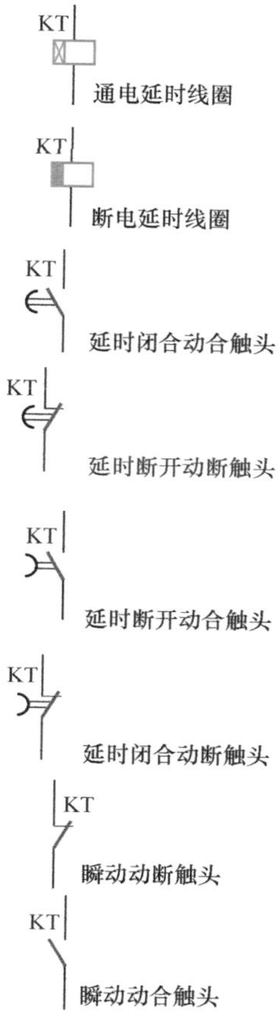 KT 通电延时线圈 KT 断电延时线圈 KT 延时闭合动合触头 KT 延时断开动断触头 KT 延时断开动合触头 KT 延时闭合动断触头 KT 瞬动动断触头 KT 瞬动动合触头	KT
热继电器		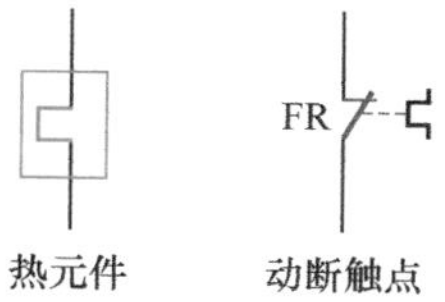 热元件　FR 动断触点	FR
速度继电器		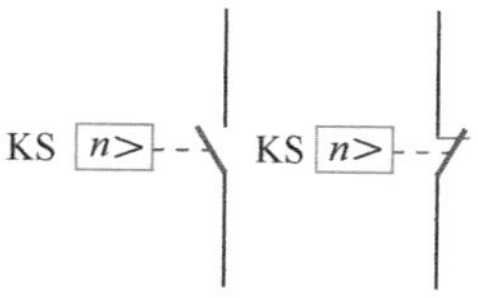 KS n>　KS n>	KS

（2）连线

在电气图中，用于各种图形符号相互连接的线统称连接线。连接线是连接各种设备、元件的线段或线段与线段，或线段与文字的组合。

在电路图中，连接线用于表示一根导线、导线组、电线、电缆、传输电路、母线、总线等。根据具体情况，导线可予以适当加粗、延长或者缩短，如图 1-7 所示。

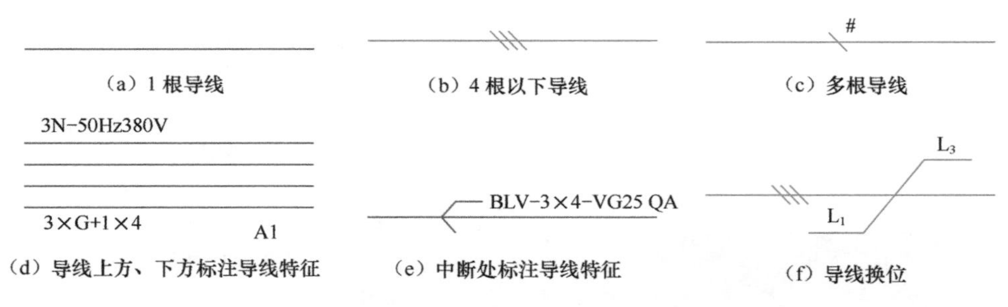

图 1-7　导线的一般表示方法

导线根数的表示方法是：1 根导线用一条直线段表示，如图 1-7（a）所示；4 根导线以下用短斜线数目代表根数，如图 1-7（b）所示；数量较多时，可用一小斜线并标注数字来表示，如图 1-7（c）所示。

导线的特征表示法（如导线的材料、截面、电压、频率等），可在导线上方、下方或中断处采用符号标注，如图 1-7（d）和图 1-7（e）所示；导线换位如图 1-7（f）所示。

连线表示的是实际电路中的导线，在原理图中虽然是一根线，但在常用的印刷电路板中往往不是线而是各种形状的铜箔块。

（3）结点

表示几个元件引脚或几条导线之间相互的连接关系。所有和结点相连的元件引脚、导线，不论数目多少，都是导通的。

（4）注释

在电路图中，注释是十分重要的，电路图中所有的文字都可以归入注释一类。在电路图的许多地方都有注释，它们被用来说明元件的型号、名称等。

2　电路图的类型

电气系统图通常是指用图形符号、带注释的围框或简化外形表示系统或设备中各组成部分之间相互关系及其连接关系的一种简图。从广义来说，表明两个或两个以上变量之间关系的曲线，用以说明系统、成套装置或设备中各组成部分的相互关系或连接关系，或者用以提供工作参数的表格、文字等，也属于电气系统图之列。常用的电气系统图分类见表 1-3。

表 1-3　常用的电气系统图分类

序号	名称	定义
（1）	概略图或框图	用符号或带注释的框，概略表示系统或分系统的基本组成、相互关系及其主要特征的一种简图
（2）	功能图	表示理论的或理想的电路而不涉及实现方法的一种简图。其用途是提供绘制电路图和其他有关简图的依据
（3）	逻辑图	主要用二进制逻辑单元图形符号绘制的一种简图。只表示功能而不涉及实现方法的逻辑图，称为纯逻辑图
（4）	功能表图	表示控制系统（如一个供电过程或一个生产过程的控制系统）的作用和状态的一种表图

续表

序号	名称	定义
(5)	电路原理图	用图形符号并按工作顺序排列，详细表示电路、设备或成套装置的全部基本组成和连接关系，而不考虑其实际位置的一种简图。目的是便于详细了解电路的作用原理，分析和计算电路特性
(6)	等效电路图	表示理论的或理想的元件及其连接关系的一种功能图。供分析和计算电路特性和状态用
(7)	端子功能图	表示功能单元全部外接端子，并用功能图、表图或文字表示其内部功能的一种简图
(8)	程序图	详细表示程序单元和程序片及它们互连关系的一种简图。程序图要素和模块的布置应能清楚地表示出它们之间的相互关系，目的是便于对程序运行进行理解
(9)	设备元件表	把成套装置、设备或装置中各组成部分和相应数据列成的表格。其用途是表示各组成部分的名称、型号、规格和数量等
(10)	接线图或接线表	表示成套装置、设备或装置中各组成部分的连接关系，用以进行接线和检查的一种简图或表格
(11)	单元接线图或单元接线表	表示成套装置或设备中一个结构单元内连接关系的一种接线图或接线表
(12)	互连接线图或互连接线表	表示成套装置或设备的不同单元之间连接关系的一种接线图或接线
(13)	端子接线图或端子接线表	表示成套装置或设备的端子以及接在端子上的外部接线（必要时包括内部接线）的一种接线图或接线表
(14)	数据单	对特定项目给出详细信息的资料
(15)	位置简图或位置图	表示成套装置、设备或装置中各个项目位置的一种简图或一种图

1.2 电路物理量及应用

1.2.1 电流

1 电流的定义

如图 1-8 所示，当有电池接入电路时，自由电子向电池正极（+）移动，电池的负极（-）供给电子，这样就产生了连续的电子流。我们把电荷定向有规则的移动称为电流。

视频 1.6：电流

在导体中，电流是由各种不同的带电粒子在电场作用下做有规则的运动形成的。

电流这个名词不仅仅表示一种物理现象，也代表一个物理量。

【记忆口诀】

电流神速来传输，好似钢管进钢珠，
电子流动负向正，电流规定正向负。
钻研电工有兴趣，多思多想道理出，
博采电学智慧树，有了知识穷变富。

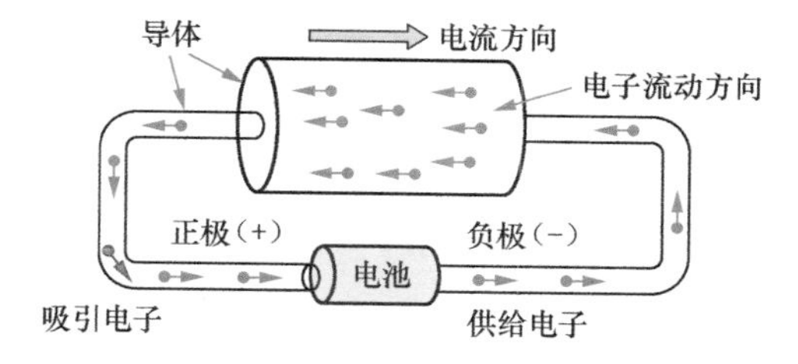

图 1-8 电路中导体内的电子运动及电流方向

2 电流的大小

电流的大小取决于在一定时间内通过导体横截面电荷量的多少，一般用式（1-1）进行计算：

$$I=\frac{q}{t} \tag{1-1}$$

式中，电荷 q 的单位为 C（库），时间 t 的单位为 s（秒），电流的单位为 A（安）。

电流的常用单位还有千安（kA）、毫安（mA）、微安（μA），其换算关系为

$$1A=10^3mA=10^6\mu A$$

在实际应用时，电流的大小可以用安培表进行测量。注意测量前要选择好电流表的量程。

3 电流的方向

电流的实际方向有两种可能，如图 1-9 所示。我们规定电流的方向为正电荷定向运动的方向。在金属导体中，电流的方向与自由电子定向运动的方向相反。

电流参考方向的表示法有箭标法和双下标法。例如，某电流的参考方向为 A 指向 B，其表示法如图 1-10 所示。

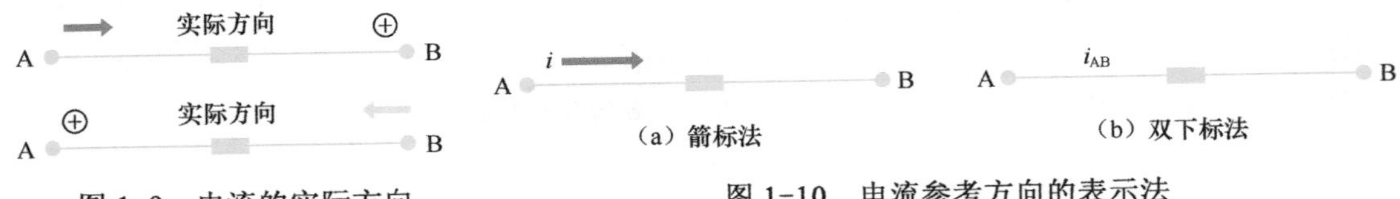

图 1-9　电流的实际方向

图 1-10　电流参考方向的表示法

在分析与计算电路时，常常需要进行电流分析，但有时对某段电路中电流的方向往往难以判断，可先假设一个电流方向，称为参考方向（也称为正方向）。如果计算结果电流为正值（$i>0$），说明电流实际方向与参考方向一致；如果计算结果电流为负值（$i<0$），表明电流的实际方向与参考方向相反。也就是说，在分析电路时，电流的参考方向可以任意假定，最后由计算结果确定实际方向，如图 1-11 所示。

【记忆口诀】

形成电流有规定，电荷定向之移动。
正电移动的方向，定为电流的方向。
金属导电靠电子，电子方向电流反。

4 形成电流的条件

电场是形成电流的微观必要条件。如图 1-12 所示，电路中能形成持续电流必须同时具备两个条件。

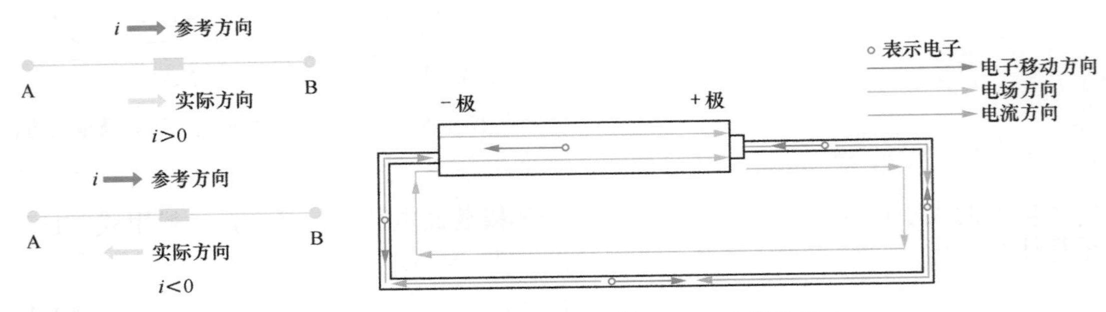

图 1-11　电流的参考方向与实际方向

图 1-12　电流的形成

① 要有电源（导体两端必须保持一定的电压）。

② 电路要闭合（形成通路）。

电路中有电流通过，常常表现为热、磁、化学效应等物理现象。如灯泡发光、电饭煲发热、扬声器发出声音等。

特别提醒

电路中有电流时一定有电压，有电压时却不一定有电流，关键看电路是不是通路。

5 电流的种类及特点

依据电的性质划分，电流可分为直流电流与交流电流，直流电流也可以分为稳恒直流电流和脉动直流电流。直流电流（稳恒直流电流）、脉动直流电流和交流电流与时间的关系曲线如图 1-13 所示。

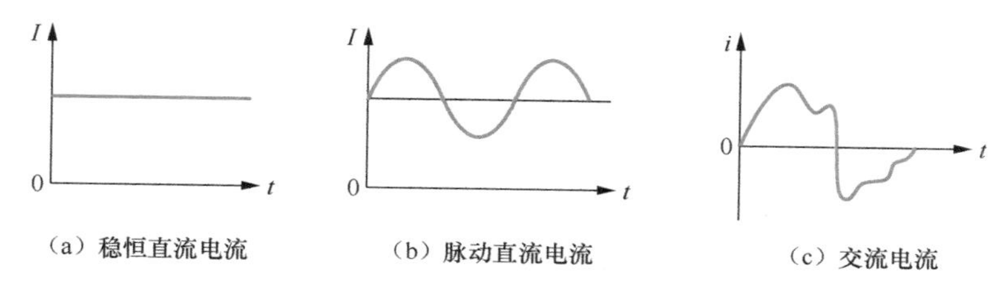

（a）稳恒直流电流　（b）脉动直流电流　（c）交流电流

图 1-13　各种电流与时间的关系曲线

（1）直流电流

直流电流是指方向不随时间变化的电流。直流电的正负极是固定不变的。

① 输送相同功率时，直流输电所用线材仅为交流输电的 1/2 ～ 2/3。

② 在电缆输电线路中，直流输电没有电容电流产生。直流输电发生故障的损失比交流输电小。

③ 稳恒直流电流不产生电磁辐射。

（2）交流电流

交流电流又称为交变电流，简称“交流”。一般指大小和方向随时间作周期性变化的电压或电流。它的基本形式是正弦电流。交流电的正负极不固定，随时间交替变化，所以交流电流有“频率”的概念。

单相交流电供电只需要 2 根导线即可。三相交流电供电至少需要 3 根导线，最多可用 5 根导线，分别是 3 根火线、1 根零线和 1 根接地线。

6 安全电流

（1）负载的安全电流

为了保证电气线路的安全运行，所有线路的导线和电缆的截面都必须满足发热条件，即在任何环境温度下，当导线和电缆连续通过最大负载电流时，其线路温度都不大于最高允许温度（通常为 700℃左右），这时的负载电流称为安全电流。

（2）人体安全电流

在特定时间内通过人体的电流，对人体不构成生命危险的电流值称为安全电流。

电流越大，致命危险越大；持续时间越长，死亡的可能性越大。能引起人感觉到的最小电流值称为感知电流，交流为 1mA，直流为 5mA；人触电后能自己摆脱的最大电流称为摆脱电流，交流为 10mA，直流为 50mA；在较短的时间内危及生命的电流称为致命电流，如 100mA 的电流通过人体 1s，可足以使人致命，因此致命电流为 50mA。

7 直流电流的测量

直流电流的测量采用直流电流表串联在被测电路中，接线时要注意“正”“负”极性，如图 1-14 所示。除了正确接线之外，还要正确选择量程，估计被测电流应为满刻度的 75%。

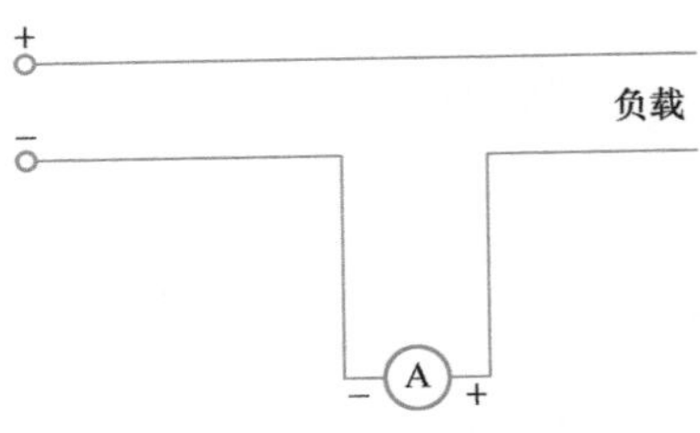

图 1-14　直流电流的测量

8 电流的热效应及应用

试验证明，当电流流过导体时，由于自由电子的碰撞，导体的温度会升高。这是因为导体吸收的电能转换成热能的缘故，这种现象叫作电流的热效应。

电流流过导体时所产生的热量与电流强度的平方、导体本身的电阻，以及电流流过的时间成正比，这一结论称为焦耳－楞次定律，其数学表达式为

$$Q=I^2Rt$$

式中　Q——电流通过导体所产生的热量，J；

I——通过导体的电流，A；

R——导体的电阻，Ω。

如果热量以卡为单位，则公式 $Q=I^2Rt$ 可写成

$$Q=0.24I^2Rt=0.24Pt$$

此公式称为焦耳－楞次定律。其中，t 的单位为秒（s），R 的单位是欧姆（Ω），I 的单位是安培（A），热量 Q 的单位是卡（Cal）。

电流的热效应在生产上有许多应用。电灯是利用电流产生的热使得灯丝达到白炽状态而发光。熔断器是利用电流产生的热使其熔断而切断电源。电流的热效应也是近代工业中的一种重要加热方式，如利用电炉炼钢、电机通电烘干等。

电流的热效应也有它不利的一面，由于构成电气设备的导线存在电阻，所有电气设备在工作时要发热，使温度升高。如果电流过大，温度升高多就会加速绝缘体老化，甚至损坏设备。

为了保证电气设备能正常工作，各种设备都规定了限额，如额定电流、额定电压和额定电功率等。电器设备的额定值通常用下标 e 表示，如 I_e、U_e、P_e 等，各种电器设备的铭牌上都有标注它们的数值。

特别提醒

额定值是指导使用者正确使用电气设备的重要依据。但要注意的是电气设备的额定值并不一定等于该设备使用时的实际值（电压、电流和功率等）。

额定值表示方法如下：

① 利用铭牌标出（电动机、电冰箱、电视机的铭牌）。

② 直接标在该产品上（电灯泡、电阻）。

③ 从产品目录中查到（半导体器件）。

9 电流的趋肤效应及应用

（1）趋肤效应

当导体中有交流电或者交变电磁场时，导体内部的电流分布不均匀，电流集中在导体的“皮肤”部分，也就是说电流集中在导体外表的薄层，越靠近导体表面，电流密度越大，导线内部实际电流越小，如图 1-15 所示。其结果使导体的电阻增加，使它的损耗功率也增加，这一现象称为趋肤效应。

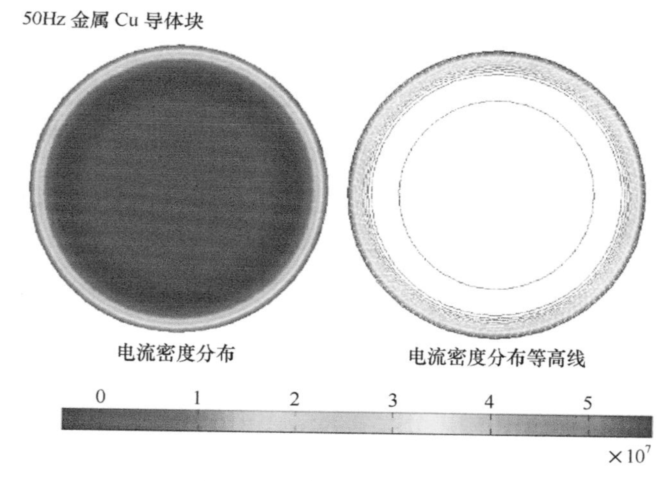

图 1-15　电流的趋肤效应

（2）趋肤效应的应用

在高频电路中可用空心铜导线代替实心铜导线以节约铜材。架空输电线中心部分改用抗拉强度大的钢丝。虽然其电阻率大一些，但是并不影响输电性能，又可增大输电线的抗拉强度。利用趋肤效应还可对金属表面淬火，使某些钢件表皮坚硬、耐磨，而内部却有一定的柔性，防止钢件脆裂。

10 电流的化学效应及应用

电流通过导电的液体会使液体发生化学变化，产生新的物质，电流的这种效果叫作电流的化学效应。如电解、电镀、电离等就属于电流化学效应的例子，图 1-16 所示为水的电解。

11 电流的磁效应及应用

给绕在软铁芯周围的导体通电，软铁芯就产生磁性，这种现象就是电流的磁效应。如电铃、蜂鸣器、电磁扬声器等都是利用电流的磁效应制成的，图 1-17 所示为电铃的结构示意图。

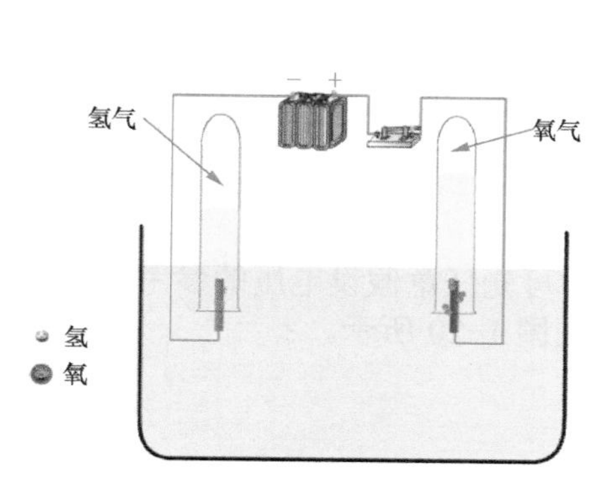

图 1-16　水的电解

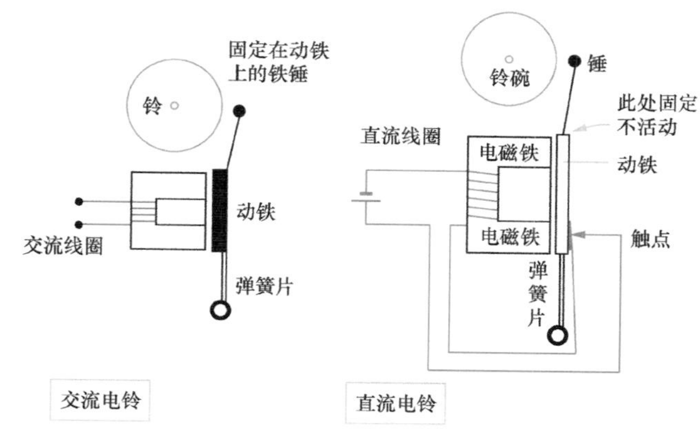

图 1-17　电铃的结构示意图

1.2.2 电压

1 电压的大小

如图 1-18 所示，水在管中所以能流动，是因为有着高水位和低水位之间的差别而产生的一种压力，水才能从高处流向低处。电也是如此，电流所以能够在导线中流动，也是因为在电流中有着高电位和低电位的差别。这种差别叫作电位差，也叫作电压。换句话说，在电路中，任意两点之间的电位差称为这两点的电压。

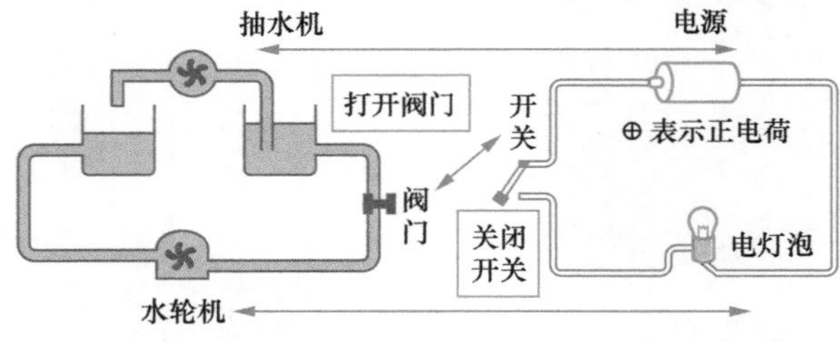

图 1-18 类比法研究电压的形成

表示电压的符号用 U，单位为伏特，符号为 V，即

$$U=U_A-U_B$$

电压是指电路中任意某两点之间的电位差，其大小等于电场力将正电荷由一点移动到另一点所做的功与被移动电荷电量的比值，即

$$U=\frac{W}{q}$$

式中，W 的单位为 J（焦耳），电荷 q 的单位为 C（库），电压 U 的单位为 V（伏）。

电压的国际单位制为伏特（V），常用的单位还有毫伏（mV）、微伏（μV）、千伏（kV）等，它们与伏特的换算关系为

$$1\ \text{mV}=10^{-3}\ \text{V};\ 1\mu\text{V}=10^{-6}\ \text{V};\ 1\text{kV}=10^{3}\ \text{V}$$

电压的大小可以用电压表测量。

特别提醒

电位是电压的另外一种表达形式，但与电压有一定的区别。电位是相对所选的参考点来说的，电压是两点间的电位之差。

2 电压的方向

对于负载来说，规定电流流入端为电压的正端，电流流出端为电压的负端，电压的方向由正指向负。

对于电阻负载来说，没有电流就没有电压；有电流就一定有电压。电阻器两端的电压通常称为电压降。

电压的方向在电路图中有三种表示方法，如图 1-19 所示，这三种表示方法的意义相同。

在分析电路时往往难以确定电压的实际方向，此时可先任意假设电压的参考方向，再根据计算所得值的正、负来确定电压的实际方向，如图 1-20 所示。

3 电压的种类

电压可分为直流电压和交流电压。电池的电压为直流电压，直流电压用大写字母

U 表示，它是通过化学反应维持电能量的。交流电压是随时间周期变化的电压，用小写字母 u 表示，发电厂的电压一般为交流电压。

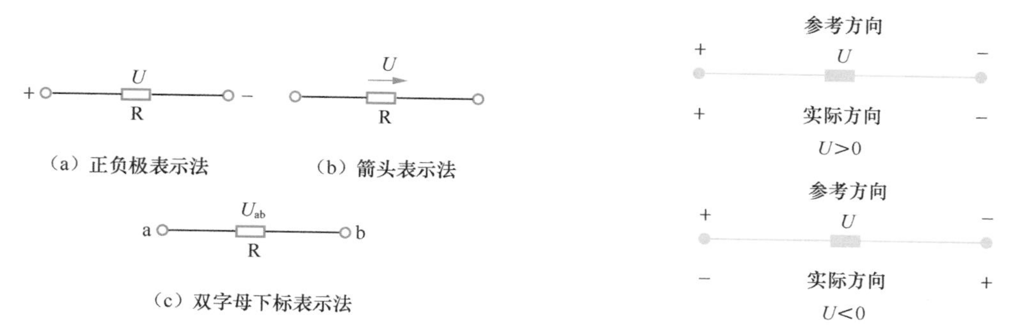

图 1-19　电压方向的表示法

图 1-20　电压的实际方向与参考方向

在实际应用中提到的电压，一般是指两点之间的电位差，通常是指定电路中某一点作为参考点。在电力工程中，规定以大地作为参考点，认为大地的电位等于零。如果没有特别说明，所谓某点的电压，就是指该点与大地之间的电位差。

4　电压的等级

我国规定的标准电压有许多等级。例如：

照明电路的单相电压为 220V，三相电动机用的三相电压为 380V，城乡高压配电电压为 10kV 和 35kV，高压输电电压为 110kV 和 220kV，长距离超高压输电电压为 330kV 和 500kV，安全电压等级为 42V、36V、24V、12V 和 6V。

5　电压的测量

为了测量电压，要将电压表跨接在需要测量电压的元件两端，这样的连接称为并联连接，电压表的负端必须连接到电路的负极端，而电压表的正端必须连接到电路的正极端。图 1-21 所示为在一个简单电路中连接电压表测量电压的例子。

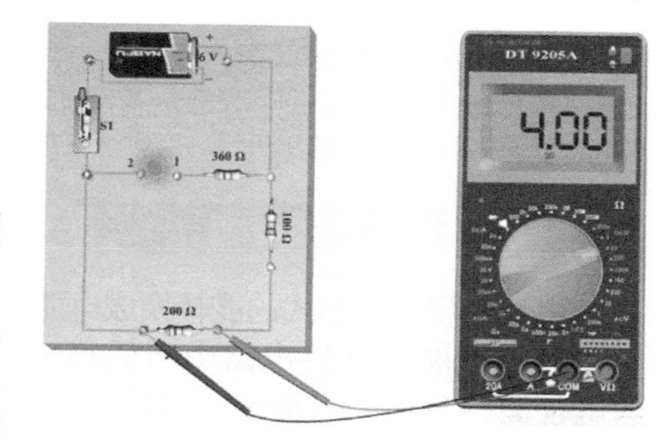

图 1-21　测量电压

1.2.3　电动势

1　电动势的定义

电源是一个特殊的设备，它的作用是利用电源中的化学能、光能、机械能转换成“电源力”这台超级“抽水机”可以使用的动力，而电源力获得动力后就努力做功将“正电荷”使劲往“正极”抽，而这个功就是电动势（也称为电源电动势）。

视频 1.8：电动势

电动势是产生和维持电路中电压的保证。电源的电动势一旦耗尽，电路就会失去电压，就不再有电流产生。

2 电动势的大小

电动势等于在电源内部，电源力将单位正电荷由低电位（负极）移到高电位（正极）做的功与被移动电荷电量的比值。即

$$E=\frac{W}{q}$$

式中，W 的单位为 J（焦耳），q 的单位为 C（库），E 的单位为 V（伏）。

电动势是衡量电源的电源力大小（即做功本领）及其方向的物理量。

3 电动势的方向

规定电动势方向由电源的负极（低电位）指向正极(高电位)。在电源内部，电源力移动正电荷形成电流，电流由低电位（正极）流向高电位（负极）；在电源外部电路中，电场力移动正电荷形成电流，电流由高电位（正极）流向低电位（负极），如图 1-22 所示。

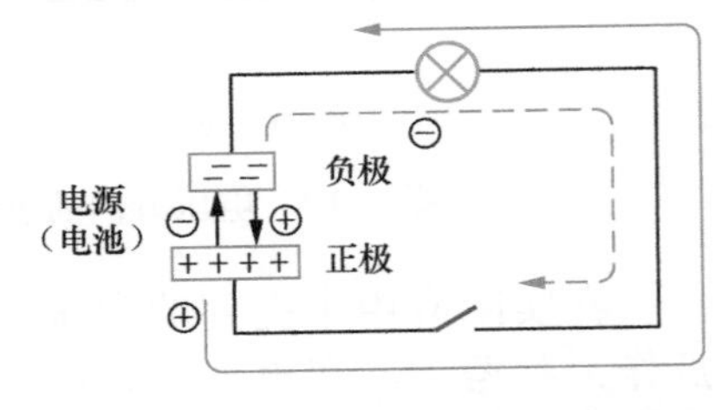

图 1-22　电动势的方向示意图

特别提醒

① 电动势既有大小，又有方向。其大小在数值上等于电源正负极之间的电位差，电动势与电压的实际方向相反。

② 电源电动势由电源本身决定，与外部电路的性质以及通断状况无关。

③ 每个电源都有一定的电动势。但不同的电源，其电动势不一定相同。

④ 对于一个电源来说，既有电动势，又有端电压。电动势只存在于电源内部，其方向是由负极指向正极；端电压只存在于电源的外部，其方向由正极指向负极。一般情况下，电源的端电压总是低于电源内部的电动势，只有当电源开路时，电源的端电压才与电源的电动势相等。

4 生活中常用的电源

电源是将其他形式的能转换成电能的装置，生活中常见的电源是直流电源和交流电源。

直流电源是维持电路中形成稳恒电流的装置。直流电源有正、负两个电极，正极的电位高，负极的电位低。常用的直流电源如图 1-23 所示。

图 1-23　常用的直流电源

能为负载提供稳定交流电源的电子装置称为交流稳定电源，如图 1-24 所示。交流稳定电源主要类型有铁磁谐振式交流稳压器、磁放大器式交流稳压器、滑动式交流稳压器、感应式交流稳压器、晶闸管交流稳压器等。

逆变电源是把直流电逆变成交流电的电子装置，广泛应用于电力、通信、工业设备、卫星通信设备、军用车载、医疗救护车、警车、船舶、太阳能及风能发电领域，如图 1-24（c）所示。

（a）单相交流稳压电源

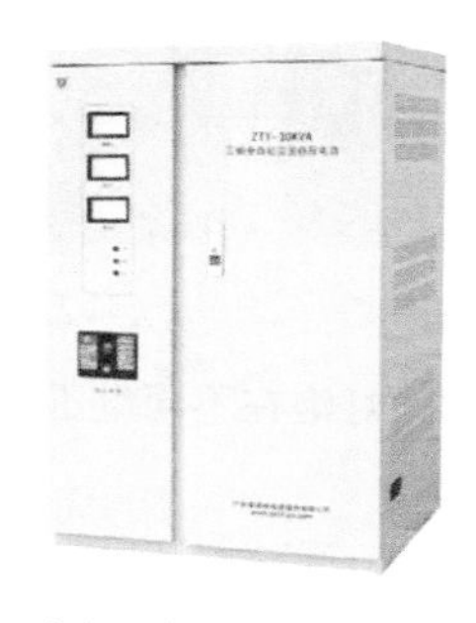

（b）三相交流稳压电源

（c）逆变电源

图 1-24　交流稳定电源

1.2.4　电功率

1　电功率定义

电功率是描述电流做功快慢程度的物理量，通常说用电设备容量的大小，就是指电功率的大小，它表示该用电设备在单位时间内做功的能力。我们平常说这个灯泡是 40W，那个灯泡是 60W，电饭煲为 750W，这里指的就是电器电功率。我们平时一般把电功率简称为功率。

视频 1.9：电功率

2　电功率的大小

电路元件或设备在单位时间内所做的功称为电功率，用符号 P 表示。计算电功率的公式为

$$P=\frac{W}{t}$$

式中，W 的单位为 J（焦耳），t 的单位为 s，则 P 的单位为 W（瓦特）。

由于用电器的电功率与其电阻有关，电功率的公式还可以写成

$$P=UI=\frac{U^2}{R}=I^2R$$

如图 1-25 所示，在相同的电压下，并联接入同一电路中的 25W 和 100W 灯泡的发光亮度明显不同，这是因为 100W 灯泡的功率大，25W 灯泡的功率小。

图 1-25　相同电压功率不同的灯泡发光亮度不同

当负载一定，电源电压发生波动时，会影响到电气

设备的实际值。例如，额定值为220 V、40 W的电灯泡，在电源电压高于或低于220 V时，它的实际值也会随之大于或小于额定值。其表现为同一盏灯在不同电压的时候发光强度不一样，如图1-26所示，这说明电功率与电压有关。

(a) 180V 电压时的亮度

(b) 220V 电压时的亮度

图1-26 同一灯泡在不同电压时亮度不同

【记忆口诀】

电灯电器有标志，额定电压额功率。
消耗电能的快慢，功率为P单位瓦，
常用代号达不溜，大的单位为千瓦。
功率计算有多法，阻性负载压乘流。
电流平方乘电阻，也可算出电功率。

3 电功率的单位

电功率的国际单位为瓦特（W），常用的单位还有毫瓦（mW）、千瓦（kW），它们与W的换算关系是：

$$1\text{mW} = 10^{-3}\text{ W}$$

$$1\text{kW} = 10^{3}\text{ W}$$

在机械工业中常用“马力”来代表电功率单位，马力(PS)与电功率单位转换关系为：

$$1\text{PS}=735.49875\text{W}$$

或者 $1\text{ kW} =1.35962162\text{PS}$

1.2.5 电能

1 电能及应用

电能是自然界的一种能量形式。电能改变了人类社会，使人类社会进入了电气时代。各种用电器必须借助于电能才能正常工作，用电器工作的过程就是电能转化成其他形式能的过程。

日常生活中使用的电能主要来自其他形式能量的转换，包括水能（水力发电）、风能（风力发电）、原子能（原子能发电）、光能（太阳能）等，如图1-27所示。

视频1.10：电能及测量

2 电能的计算

在一段时间内，电场力所做的功称为电能，用符号W表示。

$$W=Pt$$

式中，W 为电能，P 为电功率，t 为通电时间。

电能的单位是 J（焦耳）。对于电能的单位，人们常常不用焦耳，仍用非法定计量单位“度”。焦耳和“度”的换算关系为

$$1\text{ 度（电）}=1\text{kW}\cdot\text{h}=3.6\times10^{6}\text{J}$$

即功率为 1000W 的供能或耗能元件，在 1h（小时）的时间内所发出或消耗的电能量为 1 度（电）。

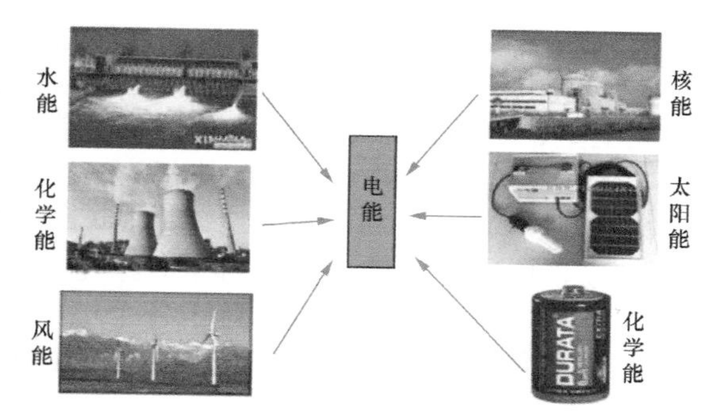

图 1-27　电能的来源

3　电能的测量

电能测量对了解能量转换效率及用户用电的经济核算有重要意义。测量电能的主要方法是电能表法，电能表是用来测量用电器在一段时间内消耗的电能的电工仪表。常用的单相电能表如图 1-28 所示。

单相电子式电能表

插卡预付费电能表

载波电能表

多费率电能表

图 1-28　常用的单相电能表

以上是对电能表的简单介绍，电能表的更多知识，请阅读本书后续章节的内容。

1.3　电池组及应用

由于每一节电池的电源电压和所提供的电流都是一定的，因此当实际应用中需要较高的电压或更高的电流时，就需要将几个电池连接在一起使用，这就是电池组。

电池组分为串联和并联，在我们的生活中应用十分广泛。并联的电池组要求每个电池电压相同，输出的电压等于一个电池组的电压，并联电池组能提供较强的电流。串联电池组没有过多的要求，只要保证电池的容量差不多即可，串联电池组可以提供较高的电压。

视频 1.11：电池的连接

1.3.1　串联电池组

1　串联电池组的特性

把第 1 个电池的负极和第 2 个电池的正极相连接，再把第 2 个电池的负极和第 3

个电池的正极相连接，像这样依次连接起来，就组成了串联电池组。

串联电池组广泛应用于手携式工具、笔记本电脑、通信电台、便携式电子设备、航天卫星、电动自行车、电动汽车及储能装置中。

若串联电池组由 n 个电动势都为 E，内阻都为 r 的电池组成，则串联电池组具有以下特性。

① 串联电池组的电动势等于各个电池电动势之和，即 $E_{串}=nE$。

② 串联电池组的内电阻等于各个电池内电阻之和，即 $r_{串}=nr$。

③ 当负载为 R 时，串联电池组输出的总电流为

$$I=\frac{nE}{R+nr}$$

2 串联电池组的应用

① 相同的几个电池串联起来组成串联电池组，可提高输出电压，如图 1-29 所示。

② 串联电池组的电动势比单个电池的电动势高，当用电器的额定电压高于单个电池的电动势时，可以串联电池组供电。而用电器的额定电流必须小于单个电池允许通过的最大电流。

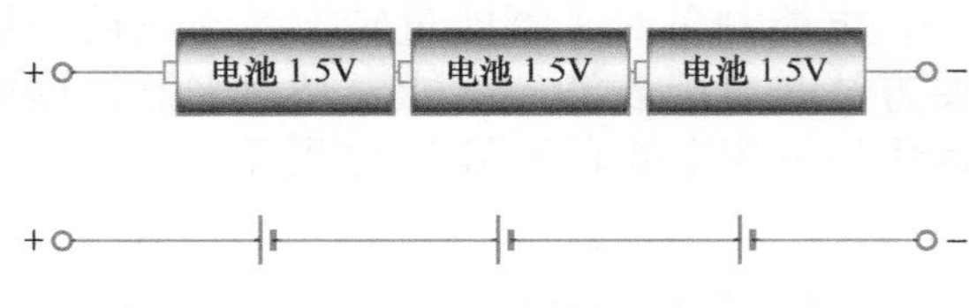

图 1-29　串联电池组可提高输出电压

③ 用几个相同电池组成串联电池组时，注意正确识别每个电池的正负极，不要把某些电池的正负极接反。

1.3.2　并联电池组

1 并联电池组的特性

把几个电池的正极和正极连在一起，负极和负极连在一起，就组成了并联电池组。

若并联电池组是由 n 个电动势都是 E，内电阻都是 r 的电池组成，则并联电池组具有以下特性。

① 并联电池组的电动势等于一个电池的电动势，即

$$E_{并}=E$$

② 并联电池组的内电阻等于一个电池的内电阻的 n 分之一，即

$$r_{并}=\frac{r}{n}$$

③ 并联电池组所提供的电流等于各个电池的电流之和。

2 并联电池组的应用

① 并联电池组允许通过的最大电流大于单个电池允许通过的最大电流。换言之，相同的几个电池并联起来，可增大电池的输出电流，如图 1-30 所示。注意：电池的极性不能接错。

② 采用并联电池组供电时，用电器的额定电压必须低于单个电池的电动势。

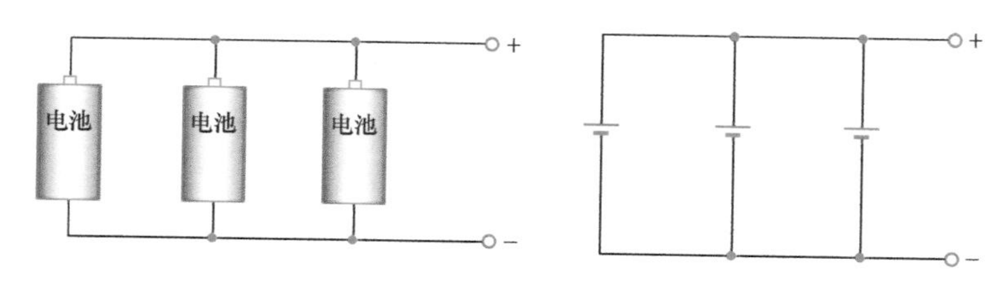

图 1-30　并联电池组可增大输出电流

③ 如果多个电压不等的电池并联成电池组，则会形成电流环路，损伤电池。

【电池串并联记忆口诀】

电源电池串并联，电流电压可改变，
电流不变接串联，电压可以成倍增。
电池并联使用它，容量变大不增压，
电流随之也增加，多并电池容量大。

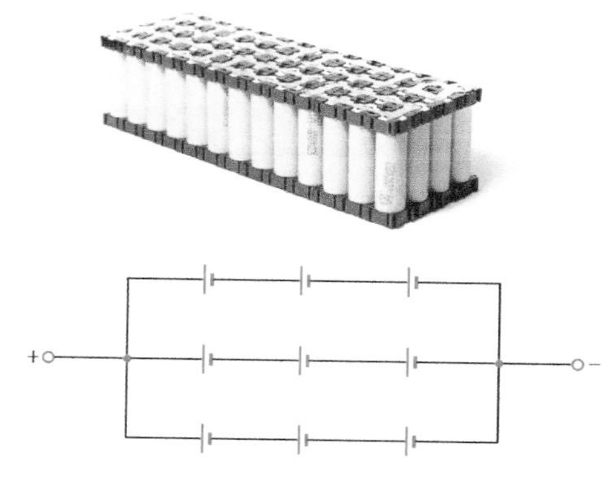

图 1-31　混联电池组

3　混联电池组

在实际应用中，当需要电源的电压较高且电流较大时，就会用到混联电池组，如图 1-31 所示。

特别提醒

电池串联、并联和混联，应注意安全，必须遵照下面的基本要求。

① 保持电池连接点的洁净。把四节电池串联起来使用时，共有 8 个连接点（电池到电池室的连接点，电池室到下一节电池的连接点）。每个连接点都存在一定的电阻，如果增加连接点，有可能会影响整个电池组的性能。

② 不要混用电池。当电池的电量不足时，更换所有的电池。在串联使用时，要用同一种类型的电池。

③ 不要对不可充电型电池进行充电。对不可充电型电池进行充电时，会产生氢气，有可能引起爆炸。

④ 要注意电池的极性。如果有一节电池的极性装反了，就会减少整串电池的电压，而不是增加电压。

⑤ 把已经完全放完电的电池从暂停使用的设备中取出。旧电池比较容易出现泄漏和腐蚀的情况。

1.4　单相正弦交流电及应用

1.4.1　认识正弦交流电

1　正弦交流电的产生

正弦交流电是由交流发电机产生的。交流发电机是根据电磁感应原理研制的。交流发电机由固定在机壳上的定子和可以绕轴转动的转子两部分组成。固定在机壳上的电枢称为定子；转子由铁芯和绕在其上的线圈组成，线圈的两端分别接在彼此绝缘的两个金属环上，再通过与此有良好接触的电刷将交流电送到外部电路。当转子旋转时，由于线圈绕组切割磁感线运动而产生感应电动势，这个感应电动势向外

视频 1.12：正弦交流电的产生

输送，提供给负载的就是一个正弦交流电压。

在线圈旋转过程中，每经过一次中性面，由于导体切割磁力线方向改变，感应电动势方向变化一次，且每次线圈与中性面重合时，感应电动势恰好为零。线圈与中性面垂直时，感应电动势达到最大值。其变化规律的正弦波曲线，如图 1-32 所示。

【记忆口诀】

匀强磁场有线圈，旋转产生交流电。

电流电压电动势，变化规律是弦线。

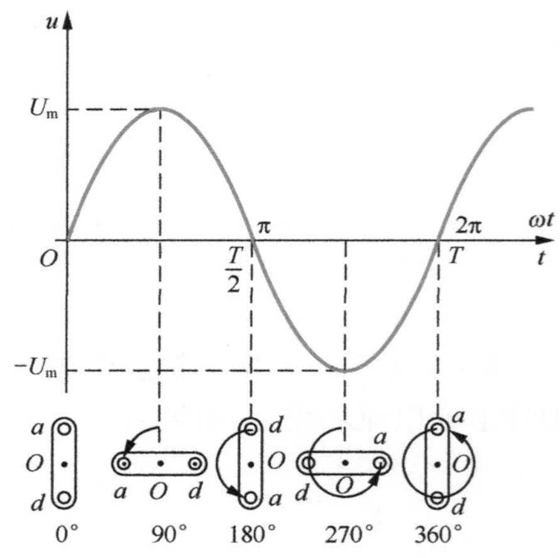

图 1-32　单相交流发电机输出的电压波形

2　正弦交流电的波形图

图 1-33 所示为正弦交流电的波形图。从波形图可直观地看出交流电的变化规律。绘图时，采用“五点描线法”，即：起点、正峰值点、中点、负峰值点、终点。

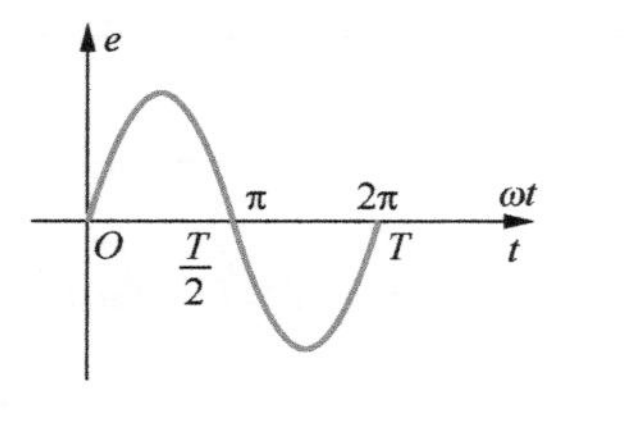

（a）初相位等于零

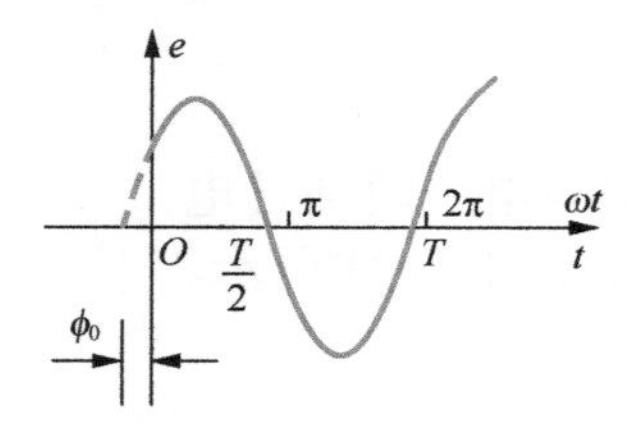

（b）初相位大于零

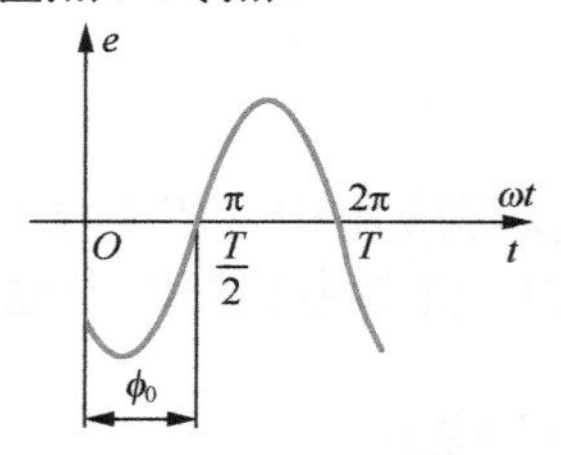

（c）初相位小于零

图 1-33　正弦交流电的波形图

从波形图可看出，正弦交流电有以下 3 个特点。

① 瞬时性：在一个周期内，不同时间瞬时值均不相同。

② 周期性：每隔一相同时间间隔，曲线将重复变化。

③ 规律性：始终按照正弦函数规律变化。

1.4.2　描述交流电的物理量

1　瞬时值、最大值、有效值、平均值

（1）瞬时值

正弦交流电在任一瞬时的值，称为瞬时值。在一个周期内，不同时间的瞬时值均不相同。正弦交流电的电动势、电压、电流的瞬时值分别用小写字母 e、u、i 表示，最大值分别用 E_m、U_m、I_m 表示，其瞬时值表达式为

$$e=E_m\sin(\omega t+\varphi_0)(V)$$
$$u=U_m\sin(\omega t+\varphi_0)(V)$$
$$i=I_m\sin(\omega t+\varphi_0)(A)$$

视频 1.13：交流电的基本物理量

式中　ω——角频率；

t——时间；

φ_0——转子线圈起始位置与中性面的夹角（称为初相位）。

（2）最大值

正弦交流电在一个周期内所能达到的最大数值，也称幅值、峰值、振幅等。电动势、电压和电流的最大值分别用 E_m、U_m、I_m 表示。

正弦交流电的瞬时值和最大值如图 1-34 所示。

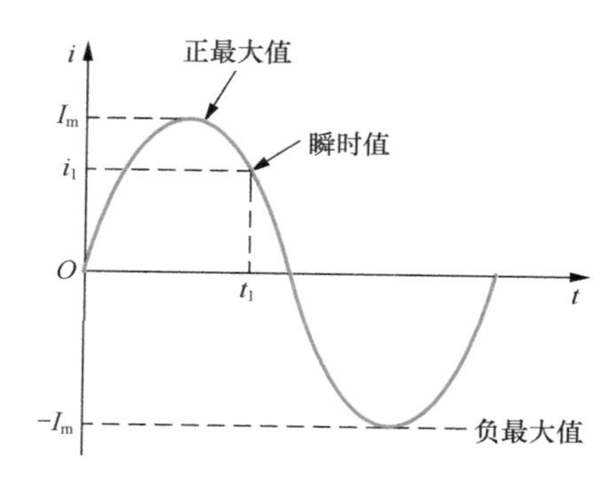

图 1-34　正弦交流电的瞬时值和最大值

（3）有效值

正弦交流电的有效值是根据电流的热效应来规定的。即让交流电与直流电分别通过阻值相同的电阻，如果在相同的时间内，它们所产生的热量相等，我们就把这一直流电的数值定义为这一交流电的有效值。电动势、电压和电流的有效值分别用大写字母 E、U、I 表示。

我们平常说的交流电的电压或电流的大小，都是指有效值。一般交流电表测量的数值也是有效值，常用电器上标注的资料均为有效值。但在选择电器的耐压时，必须考虑电压的最大值。

（4）平均值

平均值是指在一个周期内交流电的绝对值的平均值，它表示的是交流电相对时间变化的大小关系。电流、电压和电动势的平均值分别用 I_{PJ}、U_{PJ}、E_{PJ} 表示。一般说，交流电的有效值比平均值大。

注意，我们在进行电工理论研究时常常用到平均值的概念，但对于维修电工来说，平时一般不涉及交流电平均值的问题。

特别提醒

有效值、最大值、平均值的数量关系如下：

（1）有效值与最大值的数量关系

$$I=\frac{I_m}{\sqrt{2}}=0.707I_m，\quad U=\frac{U_m}{\sqrt{2}}=0.707U_m，$$

$$E=\frac{E_m}{\sqrt{2}}=0.707E_m$$

有效值和最大值是从不同角度反映交流电强弱的物理量，正弦交流电的有效值是最大值的 70.7%，最大值是有效值的 $\sqrt{2}$ 倍，如图 1-35 所示。

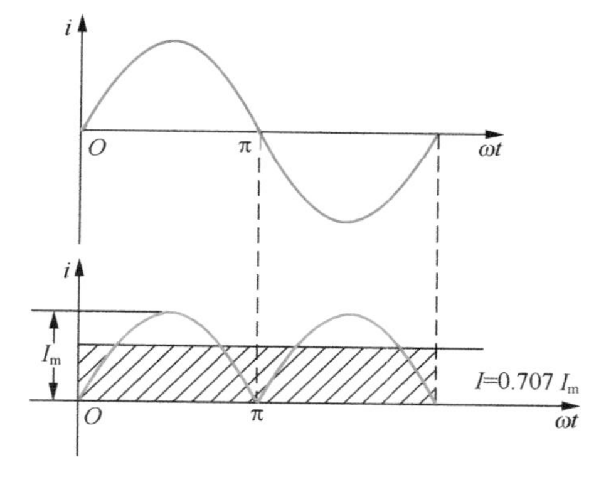

图 1-35　正弦交流电最大值与有效值的数量关系

（2）平均值与最大值的数量关系

$$I_{pj}=\frac{2}{\pi}I_m=0.637I_m，\quad U_{pj}=\frac{2}{\pi}U_m=0.637U_m，$$

$$E_{pj}=\frac{2}{\pi}E_m=0.637E_m$$

正弦交流电平均值与最大值的数量关系如图 1-36 所示。

【记忆口诀】

正弦交流电三值，瞬时最大有效值。
还有一个平均值，维修电工少涉及。
振幅就是最大值，根号二倍有效值。
有效值与平均值，关系零点六三七。

2 周期、频率、角频率

（1）周期

正弦量变化一周所需的时间称为周期，周期是发电机的转子旋转一周的时间，用 T 表示，单位为 s。

（2）频率

正弦交流电在单位时间内（1s）完成周期性变化的次数，即发电机在 1s 内旋转的圈数，用 f 表示，单位是赫兹（Hz）。频率常用单位还有千赫（kHz）和兆赫（MHz），它们的关系为

$$1\text{kHz}=10^3\text{Hz}$$

$$1\text{MHz}=10^6\text{Hz}$$

周期和频率之间互为倒数关系，即

$$T=\frac{1}{f}$$

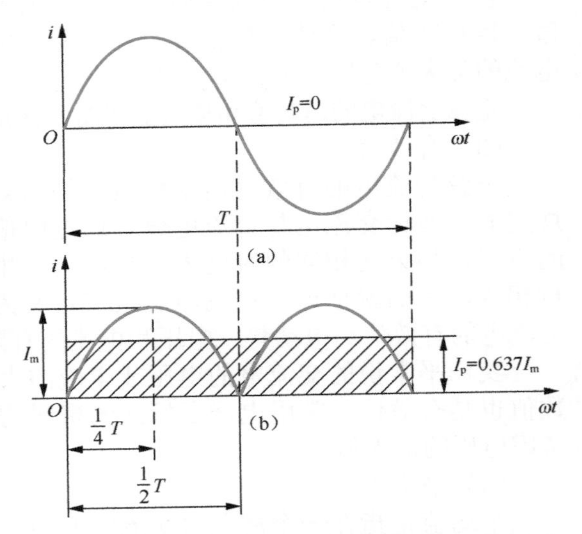

图 1-36 正弦交流电平均值与最大值的数量关系

（3）角频率

交流电在单位时间内（1s）电角度的变化量，即发电机转子在 1s 内所转过的几何角度，用 ω 表示，单位是弧度每秒（rad/s）。

周期、频率和角频率三者的关系

$$\omega=2\pi f=\frac{2\pi}{T}, \quad f=\frac{1}{T}=\frac{\omega}{2\pi}, \quad T=\frac{1}{f}=\frac{2\pi}{\omega}$$

我国规定：交流电的频率是 50Hz，习惯上称为“工频”，角频率为 100πrad/s 或 314rad/s。

【记忆口诀】

周期频率角频率，变化快慢的参数。
变化一周称周期，一秒周数为频率。
周期频率互倒数，每秒弧度角频率。

3 相位、初相位和相位差

（1）相位

相位是表示正弦交流电在某一时刻所处状态的物理量。它不仅决定正弦交流电的瞬时值的大小和方向，还能反映正弦交流电的变化趋势。在正弦交流电的表达式中，“$\omega t+\varphi_0$”就是正弦交流电的相位。单位：度（°）或弧度（rad）。

（2）初相位

初相位是表示正弦交流电起始时刻状态的物理量。正弦交流电在 t=0 时的相位（或发电机的转子在没有转动之前，其线圈平面与中性面的夹角）叫作初相位，简称初相，用 φ_0 表示。初相位的大小和时间起点的选择有关，初相位的绝对值用小于 π 的角表示。

交流电的相位和初相位如图 1-37 所示。

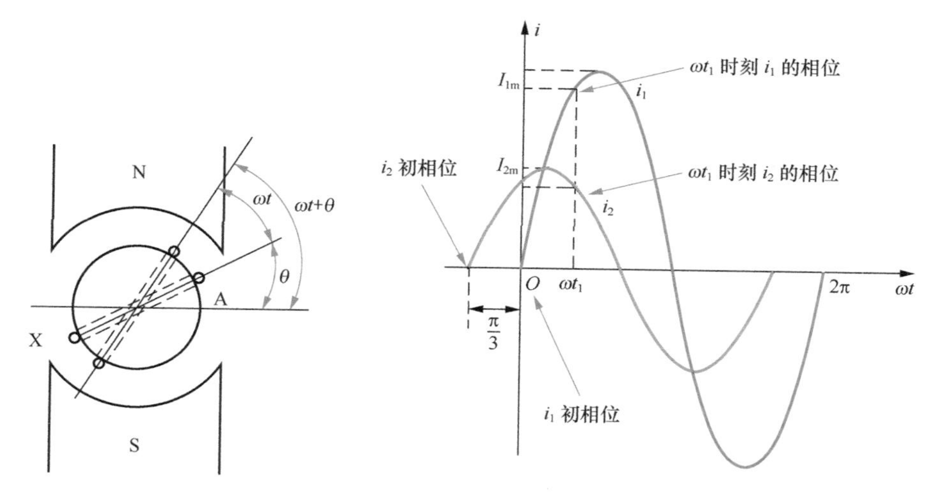

图 1-37　交流电的相位和初相位

（3）相位差

两个同频率正弦交流电，在任一瞬间的相位之差就是相位差。用符号 $\Delta\varphi$ 表示，如图 1-38 所示。

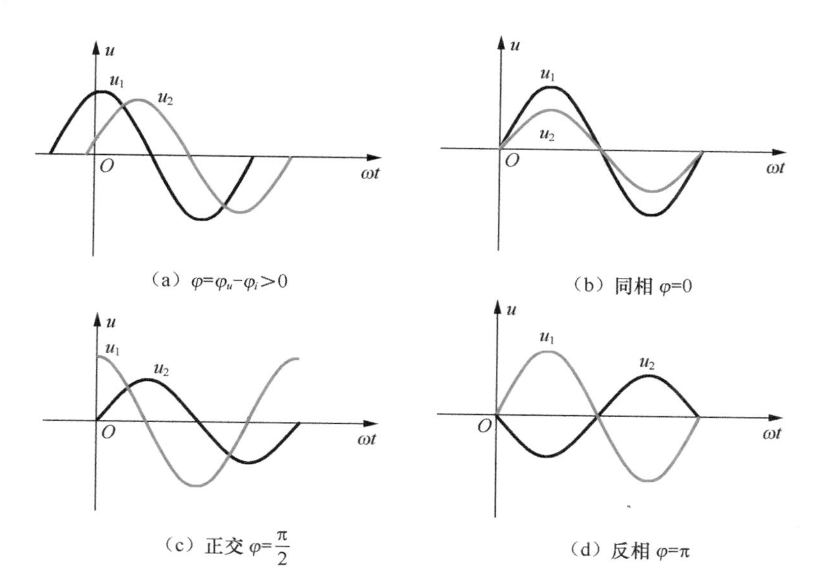

图 1-38　同频率正弦交流电的相位差

两个同频率交流电，由于初相不同，$\Delta\varphi$ 存在着下面四种情况。

当 $\Delta\varphi>0$ 时，称第一个正弦量比第二个正弦量的相位“超前 $\Delta\varphi$”。

当 $\Delta\varphi<0$ 时，称第一个正弦量比第二个正弦量的相位“滞后 $\Delta\varphi$”。

当 $\Delta\varphi=0$ 时，称第一个正弦量与第二个正弦量“同相”。

当 $\Delta\varphi=\pm\pi$ 或 $\pm180°$ 时，称第一个正弦量与第二个正弦量“反相”。

当 $\Delta\varphi=\pm\frac{\pi}{2}$ 或 $\pm90°$ 时，称第一个正弦量与第二个正弦量“正交”。

若两个同频率交流电电压分别为：

$$u_1 = U_{m1}\sin(\omega t+\varphi_{01}),\ u_2 = U_{m2}\sin(\omega t+\varphi_{02})$$

其相位差为：$\Delta\varphi=(\omega t+\varphi_{01})-(\omega t+\varphi_{02})=\varphi_{01}-\varphi_{02}$

由此可见，两个同频率交流电的相位差为它们的初相位之差，它与时间变化无关。在实际应用中，规定用小于 π 的角度表示，如$\frac{3}{2}\pi$用$-\frac{\pi}{2}$表示，$\frac{5}{4}\pi$用$-\frac{3}{4}\pi$表示。

4 正弦交流电的三要素

如何把一个正弦交流电能完全确定，而且是唯一的正弦量呢？其实，知道振幅（最大值或有效值）、频率（或者角频率、周期）、初相位，既可以写出它的数学表达式，又可以画出它的波形图，所以把振幅、频率、初相位三个物理量称为正弦交流电的三要素。220V 正弦交流电压的振幅、频率和周期如图 1-39 所示，从图中可看出，该电压的初相位为 0。

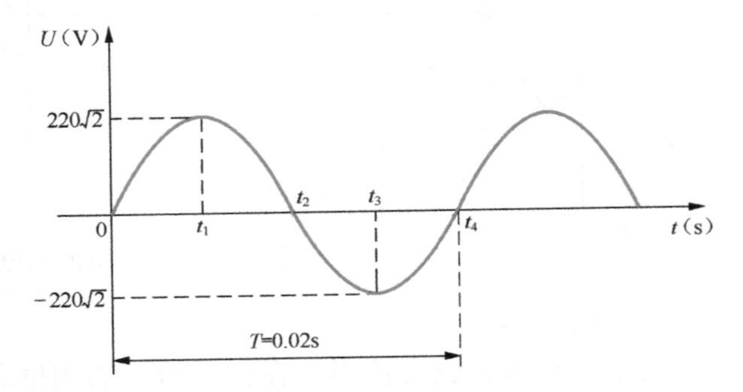

图 1-39　220V 正弦交流电压的振幅、频率和周期示意图

【记忆口诀】

交流电有三要素，振幅频率初相位。
只要知道三要素，交流电能可表述。

1.5 三相交流电及应用

1.5.1 认识三相交流电

1 三相交流电的产生

视频 1.14：三相交流电的产生

三相交流电是由三相交流发电机产生的。图 1-40 所示为三相交流发电机结构示意图，它主要由定子和转子组成。在定子铁芯槽中，分别对称嵌放了三组几何尺寸、线径和匝数相同的绕组，这三组绕组分别称为 A 相、B 相和 C 相，其首端分别标为 U_1、V_1、W_1，尾端分别标为 U_2、V_2、W_2，各相绕组所产生的感应电动势方向由绕组的尾端指向首端。这里所说的对称嵌放绕组，是指三组绕组在圆周上的排列相互构成了 120°（即$\frac{2\pi}{3}$）。

当转子在其他动力机（如水力发电站的水轮机、火力发电站的蒸汽轮机等）的拖动下，以角频率 ω 做顺时针匀速转动时，在三相绕组中产生感应电动势 e_1、e_2、e_3。这三相电动势的振幅、频率相同，它们之间的相位彼此相差120° 电角度。

如果以 A 相绕组的电动势 e_1 为准，则这三相感应电动势的瞬时值表达式为

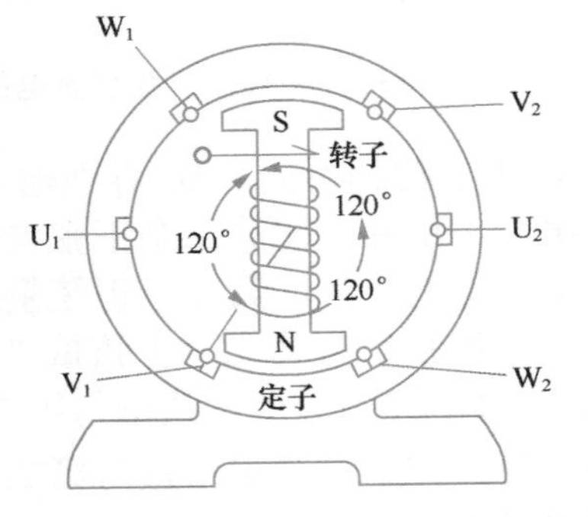

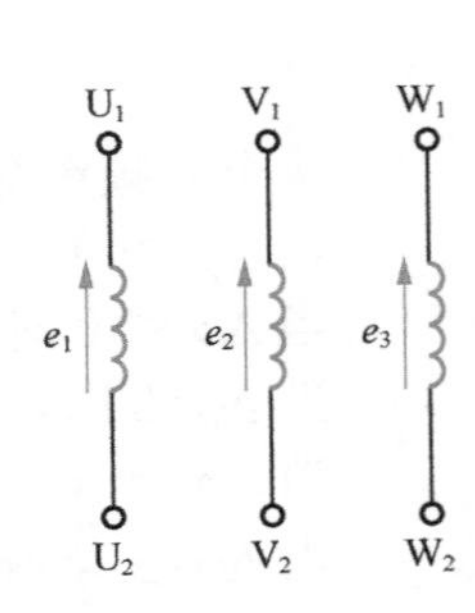

图 1-40　三相交流发电机结构示意图

$$e_1 = E_m \sin \omega t$$

$$e_2 = E_m \sin(\omega t - \frac{2}{3}\pi)$$

$$e_3 = E_m \sin(\omega t + \frac{2}{3}\pi)$$

根据上面的表达式可画出对称三相感应电动势的波形图，如图 1-41 所示。

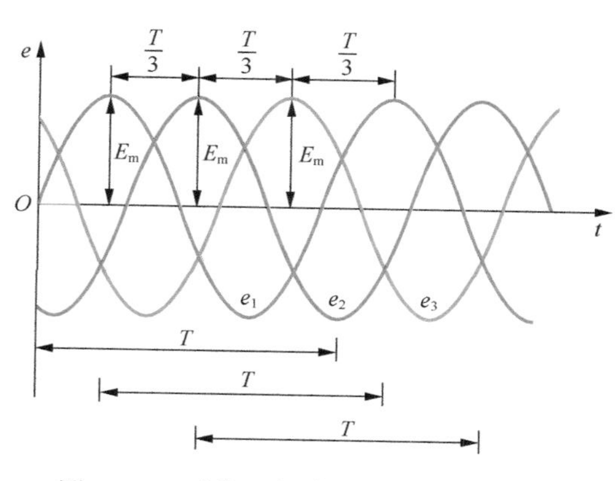

图 1-41　对称三相感应电动势的波形图

2　三相交流电的优点

和单相交流电比较，三相交流电具有以下优点。

① 三相发电机比尺寸相同的单相发电机输出的功率要大。

② 三相发电机的结构和制造不比单相发电机复杂多少，且使用、维护都较方便，运转时比单相发电机的振动要小。

③ 在同样条件下输送同样大的功率时，特别是在远距离输电时，三相输电线比单相输电线可节约 25%左右的材料。

3　三相交流电的相序

相序指的是三相交流电压的排列顺序，在工程技术上一般以三相电动势最大值到达时间的先后顺序称为相序。三相交流电的相序是以国家电网的相序为基准的。如 A、B、C 三相交流电压的相位，按顺时针排列，相位差为 120°，就是正序；如按逆时针排列，就是负序；如果同相，就是零序。

在配电系统中，对相序有一个非常重要的规定。为使配电系统能够安全可靠地运行，国家统一规定：A、B、C 三相分别用黄色、绿色、红色表示，如图 1-42 所示。

对于三相电动机，如果相序接反了，电动机反转。在电力工程上，相序排列是否正确，可用相序器来测量，如图 1-43 所示。

图 1-42　母线相序示例

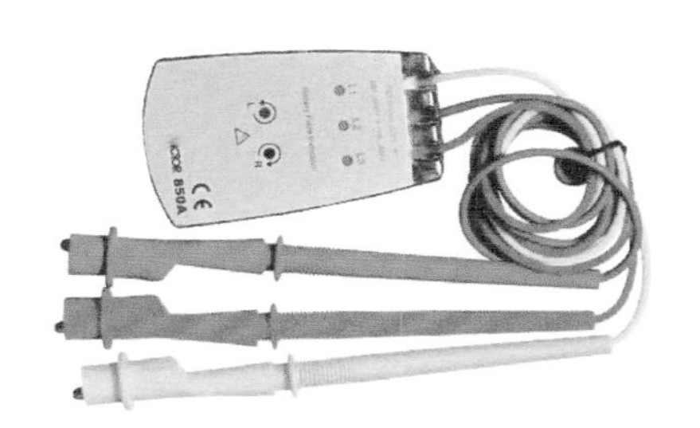
图 1-43　相序器

【记忆口诀】

电压电流电动势，三相交流有定义。
振幅相位均相同。波形变化按正弦。
相位互差 120°，随着时间周期变。
三相相序不能混，黄绿红色守规定。

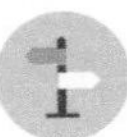

特别提醒

电气设备运行时，相序是不能随便颠倒的，否则会改变它的运行程序，有时还会很危险。调试阶段，根据需要相序是可以颠倒的。

1.5.2 三相电源与用电器的连接

1 三相电源的连接

（1）三相交流电源的星形连接

视频 1.15：三相电源的连接

三相交流发电机的三相绕组有 6 个端头，其中 3 个首端，3 个尾端。如果用三相六线制来输电就需要 6 根线，很不经济，也没有实用价值。

把 3 个尾端连接在一起，成为一个公共点（称为中性点），从中性点引出的导线称为中性线，简称中线（又称为零线），用 N 表示；把从 3 个绕组引出的输电线 A、B、C 叫作相线，俗称火线。这种连接方式所构成的供电系统称为三相四线制电源，用符号 Y 表示，如图 1-44 所示。

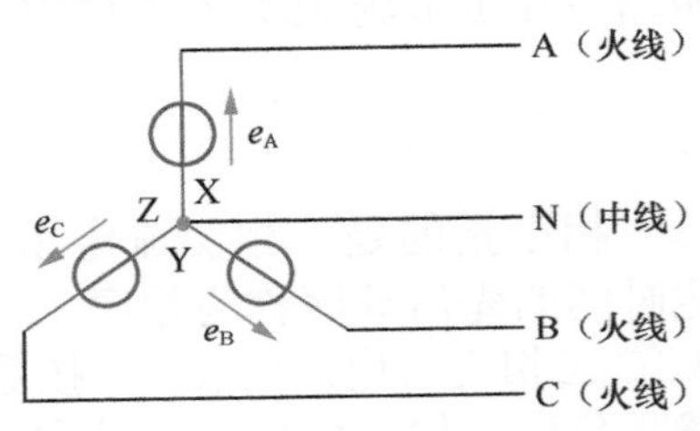

图 1-44 三相交流电源的星形连接

住宅楼供电时，使用三相电作为楼层或小区进线，多用星形接法，其相电压为 220V，而线电压为 380V（近似值），需要中性线，一般也都有地线，即为三相五线制。而进户线为单相线，即三相中的一相，对地或对中性线电压均为 220V。一些大功率空调等电器也使用三相四线制接法，此时进户线必须是三相线。

在三相四线制对称负载中，中性线电流为零。在工程技术上为了节省原材料，对这样的用电网络，可以省去中性线，将三相四线制变为三相三线制供电。例如，三相电动机、三相电炉就可以采用三相三线制供电。

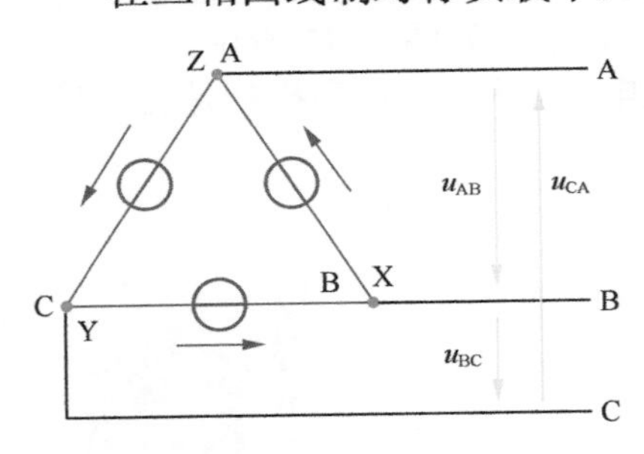

图 1-45 三相交流电源的三角形连接

（2）三相交流电源的三角形连接

三相交流电源的三角形接法是将各相电源或负载依次首尾相连，并将每个相连的点引出，作为三相电的三条相线，如图 1-45 所示。三角形接法没有中性点，也不可引出中性线，因此为三相三线制。

特别提醒

在实际应用中，三相电源很少采用三角形连接，一般仅在三相变压器中使用。

2 相电压和线电压

三相四线制供电线路采用星形（Y）接法，其突出优点是能够输出两种电压，且可以同时用两种电压向不同用电设备供电，如图 1-46 所示。

（1）相电压

每相绕组首端与中性点之间的电压称为相电压。相电压为220V，用于供单相设备和照明器具使用。

（2）线电压

相线与相线之间的电压称为线电压。线电压为380V，用于供三相动力设备使用。

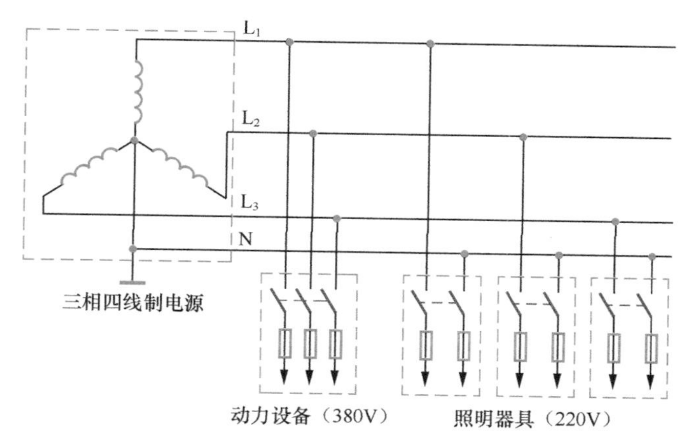

图 1-46　三相四线制供电系统

特别提醒

线电压与相电压的数量关系为：线电压等于相电压的$\sqrt{3}$倍，即

$$U_{线}=\sqrt{3}\ U_{相}$$

3 中性线的重要作用

在实际的供用电网络中，由于单相用电的普遍存在，包括家庭的照明和家用电器的用电，导致供电系统大量存在三相不对称负载。在三相不对称负载电路中，如果没有中性线，各相电压因为负载大小的不同将严重偏离正常值，造成有的相供电电压不足，不能正常工作，而有的相供电电压太高，造成用电器群坏事故（如灯泡、电视机等全部烧坏），有时甚至会危及人的安全。

中性线的重要作用：在三相不对称负载电路中，保证三相负载上的电压对称，防止事故的发生。

国家规定：在三相四线制供电系统中，中性线上不允许安装保险丝和开关，以保证用电安全。

【记忆口诀】

Y 接三尾连一点，连点称为中性点。
三首引出三相线，中点引出中性线。
相线俗称为火线，中线俗称为零线。
线电压与相电压，线相压比根号 3。
安装中线有规定，不装保险和开关。

注：中线即中性线。

4 三相五线制供电

在三相四线制供电系统中，把零线的两个作用分开，即一根线作为工作零线（N），另外用一根线专门作为保护零线（PE），这样的供电方式称为三相五线制供电，如图 1-47 所示。三相五线制包括三根相线、一根工作零线、一根保护零线。

特别提醒

国家有关部门规定：凡是新建、扩建企事业、商业、居民住宅、智能建筑、基建施工现场及临时线路，一律实行三相五线制供电方式，做到保护零线和工作零线单独敷设。对现有企业应逐步将三相四线制改为三相五线制供电。

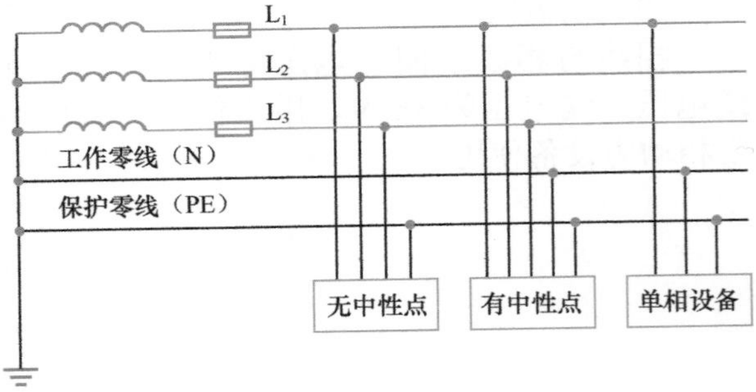

图 1-47　三相五线制供电

5　用电器（负载）的连接

用电器（负载）按其对供电电源的要求，可分为单相负载和三相负载。负载的接入原则是：应使加在每相负载上的电压等于其额定电压，而与电源的连接方式无关。

负载的连接方式有星形接法和三角形接法两种，如图 1-48 所示。

（1）单相负载的连接

工作时只需单相电源供电的用电器称为单相负载，主要包括照明负载、生活用电负载及一些单相设备。单相负载通常采用从三相中引出一相的供电方式。为了保证各个单相负载电压稳定，各单相负载均按照并联方式接入电路中。在单相负载设备较多时，可将所有单相负载平均分配为三组，分别接入三相电路中，以提高安全供电质量及供电效率。

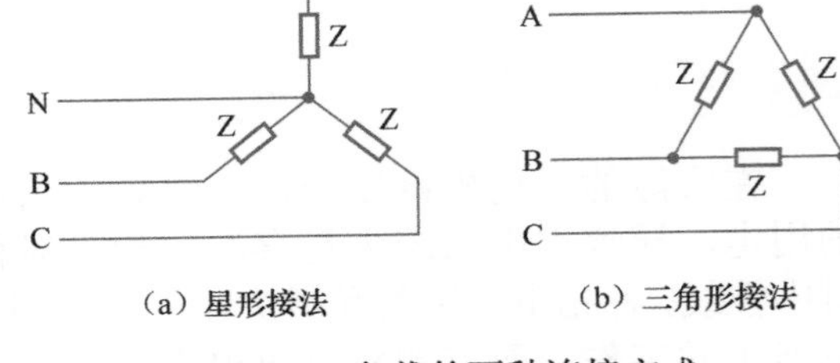

（a）星形接法　（b）三角形接法

图 1-48　负载的两种连接方式

（2）三相负载的连接

需要三相电源供电才能正常工作的电器称为三相负载。若每相负载的电阻相等、电抗相等而且性质相同的三相负载称为三相对称负载，否则称为三相不对称负载。

三相电动机可以接成星形，也可以接成三角形。当负载的额定电压等于电源线电压时，应做三角形连接。当负载的额定电压等于$\frac{1}{\sqrt{3}}$电源线电压，应做星形连接。

负载的连接如图 1-49 所示。

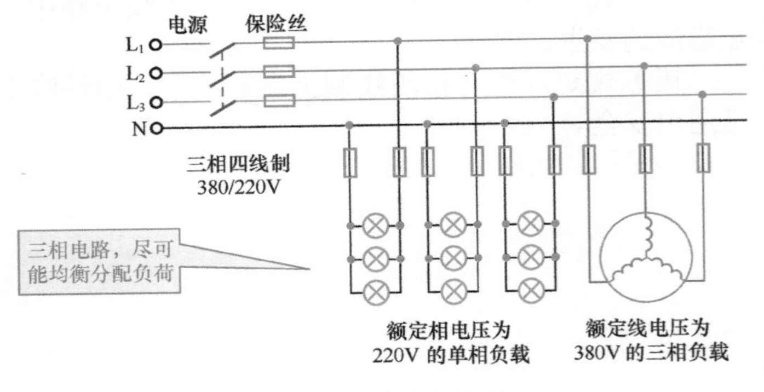

图 1-49　负载的连接

1.5.3　电能的测量与节能

1　电能的测量

电能表是用来测量和记录电能累计值的专用仪表，是目前电能测量仪表中应用最多、最广泛的仪表。

电能表的接线形式有直接接线方式和经过电流互感器接线方式。电能表接线的一般原则：电流线圈与负载串联或接在电流互感器的二次侧，电压线圈与负载并联或接在电压互感器的二次侧。

2　普通单相电子式电能表的接线

（1）单相电子式电能表直接接线方式

在低电压、小电流线路中，如果负载的功率在电能表允许的范围内，即流过电能表电流线圈的电流不至于导致线圈烧毁，那么就可以采用直接接线方式。

单相电子式电能表的结构如图 1-50 所示，其接线方法一般有直接接入法和经互感器接入法。直接接入法又分为一进一出和两进两出接线；经互感器接入法也分为一进一出和两进两出接线。

单相电子式电能表的端盖都画有接线图，有 4 个接线端子，从左至右按 1、2、3、4 编号。

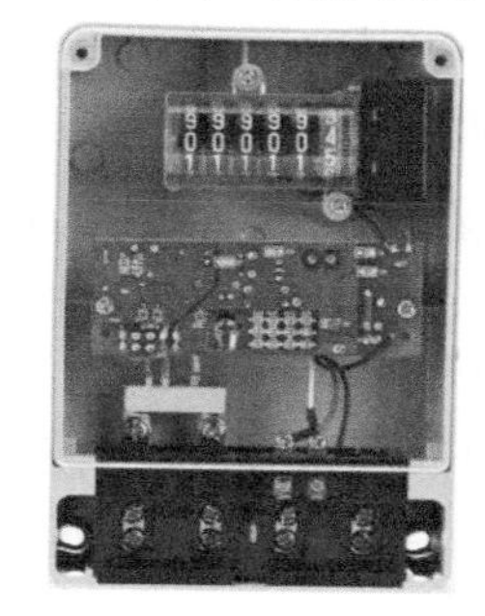

图 1-50　单相电子式电能表的结构

① 一进一出接线，由 1、3 进线，2、4 出线，如图 1-51（a）所示。

② 两进两出接线，即 1、2 进线，3、4 出线，如图 1-51（b）所示。

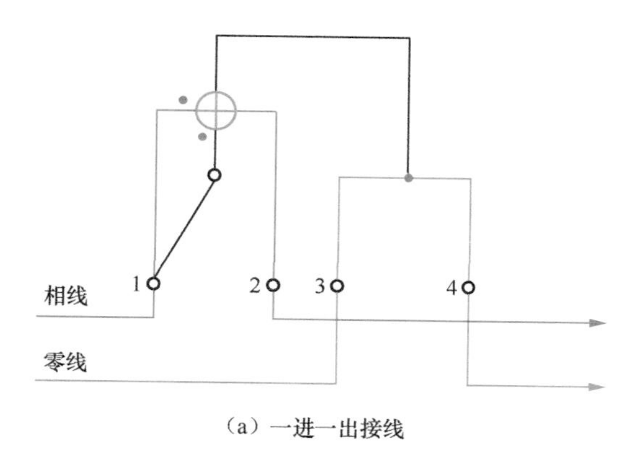

（a）一进一出接线

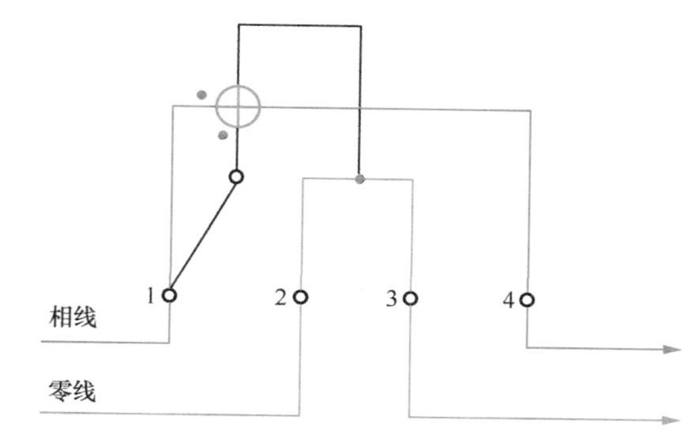

（b）两进两出接线

图 1-51　单相电子式电能表接线

（2）经互感器接入法

用单相电子式电能表测量 60A 以上电流的单相电路时，需要接互感器加电流表。常用的电流互感器二次侧额定电流为 5A，所以要求配用电能表的电流量程也应为 5A。

① 经电流互感器一进一出接线，如图 1-52（a）所示。

② 经电流互感器两进两出接线，如图 1-52（b）所示。

特别提醒

上面介绍的是单相电子式电能表的接线，单相感应式电能表的接线方法与此相同。

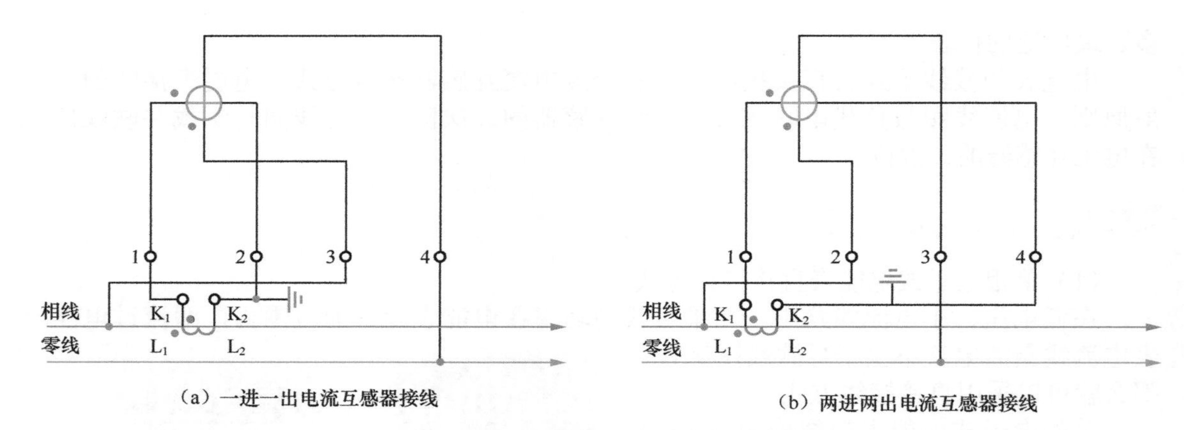

（a）一进一出电流互感器接线

（b）两进两出电流互感器接线

图 1-52　单相电子电能表经互感器接入法

3 单相远程费控智能电能表接线

下面以科陆 DDZY719-A 单相远程费控智能电能表为例，介绍其接线方法。

① 直接接入式的接线，如图 1-53 所示。

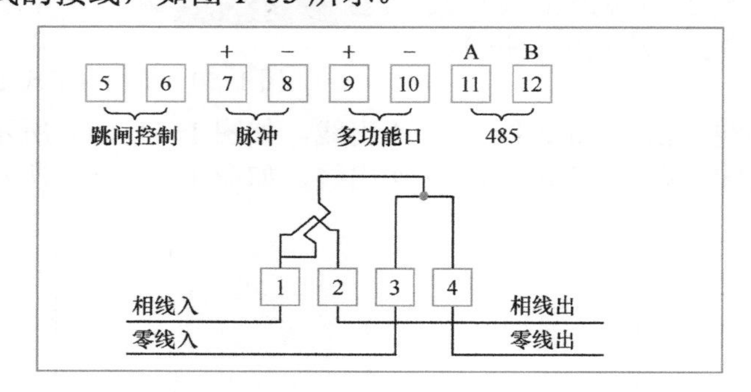

1—电流接线端子　2—电流接线端子　3—相线接线端子　4—零线接线端子　5—跳闸控制端子
6—跳闸控制端子　7—脉冲接线端子　8—脉冲接线端子　9—多功能输出口接线端子
10—多功能输出口接线端子　11—485-A 接线端子　12—485-B 接线端子

图 1-53　直接接入式的接线

② 经互感接入式的接线，如图 1-54 所示。

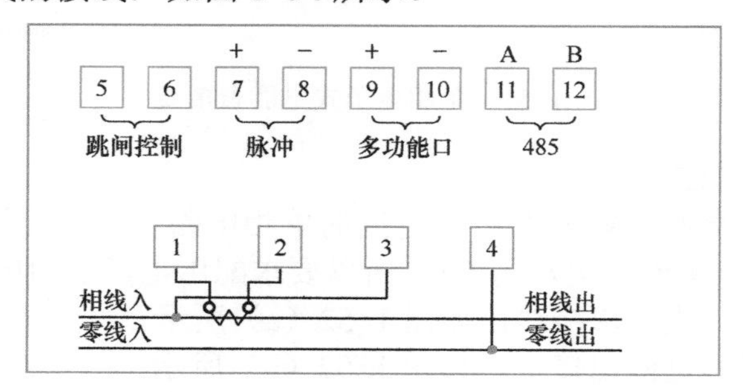

1—电流接线端子　2—电流接线端子　3—相线接线端子　4—零线接线端子　5—跳闸控制端子
6—跳闸控制端子　7—脉冲接线端子　8—脉冲接线端子　9—多功能输出口接线端子
10—多功能输出口接线端子　11—485-A 接线端子　12—485-B 接线端子

图 1-54　经互感接入式的接线

4 电力节能技术

随着我国经济的快速发展，对于电能的需求量越来越大，节约电能对经济和社会发展具有特殊的重要意义。同时，电力节能也是保障企业高效生产的关键。

（1）供配电系统的节能

① 正确划分负荷等级，不能人为提高负荷等级。

② 合理选择供电电压等级——减少线路损耗。

a．当单台电动机的额定输入功率大于1200kW时，应采用中（高）压供电方式。

b．当单台电动机的额定输入功率大于900kW而小于或等于1200kW时，宜采用中（高）压供电方式。

c．当单台电动机的额定输入功率大于650kW而小于或等于900kW时，可采用中（高）压供电方式。

③ 合理确定负荷指标（节能指标）、选择变压器容量和台数，变压器负荷率设计值范围宜为60%～80%。

④ 功率因数补偿。

⑤ 谐波治理加装有源滤波器来吸收电网的谐波，以减少和消除谐波的干扰，把奇次谐波控制在允许的范围内，保证电网和各类设备安全可靠的运行。

（2）电气照明的节能

① 正确选择照度标准。

② 合理选择照明方式。

a．工作场所应设置一般照明。

b．当同一场所内的不同区域有不同照度要求时，应采用分区一般照明。

c．对于作业面照度要求较高，只采用一般照明不合理的场所，宜采用混合照明。

d．在一个工作场所内不应只采用局部照明。

e．当需要提高特定区域或目标的照度时，宜采用重点照明。

③ 使用高光效光源。

④ 推广高效节能灯具。

⑤ 使用节能型镇流器。

（3）用电设备的节能

可淘汰老型号、高耗能、低效率的设备，更换新型号、高效率的节能型设备；也可通过对设备改造和加装节电器，实现节约用电。

（4）管理节能

通过合理的管理手段，达到节电节能的目的。例如：及时关停不用设备，合理安排生产程序，移峰填谷等。

第2章 电磁现象及其应用

2.1 电流与磁场

2.1.1 认识磁场

1 磁场的性质

视频 2.1：磁场基础知识

具有磁性的物体称为磁体。自然界中存在天然磁体和人造磁体两种。我们看见的磁体一般都是人造的，其外形有条形、蹄形、针形等。

磁体两端磁性最强的区域称为磁极。任何磁体都具有两个磁极，即S极（南极）和N极（北极）。磁极之间具有相互作用力，即同名磁极互相排斥，异名磁极互相吸引，如图2-1所示。

把磁极之间的相互作用力以及磁体对周围铁磁物质的吸引力通称为磁力。

磁体周围存在的一种特殊的物质叫作磁场。磁体间的相互作用力是通过磁场传送的。磁场是物质的一种特殊形态，它具有力和能量的性能。

【记忆口诀】

不管大小与粗细，磁铁均有两个极。
利用磁体吸铁件，两极磁力最旺盛。
南极S、北极N，两端最大磁场力。
同极相斥异吸引，万物都是同一理。

2 磁场的方向

磁场有方向性。人们规定，在磁场中某一点放一个能自由转动的小磁针，静止时小磁针N极所指的方向为该点的磁场方向，如图2-2所示。

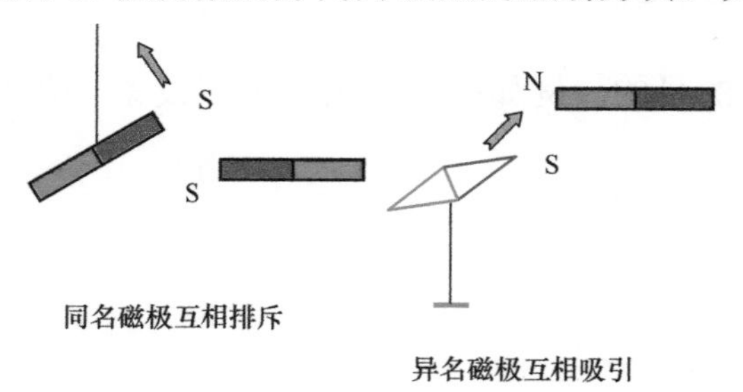

图2-1　磁极间的作用力

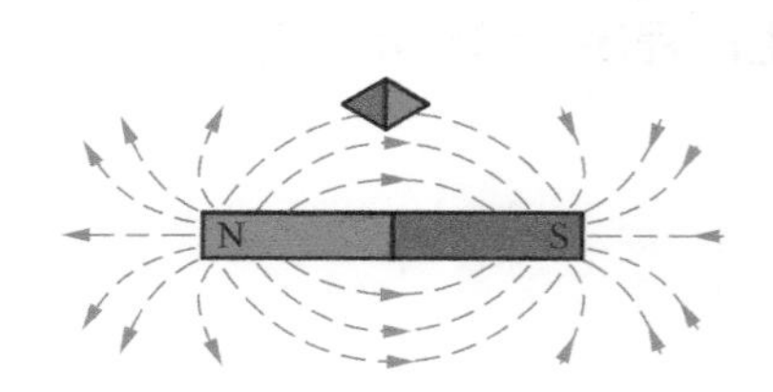

图2-2　磁场的方向

【记忆口诀】

磁场方向的规定，磁针静止N指向。

3 磁感线

为了形象地描绘磁场，在磁场中画出一系列有方向的假想曲线，使曲线上任意一点的切线方向与该点的磁场方向一致，我们把这些曲线称为磁感线。不同的磁场，磁感线的空间分布是不一样的，几种常见磁场的磁感线空间分布如图 2-3 所示。

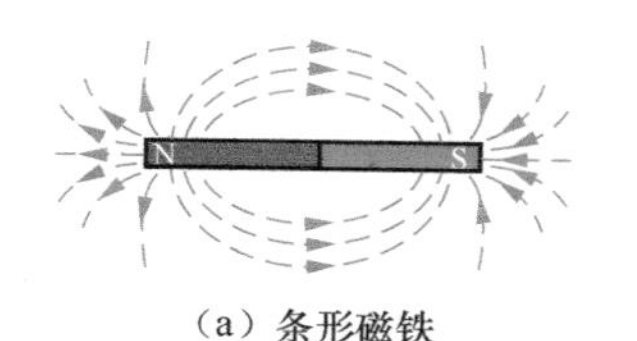

（a）条形磁铁

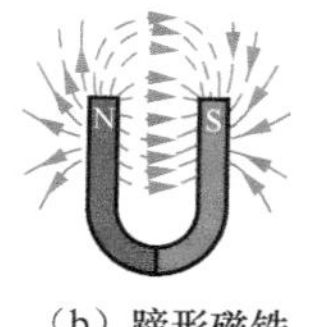

（b）蹄形磁铁

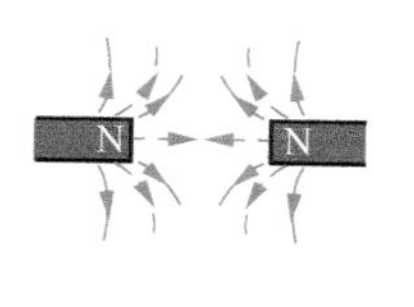

（c）同名磁铁

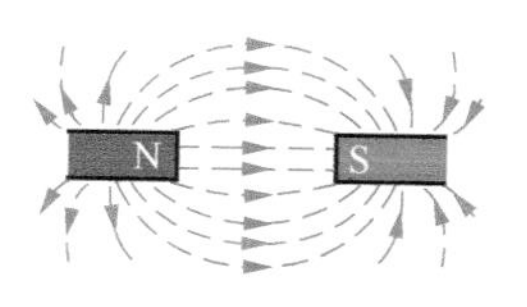

（d）异名磁铁

图 2-3　几种常见磁场的磁感线空间分布

磁感线具有以下特点。

① 磁感线在磁体外面的方向都是由N极指向S极，而在磁体内部却是由S极到N极，形成一个闭合回路。

② 磁感线互不相交，即磁场中任一点的磁场方向是唯一的，其方向就是该点磁感线的方向。

③ 磁场越强，磁感线越密。

④ 当存在导磁材料时，磁感线主要趋向从导磁材料中通过。

【记忆口诀】

有磁空间为磁场，描述磁场磁感线。
磁线平行不相交，每条都是闭合线。
N 极出发回 S 极，磁体外部磁感线。
S 极出发向 N 极，磁体内部穿磁线。

4 磁场的基本物理量

视频 2.2：磁场基本物理量

磁场的基本物理量有磁感应强度、磁通、磁导率和磁场强度，见表 2-1。它们是从不同侧面描述磁场的特性。

表 2-1　磁场的基本物理量

物理量	符号	表达式	单位及符号	说明
磁感应强度	B	$B=\frac{F}{IL}$	特［斯拉］（T）	① 磁感应强度又称磁通密度，是反映磁场中某一个点磁场强弱和方向的物理量。 ② 匀强磁场的磁力线是均匀分布的平行直线。 ③ $B=\frac{F}{IL}$成立的条件是导线与磁感应强度垂直。$\frac{F}{IL}$的比值是一个恒定值，所以，不能说 B 与 F 成正比，也不能说 B 与 I 和 L 的乘积成正比
磁通	Φ	$\Phi=BS$	韦［伯］（Wb）	① 磁通是反映磁场中某个面的磁场情况的物理量。 ② 公式 $B=\frac{\Phi}{S}$说明在匀强磁场中，磁感应强度就是与磁场垂直的单位面积上的磁通。所以，磁感应强度又称为磁通密度。 ③ 由公式 $B=\frac{\Phi}{S}$，还可得到磁感应强度的另一个单位：韦 / 米 ^{2}（Wb/m^2）
磁导率	μ	$\mu=\mu_r\mu_0$	亨［利］每米（H/m）	① 磁导率是描述物质导磁能力强弱的物理量。 ② 铁磁性物质的磁导率是一个变量，非铁磁性物质在真空中的磁导率是一个常数，$\mu_0=4\pi\times10^{-7}$H/m，其他物质的磁导率与真空中磁导率的比值叫作相对磁导率，即 $\mu_r=\mu/\mu_0$ 或 $\mu=\mu_0\mu_r$

续表

物理量	符号	表达式	单位及符号	说明
				③ 根据相对磁导率的大小，可将物质分为三类。 • $\mu_r < 1$ 的物质叫作反磁性物质； • $\mu_r > 1$ 的物质叫作顺磁性物质； • $\mu_r \gg 1$ 的物质叫作铁磁性物质
磁场强度	H	$H=\frac{B}{\mu}$	安［培］每米（A/m）	① 磁场强度反映磁场中某点的磁感应强度与磁介质磁导率的比值，是描述磁场强弱与方向的又一个基本物理量。 ② 磁场强度是矢量，方向与该点的磁感应强度 B 的方向相同

虽然磁感应强度、磁通和磁场强度都是反映磁场性质的物理量，但各自反映磁场性质的侧重点不同。磁感应强度主要反映磁场中某一点的磁场强弱和方向，它的大小与该磁场中的介质即磁导率有关。磁通是反映磁场中某一个截面的磁场情况，它同样与介质有关。磁场强度是反映磁场中某一点的磁场情况，与励磁电流和导体形状有关，但它与磁场中的介质即磁导率无关，它只是为了使运算简便而引入的一个物理量。

5 磁场的应用

磁场是广泛存在的，地球、恒星（如太阳）、星系（如银河系）、行星、卫星，以及星际空间和星系际空间都存在着磁场。磁现象是最早被人类认识的物理现象之一，指南针是中国古代的四大发明之一。

在现代科学技术和人类生活中，处处可遇到磁场，发电机、电动机、变压器、电报、电话、音箱及加速器、热核聚变装置、电磁测量仪表等无不与磁现象有关。甚至在人体内，伴随着生命活动，一些组织和器官内也会产生微弱的磁场。

2.1.2 载流导体的磁场

研究表明，磁体并不是磁场的唯一来源，在载流导体的周围也存在着磁场。有电流就会产生磁场，电流在磁场中会受到安培力的作用。

视频 2.3：载流导体的磁场

1 载流直导线的磁场

载流直导线周围磁场的磁感线是以直导线上各点为圆心的一些同心圆，这些同心圆位于与导线垂直的平面上，且距导线越近，磁场越强；导线电流越大，磁场也越强。

载流直导线的磁场可用右手螺旋定则判定。方法是：用右手的大拇指伸直，四指握住导线，当大拇指指向电流时，其余四指所指的方向就是磁感线的方向，如图2-4所示。

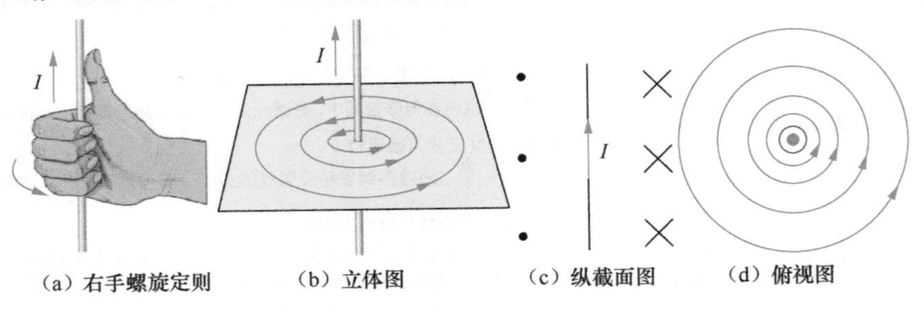

(a) 右手螺旋定则　(b) 立体图　(c) 纵截面图　(d) 俯视图

图 2-4　载流直导线的磁场

【记忆口诀】

载流导体生磁场，右手判断其方向。
伸手握住直导线，拇指指向流方向，
四指握成一个圈，指尖指示磁方向。

2 载流线圈的磁场

载流线圈（螺线管）产生的磁感线形状与条形铁相似。螺线管内部的磁感线方向与螺线管轴线平行，方向由 S 极指向 N 极；外部的磁感线由 N 极出来进入 S 极，并与内部磁感线形成闭合曲线。改变电流方向，磁场的极性就对调。

载流线圈的磁场方向仍然用右手螺旋定则判定。方法是：用右手握住线圈，大拇指伸直，四指指向电流的方向，则大拇指所指的方向便是线圈中磁感线的 N 极的方向。通常认为载流线圈内部的磁场为匀强磁场，如图 2-5 所示。

【记忆口诀】

载流导线螺线管，形成磁场有北南。
右手握住螺线管，电流方向四指尖。
拇指一端为 N 极，另外一端为 S 极。

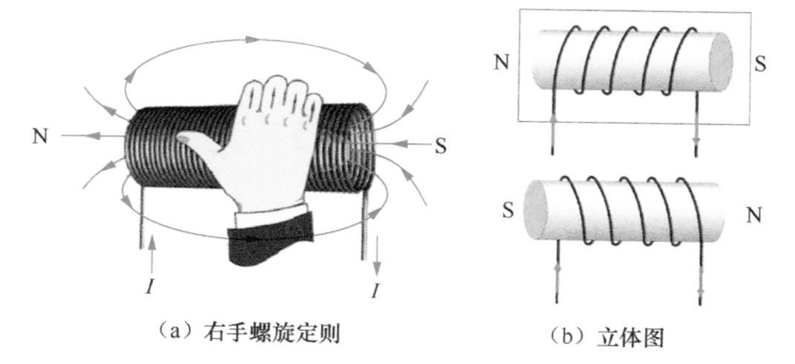

（a）右手螺旋定则　（b）立体图

图 2-5　载流线圈的磁场

3 环形载流体的磁场

环形载流体的磁场的磁感线是一系列围绕环形导线，并且在环形导线的中心轴上的闭合曲线，磁感线和环形导线平面垂直。

环形载流体的电流及其磁感线的方向，也可以用安培定则来判定。方法是：右手弯曲的四指和环形电流的方向一致，则伸直的大拇指所指的方向就是环形导线中心轴上磁感线的方向，如图 2-6 所示。

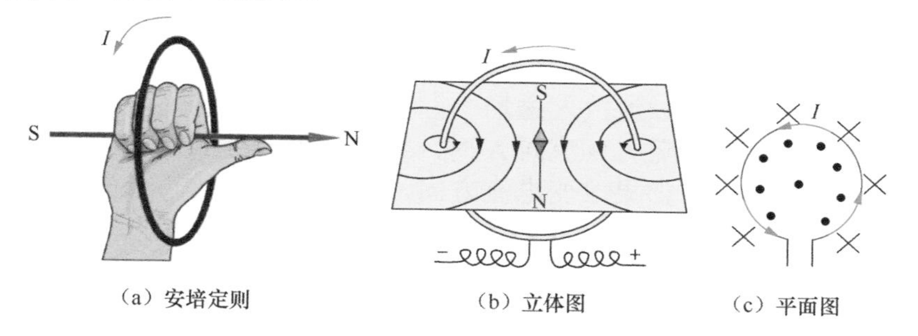

（a）安培定则　（b）立体图　（c）平面图

图 2-6　环形载流体的磁场

4 交变磁场及应用

当线圈通过交流电时，线圈周围将产生交变磁场。利用交变磁场的原理可以制作消磁器，用来对需要消磁的物体进行反复磁化，最终达到消磁的目的，如图 2-7 所示。

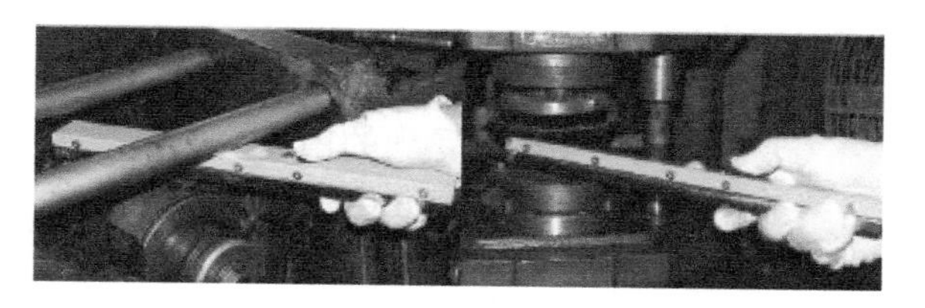

图 2-7　用消磁器消除机床设备上的剩余残磁

5 磁屏蔽及应用

电可以生成磁，磁也能带来电，变化的电场和变化的磁场构成了一个不可分离的统一的场，这就是电磁场，而变化的电磁场在空间的传播形成了电磁波，所以电磁波也常称为电波。在电子设备中，有些部件需要防止外界磁场的干扰。为解决这种问题，就要用铁磁性材料制成一个罩子，把需防干扰的部件罩在里面，使它和外界磁场隔离，也可以把那些辐射干扰磁场的部件罩起来，使它不能干扰别的部件，这种方法称为磁屏蔽。

磁屏蔽广泛用于电子电路中，主要用于防止一些高频电子装置受到外界磁场的干扰，也可防止高频电子装置产生的磁场干扰外界通信，如图 2-8 所示。

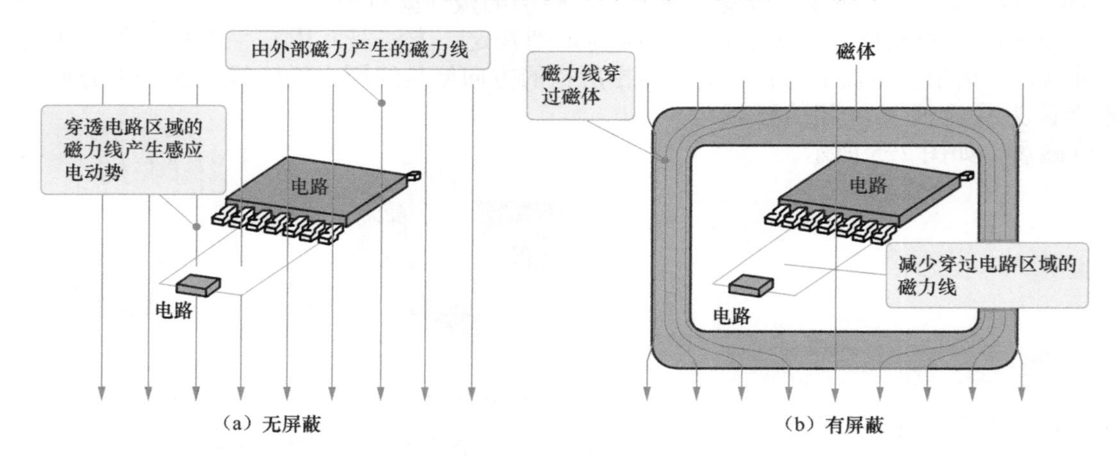

图 2-8 磁屏蔽的作用

2.1.3 电磁力及应用

1 磁场对载流直导线的作用

如图 2-9 所示，将一直导线放入磁场中。当导线未载流时，导线不动；当接通电源，如果电流从 B 流向 A 时，导线立刻向外侧运动，说明导线受到了向外的力；如果改变电流方向，则导体向相反的方向运动，说明力的方向也发生改变。可见，通电导体在磁场中会受力而做直线运动，我们把这种力称为电磁力，用 F 表示。

视频 2.4：左手定则

电磁力 F 的大小与通过导体的电流 I 成正比，与载流导体所在位置的磁感应强度 B 成正比，与导体在磁场中的长度 L 成正比，与导体和磁感线夹角正弦值成正比，即

$$F = BIL\sin\alpha$$

式中 F——导体受到的电磁力，N；

I——导体中的电流，A；

L——导体的长度，m；

$\sin\alpha$——导体与磁感线夹角的正弦。

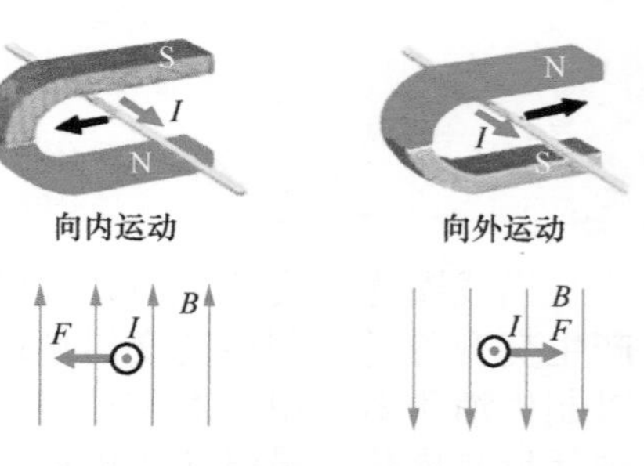

图 2-9 载流导体在磁场中受力

载流直导线在磁场中作用力的方向可用左手定则判定。方法是：伸开左手，使拇指与四指在同一平面内并且互相垂直，让磁感线垂直穿过掌心，四指指向电流方向，则拇指所指的方向就是通电导体受力的方向，如图 2-10 所示。

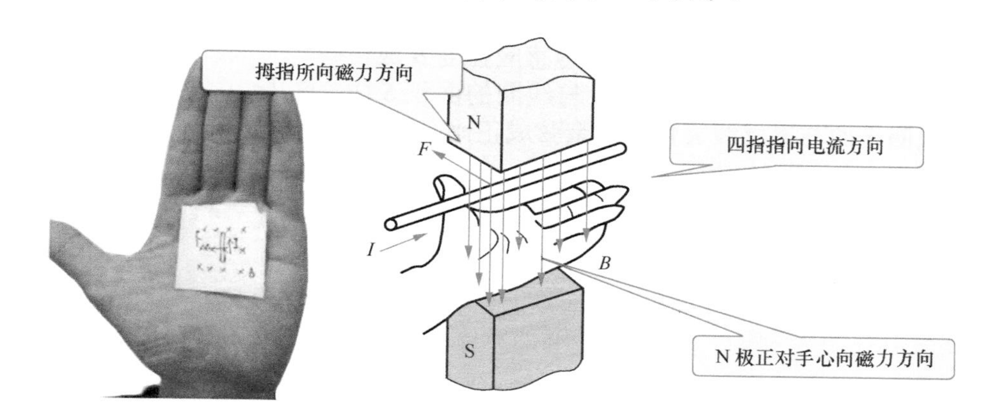

图 2-10 左手定则

【左手定则记忆口诀】

电流通入直导线，就能产生电磁力。
左手用来判断力，拇指四指成垂直。
平伸左手磁场中，N 极正对手心里，
四指指向电流向，拇指所向电磁力。

特别提醒

两根互相平行且相距不远的直导线通以同方向电流时，相互吸引，如图 2-11 所示。如果两平行直导线通以反向电流，则互相排斥。

依据上述原理，我们在敷设电力线路时，导线之间必须保持一定的间隔距离，以确保线路安全。

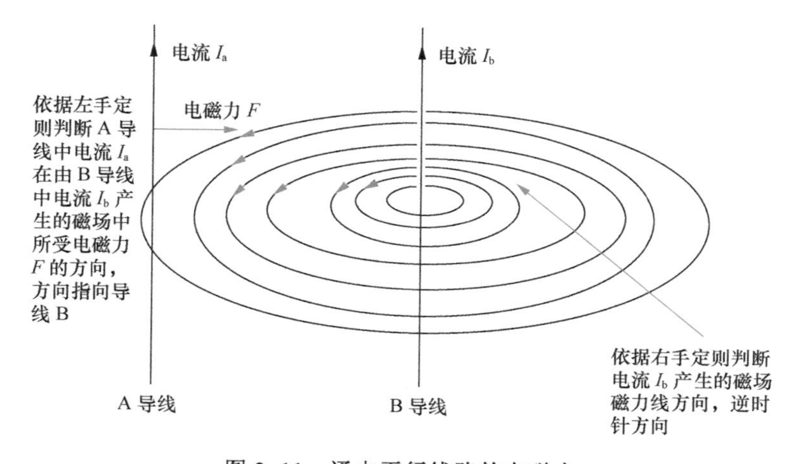

图 2-11 通电平行线路的电磁力

2 磁场对矩形线圈的作用

通电矩形线圈在磁场中受到转矩的作用而转动。线圈的转动方向用左手定则判定，其受力分析如图 2-12 所示。

线圈所受的转矩 M 与线圈所在的磁感应强度 B 成正比，与线圈中流过的电流 I 成正比，与线圈的面积 S 成正比，与线圈平面与磁感线夹角 α 的余弦成正比，即

$$M=BIS\cos\alpha$$

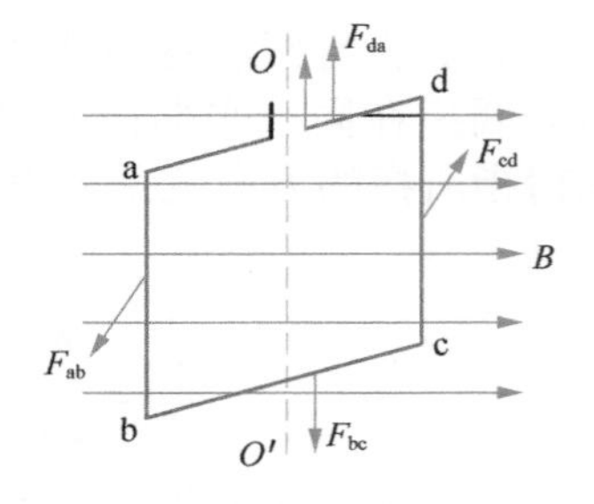

图 2-12 通电线圈在磁场中的受力

特别提醒

通电矩形线圈在磁场中受转矩作用而转动，这一物理现象的发现让人类发明了电动机。

磁力式电能表就是根据通电矩形线圈在磁场中受转矩作用的原理工作的。

2.1.4 电磁铁

电磁铁是利用载流铁芯线圈产生的电磁吸力来操纵机械装置，以完成预期动作的一种装置，是将电能转换为机械能的一种电磁元件。

电磁铁属非永久磁铁，通电后能够产生磁性，像磁铁一样可以吸附铁类物体，断电后磁性就随之消失。

1 电磁铁的结构及原理

电磁铁主要由线圈、铁芯及衔铁三部分组成，如图 2-13 所示。铁芯和衔铁一般用软磁材料制成。铁芯一般是静止的，线圈总是装在铁芯上。用于开关电器的电磁铁的衔铁上还装有弹簧。

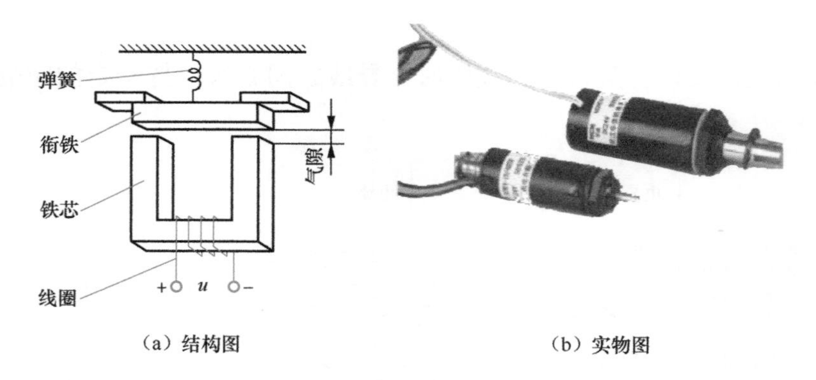

（a）结构图　　（b）实物图

图 2-13 电磁铁

当线圈通电后，铁芯和衔铁被磁化，成为极性相反的两块磁铁，它们之间产生电磁吸力。当吸力大于弹簧的反作用力时，衔铁开始向铁芯方向运动。当线圈中的电流小于某一定值或中断供电，电磁吸力小于弹簧的反作用力时，衔铁将在反作用力的作用下返回原来的释放位置。

一般而言，电磁铁所产生的磁场与电流大小、线圈圈数及中心的铁磁体有关。

电磁铁的磁场方向可以用右手螺旋定则来判定。

2 电磁铁的种类及作用

① 牵引电磁铁——主要用来牵引机械装置、开启或关闭各种阀门，以执行自动控制任务。

② 起重电磁铁——用作起重装置来吊运钢锭、钢材、铁砂等铁磁性材料。

③ 制动电磁铁——主要用于对电动机进行制动以达到准确停车的目的。

④ 自动电器的电磁系统——如电磁继电器和接触器的电磁系统、自动开关的电磁脱扣器及操作牵引电磁铁等。

2.2 电磁感应

2.2.1 感应电流的产生

1 电磁感应现象

视频 2.5：右手定则

电磁感应是指在一定条件下，由于磁通量的变化而产生感应电动势的现象。当磁场和导体（线圈）发生相对运动时，获得的电流称为感应电流，形成感应电流的电动势称为感应电动势。利用磁场获得感应电流的方法有 4 种，如图 2-14 所示。

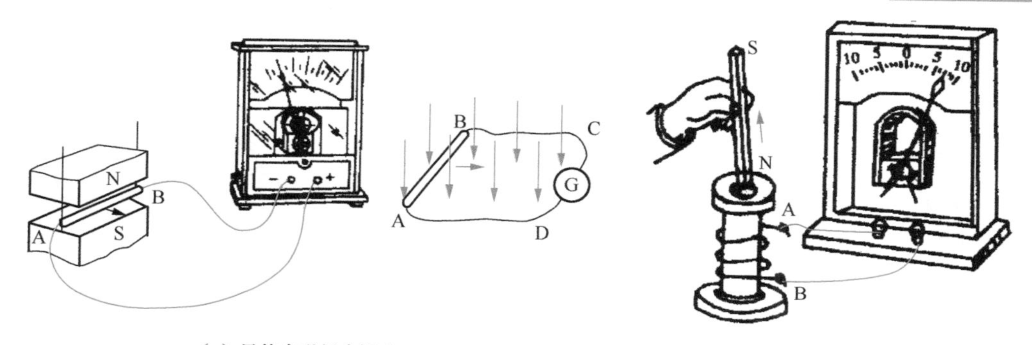

（a）导体在磁场中运动

（b）条形磁铁插入或拔出

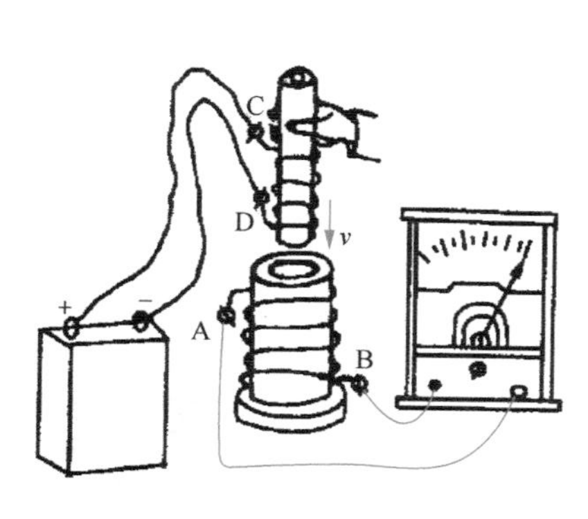

（c）线圈做相对运动

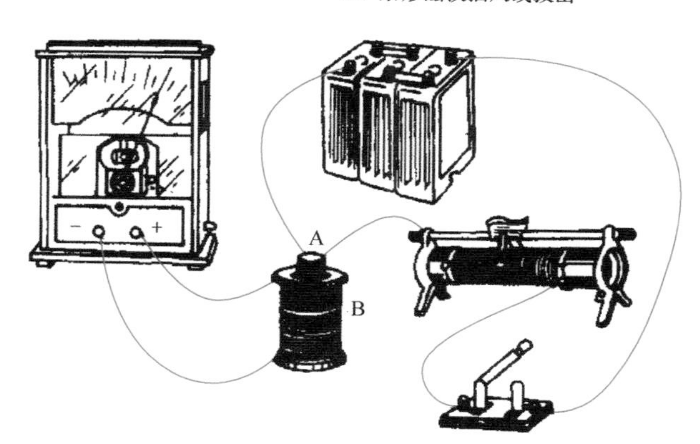

（d）闭合或断开开关

图 2-14 产生感应电流的试验

从上述试验可得出的结论：只要闭合电路的一部分导体做切割磁感线运动时，或穿过闭合电路的磁通量发生变化时，闭合电路中就有感应电流产生。

电磁感应现象的发现，是电磁学领域中伟大的成就之一。电磁感应在电工、电子技术、电气化、自动化方面的广泛应用对推动社会生产力和科学技术的发展发挥了重要的作用。它不仅揭示了电与磁之间的内在联系，而且为电与磁之间的相互转化奠定了试验基础，为人类获取巨大而廉价的电能开辟了道路。

电磁感应是发电机、电动机、变压器等电力设备的理论基础。

特别提醒

穿过闭合回路的磁通量发生变化，意味着穿过此闭合电路的磁感线条数发生了变化，这种变化可能是由磁场的变化引起的，也可能是由电流的变化引起的，也可能是由闭合电路的部分导线切割磁感线引起的，或两者均有之。

只要有磁通量发生变化，就必然有感应电动势产生。只有导线与负载连接成闭合回路时，才有感应电流产生。

【记忆口诀】

电磁感应磁生电，磁通变化是条件。
回路闭合有电流，回路断开是电势。

2 感应电流方向的判定

在电磁感应现象中，感应电流的方向取决于产生感应电流的条件。

如果是闭合电路一部分的导体在磁场中做切割磁感线运动而产生的感应电流时，可用右手定则来判定。方法是：伸开右手，使拇指和其余四指垂直，且在同一平面内，让磁感线垂直穿过手心，拇指指向导线运动的方向，则其余四指所指着的方向就是感应电流的方向，如图 2-15 所示。

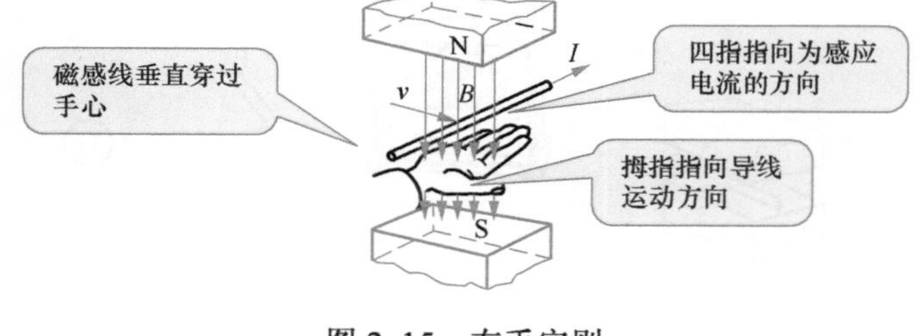

图 2-15　右手定则

【右手定则记忆口诀】

导线切割磁感线，感应电势生里面。
导线外接闭合路，感应电流右手判。
平伸右手磁场中，手心面对 N 极端。
导线运动拇指向，四指方向为电流。

特别提醒

初学者对左手定则和右手定则经常混淆，判断磁场对电流的作用力要用左手定则，判断感应电流的方向要用右手定则。即关于力的用左手，其他的（一般用于判断感应电流方向）用右手定则。在这两个定则中，四指和手掌的放法和意义是相同的，唯一不同的是拇指的意义。

【记忆口诀】

左右手，不随便。
左通电，右生电。
掌心均迎磁感线。

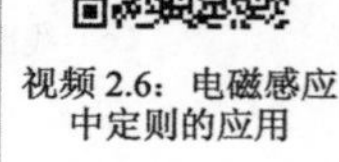

视频 2.6：电磁感应中定则的应用

2.2.2　电磁感应的典型应用

电磁感应原理是电磁学中重大发现之一，它揭示了电、磁现象之间的相互联系。依据电磁感应原理，人们制造出了发电机，电能的大规模生产成为可能。与此同时，电磁感应现象还广泛应用在电工技术、电子技术以及电磁测量等领域，由此，人类社会迈进了电气化时代。

下面简要介绍电磁感应原理在生产生活中的应用情况。

1　磁悬浮列车

在磁悬浮列车的底部安装超导磁体，在轨道的两旁则铺设有一系列的闭合铝环，当列车运行起来时，由于超导磁体产生的磁场相对于铝环有运动，根据电磁感应原理，在铝环内就会产生感应电流，而超导体和感应电流之间会有相互作用，产生向上的排斥力。当排斥力大于列车的自身重力时，列车就会悬浮起来（离地上的轨道平面 1cm 左右）。当列车减速时，随着磁场的减小，相应的排斥力也变小，因此，悬浮列车也要配车轮，但它的车轮像飞机一样在高速运行时可以及时地收起来。当悬浮列车悬浮起来以后，由于没有了车轮和它的轨道之间的摩擦力，只需不大的牵引力功率就可以让列车的速度达到 500km/h。与现有的列车相比，磁悬浮列车有高速、安全（无翻车或脱轨危险）、噪声低（约 60dB）和占地小等优点，是理想的交通工具，如图 2-16 所示。

（a）实物图

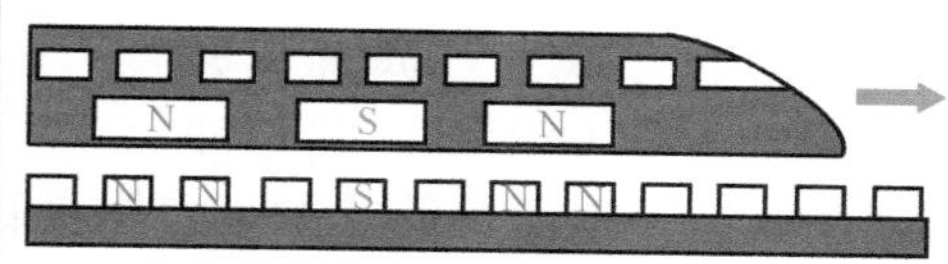

（b）原理图

图 2-16　磁悬浮列车

2　动圈式话筒

动圈式话筒是把声音转变为电信号的装置，其工作原理图如图 2-17 所示。当声波使金属膜片振动时，连接在膜片上的线圈（叫作音圈）随着一起振动。音圈在永磁铁的磁场里振动，其中就产生感应电流（电信号）。感应电流的大小和方向都变化，振幅和频率的变化由声波决定。这个信号电流经扩音器放大后传给扬声器，从扬声器中就发出放大的声音。

3　磁卡

磁卡是在 PVC 材料表面附加上磁条，它的基本原理与录音机的磁带一样，是利用磁化来改变磁条磁性的强弱，从而记录和修改信息的。读卡时，当磁卡以一定的速度通过装有线圈的工作磁头时，线圈会切割磁卡外部的磁感线，在线圈中产生感应电流，从而传输了被记录的信号。磁卡应用非常广泛，如银行卡、公交 IC 卡等，如图 2-18 所示。

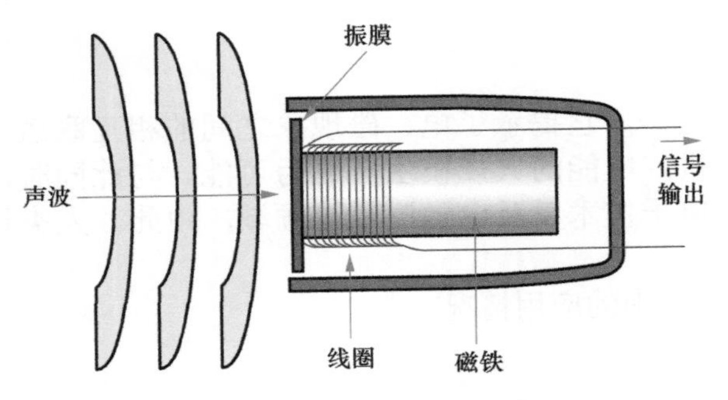

图 2-17　动圈式话筒工作原理图

图 2-18　磁卡

4 电磁炉

电磁炉是利用电磁感应加热原理制成的电烹饪器具。使用时，线圈中通入交变电流，线圈周围便产生一交变磁场，交变磁场的磁力线大部分通过金属锅体，在锅底中产生大量的涡电流，从而产生烹饪所需的热，如图 2-19 所示。在加热过程中没有明火，因此电磁炉使用安全、卫生。

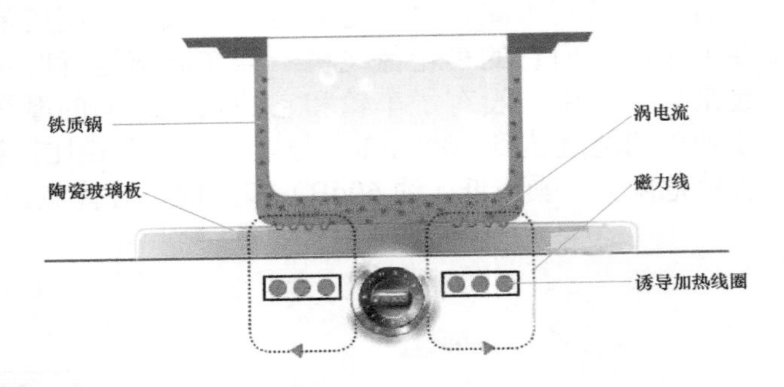

图 2-19　电磁炉工作原理图

电磁炉产生的交变磁场，不但会产生涡流热效应，而且会促使金属锅体的分子运动并互相碰撞，造成分子间的摩擦生热，这两种热效应是直接发生在锅体本身，其热能的损耗很小。由于电磁炉的热源来自锅具底部，而不是电磁炉本身发热传导给锅具，所以电磁炉的热效率可达 80%，比煤气灶约高 1 倍，而且加热均匀，烹调迅速，节省电能。

5 发电机

发电机的基本原理就是物理课所讲的“磁力生电”。发电机机组的基本元件是原动机、转子和定子。

原动机泛指利用能源产生原动力的一切机械，按利用的能源分为热力发动机、水力发动机、风力发动机和电动机等。原动机的作用是提供能量驱动发电机转子旋转。

转子利用剩磁或直流电产生磁场，当转子旋转时对定子形成相对的切割磁力线运动，在定子上产生感应电势。如果定子和外部回路接通形成闭合回路，就有电流输出给负荷。图 2-20 所示为硅整流发电机结构示意图。

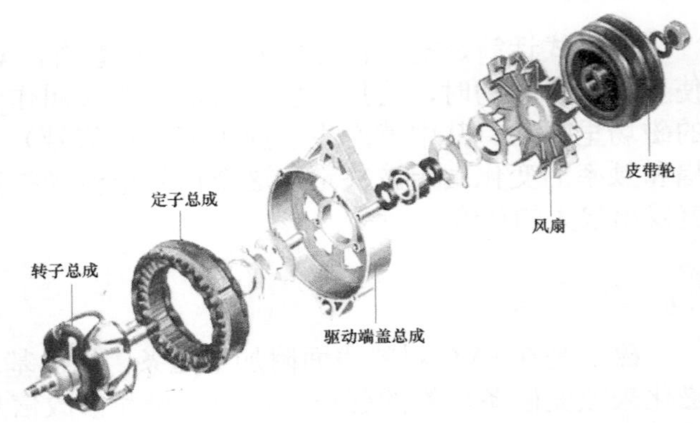

图 2-20　硅整流发电机结构示意图

6 电动机

电动机是把电能转换成机械能的一种设备，按使用电源不同分为直流电动机和交流电动机。电力系统中的电动机大部分是交流电动机，可以是同步电动机也可以是异步电动机（电机定子磁场转速与转子旋转转速不保持同步）。

电动机主要由定子与转子组成，利用通电线圈（也就是定子绕组）产生旋转磁场并作用于转子(鼠笼式闭合铝框)形成磁电动力旋转扭矩。简单地说，电动机的工作原理就是磁场对电流受力的作用使转子转动。通电线圈在磁场中受力运动的方向与电流方向和磁感线（磁场方向）方向有关，如图 2-21 所示。图中，abcd 为线框，AB 为电刷，EF 为换向器。

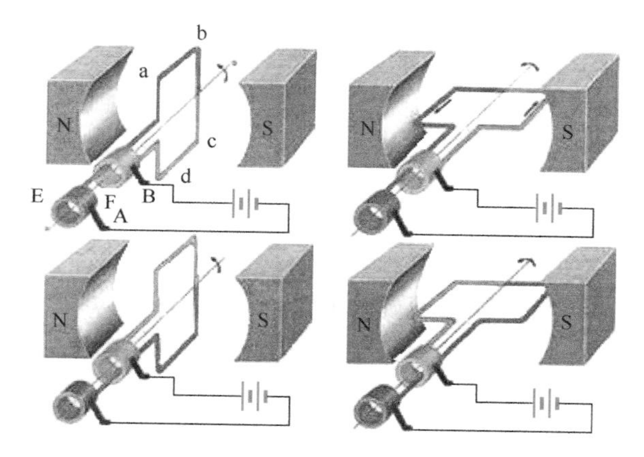

图 2-21 电动机工作原理

关于电动机的有关知识，本书后续章节有详尽介绍，请读者关注。

2.3 电感器和变压器

电感线圈是能够把电能转化为磁能而存储起来的元件，是根据电磁感应原理制成的一种元器件，凡是能够产生电感作用的器件称为电感器。变压器是利用电磁感应的原理来改变交流电压的装置。

2.3.1 自感与电感器

1 自感

视频 2.7：自感现象

当导体中的电流发生变化时，它周围的磁场就随着变化，并由此产生磁通量的变化，因而在导体中就产生感应电动势，这个电动势总是阻碍导体中原来电流的变化，此电动势即自感电动势。这种现象就叫作自感现象。

自感现象是一种特殊的电磁感应现象。它是由于导体本身电流发生变化引起自身产生的磁场变化而导致其自身产生的电磁感应现象。

（1）自感的利用

自感现象在各种电器设备和无线电技术中有广泛的应用。例如，在图 2-22 所示的日光灯电路图中，镇流器是一个带铁芯的线圈，日光灯在启动的时候需要一个很大的启辉电压，那么这个电压是哪儿来的呢？当电路开关闭合的时候，由于启辉器里面的氖气放电而发出辉光，从而使得电路能够接通，在镇流器刚接通的瞬间，产生很大的自感电压，

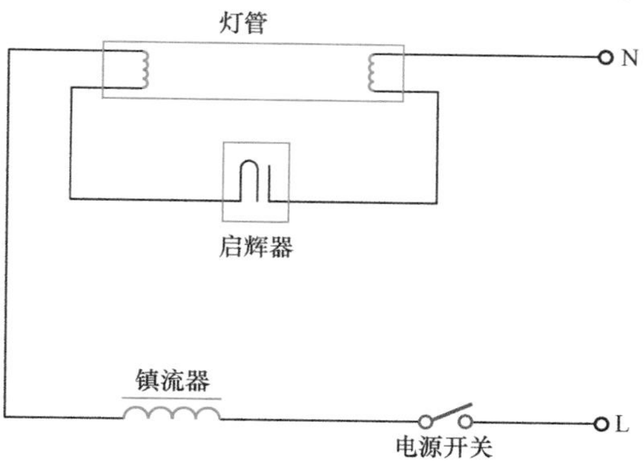

图 2-22 日光灯电路图

于是日光灯进入正常的工作状态。

（2）自感的弊端

自感现象也有不利的一面，在自感系数很大且电流又很强的电路（如大型电动机的定子绕组）中，在切断电路的瞬间，由于电流强度在很短的时间内发生很大的变化，会产生很高的自感电动势，使开关的闸刀和固定夹片之间的空气电离而变成导体，形成电弧。这样会烧坏开关，甚至危害到人员的安全。因此，切断这段电路时必须采用特制的安全开关。

2 电感

对于不同的线圈，在电流变化快慢相同的情况下，产生的自感电动势是不同的，电学中用自感系数来表示线圈的这种特征。自感系数简称自感或电感，用 L 表示。

实验证明，穿过电感器的磁通量 Φ 和电感器通入的电流 I 成正比关系。磁通量 Φ 与电流 I 的比值称为自感系数，又称电感量，用公式表示为

$$L=\Phi/I$$

电感量的基本单位为亨利（简称亨），用字母 H 表示，此外还有毫亨（mH）和微亨（μH），它们之间的关系为

$$1\text{H}=1\times10^3\text{mH}=1\times10^6\mu\text{H}$$

各种电感器电感量的大小与电感线圈的圈数（又称匝数）、线圈的截面面积、线圈内部有没有铁芯或磁芯有很大的关系。如果在其他条件都相同的情况下，线圈圈数越多，电感量就越大；圈数相同，其他条件不变，那么线圈的截面面积越大，电感量也越大；同一个线圈，插入铁芯或磁芯后，电感量比空心时明显增加，而且插入的铁芯或磁芯质量越好，线圈的电感量就增加得越多。

通常，有铁芯变压器的电感量可达几亨，而一般电感线图的电感量只有几微亨到几毫亨。

3 电感器的种类

电感器是由导线一圈挨一圈地绕在绝缘管上，导线彼此互相绝缘，而绝缘管可以是空心的，也可以包含铁芯或磁粉芯。电感线圈是常用的基本电子元件之一，通常简称为“电感器”或“电感”。它曾经与电阻器、电容器一起被称为电工学的三大件。电感器的种类见表 2-2。

表 2-2　电感器的种类

分类方法	种类
按电感是否变化分	固定电感、可变电感和微调电感
按磁体的性质分	空心线圈、磁芯线圈
按结构分	单层线圈、多层线圈
按工作频率分	高频电感、中频电感和低频电感
按用途分类	振荡电感、校正电感、显像管偏转电感、阻流电感、滤波电感、隔离电感、补偿电感

各种电感器的外形差异较大，一般来说，电感器至少有 2 根引脚，如图 2-23 所示。

没有抽头的电感器只有 2 根引脚，这两根元件没有极性之分，使用时可以互换。如果电感器有抽头，引脚数目会在 3 根及以上，这些引脚就有头、尾和抽头的区别，

使用时不能搞错。

最简单的电感器是用绝缘导线空心地绕几圈，有磁芯的电感器是在磁芯或者铁芯上用绝缘导线绕几圈，如图 2-24 所示。

在电子线路中比较常用的色环电感器，属于有磁芯的电感器，它们是在线圈绕制好后，用塑料或环氧树脂等封装材料将线圈和磁芯等密封起来的，如图 2-25 所示。

在电子产品中，还有一种可调电感器，俗称中周。它有带螺纹的磁芯，转动磁芯可以改变线圈的电感量，如图 2-26 所示。

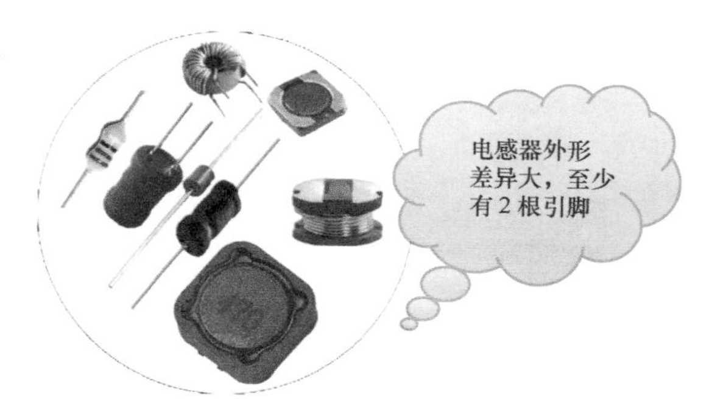

图 2-23　常用电感器的外形

（a）空心电感器

（b）有磁芯或铁芯的电感器

图 2-24　电感器

图 2-25　色环电感器

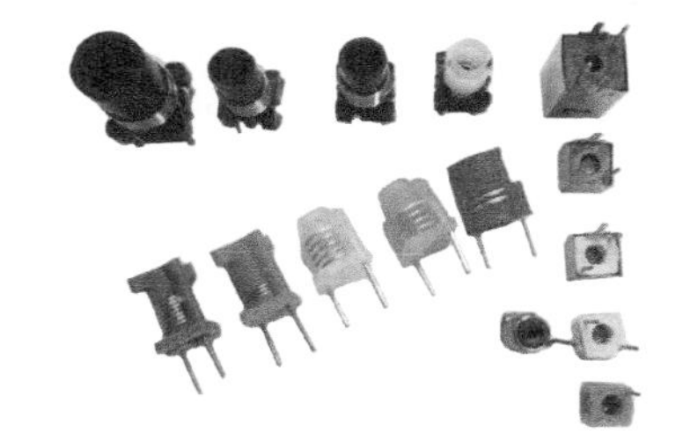

图 2-26　可调电感器

4　电感器的作用

电感器一般用漆包线、纱包线或塑皮线等在绝缘骨架或磁芯、铁芯上绕制成一组串联的同轴线匝。它在电路中用字母 L 表示。

电感器同电容器一样，也是一种储能元件，可以把电能与磁场能相互转换。

电感器的作用主要是通直流、阻交流，在电路中主要起到滤波、振荡、延迟、陷波等作用。电感线圈对交流电流有阻碍作用，阻碍作用的大小称感抗，用 X_L 表示，单位是 Ω。

电感器还有筛选信号、过滤噪声、稳定电流及抑制电磁波干扰等作用。在电子设备中，经常看到磁环，这种磁环与连接电缆构成一个电感器（电缆中的导线在磁环上绕几圈电感线圈）。它是电子电路中常用的抗干扰元件，对高频噪声有很好的屏蔽作用，故被称为吸收磁环。

特别提醒

电感器具有阻交流、通直流，阻高频、通低频的作用。也就是说高频信号通过电感线圈时会遇到很大的阻力，很难通过，而低频信号通过它时所受到的阻力比较小，即低频信号可以较容易通过。电感线圈对直流电的电阻几乎为零。

5 电感器的符号

在电路图中，电感器用大写字母 L 表示。由于电感器的类型较多，电感器的图形符号如图 2-27 所示。

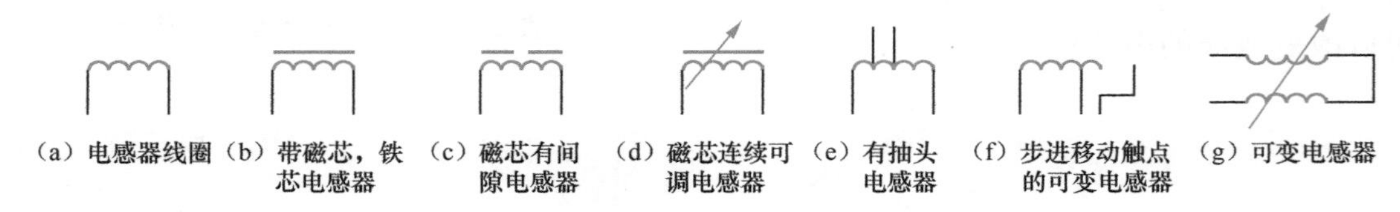

图 2-27 电感器的图形符号

6 电感器在电路中的应用实例

（1）电感器在分频网络中的应用

图 2-28 所示为音响电路的分频电路。电感线圈 L_1 和 L_2 为空心密绕线圈，它们与 C_1、C_2 组成分频网络，对高、低音进行分频，以改善放音效果。

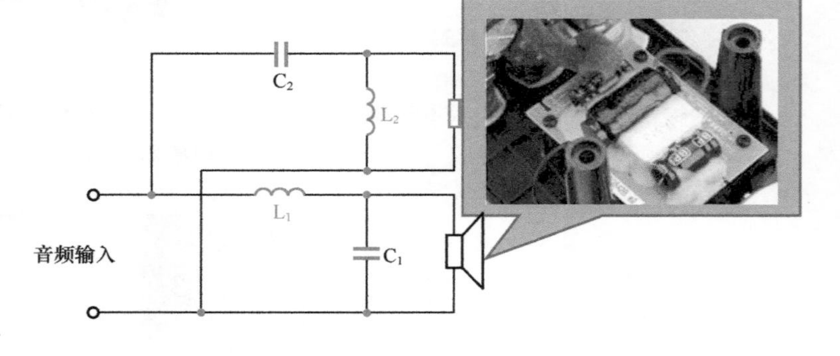

图 2-28 音频分配网络

（2）电感器在收音机电路中的应用

图 2-29 所示电路为单管半导体收音机电路。其中 VT_1 为高频半导体管，耐压等级为 500V。L_1 为天线线圈，它是在磁棒上用多股导线绕制而成的。L_1 与 C_1、C_2 组成并联谐振电路，对磁棒天线接收到的无线电信号进行选频，选出的信号由 L_1 感应到 L_2，由 VT_1 进行放大，放大了的信号送到 L_3。L_3 为一个固定电感器，电感量为 3mH。电感器的作用是利用感抗阻止高频信号进入耳机，而仅让音频信号通过，从而使我们可以听到电台的播音。

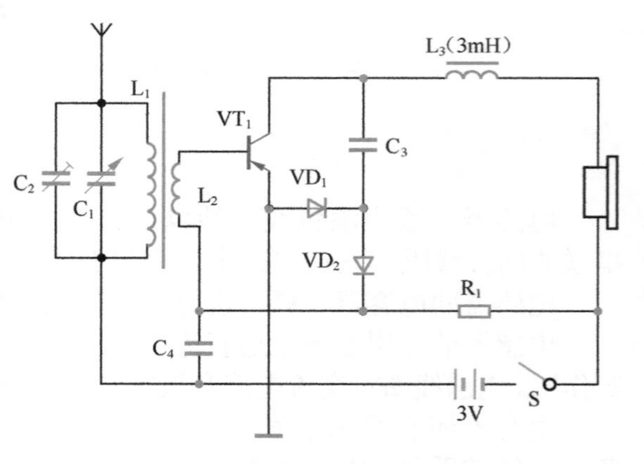

图 2-29 单管半导体收音机电路

（3）电感器在滤波电路中的应用

滤波电路的原理实际是 L、C 元件基本特性的组合利用。不同滤波电路会对某种频率信号呈现很小或很大的电抗，能让该频率信号顺利通过或阻碍它通过，从而起到选取某种频率信号和滤除某种频率信号的作用，如图 2-30 所示。

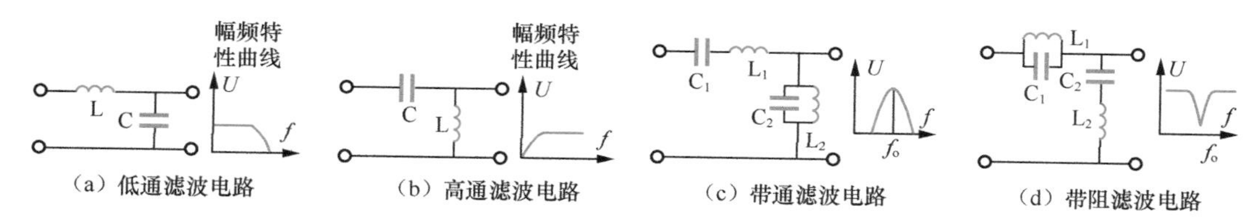

图 2-30 滤波电路

图 2-30（a）所示为低通滤波电路。当有信号从左至右传输时，L 对低频信号阻碍小，对高频信号阻碍大；C 则对低频信号衰减小，对高频信号衰减大。因此，该滤波电路容易通过低频信号，称为低通滤波电路。

图 2-30（b）所示为高通滤波电路。滤波电路容易通过高频信号，所以称为高通滤波电路。

图 2-30（c）所示为带通滤波电路。它利用 C_1 和 L_1 串联对谐振信号阻抗小，C_2 和 L_2 并联对谐振信号阻抗大的特性，能让谐振信号 f 容易通过，而阻碍其他频率信号通过，所以称为带通滤波电路。

图 2-30（d）所示为带阻滤波电路。它利用 C_1 和 L_1 并联对谐振信号阻抗大，C_2 和 L_2 串联对谐振信号阻抗小的特性，容易让谐振频率以外的信号通过，而抑制谐振信号通过，所以称为带阻滤波电路。

2.3.2 互感与变压器

1 互感

（1）互感现象

在两个相邻线圈中，当一个线圈中的电流发生变化时，临近的另一个线圈中就会产生感应电动势，叫作互感现象。互感现象产生的感应电动势称为互感电动势。

互感现象是一种常见的电磁感应现象，不仅发生于绕在同一铁芯上的两个线圈之间，而且也可以发生于任何两个相互靠近的电路之间。

视频 2.8：互感

（2）互感线圈的同名端

把互感线圈由电流变化所产生的自感电动势与互感电动势的极性始终保持一致的端点，叫作同名端，反之叫作异名端。电路图中常常用小圆点或小星号标出互感线圈的同名端，它反映出互感线圈的极性，也反映了互感线圈的绕向，如图 2-31 所示。

1）线圈 1 和线圈 2 绕向相同

如图 2-31（a）所示，当线圈 1 中的电流增加时，应用右手螺旋定则可知，线圈 1 中自感电动势的极性 A 端为正，B 端为负，线圈 2 中互感电动势的极性 C 端为正，D 端为负，即 A 与 C、B 与 D 的极性相同。当线圈 1 中的电流减小时，应用右手螺旋定则可知，线圈 1 中自感电动势的极性 B 端为正，A 端为负，线圈 2 中互感电动势的极性 D 端为正，C 端为负，即 A 与 C、B 与 D 的极性仍相同。

2）线圈 1 和线圈 2 绕向相反

如图 2-31（b）所示，当线圈 1 中的电流增加时，应用右手螺旋定则可知，线圈 1 中自感电动势的极性 A 端为正，B 端为负，线圈 2 中互感电动势的极性 D 端为正，C 端为负，即 A 与 D、B 与 C 的极性相同。当线圈 1 中的电流减小时，应用右手螺旋定则可知，线圈 1 中自感电动势的极性 B 端为正，A 端为负，线圈 2 中互感电动势的极性 C 端为正，D 端为负，即 A 与 D、B 与 C 的极性相同。

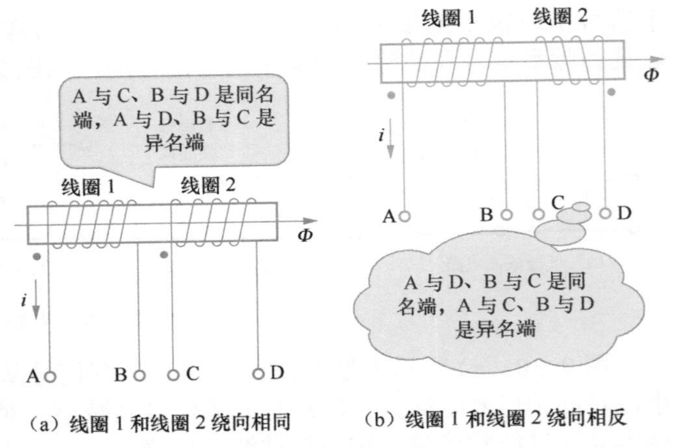

（a）线圈 1 和线圈 2 绕向相同　（b）线圈 1 和线圈 2 绕向相反

图 2-31　互感线圈的端点

特别提醒

两个或两个以上线圈彼此耦合时，常常需要知道互感电动势的极性，需要标出其同名端。例如，电力变压器用规定好的字母标出原、副线圈间的极性关系。

在电子技术中，互感线圈应用十分广泛，但是必须考虑线圈的极性，不能接错。例如，收音机的本机振荡电路，如果把互感线圈的极性接错，电路将不能起振。因此，需要标出其互感线圈间的同名端。

（3）互感现象的应用

互感现象在电工、电子技术中应用广泛。例如，变压器就是应用两个线圈间存在互感耦合制成的。实验室中常用的感应圈也是利用互感现象获得高压的。

有时，互感现象也会产生不利影响。实际中会采取措施消除不利影响。例如，可在电子仪器中，采取远离、调整方位或磁屏蔽等方法来避免易产生互感耦合的元件间的互感影响。

2 变压器

（1）变压器的功能

视频 2.9：认识变压器

变压器是利用电磁感应的原理来改变交流电压的装置。在不同的应用环境下，变压器有不同的作用。

在电力系统中，变压器用于电力传输及变换；在电子线路中，变压器主要用来提升或降低交流电压，或者变换阻抗等。具体来说，变压器的功能如下。

① 用来改变交流电压，这是变压器名称的由来。

② 变压器在改变电压的同时，不改变功率（不考虑损耗时），所以在电压改变时必然使电流改变，也即改变了阻抗。所以在电子技术上，变压器用来作阻抗匹配用。

③ 放大器的级间耦合，除了阻容耦合、直接耦合外，还有变压器耦合，既能改变阻抗，又能隔除直流。只是变压器的体积大，频率特性差，现在用得很少。

④ 在振荡电路中，除了阻容移相振荡器外，更多应用的是变压器耦合振荡电路。这里变压器除了完成耦合以外，一次线圈的电感与外接电容器构成具有选频作用的谐振回路。

特别提醒

在电器设备和无线电路中，变压器的功能主要有：电压变换、电流变换、阻抗变换、安全隔离、稳压（磁饱和变压器）等。

（2）变压器的外形特征

变压器与其他元器件在外形特征上有明显的不同，所以在线路板上很容易识别。图 2-32 所示为常用变压器的实物图。

① 变压器通常有一个外壳，有的是金属的外壳，但有些变压器没有外壳，外形也不一定是长方体。

② 变压器引脚有许多，最少有三根，多的达十多根，各引脚之间一般不能互换使用。

③ 各种类型变压器都有它自己的外形特征，例如开关电源变压器有一个明显的环形屏蔽带。

（a）配电变压器

（b）机床变压器

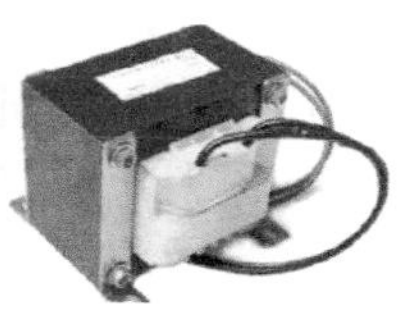

（c）电源变压器

（d）开关电源变压器

图 2-32　常用变压器的实物图

（3）变压器的种类

虽然变压器的基本结构相近，但它的种类很多，见表 2-3。

表 2-3　变压器的分类

序号	分类方法	种类
（1）	按用途不同分类	电力变压器（如升压变压器、降压变压器、配电变压器、联络变压器、厂用或所用变压器）、仪用变压器（如电流互感器、电压互感器）、电炉变压器（如炼钢炉变压器、电压炉变压器、感应炉变压器）、试验变压器、整流变压器、调压变压器、矿用变压器（防爆变压器）以及其他变压器
（2）	按相数不同分类	相变压器（用于单相负载或三相变压器组）、三相变压器（用于三相负载）和多相变压器
（3）	按工作频率不同分类	高频变压器和低频变压器
（4）	按铁芯结构不同分类	芯式变压器（插片铁芯、C 型铁芯、铁氧体铁芯）、壳式变压器（插片铁芯、C 型铁芯、铁氧体铁芯）、环形变压器及金属箔变压器

（4）小型电源变压器的结构

小型电源变压器主要由铁芯、骨架、绕组（一次绕组和二次绕组）、绝缘物及紧固件等组成，如图 2-33 所示。

1）铁芯

铁芯的作用是构成磁路。小型电源变压器铁芯常见的有 E 型、E1 型、C 型等，如图 2-34 所示。E 型和 E1 型铁芯是以硅钢片冲制而成的，而 C 型铁芯则是用冷轧硅钢带卷制而成的。

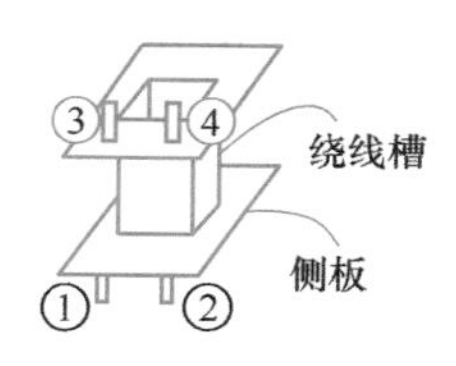

（a）变压器骨架

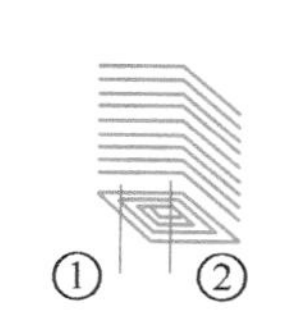

（b）变压器初级线圈

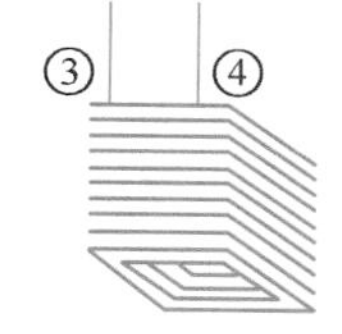

（c）变压器次级线圈

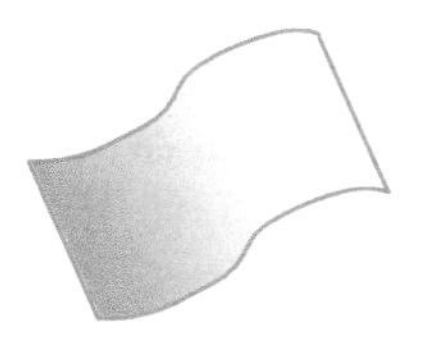

（d）绝缘纸

图 2-33　小型电源变压器的解剖结构

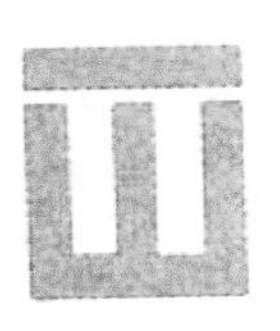
（e）变压器铁芯

（f）叠合铁芯

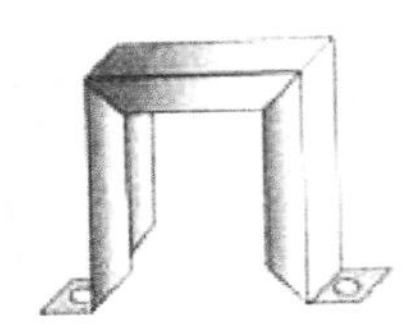
（g）外壳

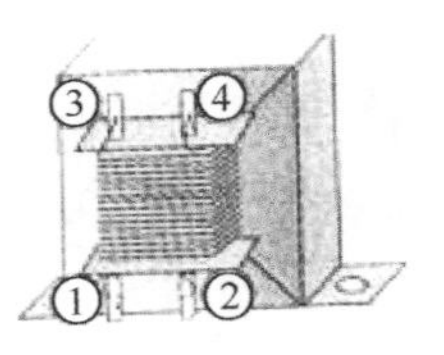

（h）变压器成品

图 2-33　小型电源变压器的解剖结构（续）

E 型和 E1 型铁芯是目前使用得最多的铁芯。它的主要优点是绕组的一、二级可共用一个骨架，有较高的窗口占空系数。铁芯可对绕组形成保护外壳，使绕组不易受机械创伤。但存在着铜线多、漏感大和外来磁场干扰大的缺点。

C 型铁芯的制造过程 冷轧硅钢带卷绕成型后，经热处理、浸渍等工艺制成封闭铁芯，然后把封闭铁芯切开，形成两个 C 型铁芯，将线包套入后，再把一对 C 型铁芯拼在一起，并紧固捆扎在一起而构成变压器。C 型铁芯的气隙可以做得很小，具有体积小、质量轻、材料利用率高等优点。

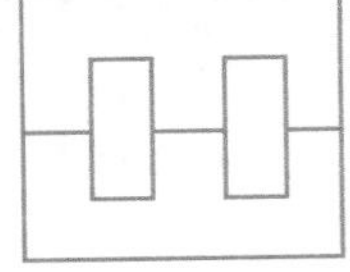
（a）E 型

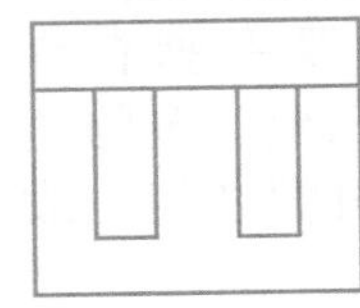
（b）EI 型

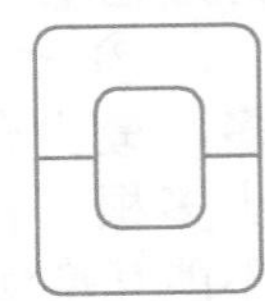
（c）C 型

图 2-34　常用电源变压器的铁芯形式

2）骨架

图 2-33（a）所示为变压器的塑料骨架，上下侧板间构成一个绕线槽，两个绕组都绕在这个槽内。骨架正中制有方形穿心孔，用于插入铁芯。在骨架侧板上，预制有金属引脚，线圈绕组的端头就焊接在相应的引脚上。

骨架的结构还有两槽或更多槽形式，以便将不同绕组绕入不同槽内，加强绕组间的绝缘强度，但侧板过多会占用绕制绕组的空间。实际中，还有一种骨架两端没有侧板，需将骨架夹在模具中绕制绕组，然后浸绝缘漆烘干定型。这种骨架因没有侧板，能多绕一些线圈，缩小变压器体积。

制造骨架的材料有多种，还可用胶纸板、胶布板、胶木化纤维板、胶木板、环氧胶木板、酚醛胶木板等。

3）绕组

绕组的作用是构成电路。小功率电源变压器的绕组一般都采用漆包线绕制，因为它有良好的绝缘，占用体积较小，价格也便宜。对于低压大电流的绕组，有时也采用纱包粗铜线绕制。

线圈绕制的顺序通常是一次线圈绕在线包的里面，然后再绕制二次线圈。为了避免干扰电压经变压器窜入无线电设备，在变压器的一、二级间还加有静电屏蔽层，以消除一、二级绕组间的分布电容引入的干扰电压。

为了使变压器有足够的绝缘强度，绕组各层间均垫有薄的绝缘材料，如电容器纸、黄蜡绸等。在某些需要高绝缘的场合，还可使用聚酯薄膜和聚四氟乙烯薄膜等。

为了便于散热，绕组和窗口之间应留有一定的空隙，一般为 1 ～ 3mm，但也不能过大，以免使变压器的损耗增大。绕组的引出线，一般采用多股绝缘软线。对于粗导线绕制的绕组，可使用线圈本身的导线作为引出线，外面再加绝缘套管。

特别提醒

铁芯装入绕组后，必须将铁芯夹紧并予以固定。常用的固定方法是用夹板条夹紧螺钉固定。对于数瓦的小功率变压器，则可使用夹子固定。

（5）变压器的工作原理

变压器是变换交流电压、交变电流和阻抗的器件。最简单的变压器原理图如图 2-35 所示，当一次绕组中通有交流电压（电流）时，铁芯（或磁芯）中便产生交流磁通，使二次绕组中感应出频率相同的电压（或电流）。一、二次绕组感应电动势的大小与绕组匝数成正比，故只要改变一、二次绕组的匝数，就可达到改变电压的目的，这就是变压器的基本工作原理。

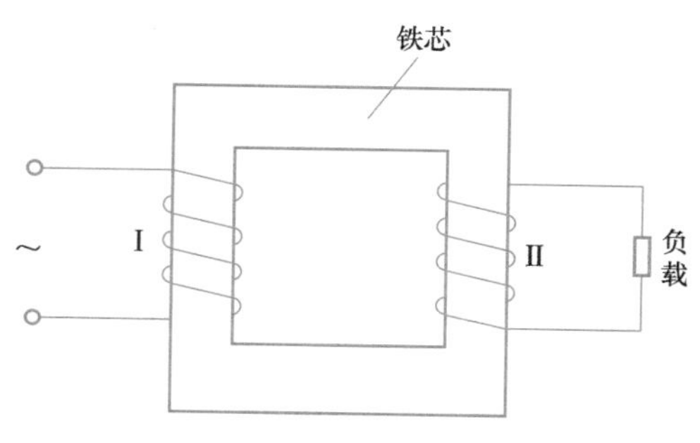

图 2-35 最简单的变压器原理图

（6）变压器的主要技术参数

变压器的主要技术数据一般都直接标注在变压器的铭牌上。变压器主要技术参数的含义见表 2-4。

表 2-4 变压器主要技术参数的含义

序号	主要参数	含义
（1）	额定功率	在规定的频率和电压下，变压器能长期工作而不超过规定温升的输出功率
（2）	额定电压	在变压器的绕组上所允许施加的电压，工作时不得大于规定值
（3）	空载电流	变压器二次侧开路时，二次侧仍有一定的电流，这部分电流称为空载电流。空载电流由磁化电流（产生磁通）和铁损电流（由铁芯损耗引起）组成。对于 50Hz 电源变压器而言，空载电流基本上是磁化电流
（4）	额定容量	变压器在额定工作条件下的输出能力。对于大功率变压器，可用二次绕组的额定电压与额定电流的乘积来表示。对于小功率电源变压器而言，由于工作情况不同，一、二级的容量应分别计算
（5）	空载损耗	变压器二次侧开路时，在二次侧测得的功率损耗为空载损耗。主要损耗是铁芯损耗，其次是空载电流在二次线圈铜阻上产生的损耗（铜损），这部分损耗很小
（6）	绝缘电阻	表示变压器各绕组之间、各绕组与铁芯之间的绝缘性能。绝缘电阻的高低与所使用的绝缘材料的性能、温度高低和湿润程度有关
（7）	变压比	变压器一、二次绕组圈数分别为 N1 和 N2，在一次绕组上加一交流电压，在二次绕组两端就会产生感应电动势。N1/N2 称为变压比，用 k 表示。 当 $k>1$ 时，这种变压器为升压变压器；当 $k<1$ 时，这种变压器为降压变压器；当 $k=1$ 时，这种变压器为隔离变压器

（7）电源变压器好坏检测

首先从外观上观察，变压器是否有烧焦发黑、变形的现象。在保险失效的情况下，损坏的变压器往往从外观上就可看出来。

1）电压法检测

在加电情况下，用万用表交流电压挡测量变压器二次侧交流电压。若测得为零，再测变压器一次侧电压，若有 220V 电压，表明变压器有故障。

2）电阻法检测

用万用表 R×100 或者 R×1k 挡分别测量变压器一次和二次绕组的电阻值。一次绕组电阻一般在 50～150Ω 之间，二次绕组电阻一般小于几欧姆，如图 2-36（a）所示。

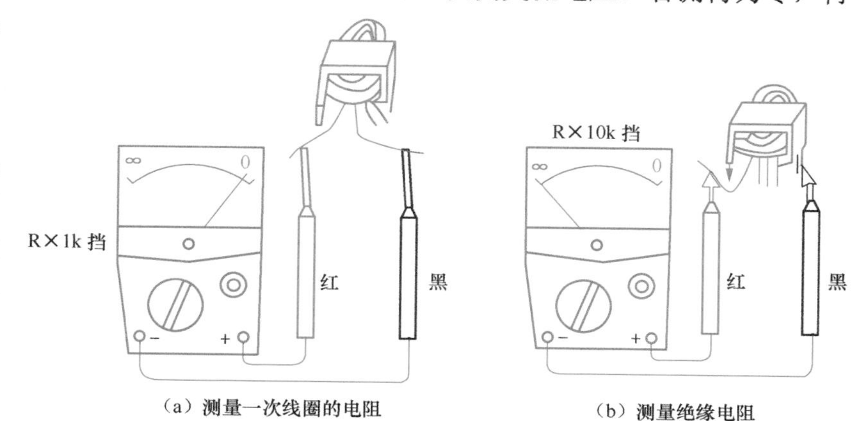

（a）测量一次线圈的电阻　（b）测量绝缘电阻

图 2-36 电阻法检测变压器质量好坏

如果阻值过大，表明变压器有故障。

没有兆欧表的情况下也可以用万用表 R×10k 挡测量变压器的绝缘电阻，一支表笔接变压器外壳，另一支表笔分别接触各线圈的一根引线，如图 2-36（b）所示，表针应该都不偏转。如果某次测量时表针有偏转，说明这一线圈与外壳之间绝缘不良。然后，一支表笔接一次线圈任一根引线，另一支表笔接二次线圈任一根引线，此时表针也应该不偏转，否则是一次和二次线圈之间绝缘不良。

3）温升检测法

给变压器通电 10min 左右，断电后用手接触变压器外壳，如果热到手指不能接触变压器外壳程度时，说明变压器有问题。

特别提醒

检测变压器的温升时，要断电。

视频 2.10：单相变压器的绕制

（8）变压器的常见故障

不同的变压器由于结构和工作状态等不同，会出现不同的故障现象和故障原因，但是变压器的基本故障现象是相同的。变压器的常见故障见表 2-5。

表 2-5　变压器的常见故障

故障现象	说明
绕组开路	① 无论是一次绕组还是二次绕组开路，变压器二次侧均无电压输出。 ② 降压变压器一次绕组的线径比二次绕组的线径细，一次绕组比较容易断；升压变压器二次绕组线径比一次绕组的线径细，所以二次绕组比较容易断。 ③ 在绕组头、尾的引线处比较容易折断。对于电源变压器更容易出现线圈开路故障
绕组内部匝间短路	① 绕组内部匝间短路一般是由变压器线圈绝缘不良造成的，电源变压器和一些工作电压比较高的变压器中容易出现这一故障。 ② 一次绕组出现局部短路故障时，二次侧的输出电压将增大。当二次绕组出现局部短路故障时，二次侧的输出电压将下降
漏电	线圈与铁芯之间的绝缘损坏，会使变压器的外壳带电，这是很危险的
温升异常	主要出现在电源变压器和工作电压比较高、输出功率比较大的变压器中。变压器正常工作时有一定温升是正常的，但是温度达到烫手的程度则不正常
电磁声大	变压器在正常工作时不应听到有什么响声，有响声说明变压器铁芯没有固定紧，或者变压器有过载现象
线圈受潮	这种故障主要出现在中频、高频变压器中，线圈受潮将引起 Q 值下降

（9）故障变压器的处理

变压器损坏后，一般只能更换。但有一些故障是可以检修的。

① 部分电源变压器内有温度保险丝，如断路，则一次绕组不通，变压器不工作。对有内置温度保险丝的变压器，可仔细拆开绕组外的保护层，找到温度保险丝，直接连通温度保险丝的两个引脚。这可作为应急使用。

② 引线头断故障，可以重新焊好。

③ 变压器铁芯松而引起的响声故障。可以再插入几片铁芯，或将铁芯固定紧（拧紧固定螺钉）。

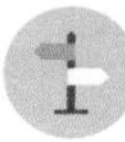
特别提醒

电源变压器常见故障有短路、断路、绝缘不良引起的漏电等。当变压器出现故障时，应及时检查更换。尤其是电源变压器出现焦煳味、冒烟、输出电压降低且温升很快时，应切断电源，找出故障所在。

第3章 电工基本操作技能

电工必备技能包括看（能看懂图纸，知道线路图的基本功能，能识别开关、继电器等各种电工元器件）、算（能根据用户和图纸要求计算各种电气参数）、选（选择合适的电工元器件，以满足施工的实际需要）、干（能实际动手操作接线、调整线路，并能排除电路故障）。本章介绍的技能属于“干”的一部分内容。

3.1 常用电工工具的使用

3.1.1 通用电工工具的使用

1 通用电工工具

视频 3.1：常用电工工具使用

通用电工工具是指许多工种电工在工作中经常都会用到的一些常用工具，包括试电笔、电工刀、螺丝刀、钢丝钳、斜口钳、剥线钳、尖嘴钳等。电工在安装、维护、维修等日常作业中，会经常使用到这些工具，因此应随身携带在工具包（袋）中，电工工具包（袋）如图 3-1 所示。

2 正确使用通用电工工具

正确使用电工工具，是电工操作技能的基础。正确使用用电工具不但能提高工作效率和施工质量，而且能减轻疲劳、保证操作安全及延长工具的使用寿命。因此，电工必须十分重视用电工具的合理选择与正确的使用。通用电工工具的使用及注意事项见表 3-1。

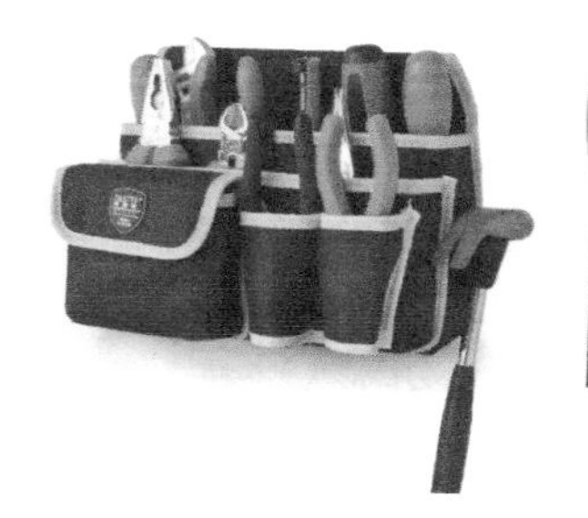

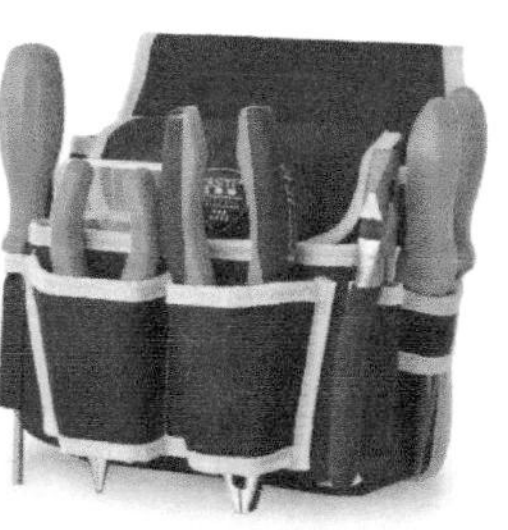

图 3-1 电工工具包（袋）

表 3-1 通用电工工具的使用及注意事项

名称	图示	操作口诀	使用及注意事项
试电笔		低压设备有无电，使用电笔来验电。确认电笔完好性，通过试测来判断。手触笔尾金属点，千万别碰接电端。笔身破裂莫使用，电阻不可随意换。避光测量便观察，刀杆较长加套管。测量电压有范围，氖泡发光为有电。使用电笔有禁忌，不可接触高压电。	试电笔是用来测试导线、开关、插座等电器及电气设备是否带电的工具。 使用时，用手指握住验电笔身，食指触及笔身的金属体（尾部），验电笔的小窗口朝向自己的眼睛，以便于观察。试电笔测电压的范围为 60 ～ 500V，严禁测高压电。 目前广泛使用电子（数字）试电笔。电子试电笔使用方法同发光管式。读数时最高显示数为被测值

续表

名称	图示	操作口诀	使用及注意事项
钢丝钳		电工用钳种类多，应用场合要掌握。 钳子绝缘很重要，方便带电好操作。 剪断较粗金属丝，钢丝钳子可操作。 弯绞线头旋螺母，铡切钢丝都能做。 尖嘴用来夹小件，电线成形也能做。 使用尖嘴钳注意，避免嘴坏绝缘脱。 斜口钳可剪导线，钳口朝下剪线妥。 专用工具剥线钳，导线绝缘自动剥。	钢丝钳是用来钳夹、剪切电工器材（如导线）的常用工具，规格有 150mm、175mm、200mm 三种，均带有橡胶绝缘导管，可适用于 500V 以下的带电作业。 钢丝钳由钳头和钳柄两部分组成，钳头由钳口、齿口、刀口和铡口四部分组成。钳口用来弯曲或钳夹导线线头；齿口用来紧固或起松螺母；刀口用来剪切导线或剖削软导线绝缘层；铡口用来铡切电线线芯等较硬金属。 使用时注意：（1）钢丝钳不能当作敲打工具。（2）要注意保护好钳柄的绝缘管，以免碰伤而造成触电事故
尖嘴钳			尖嘴钳的钳头部分较细长，能在较狭小的地方工作，如灯座、开关内的线头固定等。常用规格有 130mm、160mm、180mm 三种。 使用时的注意事项与钢丝钳基本相同，特别要注意保护钳头部分，钳夹物体不可过大，用力时切忌过猛
斜口钳			斜口钳又名断线钳，专用于剪断较粗的金属丝、线材及电线电缆等。常用规格有 130mm、160mm、180mm 和 200mm 四种。 使用时的注意事项与钢丝钳的使用注意事项基本相同
剥线钳			剥线钳是用于剥除小直径导线绝缘层的专用工具。它的手柄是绝缘的，耐压 500V。其规格有 140mm（适用于铝、铜线，直径为 0.6mm、1.2mm 和 1.7mm）和 160mm（适用于铝、铜线，直径为 0.6mm、1.2mm、1.7mm 和 2.2mm）。 将要剥除的绝缘长度用标尺定好后，即可把导线放入相应的刃口中（比导线直径稍大），用手将钳柄一握，导线的绝缘层即被割破而自动弹出。 注意不同线径的导线要放在剥线钳不同直径的刃口上
螺丝刀		起子又称螺丝刀，拆装螺钉少不了。 刀口形状有多种，一字、十字不可少。 根据螺钉选刀口，刀口、钉槽吻合好。 规格大小要适宜，塑料、木柄随意挑。 操作起子有技巧，刀口对准螺丝槽。 右手旋动起子柄，左扶螺钉不偏刀。 小刀拧小螺钉时，右手操作有奥妙。 大刀不易旋螺钉，双手操作螺丝刀。 小钉不易用手抓，刀口上磁抓得牢。 为了防止人触电，金属部分塑料套。 螺钉固定导线时，顺时方向才可靠。	螺丝刀是用来旋紧或起松螺钉的工具，常见有一字形和十字形螺丝刀。规格有 75mm、100mm、125mm、150mm 的几种。 使用时注意：①根据螺钉大小及规格选用相应尺寸的螺丝刀，否则容易损坏螺钉与螺丝刀；②带电操作时不能使用穿心螺丝刀；③螺丝刀不能当凿子用；④螺丝刀手柄要保持干燥清洁，以免带电操作时发生漏电
电工刀		电工刀柄不绝缘，带电导线不能削。 剥削导线绝缘层，刀口应向外使用。 刀片长度三规格，功能一般分两种。 单用刀与多功能，后者可锯、锥、扩孔。 使用刀时应注意，防伤线芯要牢记。 刀刃圆角抵线芯，可把刀刃微翘起。 切剥导线绝缘层，电工刀要倾斜入。 接近线芯停用力，推转一周刀快移。 刀刃锋利好切剥，锋利伤线也容易。 使用完毕保管好，刀身折入刀柄内。	在电工安装维修中用于切削导线的绝缘层、电缆绝缘、木槽板等，规格有大号、小号之分；大号刀片长 112mm，小号刀片长 88mm。 刀口要朝外进行操作；削割电线包皮时，刀口要放平一点，以免割伤线芯；使用后要及时把刀身折入刀柄内，以免刀刃受损或危及人身、割破皮肤

续表

名称	图示	操作口诀	使用及注意事项
活络扳手		使用扳手应注意，大小螺母握手异。 呆唇在上活唇下，不能反向用力气。 扳大螺母手靠后，扳动起来省力气。 扳小螺母手靠唇，扳口大小可调制。 夹持螺母分上下，莫把扳手当锤使。 生锈螺母滴点油，拧不动时莫乱施。	电工用来拧紧或拆卸六角螺钉（母）、螺栓的工具，常用的活络扳手有 150mm×20（6 英寸），200mm×25mm（8 英寸），250mm×30mm（10 英寸）和 300mm×36mm（12 英寸）四种。 使用时注意：①不能当锤子用；②要根据螺母、螺栓的大小选用相应规格的活络扳手；③活络扳手的开口调节应以既能夹住螺母又能方便取下扳手、转换角度为宜
手锤		握锤方法有两种，紧握锤和松握锤。 手锤敲击各工件，注意平行接触面。	手锤在安装或维修时用来锤击水泥钉或其他物件的专用工具。 手锤的握法有紧握和松握两种。挥锤的方法有腕挥、肘挥和臂挥三种。一般用右手握在木柄的尾部，锤击时应对准工件，用力要均匀，落锤点一定要准确

【记忆口诀】

电工用钳种类多，不同用法要掌握。
绝缘手柄应完好，方便带电好操作。
电工刀柄不绝缘，不能带电去操作。
螺丝刀有两种类，规格一定要选对。
使用电笔来验电，握法错误易误判。
松紧螺栓用扳手，受力方向不能反。
手锤敲击各工件，一定瞄准落锤点。

3　通用电工工具维护与保养常识

使用者对通用电工工具的最基本要求是安全、绝缘良好、活动部分应灵活。基于这一最基本要求，大家平时要注意维护和保养好通用电工工具，下面简单进行说明。

① 通用电工工具要保持清洁、干燥。

② 在使用电工钳之前，必须确保绝缘手柄的绝缘性能良好，以保证带电作业时的人身安全。若工具的绝缘套管有损坏，应及时更换，不得勉强使用。

③ 对钢丝钳、尖嘴钳、剥线钳等工具的活动部分要经常加油，防止生锈。

④ 电工刀使用完毕，要及时把刀身折入刀柄内，以免刀口受损或危及人身安全。

⑤ 手锤的木柄不能有松动，以免锤击时影响落锤点或锤头脱落。

3.1.2　常用电动工具的使用

1　冲击电钻和电锤的使用

电工常用的电动工具主要有冲击电钻和电锤，使用说明见表 3-2。

视频 3.2：电锤的使用

2　手持电动工具使用注意事项

使用手电钻、电锤等手动电动工具时，应注意以下几点。

表 3-2　冲击电钻和电锤的使用说明

名称	图示	操作口诀	使用说明
冲击电钻		冲击电钻有两用，既可钻孔又能冲。 冲击钻头为专用，钻头匹配方便冲。 作业前应试运行，空载运转半分钟。 提高效率减磨损，进给压力应适中。 深孔钻头多进退，排除钻屑孔中空。	在装钻头时，要注意钻头与钻夹保持在同一轴线，以防钻头在转动时来回摆动。在使用过程中，钻头应垂直于被钻物体，用力要均匀，当钻头被被钻物体卡住时，应立即停止钻孔，检查钻头是否卡得过松，重新紧固钻头后再使用。钻头在钻金属孔过程中，若温度过高，很可能引起钻头退火，因此，钻孔时要适量加些润滑油
电锤		电锤钻孔能力强，开槽穿墙做奉献。 双手握紧锤把手，钻头垂直作业面。 做好准备再通电，用力适度最关键。 钻到钢筋应退出，还要留意墙中线。	电锤使用前应先通电空转一会儿，检查转动部分是否灵活，待检查电锤无故障时方能使用；工作时应先将钻头顶在工作面上，然后再启动开关，尽可能避免空打孔；在钻孔过程中，发现电锤不转时应立即松开开关，检查出原因后再启动电锤。用电锤在墙上钻孔时，应先了解墙内有无电源线，以免钻破电线发生触电。在混凝土中钻孔时，应注意避开钢筋

① 使用前先检查电源线的绝缘是否良好，如果导线有破损，可用电工绝缘胶布包缠好。电动工具最好是使用三芯橡皮软线作为电源线，并将电动工具的外壳可靠接地。

② 检查电动工具的额定电压与电源电压是否一致，开关是否灵活可靠。

③ 电动工具接入电源后，要用电笔测试外壳是否带电，不带电方能使用。操作过程中若需接触电动工具的金属外壳时，应戴绝缘手套，穿电工绝缘鞋，并站在绝缘板上。

④ 拆装手电钻的钻头时要用专用钥匙，如图 3-2 所示，切勿用螺丝刀和手锤敲击电钻夹头。

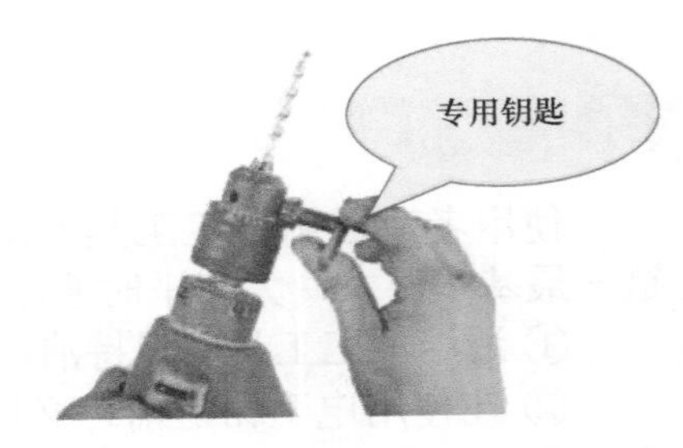

图 3-2　手电钻换钻头的方法

⑤ 装钻头时要注意，钻头与钻夹应保持同一轴线，以防钻头在转动时来回摆动。

⑥ 在使用过程中，如果发现声音异常，应立即停止钻孔，如果因连续工作时间过长，电动工具发烫，要立即停止工作，让其自然冷却，切勿用水淋浇。

⑦ 钻孔完毕，应将导线绕在手持电动工具上，并放置在干燥处以备下次使用。

3.1.3　登高用具的使用

1　室内登高用具的使用

电工室内作业时使用的登高用具，主要有人字梯和木凳，使用及注意事项见表 3-3。

2　电线杆登高用具的使用

电工高空作业必须要借助于专用的登高用具，包括脚扣、登高板、保险绳、腰绳、安全腰带等电线杆登高专用安全用具，使用说明见表 3-4。

表 3-3　室内登高用具的使用

用具	图示	使用及注意事项
人字梯		用来登高作业的梯子由木料、竹料或铝合金制成。常用的梯子有直梯和人字梯。直梯一般用于户外登高作业，人字梯一般用于户内登高作业。 ① 人字梯两脚中间应加装拉绳或拉链，以限制其开角度，防止自动滑开。 ② 使用前应把梯子完全打开，将两梯中间的连接横条放平，保证梯子四脚完全接触地面（因场地限制不能完全打开除外）。 ③ 搬梯时用单掌托起与肩同高的梯子，手背贴肩，保持梯子与身体平行，另一只手扶住梯子以防摆动，不允许横向搬梯或将梯子放在地上拖行。 ④ 作业人员在梯子上正确的站立姿势是：一只脚踏在踏板上，另一条腿跨入踏板上部第三格的空档中，脚钩着下一格踏板。严禁人骑在人字梯上工作。 ⑤ 人字梯放好后，要检查四只脚是否都平稳着地
木凳		在客厅安装大型灯具时，有时需要两个人同时操作，并且其中一个人的位置需要移动，使用人字梯不是很方便。如果操作者使用人字梯，协助者站在木凳上就方便了许多。 人应站立在木凳的中央部分，不能站在两端，否则由于重心不平衡，木凳容易翻倒

表 3-4　电线杆登杆用具的使用说明

名称	图示	使用说明
脚扣		脚扣是利用杠杆的作用，借助人体自身质量，使另一侧紧扣在电线杆上，产生较大的摩擦力，进而使人易于攀登；当人抬脚时，因脚上承受的重力减小，扣则自动松开。 脚扣主要由弧形扣环、脚套组成。脚扣分两种：一种在扣环上制有铁齿，以咬入木杆内，供登木杆用；另一种在扣环上裹有防滑橡胶套，以增加攀登时的摩擦，防止打滑，供登水泥杆用
蹬板		蹬板又称升降板、登高板。它是由板、绳、铁钩三部分组成。 在使用蹬板前，要检查其外观有无裂纹、腐蚀，并经人体冲击试验合格后方能使用
保险绳、腰绳、腰带		① 保险绳的作用是防止操作者万一失足时坠地摔伤。其一端应系结在腰带上，另一端则用保险钩钩挂在牢固的横担或抱箍上。 ② 腰绳的作用是固定人体下部，以扩大上身的活动幅度。使用时，应将其一端系结在电杆的横担或抱箍下方，另一端应系结在臀部上端，而不是腰间。 ③ 安全腰带有两根带子，小的系在腰部偏下作束紧用，大的系在电杆或其他牢固的构件上起防止坠落的作用

3.2　常用电工仪表的使用

3.2.1　万用表的使用

1　指针式万用表的使用

指针式万用表的种类很多，其基本原理及使用方法大同小异，下面以 M47 型万用表为例介绍其结构及使用说明，见表 3-5。

视频 3.3：指针式万用表介绍

视频 3.4：指针式万用表简介

表 3-5　M47 型万用表的结构和使用说明

关键词	示意图	使用说明
外部结构	 提把、刻度线、指针、表头、反光镜、机械调零旋钮、欧姆挡调零旋钮、晶体管插孔、挡位选择开关、正表笔插孔、负表笔插孔、2500V 插孔、5A 插孔	M47 型万用表由提把、表头、量程挡位选择开关、欧姆挡调零旋钮、表笔插孔和晶体管插孔等组成
标度盘	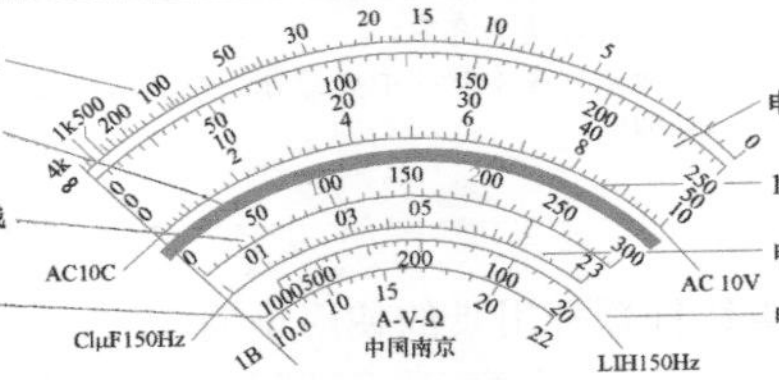 电阻刻度线、反光镜、晶体管 β 值刻度线、电平刻度线、电压电流刻度线、10V 电压刻度线、电容刻度线、电感刻度线	标度盘上共有 7 条刻度线，从上往下依次是电阻刻度线、电压电流刻度线、10V 电压刻度线、晶体管 β 值刻度线、电容刻度线、电感刻度线和电平刻度线。在标度盘上还装有反光镜，用以消除视觉误差
量程挡位	 交流电压量程挡位、直流电压量程挡位、挡位选择开关、电阻量程挡位、晶体管测量挡位、电流量程挡位	只需转动一下挡位选择开关旋钮即可选择各个量程挡位，使用方便
电池仓	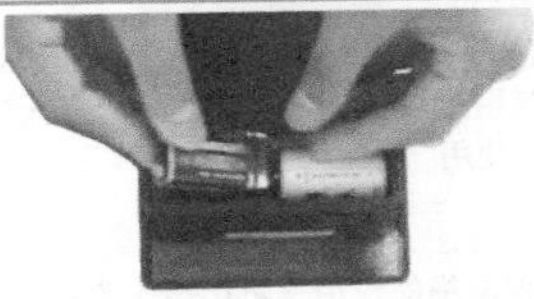	打开背面的电池盒盖，右边是低压电池仓，装入一枚 1.5V 的 2 号电池；左边是高压电池仓，装入一枚 15V 的层叠电池。 注意：有的厂家生产的 MF47 型万用表的 R×10k 挡使用的是 9V 层叠电池
测量电阻		测量电阻时，将挡位选择开关置于适当的“Ω”挡。测量前，左手将两表笔短接，用右手调节面板右上角的欧姆挡调零旋钮，使表针准确指向“0Ω”刻度线。需要注意的是，每次转换电阻挡后，均应重新进行欧姆调零操作
测量交流电压	 AC 电压挡 （a）AC 电压挡位 　（b）测量 220V 交流电压	测量 1000V 以下交流电压时，挡位选择开关置到所需的交流电压挡。测量 1000 ～ 2500V 的交流电压时，将挡位选择开关置于“交流 1000V”挡，正表笔插入“交直流 2500V”专用插孔
测量直流电压	 DC 电压挡 （a）DC 电压挡 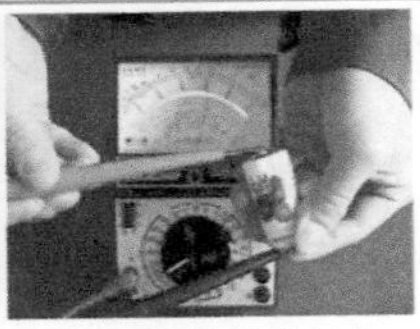　（b）测量电池电压	测量 1000V 以下直流电压时，挡位选择开关置到所需的直流电压挡。测量 1000 ～ 2500V 的直流电压时，将挡位选择开关置于“直流 1000V”挡，正表笔插入“交直流 2500V”专用插孔

续表

关键词	示意图	使用说明
测量直流电流	（a）测量小于 500mA 的直流电流　（b）测量500mA～5A 的直流电流	测量 500mA 以下直流电流时，将挡位选择开关置到所需的“mA”挡。测量 500mA ～ 5A 的直流电流时，将挡位选择开关置于“500mA”挡，正表笔插入“5A”插孔
机械调零		机械调零是指在使用前，检查指针是否指在机械零位，如果指针不指在左边“0V”刻度线时，用螺丝刀调节表盖正中的调零器，让指针指示对准“0V”刻度线。简单地说，机械调零就是让指针左边对齐零位
测量完毕		MF47 型万用表测量完毕，应将挡位转换开关拨到交流 1000V 挡，水平放置于凉爽干燥的环境，避免振动。长时间不用要取出电池，并用纸盒包装好后放置于安全的地方

2　数字万用表及使用

视频 3.5：数字万用表介绍

（1）外形结构

数字万用表的型号很多，外形设计差异较大。从面板上看，数字万用表主要由电源开关、液晶显示器、功能开关旋钮和测试插孔等组成，各个组成部分的功能见表 3-6。图 3-3 所示为两款数字万用表的外部结构。

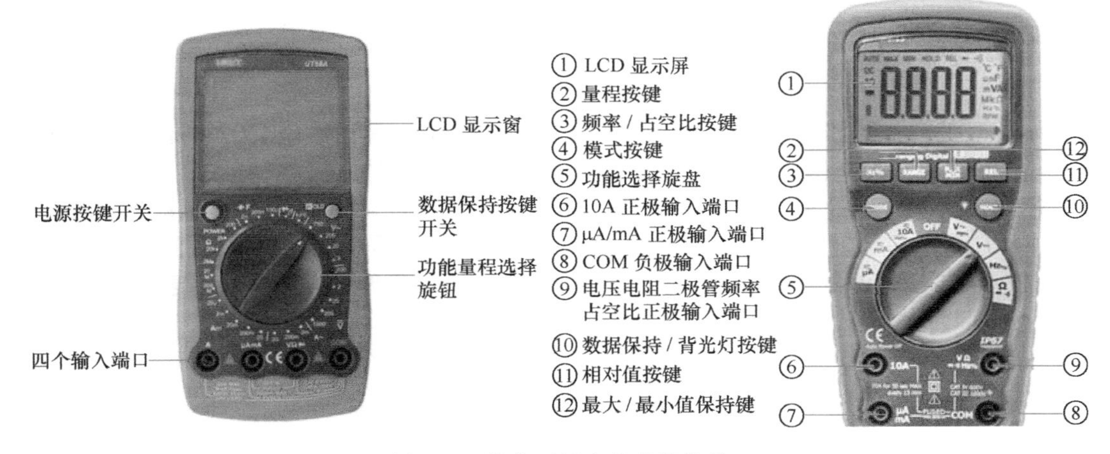

图 3-3　数字万用表的外部结构

（2）使用前的检查

在使用数字万用表前，应进行一些必要的检查。经检查合格后，数字万用表才能使用。

表 3-6　数字万用表各组成部分功能说明

结构	功能说明
液晶显示器	液晶显示器直接以数字形式显示测量结果。普及型数字万用表多为 3 1/2 位（三位半）仪表（如 DT9205A 型），其最高位只能显示“1”或“0”（0 也可消隐，即不显示），故称半位，其余 3 位是整位，可显示 0 ～ 9 全部数字。三位半数字万用表最大显示值为 1999。 数字万用表位数越多，它的灵敏度越高。如 4 1/2（四位半）仪表，最大显示值为 ±19999
功能开关旋钮	功能开关旋钮位于万用表的中间，用来测量时选择测量项目和量程。由于最大显示数为 ±1999，不到满度 2000，所以量程挡的首位数几乎都是 2，如 200Ω、2kΩ、2V…… 数字万用表的量程比指针式表的量程多一些。如 DT9205A 型万用表，电阻量程从 200Ω 至 200MΩ 有 7 挡。除了直流电压、电流和交流电压及 h_{FE} 挡外，还增加了指针式表少见的交流电流和电容量等测试挡
测试插孔	表笔插孔有 4 个。标有 COM 字样的为公共插孔，通常插入黑表笔。标有 V/Ω 字样插孔应插入红表笔，用以测量电阻值和交直流电压值。 测量交直流电流有两个插孔，分别为 A 和 10A，供不同量程选用，使用时也应插入红表笔
电源开关	用来开启及关闭表内电源
表笔	与指针式万用表一样，配置有红色和黑色两支表笔

① 检查数字万用表的外壳和表笔有无损伤。如有损伤，应及时修复。

② 使用前应检查电池电源是否正常。若显示屏出现低电压符号，应及时更换电池。

③ 打开万用表的电源（将 ON/OFF 开关置于 ON 位置），将量程转换开关置于电阻挡，将两支表笔短接，显示屏应显示 0.00；将两表笔开路，显示屏应显示 1。以上两个显示都正常时，表明该表可以正常使用，否则将不能使用，如图 3-4 所示。

视频 3.6：数字万用表简介

（3）测量结果的读取

使用数字万用表测量时，测量结果的读取方法有以下两种。

第一种方法：在测量的同时，直接在液晶屏幕上读取测得的数值、单位。在大多数情况下，都采用这种方法读取测量结果。

图 3-4　万用表好坏检查

例如，在测量电阻时，量程转换开关在 200Ω 位置时，屏幕读数是 150，则表示为 150Ω；同理，量程转换开关在 200 kΩ 位置时，屏幕读数是 185，则表示为 185kΩ；依此类推。

图 3-5 所示为测量某交流电压时显示屏的显示情况。可以看到，显示测量值 216，数值的上方为单位 V，即所测量的电压值为 216V；显示屏的下方可以看到表笔插孔指示为 VΩ 和 COM，即红表笔插接在 VΩ 表笔插孔上，黑表笔插接在 COM 表笔插孔上。

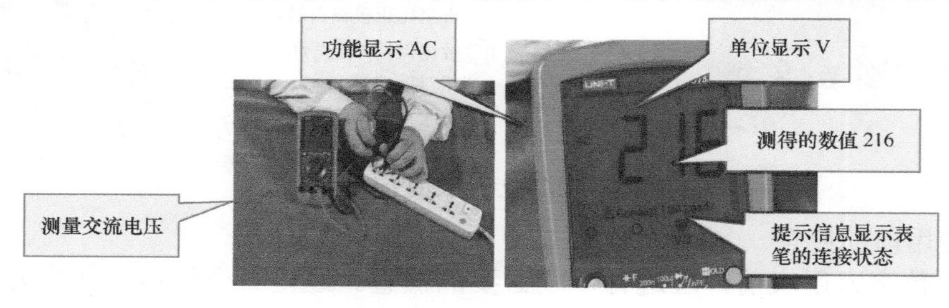

图 3-5　测量结果的读取

第二种方法：在测量过程中，按下数值保持开关HOLD，使数值保持在液晶显示屏上，待测量完毕后再读取数值。

采用这种方法读取测量结果，要求万用表必须具有数值保持功能，否则，不能采用这种方法。

3.2.2 绝缘电阻表的使用

绝缘电阻表俗称兆欧表或者摇表，主要用来检查电气设备、家用电器或电气线路对地及相间的绝缘电阻，以保证这些设备、电器和线路工作为正常状态，避免发生触电伤亡及设备损坏等事故。

1 准备工作

视频3.7：兆欧表的使用

① 将被测设备脱离电源，并进行放电，再把设备清扫干净（双回线、双母线，当一路带电时，不得测量另一路的绝缘电阻）。

② 测量前应对绝缘电阻表进行校验，即做一次开路试验（测量线开路，摇动手柄，指针应指于∞处）和一次短路试验（测量线直接短接一下，摇动手柄，指针应指0），两测量线不准相互缠交，如图3-6所示。

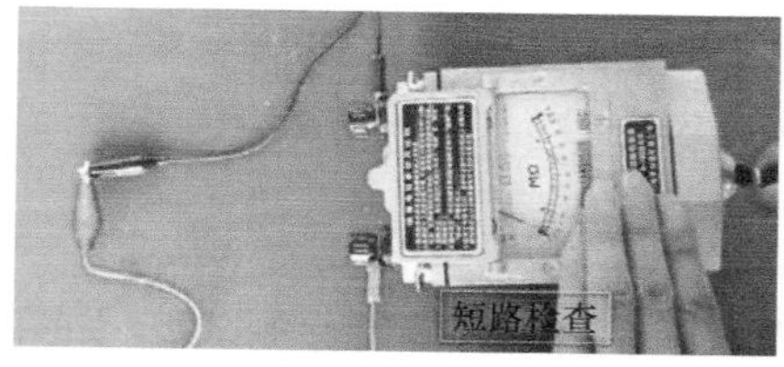

（a）短路试验

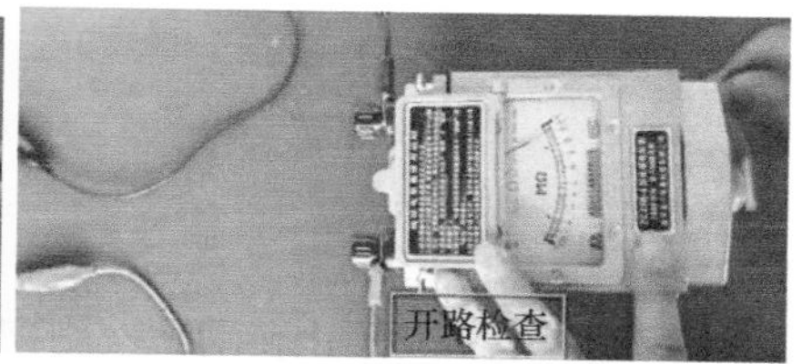

（b）开路试验

图3-6 绝缘电阻表校验

2 接线

绝缘电阻表上有三个接线柱，一个是线接线柱，标号为L；一个是地接线柱，标号为E；一个是保护或屏蔽接线柱，标号为G。在测量时，L与被测设备和大地绝缘的导体部分相接，E与被测设备的外壳或其他导体部分相接。一般在测量时只用L和E两个接线柱，但当被测设备表面漏电严重，对测量结果影响较大而又不易消除时，如空气太潮湿、绝缘材料的表面受到浸湿而又不能擦干净时就必须连接G接线柱。

① 测量电动机绕组绝缘电阻时，将E、L端分别接于被测的两相绕组上，如图3-7所示。

② 测量低压线路时，将E接地线，L接到被测线路上，如图3-8所示。

③ 测量电缆对地绝缘电阻或被测设备漏电流较严重时，G端接屏蔽层或外壳，L接线芯，E接外皮。G端接屏蔽层或外壳的作用是消除被测对象表面漏电造成的测量误差。

④ 测量家用电器的绝缘电阻时，L接被测家用电器的电源插头，E接该家用电器的金属外壳，如图3-9所示。

图 3-7　测量电动机绕组绝缘电阻的接线

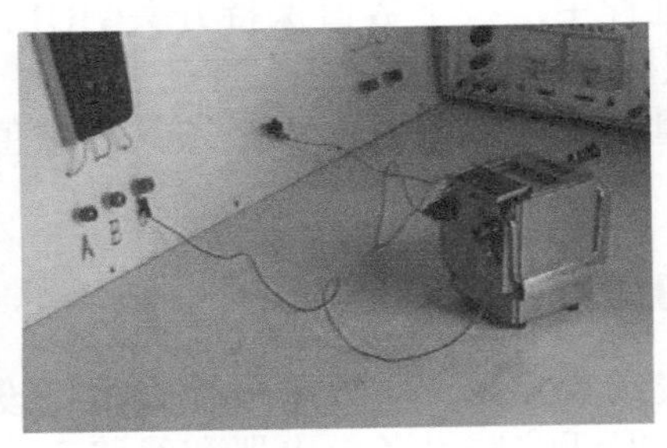

图 3-8　测量低压线路绝缘的接线

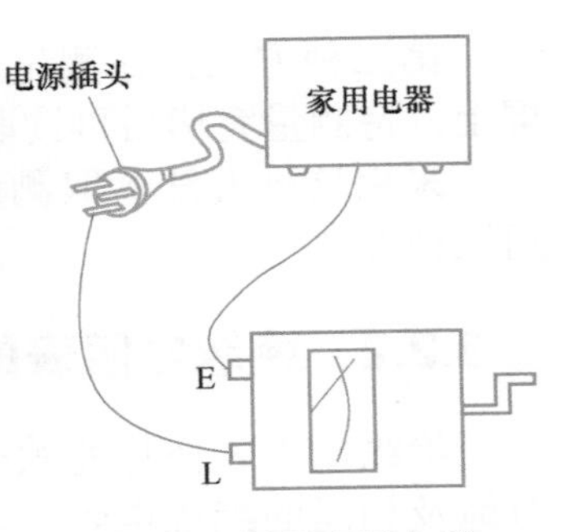

图 3-9　测量家用电器绝缘电阻的接线

3 测试

线路接好后，在测试时，绝缘电阻表要保持水平位置，用左手按住表身，右手摇动发电机摇柄，如图 3-10（a）所示。右手按顺时针方向转动发电机摇柄，摇的速度应由慢而快，当转速达到 120r/min 时，保持匀速转动，1min 后读数，并且要边摇边读数，不能停下来读数，如图 3-10（b）所示。

特别提醒

在测量过程中，如果表针已经指向 0，说明被测对象有短路现象，此时不可继续摇动发电机摇柄，以防损坏绝缘电阻表。

4 拆除测试线

测量完毕，待绝缘电阻表停止转动和被测物接地放电后，才能拆除测试线，如图 3-11 所示。

（a）操作手势

（b）读数

图 3-10　测试方法

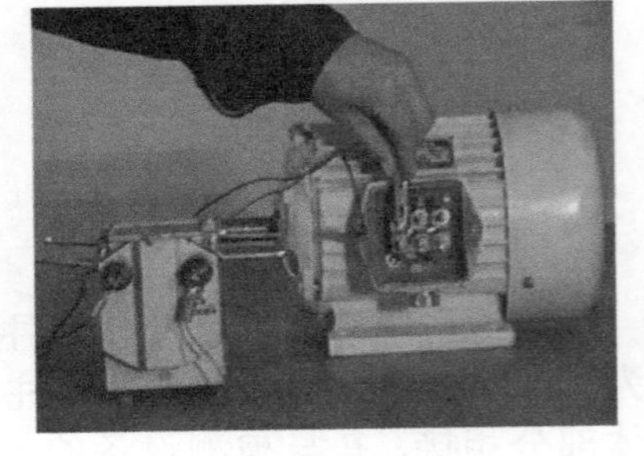

图 3-11　拆除测试线

3.2.3　钳形电流表的使用

钳形电流表简称钳形表，其最大的优点是能在不断电的情况下直接测量交流电流。钳形表用于对电气设备检修、检测，使用非常方便。钳形电流表的缺点是测量精度比较低。

视频 3.8：钳形电流表的使用

1 操作准备

（1）机械调零

指针式钳形表测量前，应检查表针在静止时是否指在机械零位，若不指在刻度线左边的0位上，应进行机械调零。钳形表机械调零的方法与指针式万用表相同，如图3-12所示。

（2）检查钳口

测量前，检查钳口的工作包括两个方面：一是检查钳口的开合情况，要求钳口开合自如，如图3-13所示，钳口两个结合面应保证接触良好。二是检查钳口上是否有油污和杂物，若有，应用汽油擦干净；如果有锈迹，应轻轻擦去。

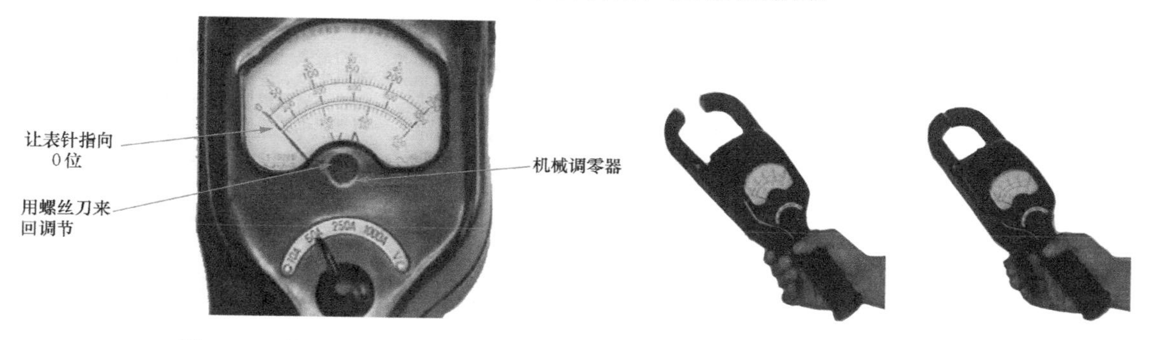

图3-12 钳形表机械调零

图3-13 检查钳口的开合情况

2 量程选择

量程选择有以下两种方法。

① 测量前，应根据负载电流的大小先估计被测电流的数值，选择合适的量程。

② 先选用较大量程进行测量，然后根据被测电流的大小减小量程，让示数超过刻度的1/2，以获得较准确的读数，如图3-14所示。

以上两种方法均可采用，对于初学者，建议采用第二种方法选择量程。需要注意的是，转换量程时，必须将钳口打开，在钳形表不带电的情况下才能转换量程开关。

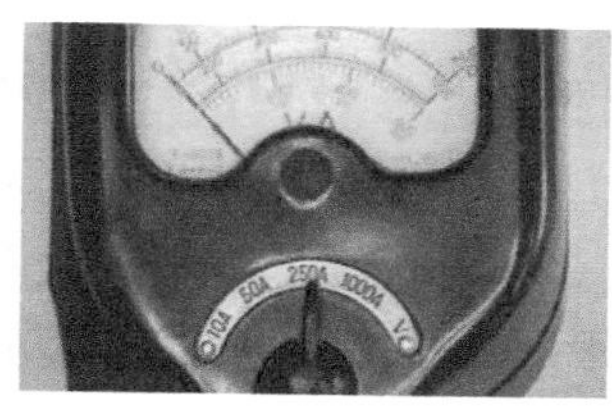

（a）250A量程

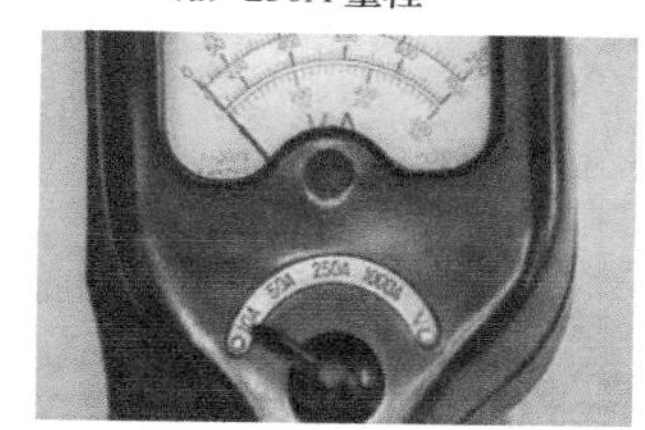

（b）10A量程

图3-14 根据被测电流的大小减小量程

3 测量

在进行测量时，用手捏紧扳手使钳口张开，被测电流导线的位置应放在钳口中心位置，以减少测量误差。然后松开扳手，使钳口（铁芯）闭合，表头即有指示。

4 使用钳形表注意事项

① 测量时，每次只能钳入一根导线（相线、零线均可）。对于双绞线，要将它分开一段，然后钳入其中的一根导线进行测量，如图3-15所示。

② 测量低压母线电流时，测量前应将相邻各相导线用绝缘板隔离，以防钳口张开时，可能引起的相间短路。

③ 测量5A以下的电流时，如果钳形表的量程较大，在条件许可时，可把导线在钳口上多绕几圈，如图3-16所示，然后测量并读数。此时，线路中的实际电流值为所读数值除以穿过钳口内侧的导线匝数。

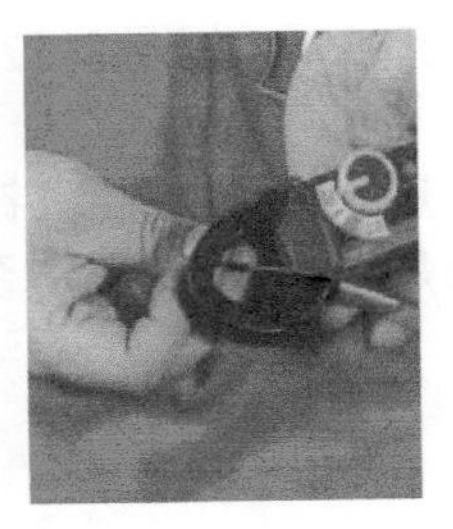

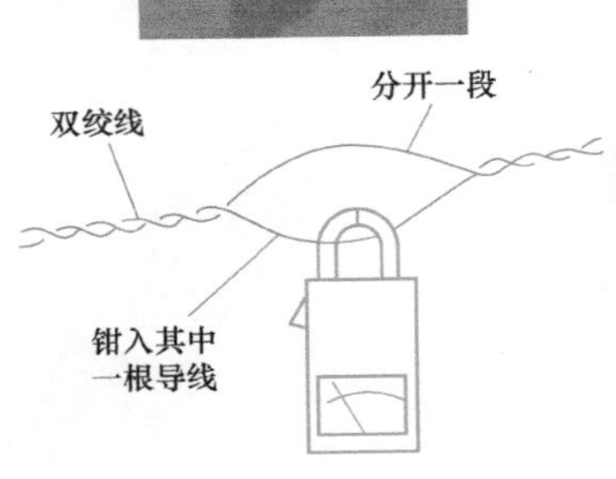

图 3-15　每次只能钳入一根导线

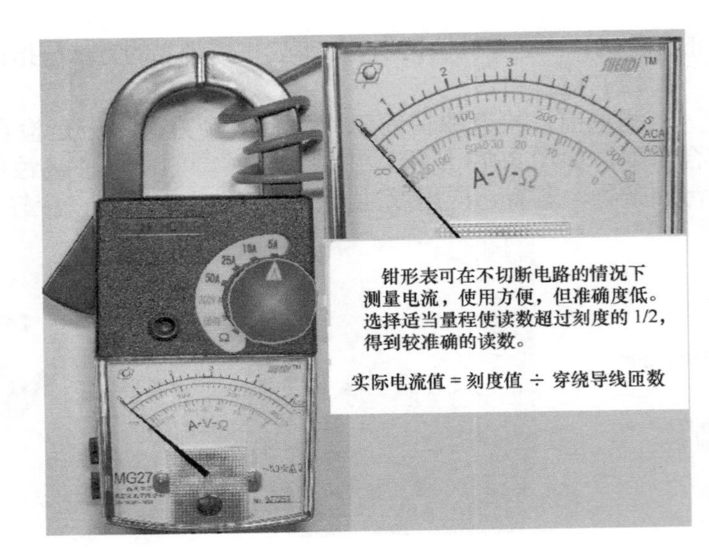

图 3-16　测量 5A 以下电流的方法

④ 测量完毕，将选择量程开关拨到最大量程挡位上，以免下次使用时，不小心造成钳形表损坏。

3.3 吊装与搬运

在电气设备安装、维修的过程中，体积、质量较大的电气设备，一般规定由专业搬运人员负责搬运。作为电工，也应掌握简单的起重搬运知识和电工常用起重工具的使用方法。

视频 3.9：吊装与搬运

3.3.1 吊装

1 常用索具

电工施工时常用的索具有麻绳、白棕绳和钢丝绳，使用的注意事项见表 3-7。

表 3-7　电工常用索具使用的注意事项

名称	图示	使用的注意事项
麻绳		麻绳平时要放在室内通风处挂起来，不能露天受雨淋，不能堆放在地上受潮。雨淋过的麻绳要及时晒干
白棕绳		白棕绳是以龙舌兰麻或蕉麻等植物纤维为原料制成的绳索，可分为浸油和不浸油两种。 电工在吊装作业中，一般都用不浸油的白棕绳

续表

名称	图示	使用的注意事项
钢丝绳	人工插件索具　行车卷扬机索具　钢索索节　起重机索具　环形索具　吊环天平钩索具	钢丝缆一般规格有 0.8t、1.6t 和 3.2t。横向牵引为 5t，标准距离为 20 ～ 100m，安全系数为 5。钢丝绳分为交互捻的和同向捻的，还分左旋和右旋。钢丝绳的两端，一般都做成绳套

在起重作业中，常用钢丝绳做成一种吊具，通常称作“吊索”，也叫千斤绳、带子绳、绳套、拴绳和吊带。吊索有开口式和封闭式两种，如图 3-17 所示。吊索的使用说明见表 3-8。

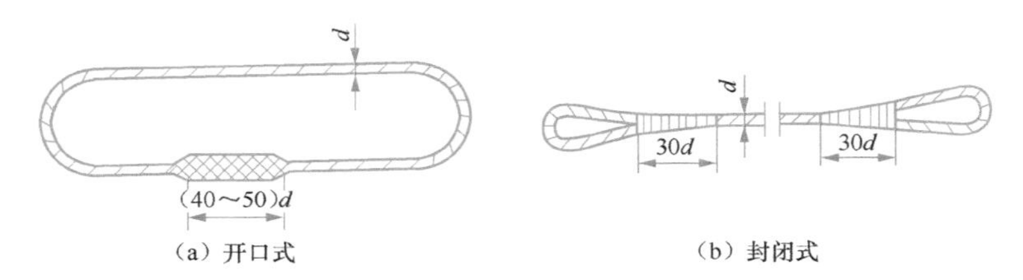

图 3-17　吊索

表 3-8　吊索的使用说明

名称	图示	使用说明	名称	图示	使用说明
兜法		这是一种常用的简单的起吊方法，它适用于吊运包装物和块状设备等	八字拴法		这种方法用于吊装长形的设备。为了防止打滑，应加绕“空道”一圈
套捆法		它用于一次吊装数个包装物体，可避免中途散落。在吊运过程中，千斤绳会收紧，不易保持物体平衡。因此，吊装前，应试吊一次，如不平衡，应妥善移动吊索使其平衡	吊索与卸扣套接		当使用开口吊索时，可用卸扣将端头与吊绳套接

存放吊索的注意事项如下。

① 存放在干燥通风的仓库内，防止阳光直射或热气烘烤。

② 库房内钢丝绳不能多层堆放，若钢丝绳长期大量存放时，应经常进行检查防止生锈。

③ 发现生锈后应及时处理，并重新涂润滑油，如锈蚀严重，该段钢丝绳应作报废处理。

④ 若钢丝绳放在室外时，应放在干燥的地面上，用木板垫起，并用遮雨布盖好。

2　常用绳结（扣）

在起重作业中，打绳结（扣）是经常做的一项重要工作。打绳结（扣）时，不仅要考虑结打得牢，同时还要考虑结是否易于松开和安全可靠。

绳结又称为绳扣，电工常用绳结（扣）的打法说明见表 3-9。

表 3-9　电工常用绳结（扣）的打法说明

名称	图示	说明	名称	图示	说明
果子扣	1 2	果子扣多用在绳的连接，但不宜用在一头捆紧物体，另一头受力的场所，这样会发生变形和松动	环扣	1 2 3	环扣主要用于抬吊设备。其优点是：扣得紧又易解扣。绳子较长时，用这种方法比较便利。一般吊表面圆滑物体时，多采用此种方法
三角扣（1）		三角扣用途与果子扣相同，但容易打结和解扣，如在中间插一短木棒时，解扣更方便，一般钢丝绳多用这种方法连接	缆风扣		各种桅杆的缆风绳用这种绳扣绑扎。绑好后在绳尾用小麻绳再捆扎或用绳卡固定好
三角扣（2）		用途是在一端拴紧设备，另一端拴在用力处	卡环扣		卡环扣又叫卸扣，常用于吊装作业

3 撬杠

撬杠也称撬杆、撬棍，多用中碳钢材锻制，规格有大、中、小之分，如图 3-18 所示。其作用是利用杠杆的原理使重物产生位移，常用于重物的少量抬高、移动和重物的拨正、止退等作业。

（1）重物的抬高

在抬高前要准备好硬质方木块（或金属块），待重物升起后用来支垫。一次撬起高度不够时，可将支点垫高继续撬起。第二次撬起后，先垫好新的厚垫块，再取出第一次垫的垫块，如图 3-19 所示。

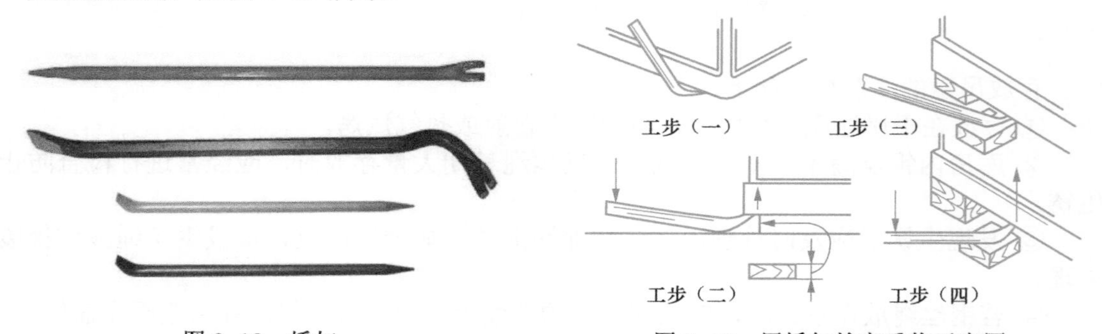

图 3-18　撬杠　　　　图 3-19　用撬杠抬高重物示意图

（2）重物的移动

若重物下面没有垫块时，应先将重物用撬杠撬起，并垫上扁铁之类的垫块，使重物离地。然后将撬杠插入重物底部，用双手握住撬杠上端做下压后移动作。这一动作必须在重物两侧同时进行，随着撬杠的下压后移，重物即可前进。

（3）重物的拨正与止退

这两种操作方法基本一样。在止退时，如重物退力较大，要用肩膀扛住撬杠上端，使人体、撬杠及地面形成一个稳固的三角形状。但当重物的退力很大或需很长时间时，不允许人力止退，而必须用三角木楔止退。

4　手动葫芦

我们把手拉葫芦和手扳葫芦统称为手动葫芦，它是用人力来吊装重物的机械搬运工具，能在多种工程中担任起重升降任务，如图 3-20 所示。手动葫芦适用于小型设备和重物的短距离吊装。

使用手动葫芦的安全要求如下。

① 使用手动葫芦时，严禁超载使用（起重量不准超过允许荷载）。

② 使用时不能任意加长手柄，因手动葫芦的起重量是有限的，加长手柄容易造成手动葫芦的超载使用，致使部件损坏。

③ 要经常检查钢丝绳有无磨损和扭结、断丝、断股，凡不符合安全使用的一定要更换。

图 3-20　手动葫芦

④ 由于手动葫芦是利用夹钳交替夹紧钢丝绳而工作的，所以要求使用钢芯钢丝绳，而不能用麻芯钢丝绳，因麻芯绳柔软而富有弹性，在夹钳夹紧后易松动。

⑤ 手动葫芦使用前要做全面的检查与测验，使用后要维护保养。

⑥ 使用手动葫芦前，应检查自锁夹钳装置的可靠性，当夹紧钢丝绳后，应能往复运动，否则禁止使用。当一人拉不动时，应查明原因，禁止几个人一齐猛拉，以免发生事故。

⑦ 在起吊过程中，无论重物上升或下降，拉动手链条时，用力应均匀和缓，不得用力过猛，以免手链条跳动或卡环。

⑧ 操作者如发现手拉力大于正常拉力时，应立即停止使用，进行检查，查明原因，消除异常现象后方可继续使用。

5　电动葫芦

电动葫芦是一种用途十分广泛的轻小型起重吊装设备，一般安装在固定场所，如图 3-21 所示。多数电动葫芦由人用按钮在地面跟随操纵，也可在司机室内操纵或采用有线（无线）远距离控制。

使用电动葫芦的安全要求如下。

图 3-21　电动葫芦

① 使用前应做好检查工作。检查工作主要包括：在操作者步行范围内和重物通过的路线上应无障碍物；手控按钮上下、左右方向应动作准确灵敏；电动机和减速器应无异常声响；制动器应灵敏可靠；电动葫芦运行轨道上无异物；上下限位器动作应准确；吊钩止动螺母应紧固，吊钩在水平和垂直

方向移动应灵活，吊钩滑轮应转动灵活；钢丝绳应无明显缺陷，在卷筒上排列整齐，无脱开滑轮槽迹象，润滑良好；吊辅具无异常现象。

② 电动葫芦禁止超负荷使用。

③ 在使用过程中，操作人员应随时检查钢丝绳是否有乱扣、打结、掉槽、磨损等现象，如果出现应及时排除，并经常检查导绳器和限位开关是否安全可靠。

④ 在日常工作中不得人为地使用限位器来停止重物提升或停止设备运行。

⑤ 工作完毕后，关闭电源总开关，切断主电源。

⑥ 电动机风扇制动轮上的制动环，不许沾有油垢，调整螺母应紧固，以免因制动失灵而发生事故。

⑦ 电动葫芦不工作时，不允许将重物悬挂在空中，以防止零部件产生永久变形。

⑧ 禁止同时按下两个相反方向的按钮，其他可以同时操纵。

6 滑车

滑车按连接件的结构形式不同，可分为吊钩型、链环型、吊环型和吊梁型四种；按滑车的夹板是否可以打开来分，有开口滑车和闭口滑车两种；按使用方式不同，又可分为定滑车和动滑车两种。

滑车在电力架空线路施工时的应用如图 3-22 所示，使用滑车的安全要求如下。

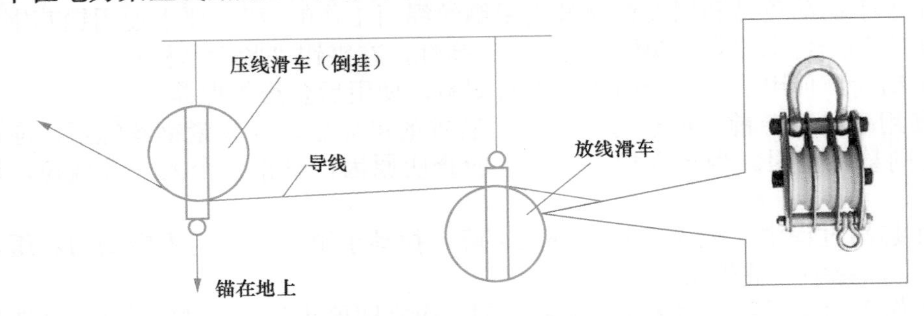

图 3-22　滑车在电力架空线路施工时的应用

① 滑车使用前，应检查轮槽、轮轴、拉板、吊钩等有无裂纹或损伤，配件是否齐全，转动部分是否灵活。如有缺陷，严禁使用。

② 使用的钢丝绳直径必须符合规定要求，钢绳与滑轮槽偏角不超过 5°，否则会导致危险发生。

③ 在受力方向变化较大的地方和高空作业中，不宜使用吊钩型滑车，应选择吊环式滑车，以防脱钩，如用吊钩型时，必须用铅丝封口。

④ 在使用过程中，应对滑轮、轴定期加润滑油，减少轴承磨损。

⑤ 开口滑车使用过程中必须先将活络板盖好，以防钢绳弹出伤人。

⑥ 滑车组穿好钢丝绳后，要逐步收紧绳索试吊，仔细检查各部位是否良好，有无卡绳、摩擦之处，如有，调整后方能使用。

7 千斤顶

千斤顶是一种起重高度低（低于 1m）的最简单的起重设备，如图 3-23 所示。它有机械式和液压式两种，机械式千斤顶又有齿条式与螺旋式两种。

使用时，千斤顶的起重能力不得小于被顶物质量，严禁超载使用。起升高度不得超过千斤顶的规定值，以免损坏千斤顶并造成事故。重物重心要选择适当，底座要放平，而且千斤顶的基础必须稳固可靠。

电工在安装时，常用千斤顶来校正安装偏差和矫正构件的变形，也可以顶升设备等。

千斤顶应放在平整坚实的地面上，并垫木板或钢板，防止地面沉陷。顶部与光滑物接触时，接触面应垫硬木防止滑动。开始操作应逐渐顶升，注意防止顶歪，始终保持重物的平衡。

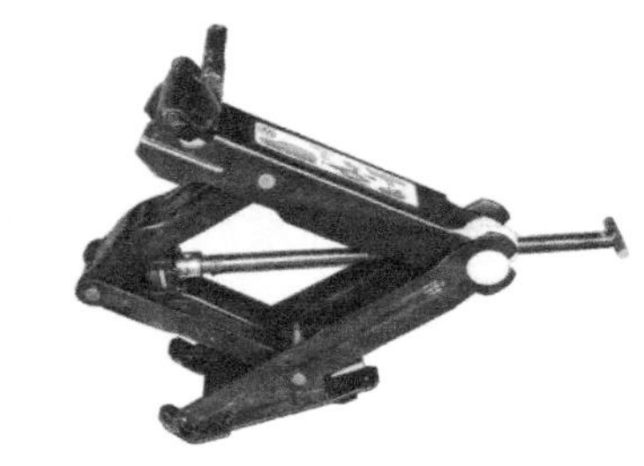

图 3-23　千斤顶

3.3.2　人力搬运

在电力安装、维修施工时，有时候电工也要充当临时“搬运工”。掌握物品搬运的一些基本常识，可避免发生一些不应该发生的事故。

1　人力搬运的基本方法及安全要求

① 搬运重物之前，应采取防护措施，戴防护手套、穿防护鞋等，衣着要轻便。

② 搬运重物之前，应检查物体上是否有钉、尖片等物，以免造成损伤。

③ 应用手掌紧握物体，不可只用手指抓住物体，以免脱落。

④ 靠近物体，将身体蹲下，用伸直双腿的力量，不要用背脊的力量，缓慢平稳地将物体搬起，不要突然猛举或扭转躯干，预防腰背损伤。动作要点是：起身时保持直背不弯腰，手肘弯曲不死锁，或者将重物搬放到膝盖上，再行起身；起身的时候用双手搬抬重物并且将重物的重量靠在腹部，这样一气呵成，就顺利地搬起了重物。搬运过程如图 3-24 所示。

图 3-24　蹲下搬运货物的方法

⑤ 当传送重物时，应移动双脚而不是扭转腰部。当需要同时提起和传递重物时，应先将脚指向欲搬往的方向，然后才搬运。

⑥ 不要一下子将重物提至腰部以上的高度，而应先将重物放于半腰高的工作台或适当的地方，纠正好手掌的位置，然后再搬起。

⑦ 搬运重物时，应特别小心工作台、斜坡、楼梯及一些易滑倒的地方，搬运重物经过门口时，应确保门的宽度，以防撞伤或擦伤手指。

⑧ 搬运重物时，重物的高度不要超过人的眼睛。

⑨ 当有两人或两人以上一起搬运重物时，应由一人指挥，以保证步伐统一、同时提起和放下物体，如图 3-25 所示。

⑩ 尽可能使用手推车之类的工具搬运工件及物品。当用手推车推物时，无论是推、拉，物体都要在人的前方。

图 3-25　两人一起搬运重物示意图

人力搬运时，防止人、物受到损伤的措施如下：

① 如果要把某重物从地面搬到一定高度，尽可能使用吊装设备。同时注意先捆绑好再搬，小物件要先装袋或装箱，然后再搬。

② 长物件的搬运，即使不重，也要由两人来搬，免得伤及他人。

③ 登梯时不得手提物件，应该使用吊绳等。

④ 物品要抓紧握牢，防止滑落，造成损伤。

2 人力搬运电动机

搬运电动机前，要准备好搬运的工器具，如滚杠、撬棍、绳索等。对于100kg以下的电动机，可用铁棒穿过电动机上部吊环，由人力搬运，也可用绳子拴住电动机的吊环和底座，用杠棒来搬运，如图3-26所示。不允许用绳子穿过电动机端盖抬电动机，也不允许用绳子套在转轴或皮带轮上搬运电动机。较大电动机可用滚杠来搬运，如图3-27所示。

（a）绳子穿入吊环

（b）打好绳结

（c）穿入杠棒

图3-26　人力搬运电动机

① 用人工搬运或装卸重物而需搭跳板时，要使用厚50mm以上的木板，跳板中部应设支持物，防止木板过于弯曲。从斜跳板上滑下物体时，需用绳子将物体从上边拉住，以防物体下滑速度太快。

② 工作人员不得站在重物正下方，应站在两侧。

③ 搬运现场应有充足的照明，并且要注意周围带电设备，保证一定的安全距离。

图3-27　滚杠搬运较大电动机

3.4 导线连接和绝缘层恢复

导线连接是电工作业的一项基本工作，也是一项十分重要的工序。导线连接的质量直接关系到整个线路能否安全可靠地长期运行。导线连接之前要先剥削导线的绝缘层，导线连接之后应恢复导线的绝缘层。

导线的种类很多，有单股与多股之分，一般截面面积为6mm^{2}及以下的导线为单股线，截面面积在10mm^{2}及以上的导线为多股线。多股线是由几股或几十股线芯绞合在一起形成一根的，如有7股、19股、37股等。导线还分裸导线和绝缘导线。绝缘导线还可分为电磁线、绝缘电线、电缆等多种，而常见的外皮绝缘材料有橡胶、塑料、棉纱、玻璃丝等。

选择导线的基本原则：导线的截面应满足安全电流，在潮湿或有腐蚀性气体的场所，可选用塑料绝缘导线，便于提高导线绝缘水平和抗腐蚀能力；在比较干燥的场所内，可采用橡皮绝缘导线；对于经常移动的用电设备，宜采用多股软导线等。

3.4.1　导线绝缘层剥削

1　剥削导线绝缘层的技术要求

视频 3.10：导线绝缘层剥削

① 不得损伤金属线芯，剥削出的芯线应保持完整无损；如损伤较大，应重新剥削。在使用电工刀时，不允许采用刀口在导线周围转圈来剥削绝缘层的方法，因为这样操作容易损伤线芯。

② 注意安全。使用电工刀剥削时，刀口应向外，避免伤人或损伤其他器件。

③ 根据接头需要，剥削线头的长短合适。

特别提醒

建议使用剥线钳来剥削导线绝缘层。

2　剥削导线绝缘层的常用方法

剥削导线绝缘层的常用方法有单层剥削法、分段剥削法和斜削法，操作说明见表 3-10。

表 3-10　剥削导线绝缘层的常用方法

剥削方法	操作说明	图示
单层剥削法	使用剥削钳进行剥削，不允许采用电工刀转圈剥削绝缘层	
分段剥削法	一般适用于多层绝缘导线剥削，如编制橡皮绝缘导线，用电工刀先削去外层编织层，并留有 12mm 的绝缘层，线芯长度随接线方法和要求的机械强度而定	
斜削法	用电工刀以 45° 倾斜切入绝缘层，当切近线芯时就应停止用力，使刀子倾斜角度变为 15° 左右，沿着线芯表面向前在头端部推出，然后把残存的绝缘层剥离线芯，用刀口插入背部以 45° 削断	

3　用电工刀、钢丝钳剥削导线绝缘层

采用电工刀、钢丝钳剥削导线绝缘层的操作工艺与技术要求见表 3-11。

表 3-11　导线线头绝缘层的操作工艺与技术要求

导线分类	操作工艺示意图	操作工艺与技术要求
塑料绝缘小截面硬铜芯线或铝芯线		① 在需要剥削的线头根部，用钢丝钳钳口适当用力（以不损伤芯线为度）钳住绝缘层； ② 左手拉紧导线，右手握紧钢丝钳头部，用力将绝缘层强行拉脱
塑料绝缘软铜芯线		
塑料绝缘大截面硬铜芯线或铝芯线 1	45°	① 电工刀与导线成 45°，用刀口切破绝缘层； ② 将电工刀倒成 15° ～ 25° 倾斜角向前推进，削去上面一侧的绝缘层； ③ 将未削去的部分扳翻，齐根削去

续表

导线分类	操作工艺示意图	操作工艺与技术要求
塑料护套线		① 按照所需剥削长度，用电工刀刀尖对准两股芯线中间，划开护套层； ② 扳翻护套层，齐根切去； ③ 按照塑料绝缘小截面硬铜芯线绝缘层的剥削方法用钢丝钳去除每根芯线绝缘层
橡套电缆		
橡皮线		① 用电工刀像剥削塑料护套层的方法去除外层公共橡皮绝缘层； ② 用钢丝钳拉脱每股芯线的绝缘层
花线	棉纱纺织层 橡皮绝缘层 线芯 棉纱 10mm	① 在剥削处用电工刀将棉纱编织层周围切断并拉去； ② 参照上面方法用钢丝钳拉脱芯线外的橡皮层
铅包线		① 在剥削处用电工刀将铅包层横着切断一圈后拉去； ② 用剥削塑料护套线绝缘层的方法去除公共绝缘层和每股芯线的绝缘层

使用电工刀剥削线头时，应特别注意安全。刀刃部分要磨得锋利才好剥削导线。但不可太锋利，太锋利容易削伤线芯；磨得太钝，则无法剥削绝缘层。磨刀刃一般采用磨刀石或油磨石。磨好后再把底部磨点倒角，即刃口略微圆一些。

4 用剥线钳剥削导线绝缘层

剥线钳适用于线芯截面面积在 4mm^2 以下的硬导线或多股导线。剥线钳剥削导线绝缘层的操作步骤及说明见表 3-12。

表 3-12 剥线钳剥削导线绝缘层的操作步骤及说明

步骤	操作步骤	图示	说明
(1)	左手握线，右手握剥线钳，根据缆线的粗细型号，选择相应的剥线刀口		钳口要稍大于线芯直径。如果钳口选大了，绝缘层剥不掉；钳口选小了，会损伤线芯（单股线可能会剪断，多股线会剪断部分线芯）。 如果要剥削较长尺寸的绝缘层，可用剥线钳将绝缘层断开后，再用尖嘴钳撕去线上待剥的绝缘层
(2)	将待剥削线头插入剥线钳的刀刃中间，选择好要剥线的长度		
(3)	握住剥线工具手柄，将电缆夹住，缓缓用力使电缆外表皮慢慢剥落		
(4)	松开工具手柄，取出电缆线，这时电缆金属整齐露出外面，其余绝缘塑料完好无损		

3.4.2 导线连接的要求及方法

1 导线连接的技术要求

导线的连接就是我们常说的导线接头，是维修电工应熟练掌握的基本功。导线接头处往往是事故多发处，线路发热烧毁十之八九是在接头处发生，为此要谨慎小心。

导线连接主要有三个步骤：导线绝缘层剥削、导线线头连接和导线连接处绝缘层恢复。

导线连接的基本要求是：连接牢固可靠，机械强度高，接头电阻小，耐腐蚀、耐氧化、电气绝缘性能好。

① 各种导线的相互连接应牢固可靠，尽量不要有明显的松散的缝隙，以减少接触电阻。

② 接头处的绝缘强度不得低于原有导线的绝缘强度。接头处运行时应不遭受任何腐蚀。

③ 接头处的机械强度不得低于原有机械强度的80%。尤其硬芯线尽量不要做多余无谓的扭曲，否则导线材质会变形损伤。

【记忆口诀】

导线接头要紧密，接触电阻小为好。
接头牢固强度大，做好防腐很重要。
绝缘恢复啥要求，与原导线一个样。

视频3.11：单股导线直线连接

视频3.12：单股导线T形连接

2 单股铜芯线的连接

单股铜芯线的连接可分为直线连接和T形连接两种，它们的操作工艺与技术要求见表3-13。

表3-13　单股铜芯线连接的操作工艺与技术要求

类型		操作示意图	操作工艺与技术要求
直线连接	小截面单股铜芯线		① 将去除绝缘层和氧化层的芯线两股交叉，互相绞合2～3圈； ② 将两线头自由端扳直，每根自由端在对方芯线上缠绕，缠绕长度为芯线直径的6～8倍；这就是常见的绞接法； ③ 剪去多余线头，修整毛刺
	大截面单股铜芯线		① 在两股线头重叠处填入一根直径相同的芯线，以增大接头处的接触面； ② 用一根截面面积在1.5mm² 左右的裸铜线（绑扎线）紧密缠绕，缠绕长度为导线直径的10倍左右； ③ 用钢丝钳将芯线线头分别折回，将绑扎线继续缠绕5～6圈后剪去多余部分并修剪毛刺； ④ 如果连接的是不同截面的铜导线，先将细导线的芯线在粗导线上紧密缠绕5～6圈，再用钢丝钳将粗导线折回，使其紧贴在较小截面的线芯上，再将细导线继续缠绕4～5圈，剪去多余部分并修整毛刺
	记忆口诀	两根导线十字交，相互绞合三圈挑。 扳直导线尾线直，紧缠六圈弃余端	
T形连接	小截面单股铜芯线		① 将支路芯线与干路芯线垂直相交，支路芯线留出3～5mm裸线，将支路芯线在干路芯线上顺时针缠绕6～8圈，剪去多余部分，修除毛刺； ② 对于较小截面芯线的T形连接，可先将支路芯线的线头在干路芯线上打一个环绕结，接着在干路芯线上紧密缠绕5～8圈

续表

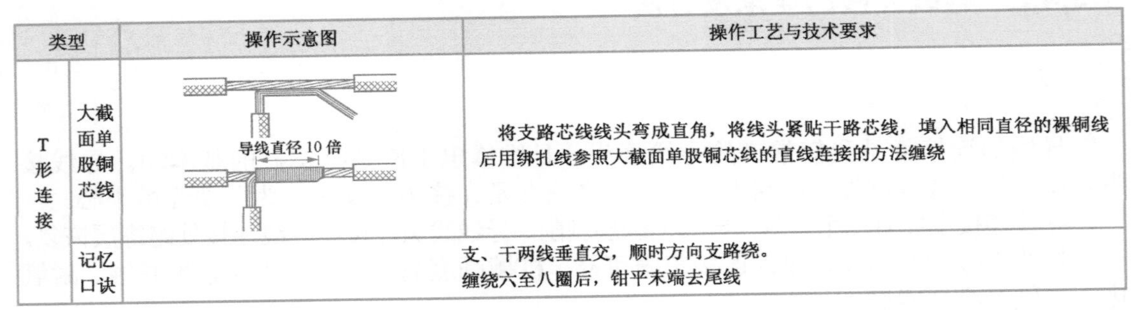

类型		操作示意图	操作工艺与技术要求
T形连接	大截面单股铜芯线	导线直径 10 倍	将支路芯线线头弯成直角，将线头紧贴干路芯线，填入相同直径的裸铜线后用绑扎线参照大截面单股铜芯线的直线连接的方法缠绕
	记忆口诀	支、干两线垂直交，顺时方向支路绕。 缠绕六至八圈后，钳平末端去尾线	

3 多股铜芯线的连接

在电力工程施工过程中，经常会遇到多股导线（例如 7 股、19 股等）的连接。下面以 7 股铜芯线为例介绍连接方法，其连接操作工艺与技术要求见表 3-14。

表 3-14　7 股铜芯线的连接操作工艺与技术要求

类型	操作示意图	操作工艺与技术要求
直线连接		① 除去绝缘层的多股线分散并拉直，在靠近绝缘层约 1/3 处沿原来纽绞的方向进一步扭紧； ② 将余下的自由端分散成伞形，将两伞形线头相对，隔股交叉直至根部相接； ③ 捏平两边散开的线头，将导线按 2、2、3 分成三组，将第 1 组扳至垂直，沿顺时针方向缠绕两圈，再折弯扳成直角紧贴对方芯线； ④ 第 2、3 组缠绕方法与第 1 组相同（注意：缠绕时让后一组线头压住前一组已折成直角的根部，最后一组线头在芯线上缠绕 3 圈），剪去多余部分，修除毛刺
	记忆口诀	剥削绝缘拉直线，绞紧根部余分散。 制成“伞骨”隔根插，2、2、3、3 要分辨。 两组 2 圈扳直线，三组 3 圈弃余线。 根根细排要绞紧，同是一法另一端
T 形连接		方法 1：将支路芯线折弯成 90° 后紧贴干线，然后将支路线头分股折回并紧密缠绕在干线上，缠绕长度为芯线直径的 10 倍； 方法 2：在支路芯线靠根部 1/8 的部位沿原来的绞合方向进一步绞紧，将余下的线头分成两组，拨开干路芯线，将其中一组插入并穿过，另一组置于干路芯线前面，沿右方向缠绕 4 ～ 5 圈，插入干路芯线的一组沿左方向缠绕 4 ～ 5 圈。剪去多余部分，修除毛刺
	记忆口诀	3、4 两组干、支分，支线一组如干芯。 3 绕 3 至 4 圈后，4 绕 4 至 5 圈平

4 电缆线的连接

双芯护套线、三芯护套线或多芯电缆连接时，其连接方法与前面讲述的铰接法相同。应注意尽可能将各芯线的连接点互相错开位置，以防止线间漏电或短路。图 3-28（a）所示为双芯护套线的连接情况，图 3-28（b）所示为三芯护套线的连接情况，图 3-28（c）所示为四芯电力电缆的连接情况。

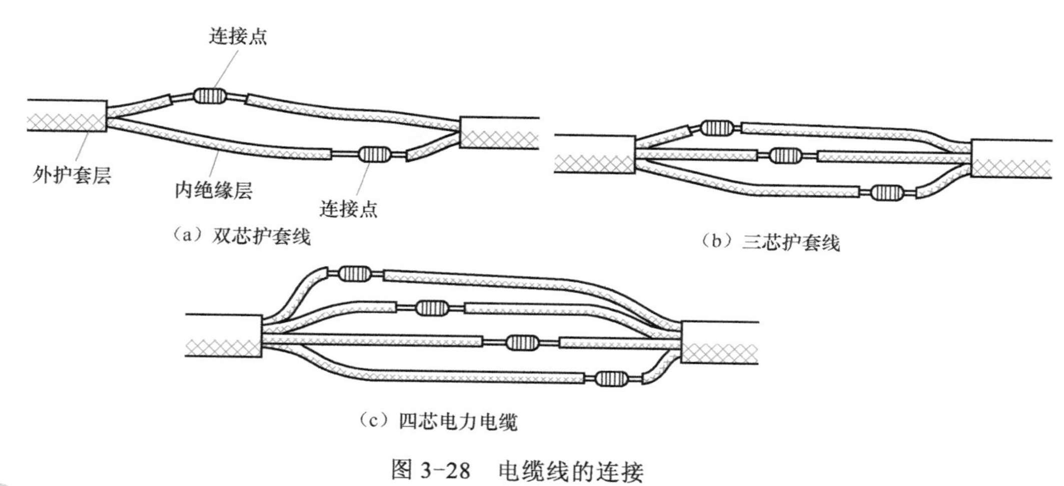

（a）双芯护套线　　（b）三芯护套线

（c）四芯电力电缆

图 3-28　电缆线的连接

特别提醒

接线时一定要切断电源，注意安全，防止触电。

5　铜、铝导线的连接

铜、铝导线一般不能直接连接。因为铜和铝两种金属的化学性质不同，如果将铜线和铝线直接连接时，一旦遇到空气中的水分、二氧化碳以及其他杂质形成的电解液时，就将形成电池效应。这时铝易于失去电子成为正极，铜难于失去电子而成为负极，腐蚀铝线，即形成所谓的电化腐蚀，导致接头处接触电阻增大，引起接触不良。有电流通过铜铝连接部位时，将使其温度升高，而高温又加速了铝线的腐蚀程度，这样恶性循环，直至将导线烧毁。因此，铜、铝导线必须采取过渡连接。

（a）铜铝过渡连接夹

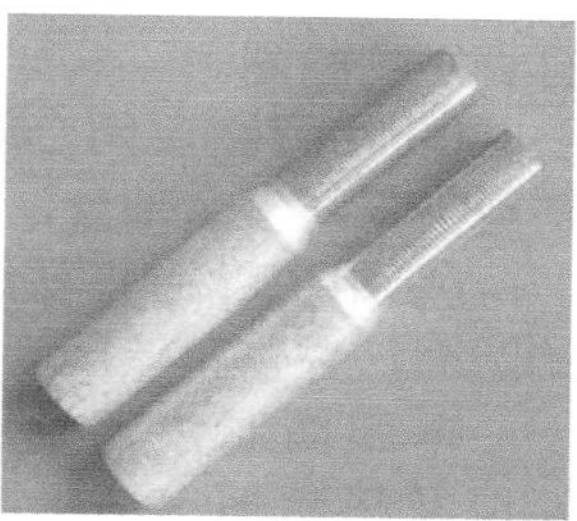

（b）铜铝过渡连接管

图 3-29　铜铝过渡连接器件

① 单股小截面铜、铝导线连接时，应将铜线搪锡后再与铝线连接。

② 多股大截面铜、铝导线连接时，应采用铜铝过渡连接夹或铜铝过渡连接管，如图 3-29 所示。

③ 铝导线与电气设备的铜接线端连接时，应采用铜铝过渡鼻子，如图 3-30 所示。

图 3-30　铜铝过渡鼻子

6　线头接线桩的连接

电气设备的接线桩有平压式、瓦形式、针孔式三种，如图 3-31 所示。

（1）线头与平压式接线桩的连接

线头与平压式接线桩连接时，要将螺钉与垫圈配合使用将线头压紧进行连接。单芯导线的接头要弯曲成羊眼圈（环形），如图 3-32 所示。

① 用剥线钳剥去导线一端的绝缘层，用尖嘴钳在距绝缘层 3mm 处将裸线弯成 45°。

(a) 平压式

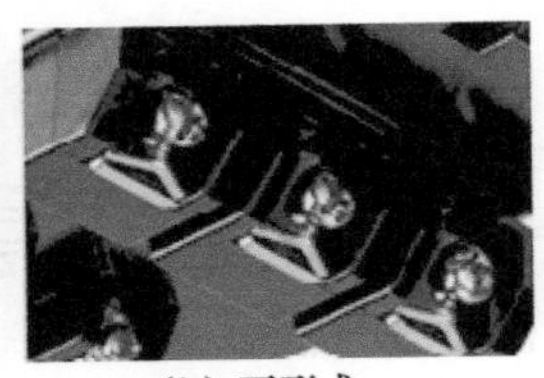
(b) 瓦形式

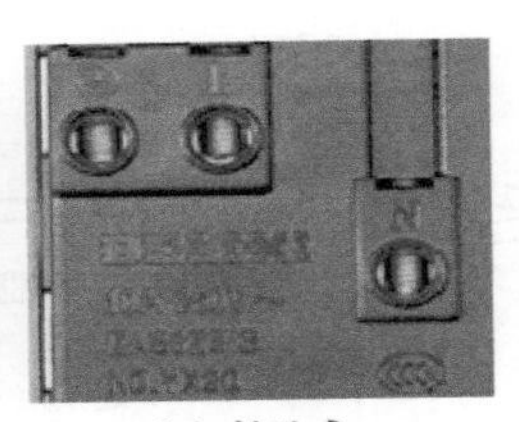
(c) 针孔式

图 3-31　电气设备的接线桩

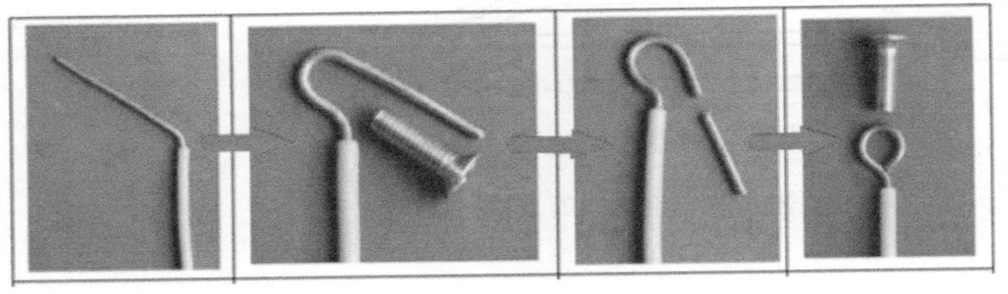

视频 3.13：制作羊眼圈

图 3-32　“羊眼圈”制作方法

② 用尖嘴钳从裸线弯曲部分开始，由里向外顺时针方向将裸线弯成一个略大于螺钉直径的圆圈。

③ 在圆圈要闭合时，用尖嘴钳剪去裸线多余部分。

④ 用尖嘴钳将裸线弯成闭合的圆圈，并修正该圈为圆形。

羊眼圈制作完成后，再将螺钉以及垫圈插入环形孔中拧紧螺钉，如图 3-33 所示。

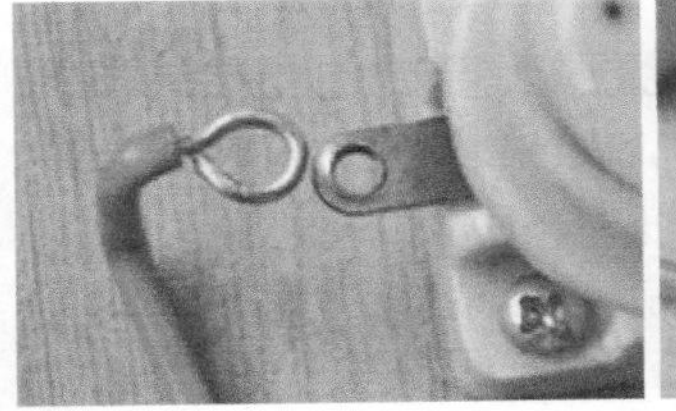

图 3-33　线头与平压式接线桩的连接

特别提醒

制作的羊眼圈要避免环圈不足、环圈重叠、环圈过大、裸露线芯过长等不规范的操作。

(2) 线头与瓦形式接线桩的连接

瓦形式接线桩采用瓦形垫圈压接导线线头。在瓦形垫圈和螺钉不能完全拆卸的情况下，其接线方法仍然采用将线芯插入瓦形式接线桩，然后拧紧螺钉。

如果瓦形垫圈和螺钉能完全拆卸，要先把芯线弯成U形，再卡入接线桩中进行连接，如图 3-34 (a) 所示。如果是两根线头，应将两根线头的接线弯相对压入，如图 3-34 (b) 所示。

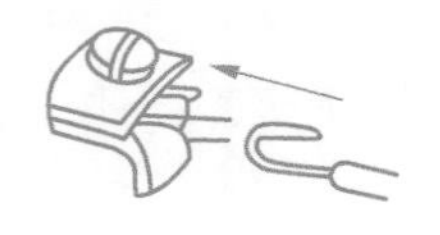
(a) 一根线头

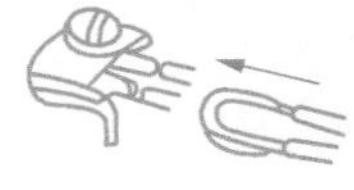
(b) 两根线头

图 3-34　线头与瓦形式接线桩的连接

(3) 线头与针孔式接线桩的连接

针孔式接线桩是依靠位于针孔顶部的紧固螺钉压住线头来完成导线与器件连接的。它主要用于室内线路中熔断器、刀开关等的连接。单芯导线可直接将线芯插入针孔式接线桩，然后拧紧紧固螺钉，如图 3-35 所示。

多芯线要根据线头与针孔大小的具体情形来绞紧，然后再插入针孔并紧固螺钉。

① 若针孔大小适宜，可以直接将线头插入针孔，如图 3-36 (a) 所示。

② 若针孔过大，将线头排绕一层，再插入针孔，如图 3-36 (b) 所示。

③ 若针孔过小，先把线头剪断两股，再将线头绞紧后，插入针孔，如图 3-36（c）所示。

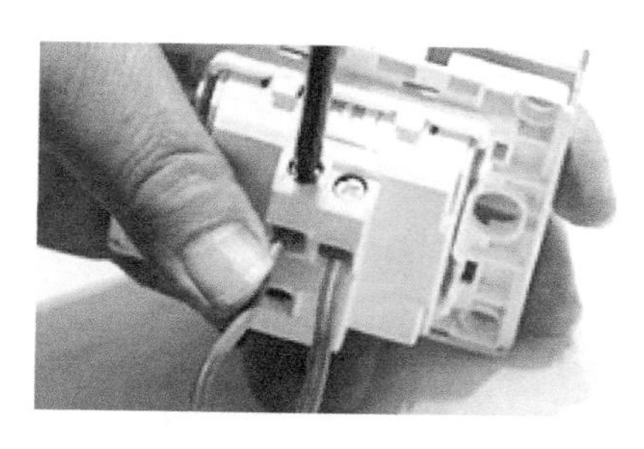

图 3-35 单芯导线线头与针孔式接线桩的连接

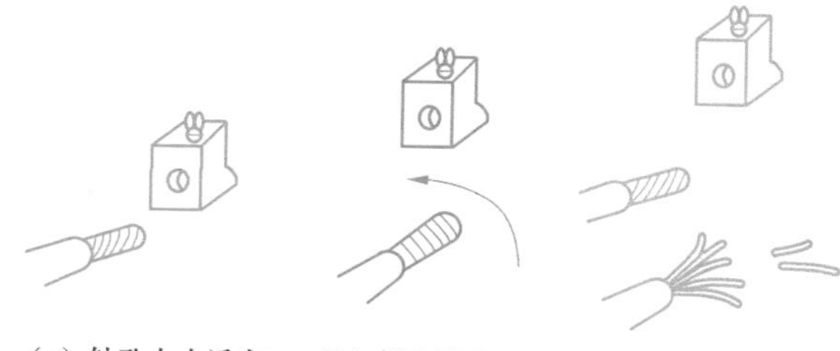

图 3-36 多股芯线与针孔式线桩的连接

7 共头线头的连接

$4mm^2$ 以下的较小截面面积的单股线芯共头连接时，剥出的导线长度约为螺钉直径的 6 倍，其操作步骤如图 3-37 所示。

① 剥离导线绝缘层。

② 按螺钉规格弯曲成压接圈后，用钢丝钳紧紧夹住压接圈根部，把两根部线芯互绞一转。

③ 把压接圈套入螺钉后拧紧。

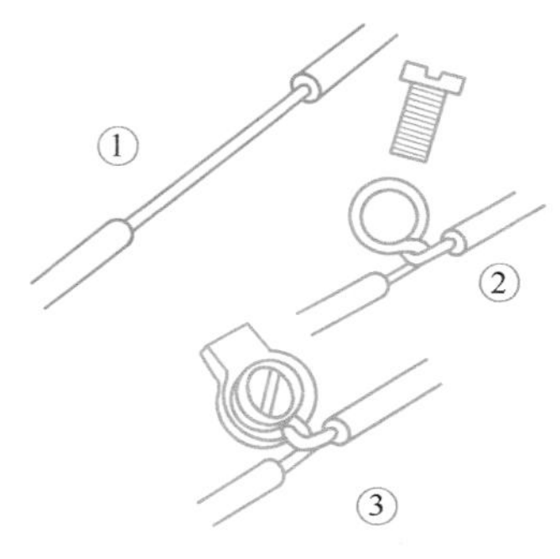

图 3-37 共头线头的连接

8 导线的封端连接

安装后的配线出线端，最终要与电器或设备相连。将导线端部装设端子（俗称接线鼻），用接线端子先与线端用压接钳压接或进行钎焊（大截面采用乙炔气焊），接线耳与接线端子进行螺钉压接，再与设备相连接称为封端连接。大截面导线与设备连接常采用此法。

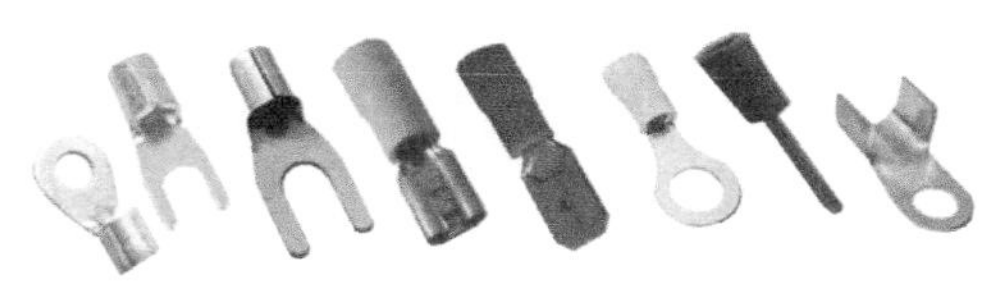

图 3-38 几种常用接线端子

导线封端常用的接线端子有针形、叉形和椭圆形等，如图 3-38 所示。导线与接线端子的连接方法有锡焊封端法和压接封端法两种。

针形接线端子和叉形接线端子均属于冷压端子，是用于实现电气连接的一种连接器，具有连接便利，易实现导线与用电设备之间的连接，主要用于接触器、端子排等电气设备接线用，如图 3-39 所示。下面介绍针形接线端子和叉形接线端子的制作步骤及方法。

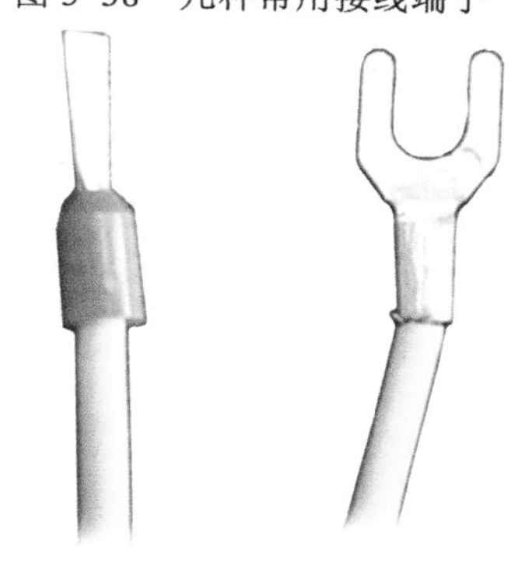

图 3-39 针形和叉形接线端子

（1）接线叉的制作，见表 3-15。

表 3-15 接线叉的制作

步骤	操作方法	图示
（1）	用剥线钳剥去截面面积为 0.75mm² 多芯铜线端头约 10mm 长的绝缘层	
（2）	剥出来的多股导线稍微捻紧芯线，将芯线对折	
（3）	将折好的导线插入叉形接线端子的金属管中	
（4）	将叉形接线端子的金属管放入尖嘴钳的卡槽中，用力捏压手柄，使端子头与内部芯线牢固连接	

接线叉制作合格与不合格示例如图 3-40 所示。

视频 3.14：制作接线叉

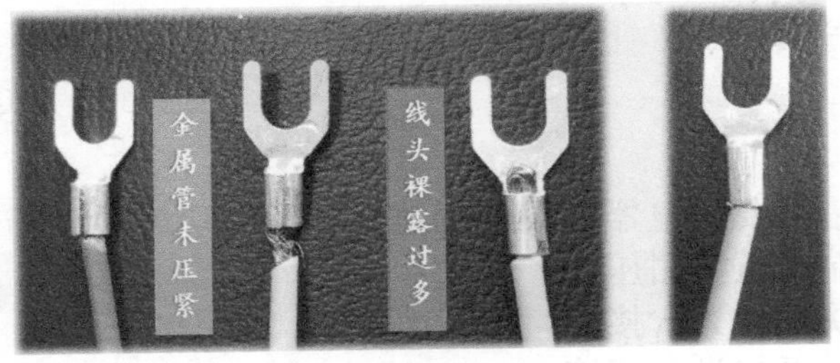

（a）不合格　　（b）合格

图 3-40 接线叉制作示例

视频 3.15：制作接线针

（2）接线针的制作见表 3-16。

表 3-16 接线针的制作

步骤	操作方法	图示
（1）	用剥线钳剥去截面面积为 0.75mm² 多芯铜线端头约 8mm 长的绝缘层。要求铜芯无断丝，切口整齐。然后用手顺时针捻紧导线端头	
（2）	将线头插入端子头内，要求：线头不能超过端子压头 1mm，导线绝缘层必须在端子绝缘包筒内	

续表

步骤	操作方法	图示
（3）	将端子头放入尖嘴钳的卡槽中，用力捏压手柄，使端子头与内部芯线牢固连接。 要求：压痕明显，牢固无松动	

9 导线连接器工艺

导线连接器通过螺纹、弹簧片以及螺旋钢丝等机械方式，对导线施加稳定可靠的接触力。导线连接器按结构不同，可分为螺纹型连接器、无螺纹型连接器（包括通用型和推线式两种结构）和扭接式连接器，如图 3-41 所示。

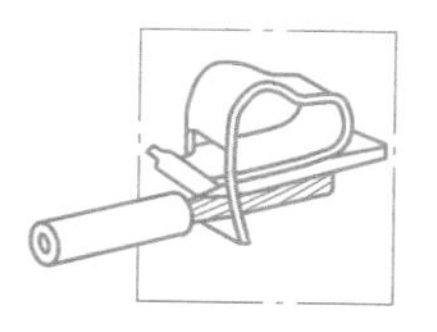

（a）通用型

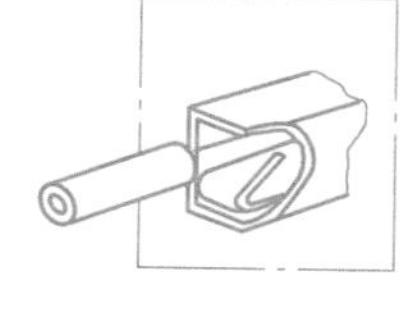

（b）推线式

（c）扭接式

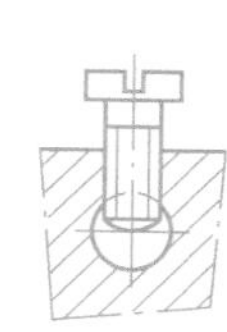

（d）螺纹型

图 3-41　导线连接器

使用导线连接器不仅可实现高可靠的电气连接，而且由于不借助特殊工具可完全徒手操作，使安装过程快捷、高效，平均每个电气连接耗时 10s 左右。目前，导线连接器广泛应用于各类电气安装工程中，有逐步替代传统的"焊锡 + 胶带"工艺的趋势，如图 3-42 所示。

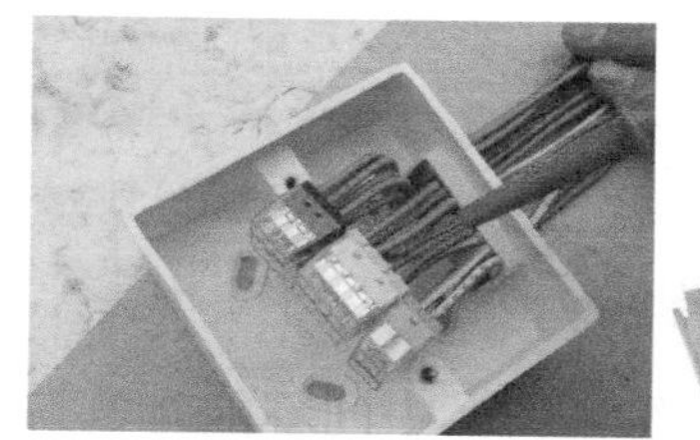

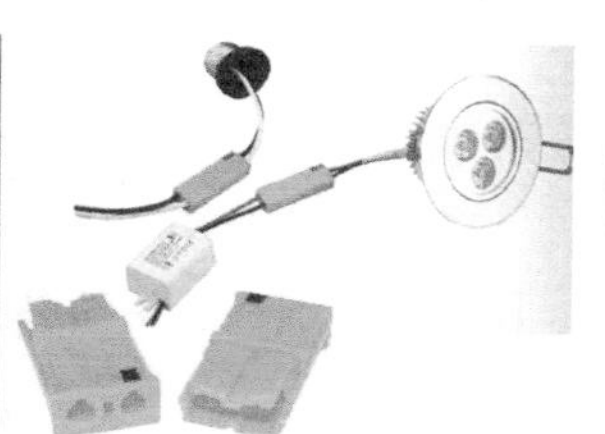

图 3-42　导线连接器的应用

3.4.3 导线绝缘层的恢复与修补

1 用于绝缘层恢复的绝缘材料

由于导线连接处的绝缘层已被去除，在线头连接完工后，必须恢复连接前被破坏的绝缘层。为了保证用电安全，要求恢复后的绝缘强度不得低于导线原有的绝缘强度，所以必须选择绝缘性能好，机械强度高的绝缘材料。

导线连接处的绝缘处理通常采用绝缘胶带进行缠裹包扎。一般常用的电工绝缘带有黄蜡带、涤纶薄膜带、黑胶布带、塑料胶带、橡胶胶带等。常用的电工防水绝缘胶带宽度为 20mm，使用较为方便，如图 3-43 所示。

图 3-43　电工防水绝缘胶带

视频 3.16：导线直接头绝缘恢复

黄蜡带的主要功能是绝缘、防潮，适用于潮湿环境的导线绝缘层恢复。正确的使用方法是在导线连接处先包缠黄蜡带，再于外层包缠绝缘黑胶布或电工防水绝缘胶带。

2 导线直接头的绝缘恢复

导线直接头的绝缘恢复如图 3-44 所示，在包缠时，要求从线头一边距切口的 40mm 处（约两根带宽）开始，如图 3-44（a）所示，使黄蜡带与导线间保持约 55° 的倾斜角，后一圈压在前一圈 1/2 的宽度上，如图 3-44（b）所示。

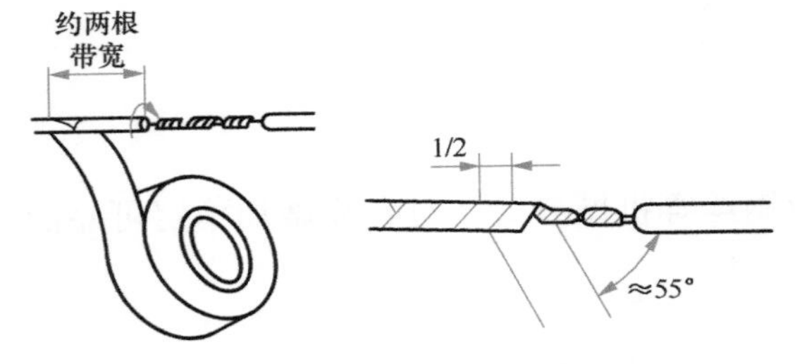

（a）从约 40mm 处开始　（b）保持 55° 的倾斜角

图 3-44　直接头绝缘层恢复方法

一般来说，在恢复 380V 线路上的绝缘层时，应该先包缠 1 ～ 2 层黄蜡带，再包一层涤纶薄膜带或黑胶带。在 220V 线路上恢复绝缘层时，可包一层黄蜡带，再包 1 ～ 2 层涤纶薄膜带或黑胶带，也可以不包黄蜡带，只包 2 层涤纶薄膜带或黑胶带，如图 3-45 所示。

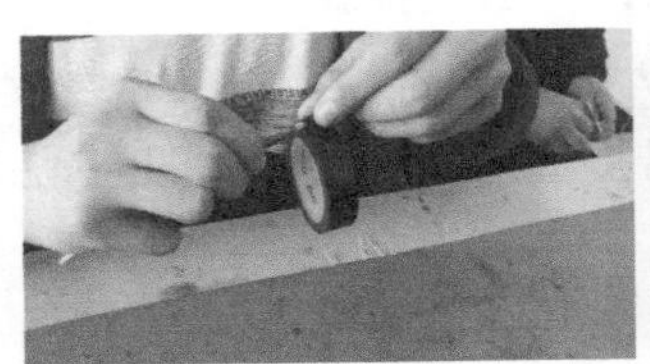

（a）从约 40mm 处开始

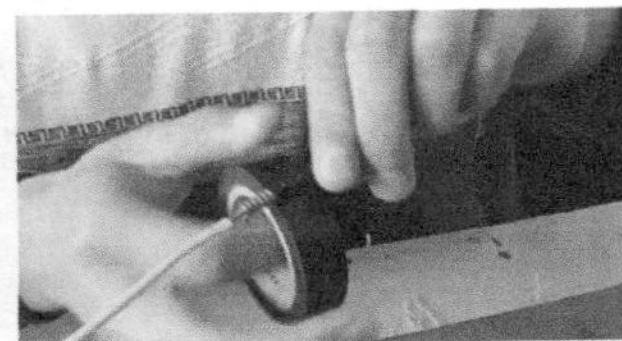

（b）包缠第一层胶带

（c）包缠第二层胶带

图 3-45　直接头绝缘层恢复示例

恢复线头绝缘层时，要求绝缘带一圈一圈包缠紧密，中间不能有气泡产生。绝缘带包缠完毕，应尽可能平整、光滑，不能裸露导线的线芯。

如果导线的绝缘层因外界因素而破损，也必须用上面介绍的方法恢复其绝缘，恢复绝缘后的绝缘强度应符合安全要求。

3 导线分支接头的绝缘层恢复

视频 3.17：导线 T 接头绝缘恢复

导线分支接头的绝缘处理基本方法同上，T 字分支接头的包缠方向如图 3-46 所示，走一个 T 字形的来回，使每根导线上都包缠两层绝缘胶带，每根导线都应包缠到完好绝缘层的两倍胶带宽度处。

对导线的十字分支接头进行绝缘处理时，包缠方向如图 3-47 所示，走一个十字形的来回，使每根导线上都包缠两层绝缘胶带，每根导线也都应包缠到完好绝缘层的两倍胶带宽度处。

4 电缆绝缘层的修补

电缆 PVC 绝缘层和护套层出现局部缺陷时，允许进行修补，如断胶、塌坑、脱节、皱褶、凹凸、耳朵、包棱、击穿、接头等现象。使用的主要工具有刀、剪、钳子、铜片、塑料焊接用热风塑焊枪、电烙铁等，一般可采用以下两种方法进行修补。

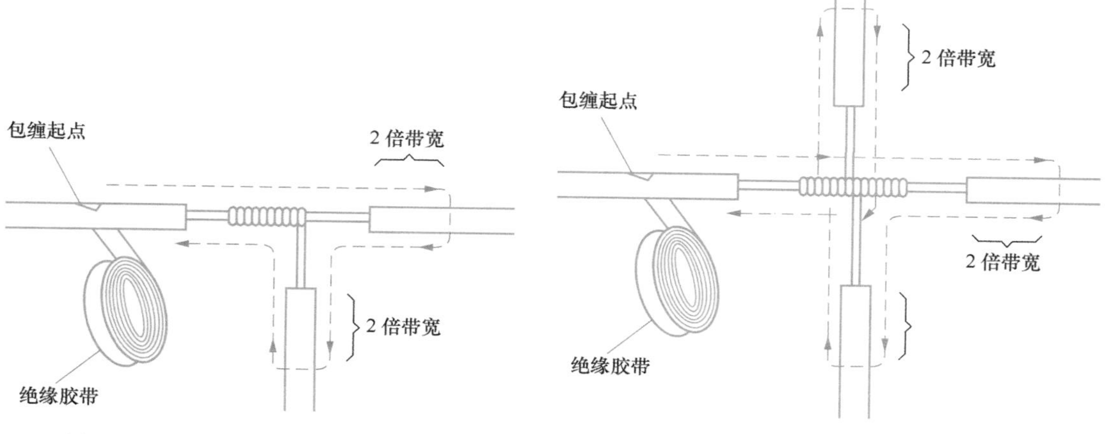

图 3-46　T 字分支接头的绝缘层恢复　　图 3-47　十字分支接头的绝缘层恢复

① 用刀修整缺陷处，并剥割成 45° 角的坡形，用颜色或形状大小一致的塑料块，放在修补区上，用钳子或螺丝刀固定好，然后用热风速焊枪连续焊好，用铜片压实、压紧、压平。焊接塑料时，注意焊枪热风温度不要太高，以免修补处塑料焦烧。这种修复工艺相对来说比较复杂，操作者应具有较高的技术水平。

图 3-48　热缩带修补电缆绝缘层

② 缺陷处采用 10kV 电力电缆专用热缩带搭包缠，并进行热缩处理。注意，包缠时两端长出缺陷处 50 ～ 100mm，且包覆应平整光滑，如图 3-48 所示。这种修复工艺相对来说比较简单，也能防水密封和绝缘保护。

3.5 电力登杆作业

3.5.1 蹬板登杆

蹬板又称升降板、登高板，由踏板、绳索、挂钩、心形环四部分组成，如图 3-49 所示。踏板由坚硬的木板制成；绳索为多股白棕绳或者尼龙绳，绳两端系结在踏板两头的扎结槽内，绳顶端系结铁挂钩，绳与铁挂钩之间采用心形铁环衔接，可提高蹬板的承受

视频 3.18：登高板登杆

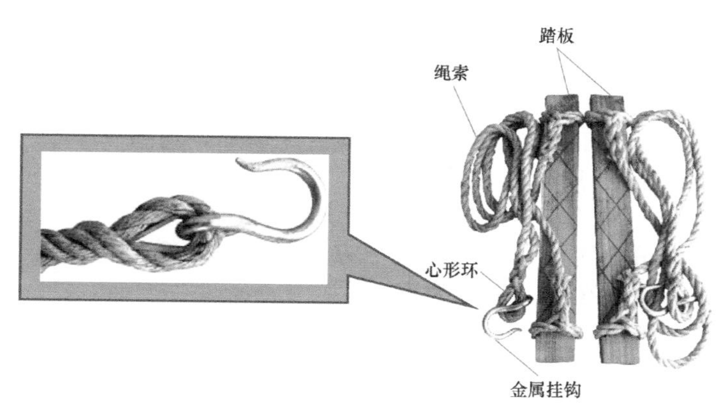

图 3-49　蹬板的结构

力。绳的长度，一般在一人一手长左右。

在使用蹬板前，要检查其外观有无裂纹、腐蚀，并经人体冲击试验合格后方能使用。

1 蹬板上杆的动作要领

① 登杆时，先将一个蹬板铁钩挂在电杆上，高度以能跨上为准，另一个蹬板反挂在肩上，如图3-50所示。

② 用右手握住挂钩的两根棕绳，并用大拇指顶住挂钩；左手握住左边贴近蹬板的单根棕绳，右脚跨上蹬板；然后用力使身体上升，待身体重心转到右脚后左手即向上扶住电杆。

③ 当身体上升到一定高度时，松开右手并向上扶住电杆使身体直立，左脚绕过左边那根棕绳蹬在踏板上。

④ 待站稳后，在电杆上方挂另一个蹬板，然后右手紧握上一个蹬板的两根棕绳，将左脚跨入上蹬板，手脚同时用力使身体上升。

⑤ 当人体离开下面蹬板时，需把蹬板解下。此时右脚必须抵住电杆，以免身体摇晃，如图3-51所示。以后重复上述各步骤进行攀登，直至到达工作位置为止。

图3-50 上杆（一）

图3-51 上杆（二）

2 蹬板上杆的注意事项

① 在登杆前，先要检查蹬板的质量，扎好安全腰带，备齐保险绳、腰绳、吊绳和吊袋。

② 为了保证在电杆上作业时的人体平稳，不使踏板摇晃，人体站立姿势为右脚尖内侧贴住电杆，左脚要绕过绳子踏在板上，用腿夹住绳子，用左脚尖内侧贴住电杆，如图3-52所示。

③ 有人登杆时，地面上的人要做好保护。

④ 初学者操作练习应由低到高，先在低杆上练习，熟练后再逐渐高攀。凡有高血压、心脏病等疾病的人，一律不可参加登杆训练。

图3-52 在电杆作业时脚的站姿

3 蹬板下杆

杆上工作全部结束，经检查无误后，可按照图3-53所示的步骤下杆。

① 人体站稳在现用的一只蹬板上，把另一只蹬板钩挂在现用蹬板下方，别挂得太低，铁钩放置在腰部下方为宜。

② 右手紧握现用蹬板勾挂处的两根绳索，并用大拇指抵住挂钩，以防人体下降时蹬板随之下降，左脚下伸，并抵住下方电杆。同时，左手握住下一只蹬板的挂钩处（不要使用已钩挂好的绳索滑脱，也不要抽紧绳索，以免蹬板下降时发生困难），人体随左脚的下伸而下降，并使左手配合人体下降而把另一只蹬板放下到适当位置。

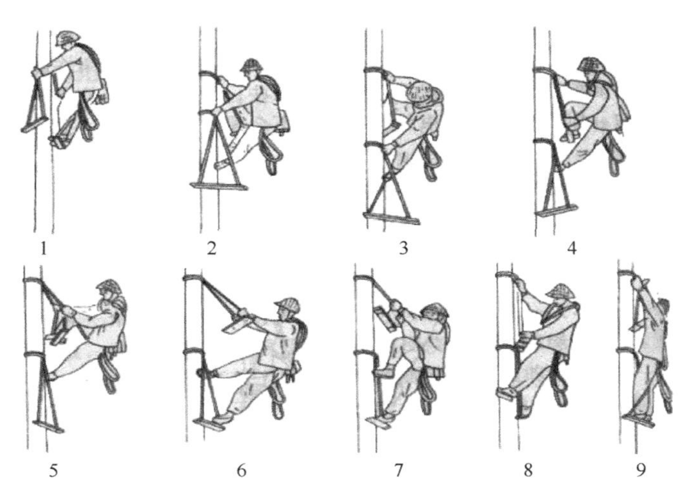

图 3-53 下杆步骤示意图

③ 当人体下降到图 3-53 所示步骤 3 的位置时，使左脚插入另一只蹬板的两根棕绳和电杆之间（即应使两根棕绳处在左脚的脚背上）。

④ 左手握住上面一只蹬板左端绳索，同时左脚用力抵住电杆，这样既可防止蹬板滑下，又可防止人体摇晃。

⑤ 双手紧握上面一只蹬板的两根绳索，使人体重心下降。

⑥ 双手随人体下降而下移紧握绳索位置，直至贴近两端木板，左脚不动，但要用力支撑住电杆，使人体向后仰开，同时右脚从上一只蹬板处放下。

⑦ 当右脚稍一着落而人体重量尚未完全降落到下一只蹬板时，就应立即把左脚从两根棕绳内抽出（注意：此时双手不可松劲），并趁势使人体贴近电杆站稳。

⑧ 左脚下移，并准确绕过左边棕绳，右手上移且抓住上一只蹬板铁钩下的两根棕绳。

⑨ 左脚盘在下面的蹬板左面的绳索站稳，双手解上一只蹬板铁钩下的两根棕绳。

以后重复上述各步骤，直到着地为止。

3.5.2 脚扣登杆

用脚扣登杆的攀登速度较快，登杆的方法容易掌握。但在杆上作业时没有蹬板那样灵活舒适，易于疲劳，所以，只适用于在电杆上短时间作业。

视频 3.19：脚扣登杆

1 用脚扣上杆

① 登杆前穿好工作服、戴好工作帽、穿系好工作胶鞋，检查并扎好安全带。根据电杆的直径调节脚扣的大小范围。

② 根据个人的习惯，先穿上和系好脚扣，左脚（或右脚）扣套在离距地面 300 ～ 500mm 的电杆上。右脚（或左脚）扣套在离距地面 550 ～ 750mm 电杆上。脚尖向上钩起，往杆子方向微侧。脚扣套入杆子，脚向下蹬。右手抱电杆（或左手抱电杆）腚部后倾，左腿（或右腿）和右手（或左手）同时用力向上登高一步，左脚（或右脚）上移，右手（或左手）抱电杆，腚部后倾，同时用力又可上一步，重复上述动作直到作业定点位置。用脚扣上杆如图 3-54 所示。

③ 上到作业定点位置时，左手抱电杆，双脚可交叉登紧脚扣，右手握住保险挂钩绕到电杆后交于左手，同时右手抱电杆，左手将挂钩挂在腰带的另一侧钩环，并将保险装置锁住，如图 3-55 所示。

图 3-54　用脚扣上杆

用脚扣登高时，腚部要往后拉，尽量远离水泥杆，两手臂要伸直，用两手掌一上一下抱（托）着水泥杆，使整个身体成为弓形，两腿和水泥杆保持较大夹角，手脚上下交替往上爬。同时，登杆作业时，电杆下不得站有人，防止东西坠落发生危险。

2 用脚扣下杆

下电杆时，左脚先反扣，踩在踏板上，将另一只踏板锁扣踩在踏板上的下一端，右手抓紧上一只踏板上的绳索位置，左手握住下一只踏板，左脚同时抽出下移到适当的位置。

人体与电杆成直角三角形，并将左手握住的踏板绳索下移在左脚部位，锁紧绳索，松左手，抓住上一只踏板的左端绳索，这时，右脚松踩住下一只踏板上。左脚迅速抽出并也反扣踩在踏板上。这样循环向下移操作，直至地面，如图 3-56 所示。

图 3-55　在杆上操作时脚扣的定位方法

图 3-56　脚扣下杆

3.6 急救技能

3.6.1 触电急救

1 让触电者尽快脱离电源

发现人员触电，应根据现场的实际情况采取措施尽快解救触电者，让触电者脱离电源的常用方法见表 3-17。

表 3-17　让触电者脱离电源的常用方法

处理方法		图示	说明
低压电源触电	拉		附近有电源开关或插座时，应立即拉下开关或拔掉电源插头
	切	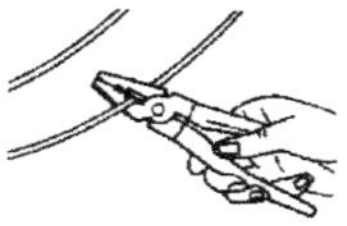	若一时找不到断开电源的开关时，应迅速用绝缘完好的钢丝钳或断线钳剪断电线，以断开电源
	挑		对于由导线绝缘损坏造成的触电，急救人员可用绝缘工具或干燥的木棍等将电线挑开
	拽		抢救者可戴上手套或在手上包缠干燥的衣服等绝缘物品拖拽触电者，也可站在干燥的木板、橡胶垫等绝缘物品上，用一只手将触电者拖拽开
高压电源触电			① 拨打 95598 或者当地供电所的电话，通知供电部门停电。 ② 专业电工可用适合该电压等级的绝缘工具（如戴绝缘手套、穿绝缘靴并用绝缘棒）解脱触电者

2　对触电人员急救

当发现有人触电时，不要惊慌失措，应沉着应对。越短时间内开展急救，被救活的概率就越大。

首先，使触电者与电源分开，然后根据情况展开急救。当触电者脱离电源后，应及时判断其病情。如果神志清醒，使其安静休息；如果严重灼伤，应送医院诊治。如果触电者神志昏迷，但还有心跳呼吸，应该将触电者仰卧，解开衣服，以利呼吸；周围的空气要流通，要仔细观察，并迅速请医生前来诊治或送医院检查治疗。如果触电者呼吸停止，心脏暂时停止跳动，但尚未真正死亡，要迅速对其进行人工呼吸和胸外按压。对触电者应采取的急救方法见表 3-18。

表 3-18　对触电者应采取的急救方法

处理方法	图示	说明
简单诊断 视频 3.20：判断触电者病情	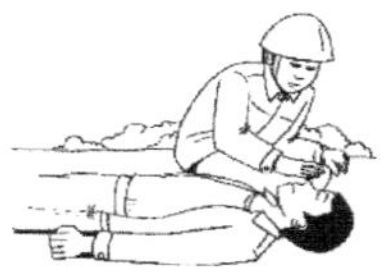	将脱离电源的触电者迅速移至通风、干燥处，将其仰卧，松开他的上衣和裤带
	 瞳孔正常　瞳孔放大	观察触电者的瞳孔是否放大。当处于假死状态时，人体大脑细胞严重缺氧，处于死亡边缘，瞳孔自行放大

续表

处理方法	图示	说明
	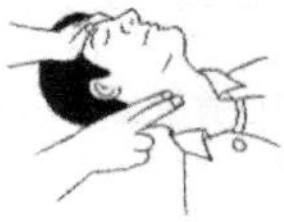	观察触电者有无呼吸存在，摸一摸颈部的颈动脉有无搏动
对“有心跳而呼吸停止”的触电者，应采用“口对口人工呼吸法”进行急救 视频 3.21：口对口人工呼吸法操作要领	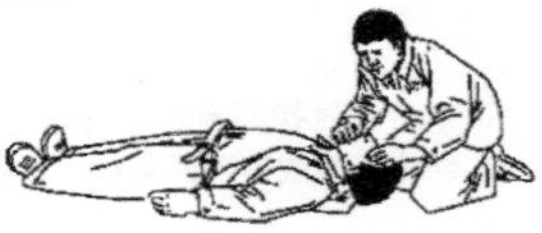	将触电者仰天平卧，颈部枕垫软物，头部偏向一侧，松开他的衣服和裤带，清除触电者口中的血块、假牙等异物
		抢救者跪在触电者的一边，使触电者的鼻孔朝天后仰
		用一只手捏紧触电者的鼻子，另一只手托在触电者颈后，将颈部上抬，深深吸一口气，用嘴紧贴触电者的嘴，大口吹气
		放松捏着鼻子的手，让气体从触电者肺部排出，如此反复进行，每 5s 吹气一次（对触电儿童每 3s 吹气一次），坚持连续进行，不可间断，直到触电者苏醒为止
对“有呼吸而心跳停止”的触电者，应采用“胸外心脏按压法”进行急救	 跨跪腰间	将触电者仰卧在硬板上或地上，颈部枕垫软物使头部稍后仰，松开他的衣服和裤带，急救者跨跪在触电者腰部
视频 3.22：胸外心脏按压法操作要领	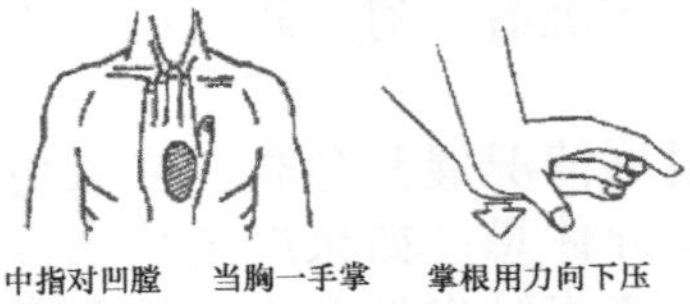 中指对凹膛　当胸一手掌　掌根用力向下压	急救者将右手掌根部按于触电者胸骨下二分之一处，中指指尖对准其颈部凹陷的下缘，左手掌复压在右手背上
	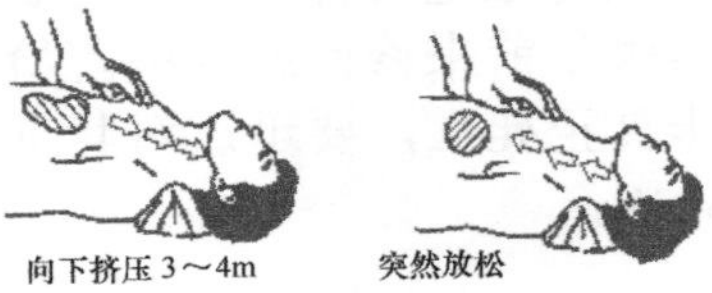 向下挤压 3～4m　突然放松	掌根用力下压 3～4mm，然后突然放松。按压与放松的动作要有节奏，每分钟 100 次为宜，必须坚持连续进行，不可中断
对“呼吸和心跳都已停止”的触电者，应同时采用“口对口人工呼吸法”和“胸外心脏按压法”进行急救，这种方法称为心肺复苏法	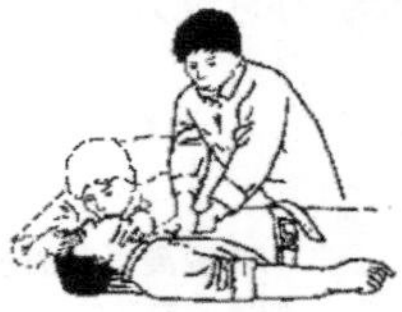	一人急救：两种方法应交替进行，即吹气 2 次，再按压心脏 15 次，且速度应快
视频 3.23：心肺复苏（单人施救）		两人急救：每 5s 吹气一次，每 1s 挤压一次，两人同时进行

特别提醒

为便于记忆，我们把在业余条件下触电急救的步骤及方法梳理为图3-57所示的思维导图。

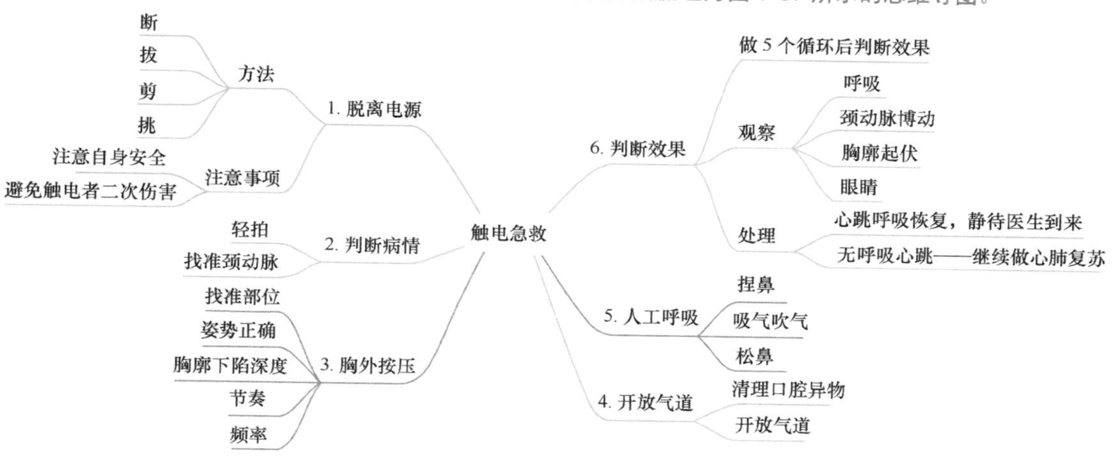

图3-57 触电急救的步骤及方法思维导图

3.6.2 外伤救护

触电事故发生时，触电者常会出现各种外伤，如皮肤创伤、渗血与出血、摔伤、电灼伤等。外伤救护的一般方法可参照表3-19。

表3-19 外伤救护的一般方法

序号	外伤现象	救护方法
(1)	一般性的外伤创面	较小面积的外伤，先用无菌生理盐水（若没有无菌生理盐水可用清洁的温开水）冲洗，再用消毒纱布（或干净的棉布）包扎，然后将伤员送往医院
(2)	伤口大面积出血	止血前需检查清楚出血情况，根据出血种类而采取不同的止血方法。 ① 毛细血管出血：呈小点状的红色血液从伤口表面渗出，看不见明显的血管出血。这种出血往往能自动停止。通常用碘酒和酒精消毒伤口周围皮肤后，以消毒纱布和棉垫盖在伤口上缠以绷带，即可止血。 ② 静脉出血：暗红色的血液迅速而持续不断地从伤口流出。止血的方法和毛细血管出血大致相同，但须稍加压力缠敷绷带。不是太大静脉出血时，用上述方法一般可达到止血目的。 ③ 动脉出血：来势凶猛，颜色鲜红，随心脏搏动而呈喷射状涌出。大动脉出血可以在数分钟内导致患者死亡，需急送医院抢救。动脉出血的止血方法有： a. 止血带急救止血法：最好用较粗而有弹性的橡皮管进行止血。如没有橡皮管也可用宽布带以应急需。用止血带时，首先在创口以上的部位用毛巾或绷带缠绕在皮肤上，然后将橡皮管拉长，紧紧缠绕在缠有毛巾或绷带的肢体上，然后打结。止血带不应缠得太松或过紧，以血液不再流出为度。上肢受伤时缚在上臂，下肢受伤时缠在大腿，才会达到止血的目的。缚止血带的时间，原则上不超过1h，如需较长时间缚止血带，则应每隔0.5h松解止血带30s左右。在松解止血带的同时，应压住伤口，以免大量出血。 b. 指压止血法：用拇指压住出血的血管上方（近心端），使血管被压闭住，中断血流。在不能使用止血带的部位，紧急情况下可暂用指压止血法。 c. 压迫伤口止血法：如果伤势严重，而身边又无止血器材，可用随手取得的任何东西，如清洁的手帕，撕下的衣物或直接用手压住伤口止血，以争取时间送医院处理
(3)	触电造成的电弧灼伤	先用无菌生理盐水或干净冷水冲洗，有条件的再用酒精涂擦，然后用消毒被单或干净布片包好，速送医院处理
(4)	因触电摔跌而骨折	应先止血、包扎，然后用木板、竹竿、木棍等物品将骨折肢体临时固定，速送医院处理。若发生腰椎骨折时，应将伤员平卧在硬木板上，并将腰椎躯干及两侧下肢一并固定以防瘫痪，搬运时要数人合作，保持平稳，不能扭曲
(5)	出现颅脑外伤	应使伤员平卧并保持气道通畅。若有呕吐，应扶好头部和身体，使之同时侧转，以防止呕吐物造成窒息。当耳鼻有液体流出时，不要用棉花堵塞，只可轻轻拭去，以利于降低颅内压力

第4章 常用高低压电器及应用

国际上公认的高低压电器的分界线是交流 1kV 或者直流 1200V。额定电压在交流 1kV 或直流 1200V 以上的电器为高压电器；在交流 1kV 或直流 1200V 及以下的电器为低压电器。

高压电器是在高压线路中用来实现关合、开断、保护、控制、调节、量测的设备。电力系统中使用的高压电器器件比较多，按用途和功能可分为开关电器、限制电器、变换电器和组合电器。

低压电器是在低压线路及各种用电场合中能根据外界的信号和要求，手动或自动地接通、断开电路，以实现对电（路）或非电对象的切换、控制、保护、检测、变换和调节的电器或设备。生活中我们所指的低压电器设备是指在 380/220V 电网中承担通断控制的设备。

4.1 常用低压电器及应用

4.1.1 低压电器简介

1 低压电器的种类

按照不同的分类方法，低压电器的种类见表 4-1。

表 4-1　低压电器的种类

序号	分类方法	种类	说明
(1)	按使用的系统分	低压配电电器	主要用于低压配电系统中
		低压控制电器	主要用于电力拖动系统中
(2)	按动作方式分	手动电器	通过人力操作而动作的电器
		自动电器	按照信号或某个物理量的高低而自动动作的电器
(3)	按动作原理分	电磁式电器	根据电磁感应原理动作的电器。如接触器、继电器、电磁铁等
		非电磁式电器	依靠外力或非电量信号（如速度、压力、温度等）的变化而动作的电器。如转换开关、行程开关、速度继电器、压力继电器、温度继电器等

2 电磁式低压电器的基本结构

电磁式低压电器主要由电磁机构和触头系统两大部分组成。低压电器的辅助结构主要有灭弧装置。

（1）电磁机构

电磁机构的主要作用是将电磁能量转换成机械能量，产生电磁吸力带动触头动作，用来接通或分断电路。常用的电磁机构有3种形式，如图4-1所示。

(2) 触头系统

触头系统是低压电器的执行部件，用来实现电路的接通和断开。触头的结构形式如图4-2所示。

(3) 灭弧装置

电弧是动静触头在分断过程中，由于瞬间的电荷密度极高，导致动静触头间形成大量炽热的电荷流，产生弧光放电现象。电弧的存在不仅降低了电器的使用寿命，又延长了电路的分断时间，甚至会导致事故。常用的灭弧方法有电动力灭弧、金属栅片灭弧和磁吹灭弧。

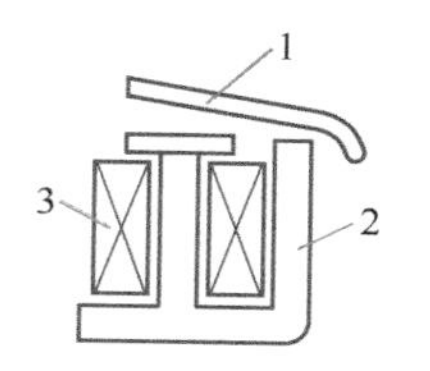

(a) U形拍合式

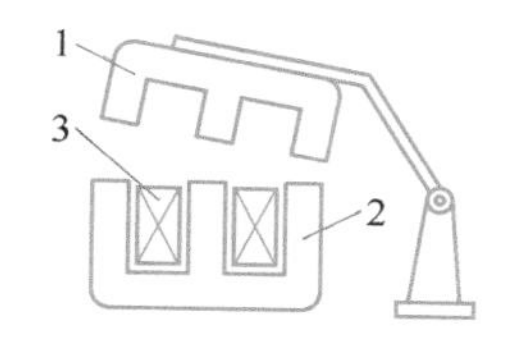

(b) E形拍合式

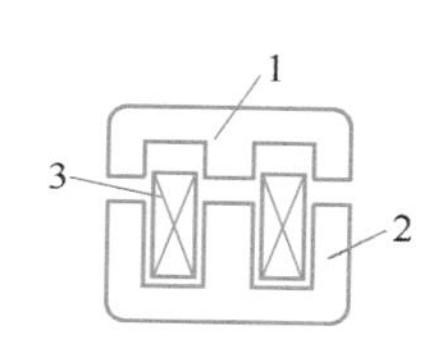

(c) E形直动式

1—衔铁；2—铁芯；3—吸引线圈

图 4-1　常用电磁机构的形式

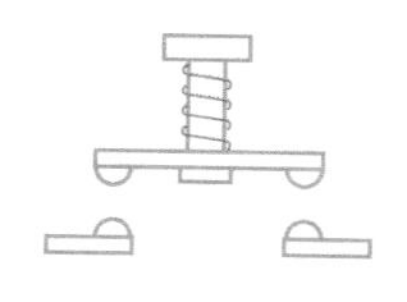

(a) 点接触桥式触头

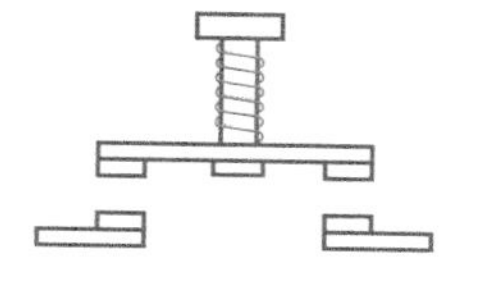

(b) 面接触桥式触头

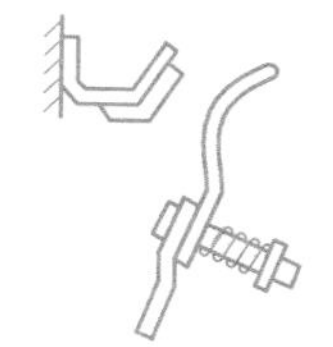

(c) 指形触头

图 4-2　触头的结构形式

4.1.2　低压刀开关

1　刀开关的种类、结构及型号

视频 4.1：低压刀开关

常用的低压刀开关主要有胶盖刀开关（又称为开启式负荷开关）、铁壳开关（又称为封闭式负荷开关）、HS型双投刀开关（又称为转换开关）、HR型熔断器式刀开关（又称为刀熔开关），它们的结构如图4-3所示。

刀开关在分断有负载的电路时，其触刀与插座之间会产生电弧。因此，采用速断刀刃的结构，使触刀迅速拉开，加快分断速度，保护触刀不致被电弧所灼伤。对于大电流刀开关，为了防止各极之间发生电弧闪烁，导致电源相间短路，刀开关各极间设有绝缘隔板，有的还设有灭弧罩。

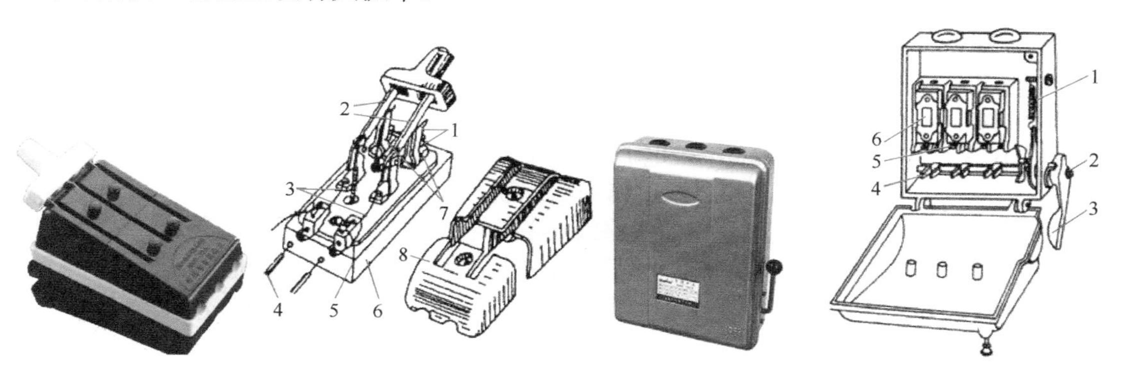

(a) 胶盖刀开关

(b) 铁壳开关

1—电源进线座；2—动触头；3—熔丝；4—负载线；5—负载接线座；6—瓷底座；7—静触头；8—胶木片

1—速断弹簧；2—转轴；3—手柄；4—闸刀；5—夹座；6—熔断器

图 4-3　常用刀开关的结构

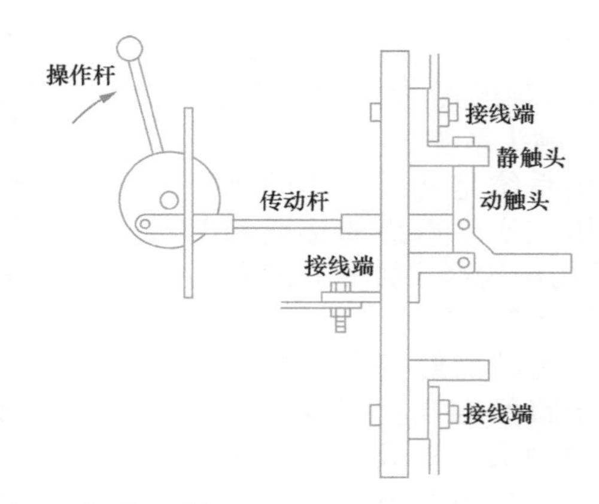

（c）HS 型双投刀开关

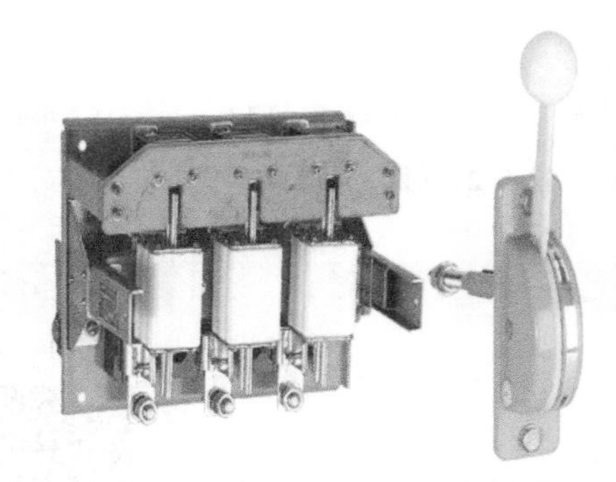

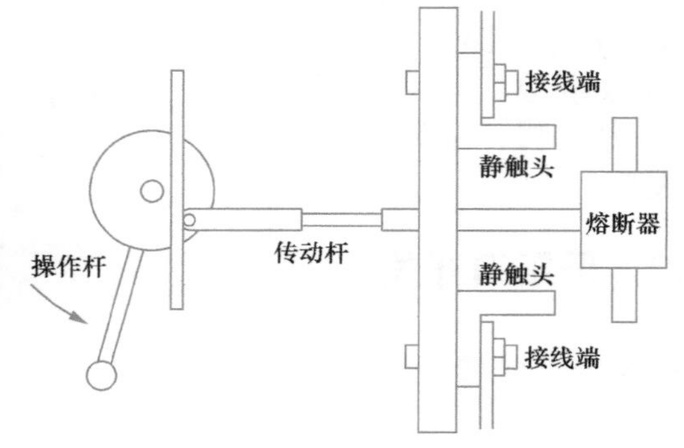

（d）HR 型熔断器式刀开关

图 4-3　常用刀开关的结构（续）

刀开关的型号如图 4-4 所示。

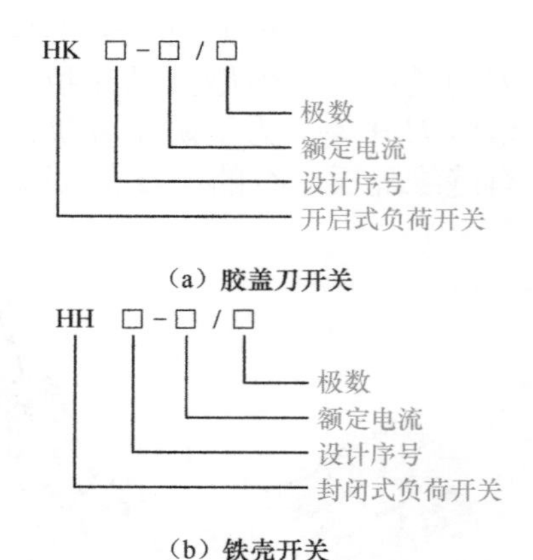

图 4-4　刀开关的型号

2 刀开关的作用

（1）胶盖刀开关的作用

胶盖刀开关留有安装熔丝的位置，其短路分断能力由安装的熔断器的分断能力决定。此时，它具有一定的短路保护作用。胶盖刀开关主要有以下两个方面的用途。

① 用于电压为 220V 或 380V、电流在 60A 以下的交流低压电路，以及不频繁接通和分断电路作为控制开关。

② 用于将电路与电源隔离，作为线路或设备的电源总闸（如对照明、电热负载及小功率电动机等电路的控制）。

（2）铁壳开关的作用

铁壳开关适用于不频繁接通和分断负载的电路，并能作为线路末端的短路保护，也可用来控制 15kW 以下交流电动机的不频繁直接启动及停止。

铁壳开关设置了联锁装置（即外壳门机械闭锁），开关在合闸状态时，箱盖外壳门不能打开；在箱盖打开时，开关无法接通，以确保操作安全。

（3）HS 型双投刀开关的作用

HS 型双投刀开关常用于双电源的切换或双供电线路的切换。

（4）HR型熔断器式刀开关的作用

HR型熔断器式刀开关实际上是将刀开关和熔断器组合成一体的电器，在供配电线路上应用很广泛。HR型熔断器式刀开关可以切断故障电流，但不能切断正常的工作电流。

3 刀开关的选择

（1）刀开关的额定电压

刀开关的额定电压应大于或等于线路工作电压。

（2）刀开关的极数

刀开关的极数应与控制支路数相同。

（3）电流的选择

用于照明、电热电路时，额定电流略大于线路工作电流；用于控制电动机时，额定电流为线路工作电流的3倍。

特别提醒

电流为60A以下的铁壳开关，应采用半封闭瓷插式熔断器；电流为100A以上等级的铁壳开关，应采用有填料的管式熔断器。

4 胶盖刀开关的安装

① 胶盖刀开关应垂直安装在开关板或条架上，使静触头位于上方，不得倒装。即“手柄向上为合闸，向下为断闸”，如图4-5所示。在分断状态下，若出现刀开关松动脱落，会造成误接通，引起安全事故。只有在刀开关不作为切断电流时，可以水平安装。

② 胶盖刀开关接线时，电源进线应接在刀座上端（即静触头接线桩），负载引线接在下方（即负荷侧接线桩），熔断器接在负荷侧。否则，在更换熔丝时会发生触电事故。

③ 接线时螺钉应拧紧，保证接线桩与电线良好的电接触，否则使用时会引起过热，影响正常运行。

④ 胶盖刀开关距地面的高度为1.3～1.5m，在有行人通过的地方，应加装防护罩。同时，刀开关在接线、拆线和更换熔断丝时，应首先断电。

5 铁壳开关的安装

① 先预埋紧固件，将配电板固定在墙壁上；然后将铁壳开关固定在配电板上。

② 铁壳开关必须垂直安装，离地面的高度不低于1.5m，并以操作方便和安全为原则，如图4-6所示。

图4-5 胶盖刀开关的安装示例

图4-6 铁壳开关的安装

③ 接线时，电源进出线应分别穿入铁壳开关的进出线孔。电流为 100A 以下的铁壳开关，电源进线接开关的下接线桩，出线接开关的上接线桩。电流为 100A 以上的铁壳开关接线与此相反。

④ 铁壳开关的外壳一定要可靠接地。

6 铁壳开关常见故障的处理

铁壳开关常见故障及处理方法见表 4-2。

表 4-2 铁壳开关常见故障及处理方法

故障现象	产生原因	处理方法
合闸后有一相或两相没电	① 底座弹性消失或开口过大； ② 熔丝熔断或接触不良； ③ 底座、动触头氧化或有污垢； ④ 电源进线或出线头氧化	① 更换底座； ② 更换熔丝； ③ 清洁底座或动触头； ④ 检查进出线头
动触头或底座过热或烧坏	① 开关容量太小； ② 分、合闸时动作太慢造成电弧过大，烧坏触头； ③ 底座表面烧毛； ④ 动触头与底座压力不足； ⑤ 负载过大	① 更换较大容量的开关； ② 改进操作方法； ③ 用细锉刀修整； ④ 调整底座压力； ⑤ 减轻负载或调换较大容量的开关
操作手柄带电	① 外壳接地线接触不良； ② 电源线绝缘损坏碰壳	① 检查接地线； ② 更换导线

【胶盖闸刀应用口诀】

胶盖闸刀较普及，照明动力均常用。
内有熔丝作保护，外有胶盖灭电弧。
电源进线接上端，负载引线接下方。
接线螺钉应拧紧，开关距地一米五。
垂直安装保安全，手柄向上为合闸。
合闸断闸侧站立，正对操作有危险。
接线、拆线换熔体，首先断电保安全。

4.1.3 低压断路器

视频 4.2：低压断路器

1 低压断路器的作用

低压断路器俗称自动空气开关或空气开关，是一种不仅可以接通和分断正常负荷电流和过负荷电流，还可以接通和分断短路电流的开关电器。

低压断路器电流容量范围很大，最小为 4A，最大可达 5000A。低压断路器广泛应用于低压配电系统的各级馈出线（包括进线、出线、计量、补偿等）、各种机械设备的电源控制及用电终端的控制和保护。

低压断路器在电路中除起电源开关作用外，还具有一定的保护功能，如过负荷、短路、欠压和漏电保护等。低压断路器可用于不频繁地启动电动机或接通、分断电路。

2 低压断路器的分类

低压断路器的分类方式见表 4-3。

表 4-3 低压断路器的分类方式

分类方法	种类	说明
按使用类别分	选择型	保护装置参数可调
	非选择型	保护装置参数不可调
按灭弧介质分	空气式和真空式	目前国产多为空气式断路器
按结构分	框架式	大容量断路器多采用框架式结构
	塑料外壳式（塑壳式）	小容量断路器多采用塑料外壳式结构
按用途分	导线保护用断路器	主要用于照明线路和保护家用电器，额定电流范围为 6 ～ 125A
	配电用断路器	在低压配电系统中作过载、短路、欠电压保护之用，也可用作电路的不频繁操作，额定电流一般为 200 ～ 4000A
	电动机保护用断路器	在不频繁操作场合，用于操作和保护电动机，额定电流一般为 6 ～ 63A
	漏电保护断路器	主要用于防止漏电，保护人身安全，额定电流多在 63A 以下
按性能分	普通式	—
	限流式	一般具有特殊结构的触头系统

3 低压断路器的结构、符号

低压断路器主要由触头、灭弧系统和脱扣器（包括过电流脱扣器、失电压脱扣器、热脱扣器和分励脱扣器）三个部分组成。低压断路器的结构及图形符号如图 4-7 所示。

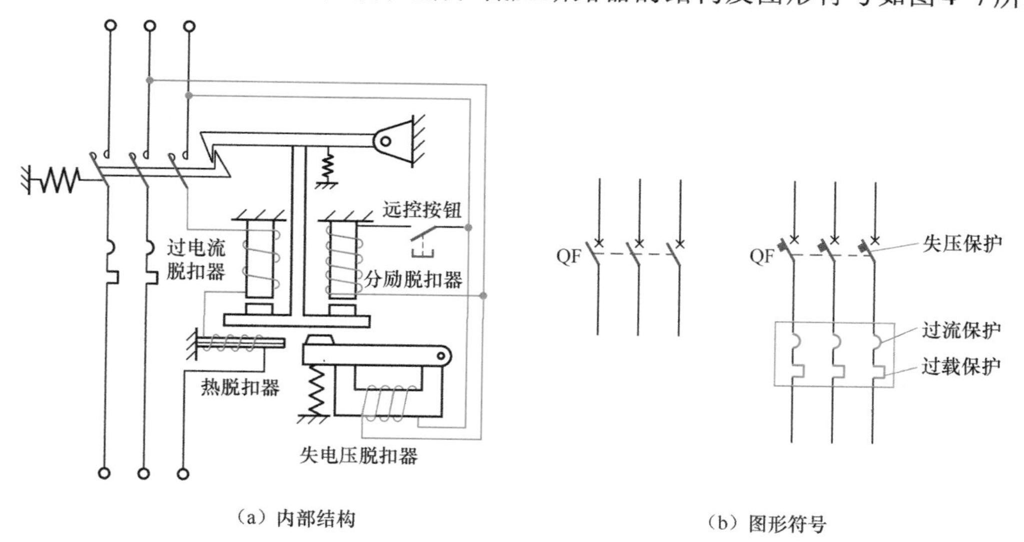

（a）内部结构　　（b）图形符号

图 4-7 低压断路器的结构及符号

触头主要用于断路器分、合对其相关电器实施控制或联锁。例如，向信号灯、继电器等输出信号。万能式断路器有六对触头（三常开、三常闭），DW45 有八对触头（四常开、四常闭）。塑壳式断路器壳架等级：额定电流 100A 为单断点转换触头，225A 及以上为桥式触头结构。

4 低压断路器的选用

选用低压断路器，一般应遵循以下三个原则。

① 额定电压和额定电流应不小于电路正常的工作电压和工作电流。

a. 用于控制照明电路时，电流脱扣器的瞬时脱扣整定电流应为负载电流的 6 倍。

b. 用于电动机保护时，塑壳式断路器电流脱扣器的瞬时脱扣整定电流应为电动机启动电流的 1.7 倍；框架式断路器的整定电流应为电动机启动电流的 1.35 倍。

c. 用于分断或接通电路时，其额定电流和热脱扣器整定电流均应等于或大于电路中负载的额定电流之和。

d. 选用断路器作多台电动机短路保护时，电流脱扣器整定电流为容量最大的一台电动机启动电流的 1.3 倍，再加上其余电动机额定电流之和。

② 热脱扣器的整定电流要与所控制负载的额定电流一致，否则，应进行人工调节，如图 4-8 所示。

③ 选用低压断路器时，在类型、等级、规格等方面要配合上、下级开关的保护特性，不允许因本级保护失灵导致越级跳闸，扩大停电范围。

5 低压断路器的检测

检测低压断路器时，指针式万用表置于 R×10 挡或者通断挡，数字万用表置于二极管挡，通过测量各组开关的电阻值来判断其是否正常，如图 4-9 所示。

图 4-8　调节整定电流

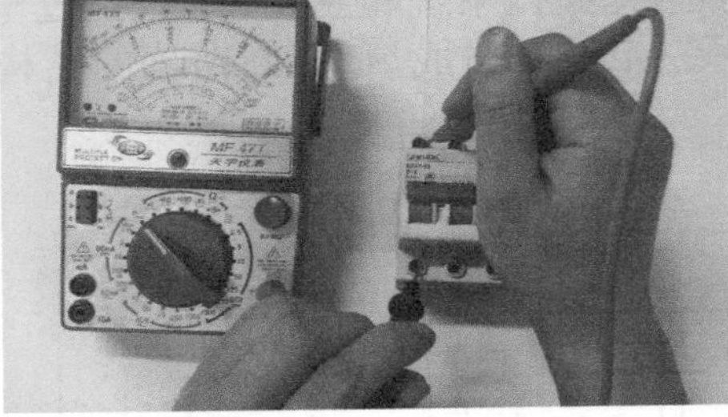

图 4-9　万用表检测低压断路器

若测得低压断路器的各组开关在断开状态下，其阻值均为无穷大；在闭合状态下，均为零（或很小的电阻值），则表明该低压断路器正常。若测得低压断路器的开关在断开状态下，其阻值为零，则表明低压断路器内部触点粘连损坏。若测得低压断路器的开关在闭合状态下，其阻值为无穷大，则表明低压断路器内部触点断路损坏。若测得低压断路器内部的各组开关有任一组损坏，均说明该低压断路器损坏。具体检测方法请观看本书提供的视频。

6 低压断路器的安装

低压断路器一般应垂直安装，其倾斜度不应大于 5°，操作手柄及传动杠杆的开、合位置应正确，如图 4-10 所示。对于有半导体脱扣装置的低压断路器，其接线应符合相序要求，脱扣装置动作应可靠。直流快速低压断路器的极间中心距离及开关与相邻设备或建筑物的距离不应该小于 500mm，若小于 500mm，要加隔弧板，隔弧板高度不小于单极开关的总高度。

图 4-10　低压断路器的安装

安装时，对触点的压力、开距及分断时间等应进行检查，并符合出厂技术条件。对脱扣装置必须按照设计要求进行校验，在短路或者模拟短路的情况下合闸时，脱扣装置应能够立即自动脱扣。

低压断路器与熔断器配合使用时，熔断器应安装在电源侧。

7 低压断路器常见故障的处理

低压断路器常见故障原因及处理方法见表 4-4。

表 4-4 低压断路器常见故障原因及处理方法

序号	故障现象	原因	处理方法
(1)	手动操作断路器不能闭合	① 欠电压脱扣器无电压或线圈损坏； ② 储能弹簧变形，导致闭合力减小； ③ 反作用弹簧力过大； ④ 机构不能复位再扣	① 检查线路，施加电压或更换线圈； ② 更换储能弹簧； ③ 重新调整弹簧反力； ④ 调整再扣接触面至规定值
(2)	电动操作断路器不能闭合	① 电源电压不符合； ② 电源容量不够； ③ 电磁拉杆行程不够； ④ 电动机操作定位开关变位； ⑤ 控制器中整流管或电容器损坏	① 更换电源； ② 增大操作电源容量； ③ 重新调整； ④ 重新调整； ⑤ 更换损坏元件
(3)	有一相触头不能闭合	① 一般型断路器的一相连杆断裂； ② 限流断路器斥开机构的可折连杆之间的角度变大	① 更换连杆； ② 调整至原技术条件规定值
(4)	分励脱扣器不能使断路器分断	① 线圈短路； ② 电源电压太低； ③ 再扣接触面太大； ④ 螺钉松动	① 更换线圈； ② 检查电源； ③ 重新调整； ④ 拧紧
(5)	欠电压脱扣器不能使断路器分断	① 反力弹簧变小； ② 入围储能释放，则储能弹簧变形或断裂； ③ 机构卡死	① 调整弹簧； ② 调整或更换储能弹簧； ③ 消除结构卡死原因，如生锈等
(6)	启动电机时断路器立即分断	① 过电流脱扣瞬时整定值太小； ② 脱扣器某些零件损坏，如半导体元件、橡皮膜等； ③ 脱扣器反力弹簧断裂或落下	① 重新调整； ② 更换； ③ 更换或重新安装
(7)	断路器闭合后经一定时间自行分断	① 过电流脱扣器长延时整定值不对； ② 热元件或半导体延时电路元件参数变动	① 重新调整； ② 调整参数，只能更换整台断路器
(8)	断路器温升过高	① 触头压力过低； ② 触头表面过分磨损或接触不良； ③ 两个导电零件连接螺钉松动； ④ 触头表面油污氧化	① 拨正或重新装好接触桥； ② 更换转动杆或更换辅助开关； ③ 拧紧； ④ 清除油污或氧化层
(9)	欠电压脱扣器噪声	① 反力弹簧太大； ② 铁芯工作面有油污； ③ 短路环断裂	① 重新调整； ② 清除油污； ③ 更换衔铁或铁芯
(10)	辅助开关不通	① 辅助开关的动触点卡死或脱离； ② 辅助开关传动杆断裂或滚轮脱落； ③ 触头不接触或氧化	① 正或重新装好触点； ② 更换转杆或更换辅助开关； ③ 调整触头，清理氧化膜
(11)	带半导体脱扣器之断路器误动作	① 半导体脱扣器元件损坏； ② 外界电磁干扰	① 更换损坏元件； ② 清除外界干扰，例如临近的大型电磁铁的操作，接触器的分断、电焊等，予以隔离或更换
(12)	漏电断路器经常自行分断	① 漏电动作电流变化； ② 线路有漏电	① 送制造厂重新校正； ② 找出原因，如系导线绝缘损坏，则更换导线
(13)	漏电断路器不能闭合	① 操作机构损坏； ② 线路某处有漏电或接地	① 送制造厂处理； ② 清除漏电处或接地故障

4.1.4 组合开关

1 组合开关的作用

视频 4.3：组合开关

组合开关经常作为转换开关使用，在电气控制线路中也可作为隔离开关使用，还可不频繁接通和分断电气控制线路。

① 组合开关适用于交流 380V 以下及直流 220V 以下的电器线路中，供手动不频繁地接通和断开电路、转换电源和负载。

② 用于控制 5kW 以下的小容量交、直流电动机的正、反转，Y-△启动和变速换向等。

③ 组合开关在机床电气和其他电气设备中使用广泛，可使控制回路或测量回路的线路简化，可在一定程度上避免操作上的失误和差错。

2 组合开关的结构、图形符号

组合开关由装在同一转轴上的多个单极旋转开关叠装一起而组成的，其结构如图 4-11 所示。当转动手柄时，动触片即插入相应的静触片中，使电路接通。

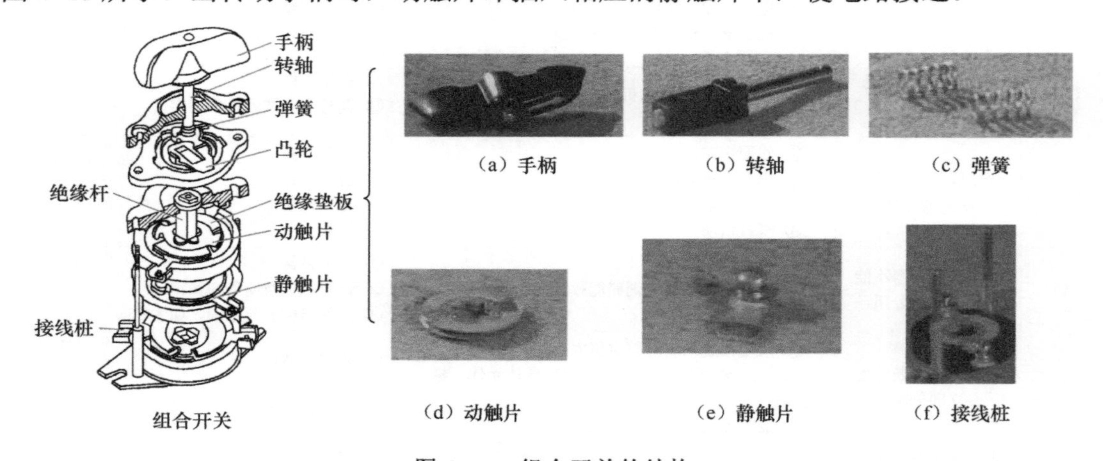

图 4-11 组合开关的结构

图 4-11 所示的组合开关内部有 3 对静触点，分别用 3 层绝缘板相隔，各自附有连接线路的接线桩，3 个动触点互相绝缘，与各自的静触点对应，套在共同的绝缘杆上。绝缘杆的一端装有操作手柄，手柄每次转动 90°，即可完成 3 组触点之间的开合或切换。开关内装有速断弹簧，用来加速开关的分断速度，如图 4-12 所示。

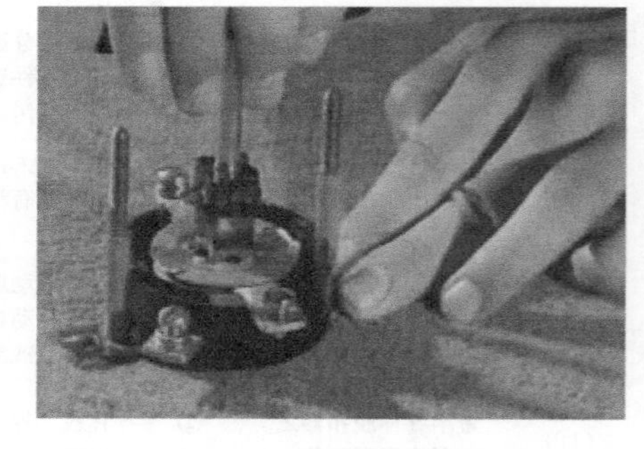
图 4-12 手柄转动带动动触片转动

组合开关手柄的操作位置是用角度来表示的，不同型号的组合开关，其手柄有不同的操作位置，如图 4-13 所示。

根据组合开关在电路中的不同作用，组合开关图形与文字标注符号有两种形式。

① 当在电路中用作隔离开关时，其图形符号如图 4-14 所示，其文字标注符号为 QS，有单极、双极和三极之分，机床电气控制线路中一般采用三极组合开关。

② 组合开关作转换开关使用时的图形符号如图 4-15 所示，图中是一个三极组合开关，图中 I 与 II 分别表示组合开关手柄转动的两个操作位置，I 位置线上的三个空点右方画了三个黑点，表示当手柄转动到 I 位置时，L_1、L_2 与 L_3 支路线分别与 U、V、W 支路线接通；而 II 位置线上三个空点右方没有相应黑点，表示当手柄转动到 II 位置时，L_1、L_2 与 L_3 支路线与 U、V、W 支路线处于断开状态。文字标注符号为 SA。

图 4-13　组合开关手柄的操作位置

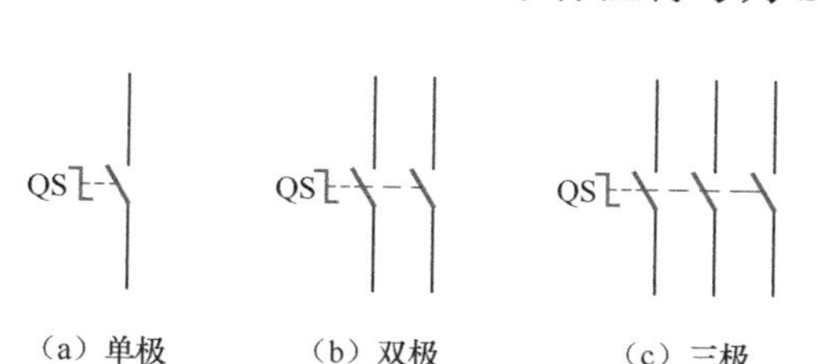

（a）单极　（b）双极　（c）三极

图 4-14　组合开关作隔离开关时的图形与文字标注符号

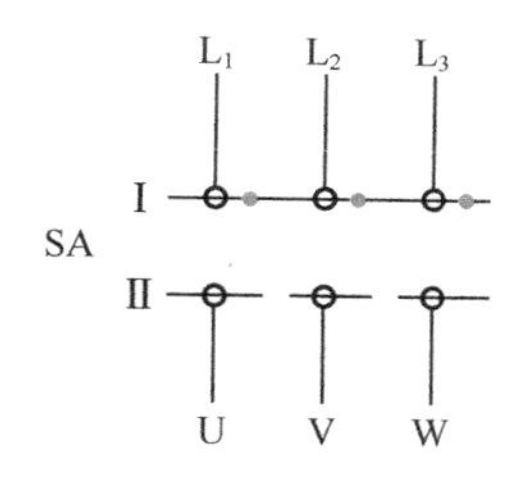

图 4-15　组合开关作转换开关时的图形与文字标注符号

3　组合开关的选用

① 组合开关用作隔离开关时，其额定电流应为低于被隔离电路中各负载电流的总和。

② 组合开关用作控制电动机时，其额定电流一般取电动机额定电流的 1.5 ～ 2.5 倍。每小时切换次数不宜超过 20 次。

③ 组合开关用作控制电动机正、反转，在从正转切换到反转的过程中，必须先经过停止位置，待电动机停转后，再切换到反转位置。

④ 应根据电气控制线路中的实际需要，确定组合开关接线方式，正确选择符合接线要求的组合开关规格。

特别提醒

组合开关本身不带过载和短路保护装置，在它所控制的电路中，必须另外加装保护设备，才能保证电路和设备安全。如果组合开关控制的用电设备功率因数较低，应按容量等级降低使用，以利于延长其使用寿命。

4　组合开关的检测

组合开关内部触点的好坏可以用万用表来检测。一般选择万用表的 R×10 挡，用两表笔分别测量组合开关的每一对触点，电阻值为 0 或很小，说明内部触点接触良好，如图 4-16（a）所示；如果电阻值很大甚至为无穷大，则说明该对触点有问题，如图 4-16（b）所示。

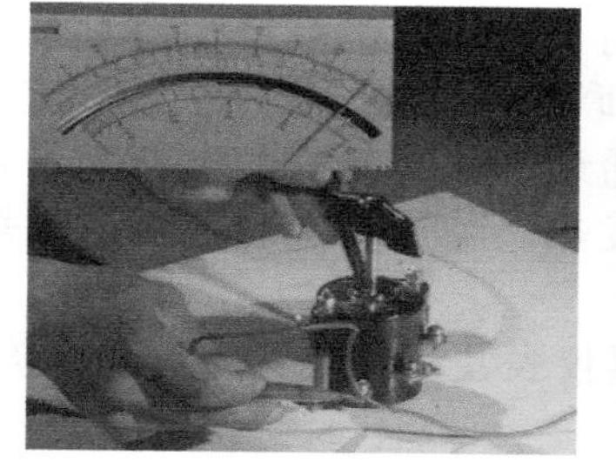

（a）触点接触良好

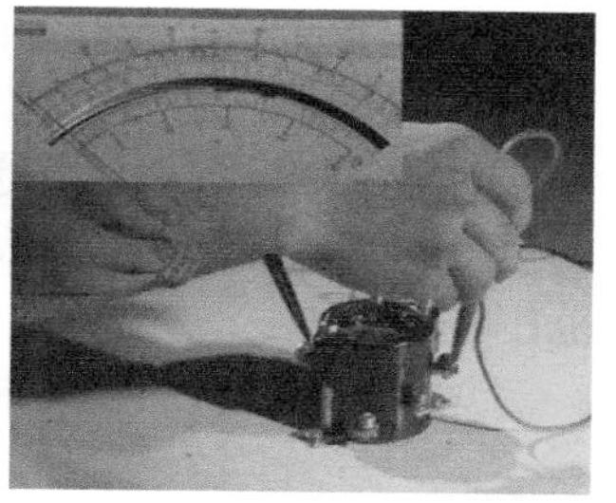

（b）触点接触不良

图 4-16　组合开关的检测

测量完一对触点后，转动手柄，再测量另一对触点，直至全部测量完毕。

5 组合开关的安装

在机床电气设备上，组合开关多作为电源开关，一般不带负载，作空载断开电源或维修切断电源用。

① 组合开关应安装在控制箱内，其操作手柄最好是在控制箱的前面或侧面，水平旋转位置为断开位状态，如图4-17所示。

② 在安装时，应按照规定接线，并将组合开关的固定螺母拧紧。

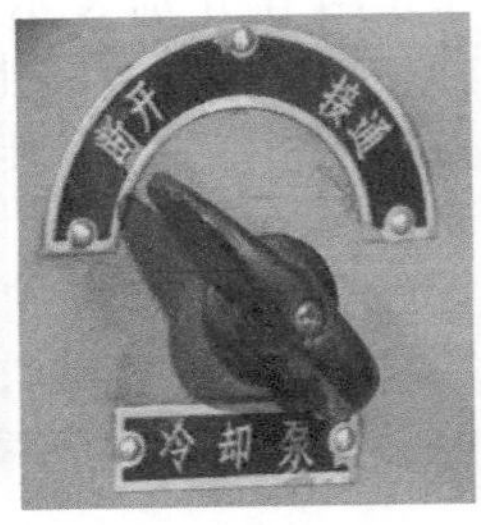

图4-17 组合开关的安装

6 组合开关常见故障处理

组合开关常见故障及维修方法见表4-5。

表4-5 组合开关常见故障及维修方法

故障现象	产生原因	维修方法
手柄转动后，内部触头不动作	① 手柄的转动连接部件磨损； ② 操作机构损坏； ③ 绝缘杆变形； ④ 轴与绝缘杆装配不紧	① 调换手柄； ② 修理操作机构； ③ 更换绝缘杆； ④ 紧固轴与绝缘杆
手柄转动后，触头不能同时接通或断开	① 开关型号不对； ② 修理开关时触头装配不正确； ③ 触头失去弹性或有尘污	① 更换开关； ② 重新装配； ③ 更换触头或清除污垢
开关接线桩相间短路	因铁屑或油污附在接线桩间形成导电，将胶木烧焦或绝缘破坏形成短路	清扫开关或调换开关

4.1.5 低压熔断器

1 熔断器的作用

低压熔断器俗称保险丝，是指当电流超过规定值时，以本身产生的热量使熔体熔断，断开电路的一种电器。熔断器是根据电流超过规定值一段时间后，以其自身产生的热量使熔体熔化，从而使电路断开，运用这种原理制成的一种电流保护器。

低压熔断器广泛应用于低压配电系统和控制系统以及用电设备中，作为短路和过电流的保护器。熔断器串联在电路中，在系统正常工作时，低压熔断器相当于一根导线，起接通电路的作用；当通过低压熔断器的电流大于其标称电流一定比例时，熔断器内的熔断材料（或熔丝）发热，经过一定时间后自动熔断，以保护线路，避免发生较大范围的损害。

熔断器可以用作仪器仪表及线路装置的过载保护和短路保护。

特别提醒

熔断器大多数为不可恢复性产品（可恢复熔断器除外），一旦损坏后应用同规格的熔断器更换。

2 熔断器的结构

熔断器主要由熔体、安装熔体的熔管和熔座3部分组成。熔断器的结构见表4-6。

表4-6 熔断器的结构

组成部分	说明
熔体	熔体是熔断器的核心，常做成丝状、片状或栅状，制作熔体的材料一般有铅锡合金、锌、铜、银等
熔管	熔管是熔体的保护外壳，用耐热绝缘材料制成，在熔体熔断时兼有灭弧作用
熔座	熔座是熔断器的底座，作用是固定熔管和外接引线

3 常用低压熔断器

（1）瓷插式熔断器

瓷插式熔断器应用于低压线路中，作为线路及电气设备的短路保护及过载保护器件。RC1A系列瓷插式熔断器的结构如图4-18所示。

瓷插式熔断器结构简单，价格低廉，更换方便，使用时将瓷盖插入瓷座，拔下瓷盖便可更换熔丝。

瓷插式熔断器用在额定电压380V及以下、额定电流为5～200A的低压线路末端或分支电路中，作线路和用电设备的短路保护，在照明线路中还可起过载保护作用。

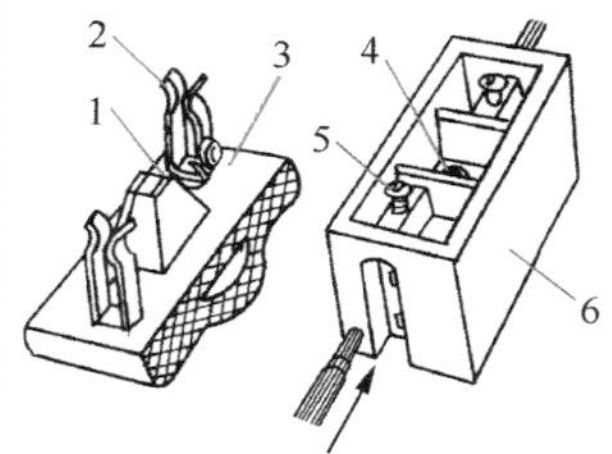

图4-18 RC1A系列瓷插式熔断器的结构

1—熔丝；2—动触头；4—瓷盖；4—空腔；5—静触头；6—瓷座

（2）螺旋式熔断器

螺旋式熔断器又称为塞式熔断器，主要应用于对配电设备、线路的过载和短路保护。RL1系列螺旋式熔断器的结构如图4-19所示。

螺旋式熔断器的熔断管内装有石英砂、熔丝和带小红点的熔断指示器，石英砂用来增强灭弧性能。熔丝熔断后有明显指示。

螺旋式熔断器用在交流额定电压500V、额定电流200A及以下的电路中，作为短路保护器件。

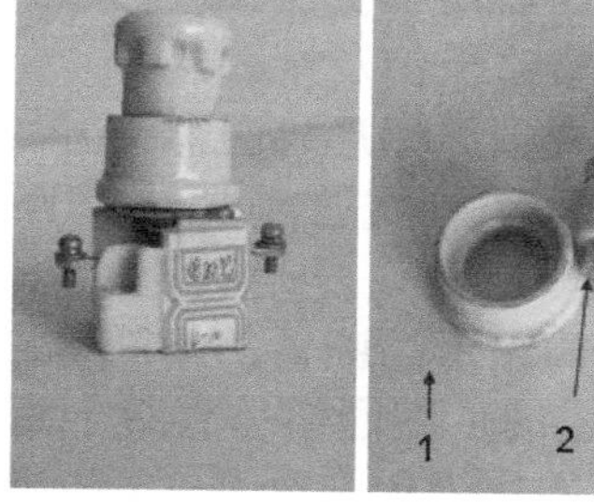

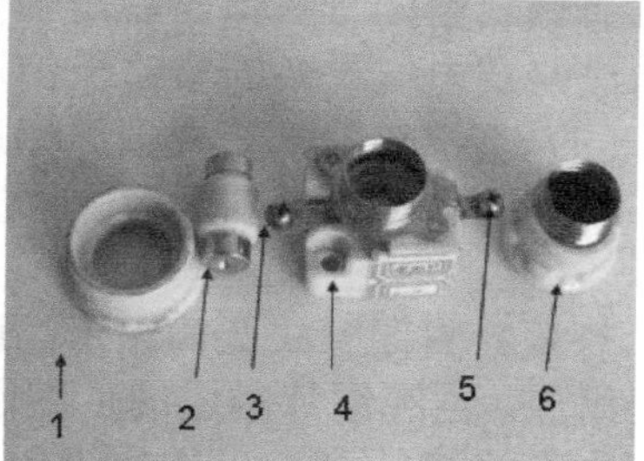

图4-19 RL1系列螺旋式熔断器的结构

1—瓷套；2—熔断管；3—下接线座；4—瓷座；5—上接线座；6—瓷帽

（3）封闭管式熔断器

RM10系列封闭管式熔断器的结构如图4-20所示。

封闭管式熔断器的熔断管为钢纸制成，两端为黄铜制成的可拆式管帽，管内熔体为变截面的熔片，更换熔体较方便。

封闭管式熔断器用于交流额定电压380V及以下、直流440V及以下、电流在600A以下的电力线路中。

（4）有填料封闭管式熔断器

RT0 系列有填料封闭管式熔断器的结构如图 4-21 所示。

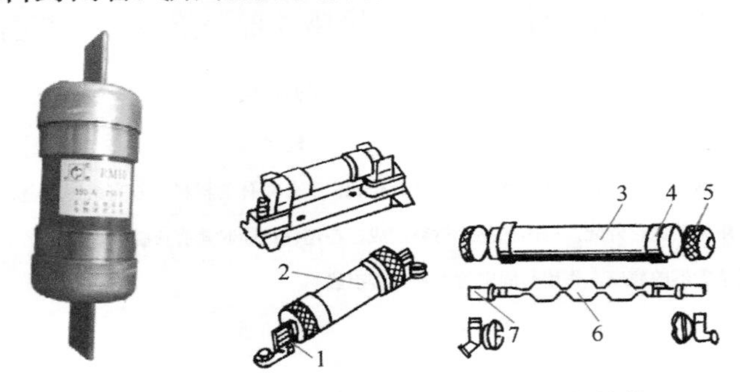

图 4-20　RM10 系列封闭管式熔断器的结构

1—夹座；2—熔断管；3—钢纸管；4—黄铜套管；5—黄铜帽；6—熔体；7—刀型夹头

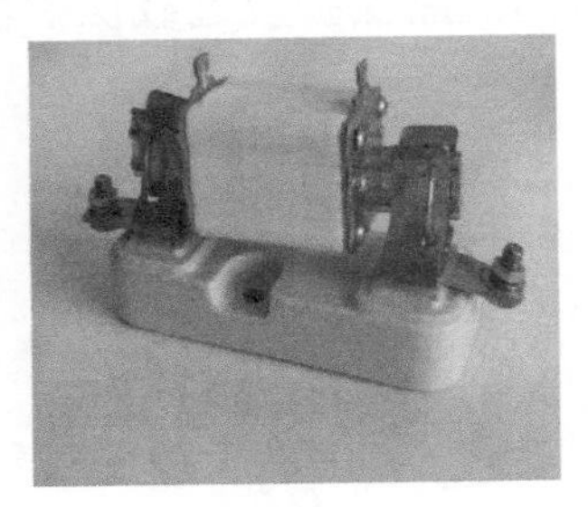

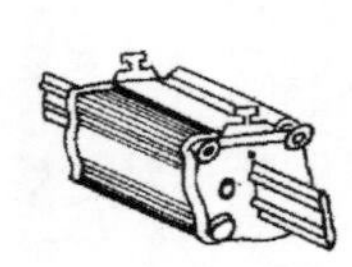

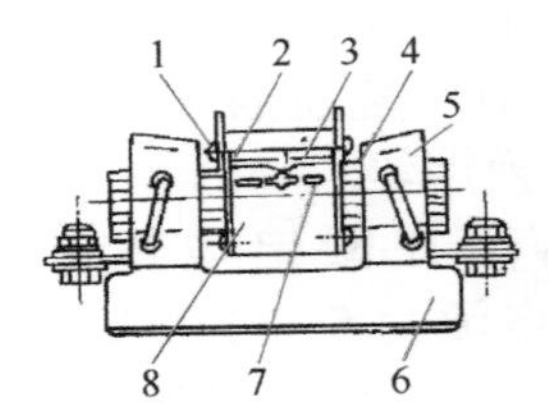

图 4-21　RT0 系列有填料封闭管式熔断器的结构

1—熔断指示器；2—石英砂填料；3—指示器熔丝；4—夹头；5—夹座；6—底座；7—熔体；8—熔管；9—锡桥

有填料封闭管式熔断器的熔体是两片网状紫铜片，中间用锡桥连接。熔体周围填满石英砂可起灭弧作用。

有填料封闭管式熔断器用于交流 380V 及以下、短路电流较大的电力输配电系统中，作为线路及电气设备的短路保护及过载保护。

（5）有填料封闭管式圆筒帽形熔断器

NG30 系列有填料封闭管式圆筒帽形熔断器如图 4-22 所示。

图 4-22　NG30 系列有填料封闭管式圆筒帽形熔断器

有填料封闭管式圆筒帽形熔断器的熔断体由熔管、熔体、填料组成，由纯铜片制成的变截面熔体封装于高强度熔管内，熔管内充满高纯度石英砂作为灭弧介质，熔体两端采用点焊与端帽牢固连接。

有填料封闭管式圆筒帽形熔断器用于交流 50Hz、额定电压 380V、额定电流 63A 及以下工业电气装置的配电线路中。

（6）有填料快速熔断器

RS0、RS3 系列有填料快速熔断器如图 4-23 所示。顾名思义，这种熔断器是一种快速动作型的熔断器，熔体为银质窄截面或网状形式，为一次性使用，不能自行更换。

有填料快速熔断器在 6 倍额定电流时，熔断时间不大于 20ms，具有熔断时间短，动作迅速特点。

有填料快速熔断器主要用于半导体硅整流元件的过电流保护。

【熔断器的类型及应用口诀】

简易熔断保险丝，发明可是爱迪生。
严防死守除故障，超过电流自融化。
常用熔断器四种，居民配电用瓷插。
螺旋式的熔断器，机床配电常用它。
无填料式熔断器，设备电缆常用它。
有填料式熔断器，整流元件常用它。

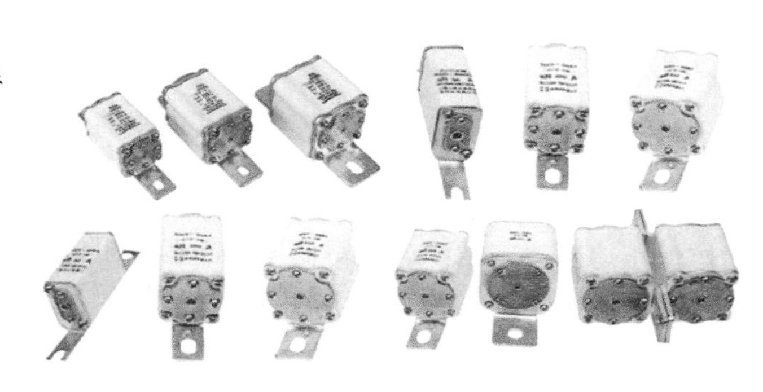

图 4-23　RS0、RS3 系列有填料快速熔断器

4　熔断器的选用

（1）熔断器类型的选用

根据使用环境、负载性质和短路电流的大小选用适当类型的熔断器。

① 瓷插式熔断器主要用于 500V 以下的小容量线路。

② 螺旋式熔断器用于 500V 以下的中小容量线路，多用于机床配电电路。

③ 无填料封闭管式熔断器主要用于交流 500V、直流 400V 以下的配电设备中，作为短路保护和防止连续过载用。

④ 有填料管式熔断器比无填料封闭管式熔断器断流能力大，可达 50kA，主要用于具有较大短路电流的低压配电网。

（2）熔断器额定电压和额定电流的选用

熔断器的额定电压必须等于或大于线路的额定电压。

熔断器的额定电流必须等于或大于所装熔体的额定电流。

（3）熔体电流的选择

① 对于没有冲击电流的电阻性负载，熔体的额定电流 $I_{FR}=1.1I_R$（式中，I_{FR} 为熔体的额定电流，I_R 为负载额定电流）。

② 对一台电动机，熔体的额定电流 $I_{FR} \geqslant (1.5 \sim 2.5) I_R$。

③ 如果是多台电动机，熔体的额定电流 $I_{FR} \geqslant (1.5 \sim 2.5) I_{Rmax}+\Sigma I_R$（式中，$I_{Rmax}$ 为最大一台电动机额定电流，ΣI_R 为其余小容量电动机额定电流之和）。

【熔断器额定电流的选用口诀】

熔体电流额定值，选用一定要计算。
熔体形状不相同，根据需要来选用。
照明线路安装时，略大全部电流和。
单台电机运行时，小于额流二点五。
多台电机运行时，小于总和二点五。
减压启动电动机，小于二倍额定流。
绕线式的电动机，小于额流一点五。
变压器的低压侧，小于额流一点五。
并联电容器组群，小于额流一点八。
电焊机装的熔体，小于负流二点五。
电子整流元器件，一点五七额定流。

视频 4.4：低压熔断器

5 熔断器的检测

检测低压熔断器可用万用表检测其电阻值来判断熔体（丝）的好坏。

如图4-24所示，指针式万用表选择R×10挡或者通断挡（数字万用表选择通断挡），黑、红表笔分别与熔断器的两端接触，若测得低压熔断器的阻值很小或趋于零，则表明该低压熔断器正常；若测得低压熔断器的阻值为无穷大，则表明该低压熔断器已熔断。具体检测方法请观看本书提供的视频。

对于表面有明显烧焦痕迹或人眼能直接看到熔丝已经断了的熔断器，可通过观察法直接判断其好坏。

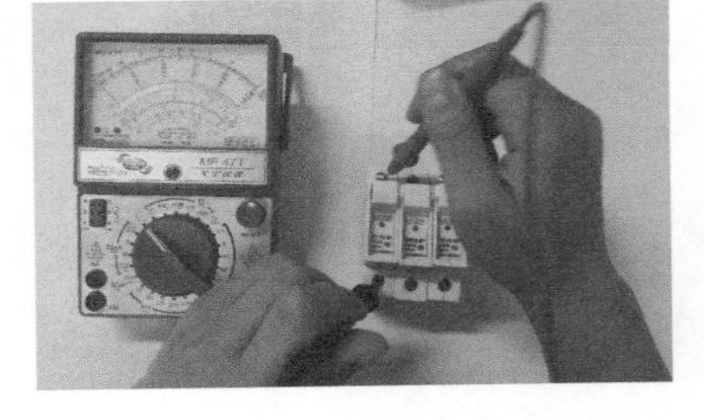

图4-24 指针式万用表检测熔断器

6 熔断器应用注意事项

① 安装熔断器应保证触头、接线端等处接触良好，并应经常检查。若接触不良会使接触部位发热，熔体温度过高就会造成误动作。有时因为接触不良产生火花会干扰弱电装置。

② 安装熔体时，注意有机械损伤，否则相当于熔体截面变小，电阻增加，保护性能变坏。

③ 螺旋式熔断器的进线应接在底座中心端的下接线端上，出线接在上接线端上，如图4-25所示。

④ 更换熔体时，要检查新熔体的规格和形状是否与更换的熔体一致。熔丝损坏后，千万不能用铜丝或铁丝代替熔丝。

⑤ 熔体周围温度应与被保护对象的周围温度一致，若相差太大，会使保护动作产生误差。

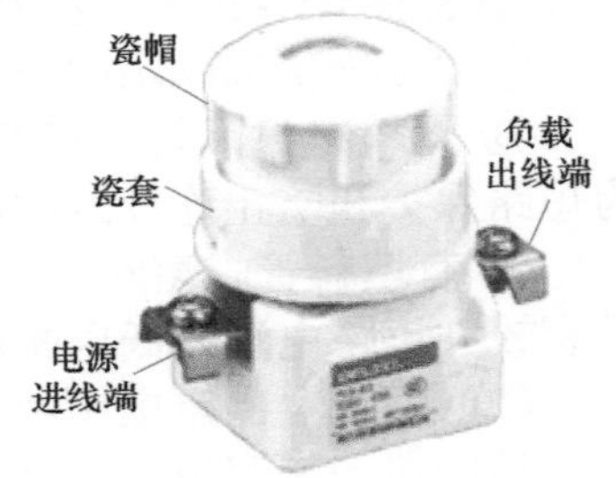

图4-25 螺旋式熔断器的接线规定

特别提醒

熔断器无论因短路电流或过负荷电流，还是因其他原因而熔断，不能贸然更换熔体，需查明原因，排除故障后更换。不能断一相更换一相，而是同负荷开关的熔体均更换。因其未熔断的熔体也有热的过程，继续使用易在工作时熔断。

4.1.6 接触器

1 接触器的作用

广义上的接触器是指工业电中利用线圈流过电流产生磁场，使触头闭合，以达到控制负载的电器，常应用于电力、配电与用电场合。接触器主要用于频繁接通或分断交、直流电路，具有控制容量大，可远距离操作，配合继电器可以实现定时操作，联锁控制，各种定量控制和失压及欠压保护，广泛应用于自动控制电路。其主要控制对象是电动机，也可用于控制其他电力负载，如电热器、照明、电焊机、电容器组等。

2 接触器的类型

按照不同的分类方法，接触器有多种类型，见表4-7。

表 4-7　接触器的类型

分类方法	种类
按主触头通过电流种类分	交流接触器、直流接触器
按操作机构分	电磁式接触器、永磁式接触器
按驱动方式分	液压式接触器、气动式接触器、电磁式接触器
按动作方式分	直动式接触器、转动式接触器

由于交流接触器和直流接触器的结构及工作原理大致相同，因此本书主要介绍交流接触器。

3 交流接触器的结构

交流接触器主要由电磁系统、触头系统、灭弧装置 3 部分构成，见表 4-8。交流接触器外形及结构如图 4-26 所示，在电路图中，交流接触器的图形符号如图 4-27 所示。

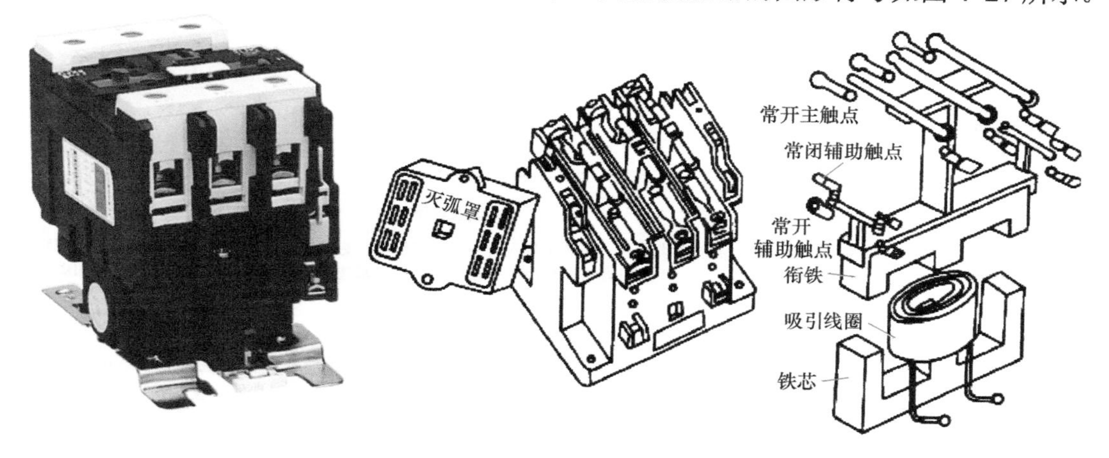

图 4-26　交流接触器的外形及结构

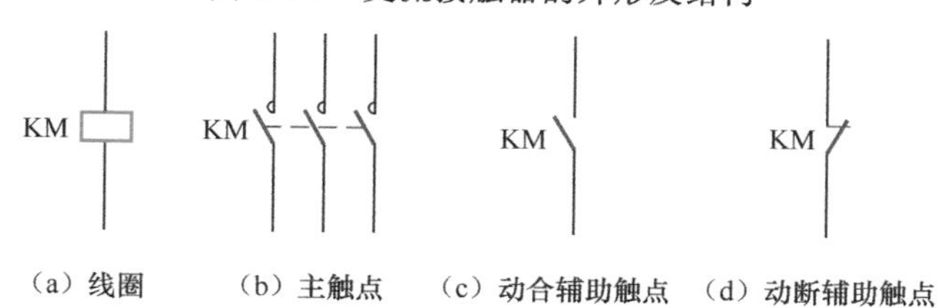

图 4-27　交流接触器的图形符号

表 4-8　交流接触器的结构

装置或系统	组成及说明
电磁系统	可动铁芯（衔铁）、静铁芯、电磁线圈、反作用弹簧
触头系统	主触头（用于接通、切断主电路的大电流），辅助触头（用于控制电路的小电流）。一般有三对动合主触头，若干对辅助触头
灭弧装置	只设在主触头上，磁吹线圈与主触头串联，当主触头在打开过程中产生电弧时，电弧受到磁吹线圈产生的电场力而被拉向灭弧罩，使电弧变长变冷而熄灭

按功能不同，交流接触器的触头分为主触头和辅助触头。主触头用于接通和分断

电流较大的主电路，体积较大，一般由 3 对动合触头组成；辅助触头用于接通和分断小电流的控制电路，体积较小，有动断和动合两种触头。根据触头形状的不同，分为桥式触头和指形触头，其形状分别如图 4-28 所示。

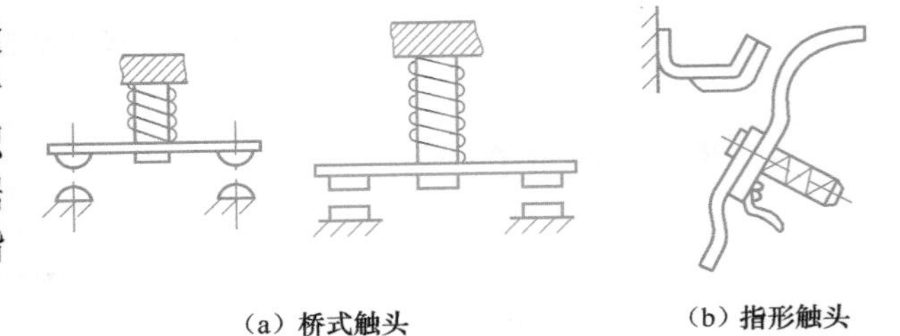
(a) 桥式触头　(b) 指形触头

图 4-28　桥式触头和指形触头

4　交流接触器的主要参数

① 交流接触器主触点的额定电压等级有：127V、220V、380V、500V 等几种规格。

② 主触点额定电流等级有 5A、10A、20A、40A、60A、100A、150A、250A、400A、600A 等。

③ 交流接触器辅助触点的工作电流一般为 5A。

④ 交流接触器的电磁线圈的额定操作频率≤ 600 次 /h。

5　接触器的选用

接触器的选用方法见表 4-9。

表 4-9　接触器的选用

项目	方法及说明
接触器的类型	根据电路中负载电流的种类选择。交流负载应选用交流接触器，直流负载应选用直流接触器。如果控制系统中主要是交流负载，直流电动机或直流负载的容量较小，也可都选用交流接触器来控制，但触点的额定电流应选得大一些
主触头的额定电压	接触器主触头的额定电压应等于或大于负载的额定电压
主触头的额定电流	被选用接触器主触头的额定电流应大于负载电路的额定电流，也可根据所控制的电动机最大功率进行选择。如果接触器是用来控制电动机的频繁启动、正反或反接制动等场合，应将接触器的主触头额定电流降低使用，一般可降低一个等级
吸引线圈工作电压和辅助触点容量	如果控制线路比较简单，所用接触器的数量较少，则交流接触器线圈的额定电压一般直接选用 380V 或 220V。如果控制线路比较复杂，使用的电器又比较多，为了安全起见，线圈的额定电压可选低一些，这时需要加一个控制变压器。

【交流接触器选用口诀】

选用交流接触器，负载要求应满足。
操作频率的选用，要看次数和电流。
额定电流的选择，电机功率是依据。
额定电压的选择，等或大于负载压。
线圈电压的选择，要看线路的繁简。

视频 4.5：接触器

6　接触器的检测

指针式万用表置于通断挡，将两只表笔分别接触常开触点，观察是否有鸣叫声；再手动按下交流接触器的触头，让触头处于闭合状态，观察是否有鸣叫声，如有鸣叫声，则说明接触器该对触点是完好的。同样的方法依次测量其他各触点。观察是否有鸣叫声，如有鸣叫声，说明各触点接触是良好的。

万用表置于电阻挡，将两只表笔分别置于接触器线圈上，观察表数字是否有变化，如有，说明线圈是完好的。具体检测方法请观看本书提供的视频。

7　交流接触器安装

（1）安装固定方式

① 水平安装：用螺栓（钉）将接触器安装在水平的金属板或格架上，工作时主触点向下运动后闭合，大中型交流接触器一般采用此种方式安装。

② 立面安装：主要适合小型接触器，优点是可按上端为输入、下端为输出的方法排线，电气原理易于理解，方便电气检修、维护，而且积尘少、整洁美观，如图 4-29 所示。

（2）连接方法

① 大中型接触器，由于电流较大，为保证其主触点进、出线的电气接触良好，一般必须用线鼻子经螺栓（钉）加弹簧垫圈后紧固。加弹簧垫圈的目的是防止连接处因机器设备的振动或因主触点处经常冷、热交替变化而松弛，这点很重要。

② 小型接触器连线方法根据接触器本身的制造结构，可以有螺钉压接式、夹钳接线式和快速插接式 3 种不同方法。

③ 可采用线头弯“羊眼圈”的方法进行连接。弯制方法如下：离绝缘层根部约 3mm 处向外侧折角，按略大于螺钉直径弯曲圆弧，剪去芯线余端，最后修正圆圈成圆形，如图 4-30 所示。

图 4-29　接触器的安装与固定

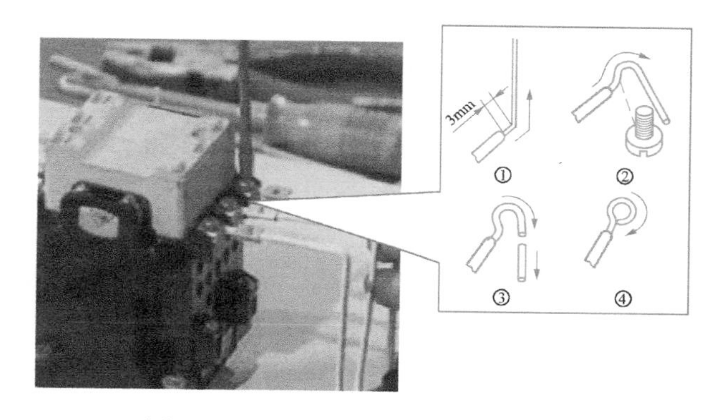

图 4-30　线头弯“羊眼圈”进行连接

特别提醒

① 安装接触器时，除特殊情况外，一般应垂直安装，其倾角不得超过 5°；有散热孔的接触器，应将散热孔放在上下位置。

② 在安装与接线时，注意不要把零件失落入接触器内部，以免引起卡阻而烧毁线圈；同时，应将螺钉拧紧以防振动松脱。

③ 接触器的工作环境要求清洁、干燥，安装位置不能受到剧烈振动，因为剧烈振动容易造成触点抖动，严重时会发生误动作。

④ 接触器不允许在去掉灭弧罩的情况下使用，因为这样很容易发生短路事故。

8　交流接触器常见故障及处理

交流接触器常见故障及处理方法见表 4-10。

表 4-10　交流接触器常见故障及处理方法

故障现象	可能原因	处理方法
触点闭合而铁芯不能完全闭合	① 电源电压过低或波动大； ② 操作回路电源容量不足或断线；配线错误；触点接触不良； ③ 选用线圈不当； ④ 产品本身受损，如线圈受损，部件卡住；转轴生锈或歪斜； ⑤ 触点弹簧压力不匹配	① 增高电源电压； ② 增大电源容量，更换线路，修理触点； ③ 更换线圈； ④ 更换线圈，排除卡住部件；修理损坏零件； ⑤ 调整触点参数
触点熔焊	① 操作频率过高或超负荷使用； ② 负载侧短路； ③ 触点弹簧压力过小； ④ 触点表面有异物； ⑤ 回路电压过低或有机械卡住	① 调换合适的接触器； ② 排除短路故障，更换触点； ③ 调整触点弹簧压力； ④ 清理触点表面； ⑤ 提高操作电源电压，排除机械卡住，使接触器吸合可靠
触点过度磨损	接触器选用不当，在一些场合造成其容量不足（如在反接振动，操作频率过高，三相触点动作不同步等）	更换适合繁重任务的接触器；如果三相触点动作不同步，应调整到同步
不释放或释放缓慢	① 触点弹簧压力过小； ② 触点熔焊； ③ 机械可动部分卡住，转轴生锈或歪斜； ④ 反力弹簧损坏； ⑤ 铁芯吸合面粘有污物或尘埃	① 调整触点参数； ② 排除熔焊故障，修理或更换触点； ③ 排除卡住故障，修理受损零件； ④ 更换反力弹簧； ⑤ 清理铁芯吸合面
铁芯噪声过大	① 电源电压过低； ② 触点弹簧压力过大； ③ 磁系统歪斜或卡住，使铁芯不能吸平； ④ 吸面生锈或有异物； ⑤ 短路环断裂或脱落； ⑥ 铁芯吸面磨损过度而不平	① 提高操作回路电压； ② 调整触点弹簧压力； ③ 排除机械卡住； ④ 清理铁芯吸面； ⑤ 调换铁芯或短路环； ⑥ 更换铁芯
线圈过热或烧损	① 电源电压过高或过低； ② 线圈技术参数与实际使用条件不符合； ③ 操作频率过高； ④ 线圈制作不良或有机械损伤、绝缘损坏； ⑤ 使用环境条件特殊，如空气潮湿、有腐蚀性气体或环境温度过高等； ⑥ 运动部件卡住； ⑦ 铁芯吸面不平	① 调整电源电压； ② 更换线圈或者接触器； ③ 选择合适的接触器； ④ 更换线圈，排除线圈机械受损的故障； ⑤ 采用特殊设计的线圈； ⑥ 排除卡住现象； ⑦ 清理吸面或调换铁芯

4.1.7　继电器

1　继电器的特点及功用

视频 4.6：继电器

继电器具有动作快、工作稳定、使用寿命长、体积小等优点，广泛应用于电力保护、自动化、遥控、测量和通信等装置中。与接触器相比，继电器具有触点额定电流小，不需要灭弧装置，触点种类和数量较多，体积小等特点，但对其动作的准确性要求较高。

一般来说，继电器主要用来反映各种控制信号，其触点通常接在控制电路中，不直接控制电流较大的主电路，而是通过接触器或其他电器对主电路进行控制。作为控制元件，继电器的作用见表 4-11。

表 4-11　继电器的作用

作用	说明
扩大控制范围	多触点继电器控制信号达到某一定值时，可以按触点组的不同形式，同时换接、开断、接通多路电路
放大	灵敏型继电器、中间继电器等，用一个很微小的控制量，可以控制很大功率的电路
自动、遥控、监测	自动装置上的继电器与其他电器一起，可以组成程序控制线路，从而实现自动化运行
综合信号	当多个控制信号按规定的形式输入多绕组继电器时，经过比较综合，达到预定的控制效果

2 继电器的种类

继电器的种类很多，常见继电器见表4-12。

表4-12 继电器的种类

分类方法	种类
按输入信号性质分	电流继电器、电压继电器、速度继电器、压力继电器
按工作原理分	电磁式继电器、电动式继电器、感应式继电器、晶体管式继电器和热继电器
按输出方式分	有触点式继电器和无触点式继电器
按外形尺寸分	微型继电器、超小型继电器、小型继电器
按防护特征分	密封继电器、塑封继电器、防尘罩继电器、敞开继电器

3 继电器的主要技术参数

继电器的种类及型号很多，归纳起来其主要技术参数见表4-13。

表4-13 继电器的主要技术参数

技术参数	含义或说明
额定工作电压	指继电器正常工作时线圈所需要的电压，也就是控制电路的控制电压根据继电器的型号不同，可以是交流电压，也可以是直流电压
直流电阻	指继电器中线圈的直流电阻，可以通过万能表测量
吸合电流	指继电器能够产生吸合动作的最小电流。在正常使用时，给定的电流必须略大于吸合电流，这样继电器才能稳定工作。而对于线圈所加的工作电压，一般不要超过额定工作电压的1.5倍，否则会产生较大的电流而把线圈烧毁
释放电流	指继电器产生释放动作的最大电流。当继电器吸合状态的电流减小到一定程度时，继电器就会恢复到未通电的释放状态。这时的电流远远小于吸合电流
触点切换电压和电流	指继电器允许加载的电压和电流。它决定了继电器能控制电压和电流的大小，使用时不能超过此值，否则很容易损坏继电器的触点

4 继电器的选用

① 了解必要的条件。

a. 控制电路的电源电压，能提供的最大电流。

b. 被控制电路中的电压和电流。

c. 被控电路需要几组、什么形式的触点。

选用继电器时，一般控制电路的电源电压可作为选用的依据。控制电路应能给继电器提供足够的工作电流，否则继电器吸合是不稳定的。

② 查阅有关资料确定使用条件后，可查找相关的资料，找出需要的继电器的型号和规格。若手头已有继电器，可依据资料核对是否可以使用。最后考虑尺寸是否合适。

③ 注意器具的容积。若是用于一般用电器，除考虑机箱容积外，小型继电器主要考虑电路板安装布局。

5 继电器的测试

在安装、维护、维修继电器时，可通过对继电器的一些参数进行测试，以鉴定其质量好坏，其参数项目见表4-14。

表 4-14　测试继电器

项目	测试方法
触点电阻	使用万能表的电阻挡，测量动断触点与动点的电阻，其阻值应为 0（用更加精确的方式可测得触点阻值在 100mΩ 以内）；而动合触点与动点的阻值应为无穷大。由此可以区别出哪个是动断触点，哪个是动合触点
线圈电阻	可用万能表 R×10 挡测量继电器线圈的阻值，从而判断该线圈是否存在开路现象
吸合电压 吸合电流	采用可调稳压电源和电流表，给继电器输入一组电压，且在供电回路中串入电流表进行监测。慢慢调高电源电压，听到继电器吸合声时，记下该吸合电压和吸合电流。为求准确，可以多试几次而求平均值
释放电压 释放电流	与测试吸合电压和吸合电流的电路连接方法一样，当继电器发生吸合后，再逐渐降低供电电压，当听到继电器再次发生释放声音时，记下此时的电压和电流，可多尝试几次而取得平均的释放电压和释放电流。一般情况下，继电器的释放电压为吸合电压的 10%～50%，如果释放电压太小（小于 1/10 的吸合电压），则不能正常使用，这样会对电路的稳定性造成威胁，工作不可靠

6　电压继电器的应用

电压继电器线圈匝数多且导线细，使用时将电压继电器的电磁线圈并联接入所监控的电路中（与负载并联），将动合触头串联接在控制电路中作为执行元件。当电路的电压值变化超过设定值时，电压继电器的触头机构便会动作，触点状态产生切换，发出控制信号。

电压继电器按电压动作类型可分为过电压继电器、低电压（欠压）继电器两种。

① 选用过电压继电器主要是看额定电压和动作电压等参数，过电压继电器的动作值一般按系统额定电压的 1.1 ～ 1.2 倍整定。

② 电压继电器线圈的额定电压一般可按电路的额定电压来选择。

【电压继电器记忆口诀】

电压继电器两种，过电压和欠电压。
线圈匝数多且细，整定范围可细化。
并联负载电路中，密切监控电变化。
额定电压要相符，安装完毕试几下。

7　电流继电器的应用

电流继电器是反映电流变化的控制电器，主要用于监控电气线路中的电流变化。

电流继电器的线圈匝数少且导线粗，使用时将电磁线圈串接于被监控的主电路中，与负载串接，动作触点串接在辅助电路中。当电路电流的变化超过设定值时，电流继电器便会动作，触点状态场所切换，发出信号。

电流继电器按电流动作类型可分为过电流继电器和欠电流继电器两种。

（1）过电流继电器

过电流继电器正常工作时线圈中虽有负载电流，但衔铁不产生吸合动作；当出现超出整定电流的吸合电流时，衔铁才产生吸合动作。在电气控制线路中出现冲击性过电流故障时，过电流使过电流继电器衔铁吸合，利用其动断触头断开接触器线圈的通电回路，从而切断电气控制线路中电气设备的电源。JT4 系列过流继电器的结构及原理如图 4-31 所示。

交流过电流继电器整定值 I_x 的整定范围为

$$I_x=(1.1\sim3.5)I_N$$

式中　I_x——吸合电流；
　　　I_N——额定电流。

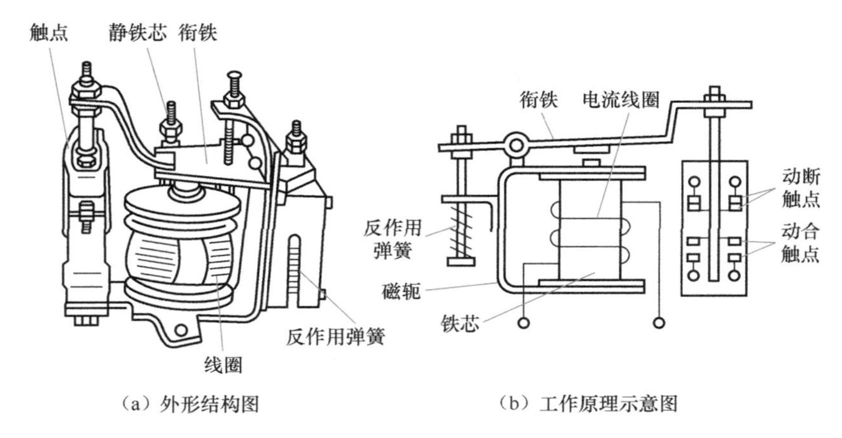

(a) 外形结构图　　(b) 工作原理示意图

图 4-31　JT4 系列过流继电器的结构及原理

（2）欠电流继电器

欠电流继电器正常工作时衔铁处于吸合状态，当电路的负载电流降低至释放电流时，衔铁释放。在直流电路中，当负载电流降低或消失往往会导致严重后果（如直流电动机励磁回路断线等），但交流电路中一般不会出现欠电流故障，因此低压电器产品中有直流欠电流继电器，没有交流欠电流继电器。

直流欠电流继电器吸合电流 $I_x = (0.3 \sim 0.65)I_N$。

释放电流 I_F 整定范围为 $I_F = (0.1 \sim 0.2)I_N$。

（3）电流继电器的选型

电力保护、二次回路电流继电器选型条件如下。

① 有辅源电流继电器需要提供的条件：触点形式（动合点、动断点和转换点的组数），辅助电压等级，电流整定范围，以及安装方式（柜内安装、面板开孔式、导轨式）。

② 无辅源电流继电器需要提供的条件：触点形式（动合点、动断点和转换点的组数），电流整定范围，以及安装方式（柜内安装、面板开孔式、导轨式）。

（4）过电流继电器的选用

过电流继电器的主要参数是额定电流和动作电流。额定电流应不低于被保护电动机的额定电流，动作电流可根据电动机工作情况按电动机启动电流的 1.1 ～ 1.3 倍整定。一般绕线转子感应电动机的启动电流按 2.5 倍额定电流考虑，笼形感应电动机的电流按额定电流的 5 ～ 8 倍考虑。

① 过电流继电器线圈的额定电流一般可按电动机长期工作的额定电流来选择。对于频繁启动的电动机，考虑到启动电流在继电器中的热效应，因此额定电流可选大一级。

② 过电流继电器的动作电流可根据电动机的工作情况，一般按电动机启动电流的 1.1 ～ 1.3 倍整定，频繁启动场合可取 2.25 ～ 2.5 倍。一般绕线转子感应电动机的启动电流按 2.5 倍额定电流考虑，笼形感应电动机的启动电流按额定电流的 5 ～ 8 倍考虑。

8　中间继电器的应用

中间继电器是传输或转换信号的一种低压电器元件。它可将控制信号传递、放大、翻转、分路、隔离和记忆，以达到一点控多点、小功率控大功率的目标。

中间继电器的结构和原理与交流接触器基本相同，与接触器主要区别在于：接触器的主触头可以通过大电流，而中间继电器的触头只能通过小电流。中间继电器一般没有主触点，只能用于控制电路中，中间继电器一般是直流电源供电，少数使用交流供电。

中间继电器的品种规格很多，常用的有 J27 系列、J28 系列、JZ11 系列、JZ13 系列、JZ14 系列、JZ15 系列、JZ17 系列和 3TH 系列。

选用中间继电器时，主要应根据被控制电路的电压等级，所需触点数量、种类、容量等要求来选择。

由于中间继电器的触头容量较小，所以一般不能在主电路中应用。

9 速度继电器的应用

速度继电器主要用于三相异步电动机反接制动的控制电路中，它的任务是当三相电源的相序改变以后，产生与实际转子转动方向相反的旋转磁场，从而产生制动力矩，使电动机在制动状态下迅速降低速度。在电动机转速接近零时立即发出信号，切断电源使之停车（否则电动机开始反方向启动）。

常用的速度继电器有 JY1 型和 JFZ0 型两种，它们具有两个动合触点、两个动断触点，额定电压为 380V，额定电流为 2A。一般速度继电器的转轴在 130r/min 左右即能动作，在 100r/min 时触头即能恢复到正常位置。可以通过螺钉的调节来改变速度继电器动作的转速，以适应控制电路的要求。

选用速度继电器时要注意以下几点。

① 选用速度继电器时，应根据触头额定电压、触头额定电流、触头数量及额定转速来选择。

② 速度继电器的转轴应与电动机同轴连接，如图 4-32 所示。

图 4-32 速度继电器的转轴与电动机同轴连接

③ 速度继电器安装接线时，正反向的触头不能接错，否则不能起到在反接制动时接通和断开反向电源的作用。

④ 速度继电器的金属外壳应可靠接地。

10 热继电器的应用

热继电器主要用于电动机的过载保护、断相保护、电流不平衡运行控制，也可用于其他电气设备发热状态的控制。

热继电器的热元件与被保护电动机的主电路串接，热继电器的触点串接在接触器线圈所在的控制回路中，如图 4-33 所示。

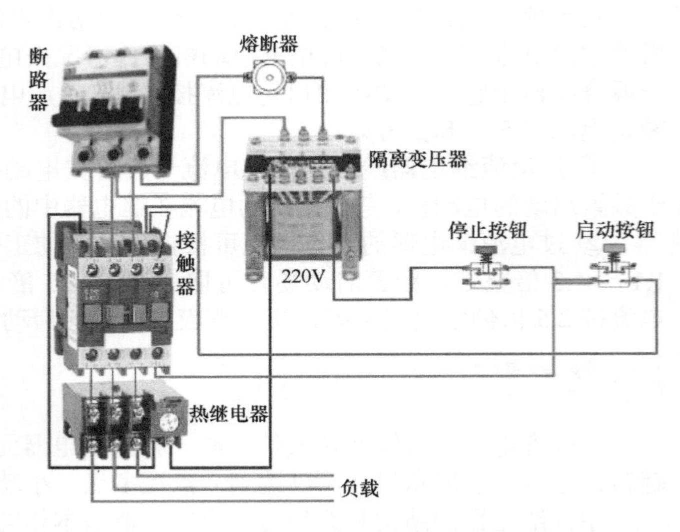

图 4-33 热继电器在电动机控制电路中的应用示例

选用热继电器要注意以下几点。

① 一般电动机轻载启动或短时工作，可选择二相结构的热继电器；当电源电压的均衡性和工作环境较差或多台电动机的功率差别较显著时，可选择三相结构的热继电器；对于三角形接法的

电动机，应选用带断相保护装置的热继电器。

② 热继电器的额定电流应大于电动机的额定电流。

③ 一般将整定电流调整到等于电动机的额定电流；对过载能力差的电动机，可将热元件整定电流调整到电动机额定电流的 0.6 ～ 0.8；对启动时间较长，拖动冲击性负载或不允许停车的电动机，热元件的整定电流应调整到电动机额定电流的 1.1 ～ 1.15 倍。绝对不允许弯折双金属片。

11　时间继电器的应用

时间继电器实质上是一个定时器，在定时信号发出之后，时间继电器按预先设定好的时间、时序延时接通和分断被控电路。

时间继电器按工作方式可分为通电延时时间继电器和断电延时时间继电器两种，前者较为常用。

时间继电器按动作原理可分为电磁阻尼式、空气阻尼式、晶体管式和电动式四种。近年来，电动式时间继电器发展很快，它具有延时时间长、精度高、调节方便等优点，有的还带有数字显示，非常直观，所以应用很广。

JSZ3 系列时间继电器如图 4-34 所示，其控制电路采用了集成电路，具有体积小、质量轻、结构紧凑、延时范围广、延时精度高、可靠性好、寿命长等特点。JSZ3 系列时间继电器适用于机床自动控制，成套设备自动控制等要求高精度、高可靠性的自动控制系统作延时控制元件。

图 4-34　JSZ3 系列时间继电器

使用时间继电器要注意以下事项。

① 时间继电器的使用工作电压应在额定工作电压范围内。

② 严禁在通电的情况下安装、拆卸时间继电器。

③ 对可能造成重大经济损失或人身安全的设备，设计时请务必使技术特性和性能数值有足够的余量，同时应该采用二重电路保护等安全措施。

④ 断电延时型时间继电器，通电时间必须大于 3s，以使内部电容充足电能。

4.1.8　控制按钮

1　控制按钮的作用

控制按钮也称为按钮开关，通常简称为按钮。它是一种结构简单，应用十分广泛的主令电器。按钮常用来接通或断开控制电路（其中电流很小），从而达到控制电动机或其他电气设备运行目的的一种开关。

控制按钮的用途很广，例如车床的启动与停机、正转与反转等；塔式吊车的启动，停止，上升，下降，前、后、左、右慢速或快速运行等，都需要按钮控制。

在电气自动控制电路中，控制按钮用于手动发出控制信号，以控制接触器、继电器、电磁启动器等，从而间接地实现对负载的控制，如电动机的启动、调速、正 / 反转及停车。

特别提醒

按钮触点的允许通过电流一般不超过 5A，故不能直接用控制按钮控制主电路的通断。

2 控制按钮的结构、类型

控制按钮的结构形式很多，例如普通揿钮式、蘑菇头式、自锁式、自复位式、旋柄式、带指示灯式、带灯符号式及钥匙式等。有单钮、双钮、三钮及不同组合形式，一般是采用积木式结构，由按钮帽、复位弹簧、桥式触头和外壳等组成，通常做成复合式，有一对动断触头和动合触头，有的产品可通过多个元件的串联增加触头对数。还有一种自持式按钮，按下后即可自动保持闭合位置，断电后才能打开。常用控制按钮的外形如图 4-35 所示。

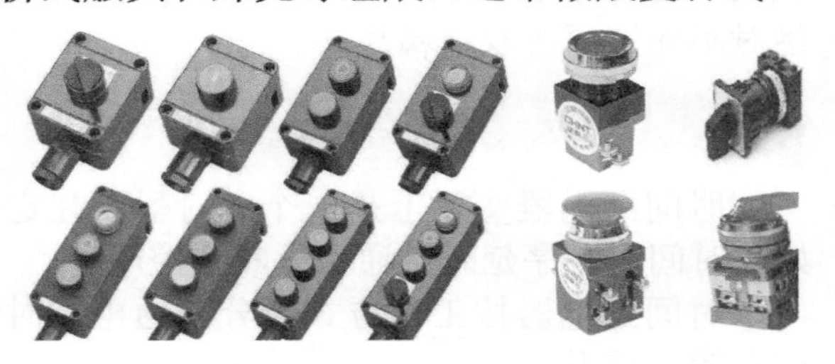

图 4-35　常用控制按钮的外形

常见控制按钮的触头结构位置有三种形式：动合按钮、动断按钮和复合按钮，其内部结构及图形符号如图 4-36 所示。

① 动合按钮在按下前触点是断开的，按下时触点接通，手指放松后，触点自动复位。

② 动断按钮在按下前触点是闭合的，按下时触点断开，手指放松后，触点自动复位。

③ 复合按钮有两组触点，操作前有一组闭合，另一组断开。手指按下此按钮时，闭合的触点断开，而断开的触点闭合；手指放开后，两组触点全部自动复位。

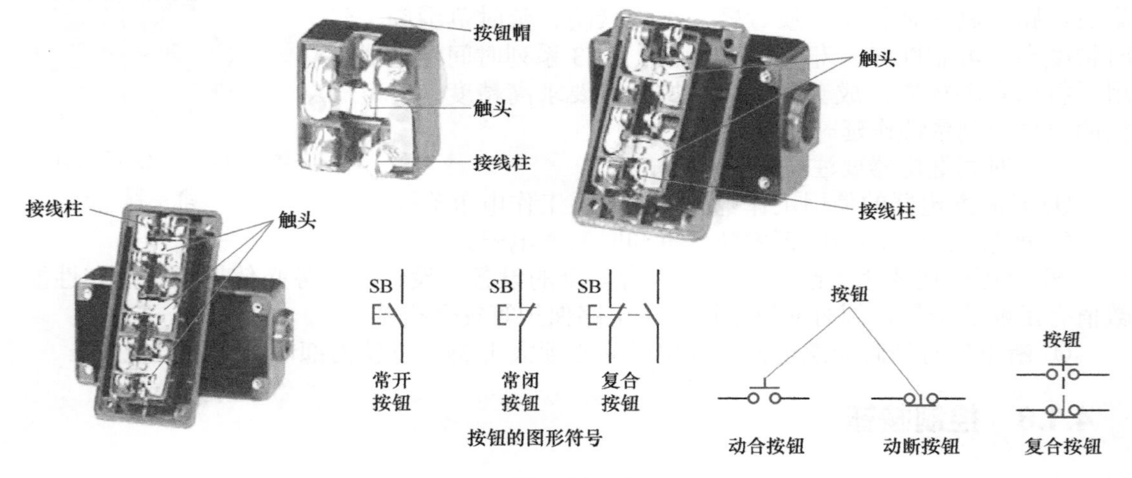

图 4-36　控制按钮的结构及图形符号

为便于识别各按钮作用，避免误操作，在按钮帽上制成并采用不同颜色的标志以示区别，一般红色表示停止按钮，绿色或黑色表示启动按钮。常用按钮颜色的代表意义及用途见表 4-15。

表 4-15　常用按钮颜色的代表意义及用途

按钮	推荐选用颜色	典型用途举例
紧急 - 停止 / 断开	红色	同一按钮既用于紧急的，又用于正常的停止 / 断开操作
停止 / 断开	白、灰和黑色（其中最常用的是黑色，红色也允许使用）	同一按钮用于正常的停止 / 断开操作
启动 / 接通	白色	当使用白色、黑色来区别启动 / 接通和停止 / 断开时，白色用于启动 / 接通操作器，黑色必须用于停止 / 断开操作器
停止 / 断开	黑色	
复位动作	蓝色	用于复位动作

3 控制按钮的检测

视频 4.7：控制按钮

控制按钮的好坏可以用万用表来检测，指针式万用表置于R×10挡，数字万用表置于二极管挡，在按钮按下（闭合）和没有按下（断开）两种状态下，分别测量动断/动合触点的两个接线桩的电阻值，根据测量结果即可判断控制按钮的好坏，图4-37所示为对动断触点的检测情况。

若测得控制按钮在断开状态下，其动断静触头的阻值趋于零、动合静触头的阻值为无穷大；在接通的状态下，动断静触头的阻值为无穷大、动合静触头的阻值为零。按下按钮后测得两对静触头的电阻值，应与按钮断开时的测量结果相反，则表明该控制按钮正常。若检测结果与上述电阻值不一致，则说明控制按钮有故障。具体检测方法请观看本书提供的视频。

（a）未按下按钮

（b）按下按钮

图4-37 控制按钮动断触点的检测

4 控制按钮的选用

① 按钮类型选用应根据使用场合和具体用途确定。例如，控制柜面板上的按钮一般选用开启式；需显示工作状态则选用带指示灯式；重要设备为防止无关人员误操作就需选用钥匙式。

② 按钮颜色根据工作状态指示和工作情况要求选择，一般停止按钮选用红色，启动按钮选用绿色或黑色。

③ 按钮数量应根据电气控制线路的需要选用。例如，需要正、反和停三种控制，应选用三只按钮并装在同一按钮盒内；只需启动及停止控制时，则选用两只按钮并装在同一按钮盒内等。

4.1.9 接近开关

1 接近开关的作用

视频 4.8：行程（接近）开关

接近开关又称无触点行程开关，是一种用于工业自动化控制系统中以实现检测、控制并与输出环节全盘无触点化的新型开关元件。当开关接近某一物体时，即发出控制信号。它除可以完成行程控制和限位保护外，目前已被应用于行程控制、定位控制以及各种安全保护控制等自动控制系统中。

2 接近开关的类型及结构形式

因为位移传感器可以根据不同的原理和不同的方法做成，而不同的位移传感器对物体的“感知”方法也不同，所以常见的接近开关的类型见表4-16。

表4-16 常见的接近开关的类型

类型	说明
无源接近开关	这种开关不需要电源，通过磁力感应控制开关的闭合状态。当磁或者铁质触发器靠近开关磁场时，靠开关内部磁力作用控制闭合。其特点是不需要电源，非接触式，免维护，环保

续表

类型	说明
涡流式接近开关	涡流式接近开关也叫作电感式接近开关，它是利用导电物体在接近这个能产生电磁场接近开关时，使物体内部产生涡流。这个涡流反作用到接近开关，使开关内部电路参数发生变化，由此识别出有无导电物体移近，进而控制开关的通或断。这种接近开关所能检测的物体必须是导电体
电容式接近开关	这种开关的测量通常是构成电容器的一个极板，而另一个极板是开关的外壳。这个外壳在测量过程中通常是接地或与设备的机壳相连接。当有物体移向接近开关时，不论它是否为导体，由于它的接近，总要使电容的介电常数发生变化，从而使电容量发生变化，使得与测量头相连的电路状态也随之发生变化，由此便可控制开关的接通或断开。这种接近开关检测的对象不限于导体，可以是绝缘的液体或粉状物等
霍尔接近开关	当磁性物件移近霍尔开关时，开关检测面上的霍尔元件因产生霍尔效应而使开关内部电路状态发生变化，由此识别附近有磁性物体存在，进而控制开关的通或断。这种接近开关的检测对象必须是磁性物体
光电式接近开关	将发光器件与光电器件按一定方向装在同一个检测头内。当有反光面（被检测物体）接近时，光电器件接收到反射光后便有信号输出，由此便可“感知”有物体接近
热释电式接近开关	用能感知温度变化的元件做成的开关叫热释电式接近开关。这种开关是将热释电器件安装在开关的检测面上，当有与环境温度不同的物体接近时，热释电器件的输出便变化，由此便可检测出有物体接近
超声波和微波接近开关	当观察者或系统对波源的距离发生改变时，接收到的波的频率会发生偏移，这种现象称为多普勒效应。声呐和雷达就是利用这个效应的原理制成的。利用多普勒效应可制成超声波接近开关、微波接近开关等。当有物体移近时，接近开关接收到的反射信号会产生多普勒频移，由此可以识别出有无物体接近

接近开关的结构形式较多，通常做成插接式、螺纹式、感应头外接式等，如图 4-38 所示，主要根据不同使用场合和安装方式来确定。在技术性能方面做到高电位输出及带延时动作。

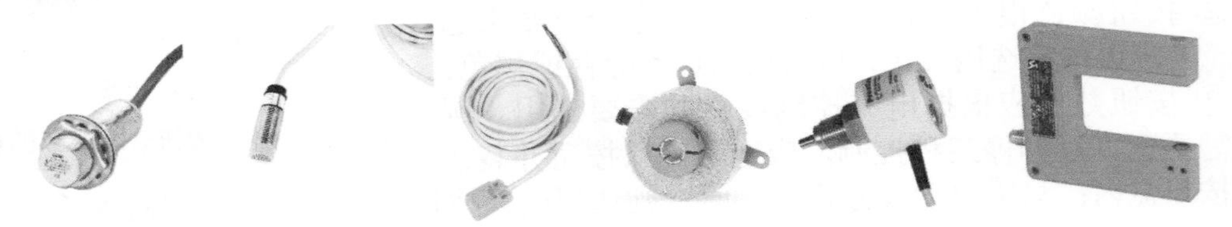

图 4-38　接近开关的结构形式

3 选用接近开关

对于不同材质的检测体和不同的检测距离，应选用不同类型的接近开关，以使其在系统中具有高的性能价格比。

① 当检测体为金属材料时，应选用高频振荡型接近开关，该类型接近开关对铁镍、A3 钢类检测体检测最灵敏；对铝、黄铜和不锈钢类检测体检测灵敏度就低。

② 当检测体为非金属材料时，如木材、纸张、塑料、玻璃和水等，应选用电容型接近开关。

③ 金属体和非金属要进行远距离检测和控制时，应选用光电型接近开关或超声波型接近开关。

④ 检测体为金属时，若检测灵敏度要求不高时，可选用价格低廉的无源接近开关或霍尔式接近开关。

特别提醒

无论选用哪种接近开关，都应注意对工作电压、负载电流、响应频率、检测距离等各项指标的要求。

① 在一般的工业生产场所，通常选用涡流式接近开关和电容式接近开关。因为这两种接近开关对环境的要求条件较低。

② 当被测对象是导电物体或可以固定在一块金属物上的物体时，一般都选用涡流式接近开关，因为它的响应频率高、抗干扰性能好、应用范围广、价格较低。

③ 若所测对象是非金属（或金属）、液体、粉状物、塑料、烟草等，则应选用电容式接近开关。这种开关的响应频率低，但稳定性好。安装时应考虑环境因素的影响。

④ 若被测对象为导磁材料，把磁钢埋在被测物体内时，应选用霍尔接近开关，因为它的价格最低。

⑤ 在环境条件比较好、无粉尘污染的场合，可采用光电式接近开关。光电式接近开关工作时对被测对象几乎无任何影响。

⑥ 在防盗系统中，自动门通常使用热释电式接近开关、超声波接近开关、微波接近开关。有时为了提高识别的可靠性，上述几种接近开关往往被复合使用。

4.1.10　行程开关

1　行程开关的作用及原理

行程开关又称限位开关，属于机 - 电元件，其工作原理与按钮相类似，不同的是行程开关触头动作不靠手工操作，而是利用机械运动部件的碰撞使触头动作，从而将机械信号转换为电信号，再通过其他电器间接控制运动部件的行程、运动方向或进行限位保护等。

在实际生产中，将行程开关安装在预先安排的位置，当装于生产机械运动部件上的模块撞击行程开关时，行程开关的触点动作实现电路的切换，如图 4-39 所示。

行程开关广泛用于各类机床和起重机械，用以控制其行程、进行终端限位保护。在电梯的控制电路中，还可以利用行程开关来控制开关轿门的速度，自动开关门的限位，轿厢的上、下限位保护。

图 4-39　行程开关在铣床上的应用

2　行程开关的类型

行程开关按其结构可分为直动式（按钮式）和滚轮式（旋转式），如图 4-40 所示。其中，滚轮式又分为单滚轮和双滚轮两种。

（a）直动式

（b）单滚轮旋转式

（c）双滚轮旋转式

图 4-40　行程开关的种类

3 选用行程开关

选用行程开关，应根据被控制电路的特点、要求及生产现场条件和所需触头数量、种类等因素综合考虑。

① 根据使用场合和控制对象确定行程开关种类。例如，当机械运动速度不太快时，通常选用一般用途的行程开关，在机床行程通过路径上不宜装直动式行程开关而应选用凸轮轴转动式行程开关。

② 行程开关额定电压与额定电流则根据控制电路的电压与电流选用。

③ 直动式行程开关不宜用于速度低于 0.4m/min 的场所。

④ 双滚轮行程开关具有两个稳态位置，有“记忆”作用，在某些情况下可以简化线路。

特别提醒

行程（限位）开关属于有触点的机械式位置检测开关，接近开关是无触点的位置检测开关。接近开关可以代替行程（限位）开关。

4.1.11 主令控制器

1 主令控制器的作用

主令控制器又称为主令开关，是按照预定程序换接控制电路接线的低压电器，如图 4-41 所示。

LK1 系列

LK4 系列

LK5 系列

LK16 系列

视频 4.9：主令控制器

图 4-41 主令控制器

主令控制器适用于频繁对电路进行接通和切断，常配合磁力启动器对绕线式异步电动机的启动、制动、调速及换向实行远距离控制，广泛用于各类起重机械的拖动电动机的控制系统中。

由于主令控制器的控制对象是二次电路，所以其触头工作电流不大。

2 主令控制器的类型

主令控制器按其结构形式（主令能否调节）可分为两类：一类是主令可调式主令控制器；另一类是主令固定式主令控制器。前者的主令片上开有小孔和槽，使之能根据规定的触头关合图进行调整；后者的主令只能根据规定的触头关合图进行适当的排列与组合。

3 主令控制器的结构

主令控制器一般由触头系统、操作机构、转轴、手柄、复位弹簧、接线桩等组成，如图 4-42 所示。

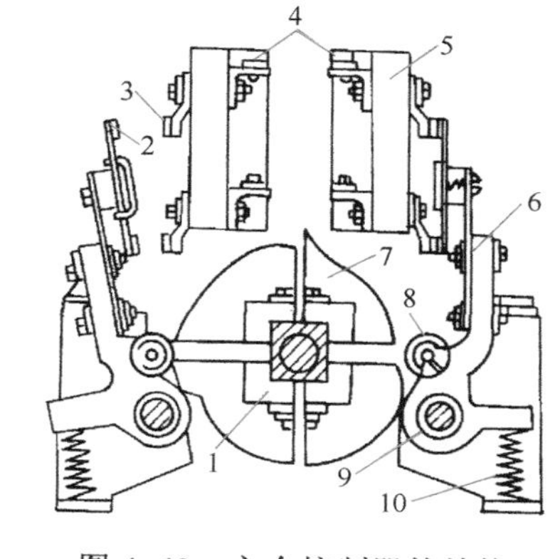

图 4-42　主令控制器的结构

1—方形转轴；2—动触头；3—静触头；4—接线桩；5—绝缘板；6—支架；7—凸轮块；8—小轮；9—转动轴；10—复位弹簧

4 主令控制器的选用

主令控制器主要根据使用环境、所需控制的回路数、触头闭合顺序等进行选择。

① 主令控制器的控制路数要与所需控制的回路数量相同。

② 触点闭合的顺序要有规则性。例如，LK1-12/90 型主令控制器触点闭合的顺序如图 4-43 所示。

③ 长期允许电流应选择在接通或分断电路时主令控制器的允许电流范围之内。

④ 对主令控制器进行选用时，也可以参考相应的技术参数进行选择。

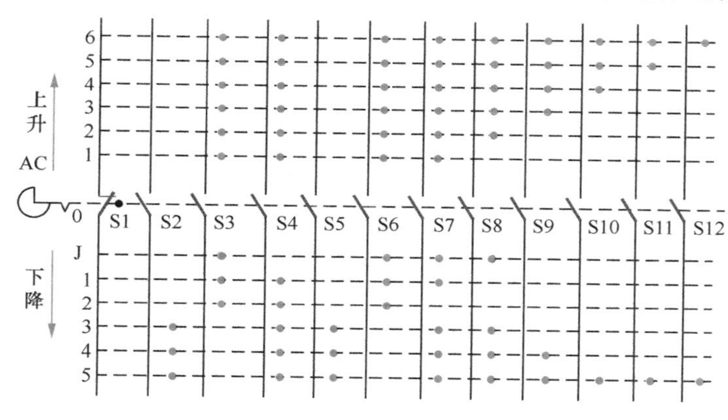

图 4-43　LK1-12/90 型主令控制器触点闭合的顺序

4.2 常用高压电器及应用

4.2.1 高压断路器

1 高压断路器的作用及结构

高压断路器也称为高压开关，在高压线路中具有控制和保护的双重作用。

（1）控制作用。根据电力系统运行的需要，将部分或全部电气设备，以及部分或全部线路投入或退出运行。

（2）保护作用。高压断路器具有完善的灭弧结构和足够的断流能力。当电力系统某一部分发生故障时，它和保护装置、自动装置相配合，将该故障部分从系统中迅速切除，减少停电范围，防止事故扩大，保护系统中各类电气设备不受损坏，保证系统无故障部分安全运行。

视频 4.10：高压断路器

高压断路器主要结构大体分为导流部分、灭弧部分、绝缘部分和操作机构部分。高压断路器的工作状态（断开或者闭合）是由其操动机构控制的。

2 高压断路器的种类

高压断路器的种类见表 4-17。

表 4-17 高压断路器的种类

分类方法	种类
按灭弧装置分	油断路器、真空断路器、六氟化硫断路器
按使用场合分	户内安装式断路器、户外安装式断路器、柱（杆）上断路器

3 常用高压断路器

（1）油断路器

油断路器是采用绝缘油液为散热灭弧介质的高压断路器，又分多油断路器和少油断路器。现在多油断路器已经被淘汰，户内一般使用的为少油断路器和柱（杆）上油断路器，如图 4-44 所示。

（a）多油断路器

（b）少油断路器

（c）柱上油断路器

图 4-44 油断路器

（2）真空断路器

真空断路器是将接通、分断的过程采用大型真空开关管来控制完成的高压断路器，适合于对频繁通断的大容量高压的电路控制。常用真空断路器额定电压等级有 12kV、40.5kV；额定电流规格有 630A、1000A、1250A、1600A、2000A、2500A、3150A、4000A 等。

真空断路器是目前应用最多的高压断路器，广泛用于农村高压电网、大型冶炼电弧炉、大功率高压电动机等的控制操作。

真空断路器以安装场合不同，分为户内真空断路器和户外真空断路器两类，如图 4-45 所示。户内真空断路器又分固定式与手车式；以操作的方式不同又分为电动弹簧储能操作式、直流电磁操作式、永磁操作式等。

（3）六氟化硫断路器

六氟化硫断路器在用途上与油断路器、真空断路器相同。它的特点是分断、接通的过程在无色无味的六氟化硫（SF_6，惰性气体）中完成。相同电容量的情况下，由六氟化硫为灭弧介质构成的断路器占地最少，结构最紧凑。

（a）户内真空断路器

（b）户外真空断路器

图 4-45 真空断路器

六氟化硫断路器的基本

组件如图 4-46 所示，开关的旋转触头被封闭在其中，由侧面的操作机构进行通、断控制。

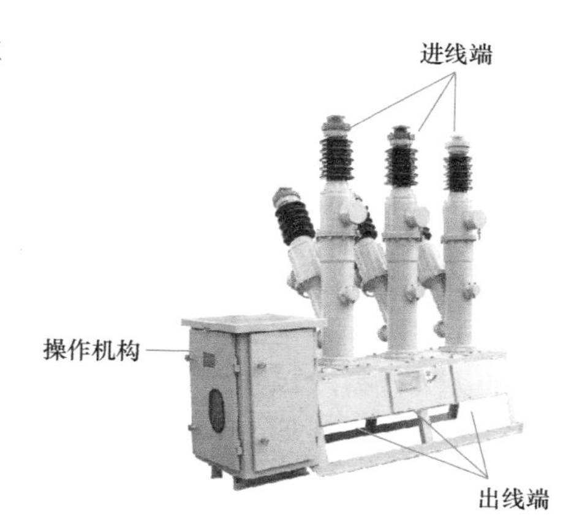

图 4-46 六氟化硫断路器的基本组件

4 高压断路器选用原则

为了保证高压电器在正常运行、检修、短路和过电压情况下的安全，选用高压断路器的一般原则如下。

① 按正常工作条件包括电压、电流、频率、机械荷载等选择高压断路器。

a. 额定电压应符合所在回路的系统标称电压，其允许最高工作电压 U_{max} 不应小于所在回路的最高运行电压 U_y，即 $U_{max} \geqslant U_y$。

b. 高压电器的额定电流 I_n 不应小于该回路在各种可能运行方式下的持续工作电流 I_g，即 $I_n \geqslant I_g$。

② 按短路条件包括短时耐受电流、峰值耐受电流、关合和开断电流等选择高压断路器。

③ 按环境条件包括温度、湿度、海拔、地震等选择高压断路器。

④ 按承受过电压能力包括绝缘水平等选择高压断路器。

⑤ 按各类高压电器的不同特点包括开关的操作性能、熔断器的保护特性配合、互感器的负荷及准确等级等选择高压断路器。

5 高压断路器的操作

断路器测控屏上“远方 / 就地”控制把手，当选在“就地”位置，只能用于检修人员检修断路器时就地进行手动操作。正常运行时，此把手必须放在“远方”位置，否则在远方（主控室监控机或监控中心）无法对断路器进行分、合操作。

手动合闸操作控制把手时，不能用力过猛，以防损坏控制开关；不能返回太快，以防时间短，断路器来不及合闸。操作中，应同时监视有关电压、电流、功率等表计的指示及红绿灯的变化，如图 4-47 所示。

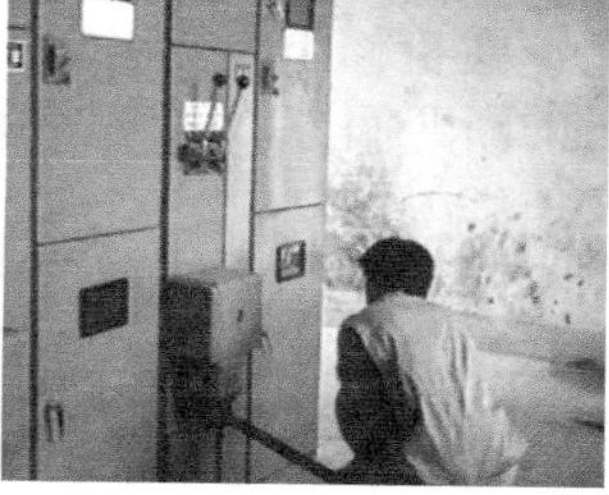
图 4-47 高压断路器手动合闸

特别提醒

一般情况下，凡能够电动操作的断路器，不应就地手动操作。现在的高压开关柜保护功能比较全面，若没有直流电源，手动是无法合闸的（有电磁保护）。

在断路器操作后，应根据现场检查断路器的机械位置指示来确定实际开、合位置，以防止在操作隔离开关时，发生带负荷拉、合隔离开关的事故。

6 高压断路器的维护

（1）清洁维护

高压断路器的进、出线套管应定期清扫，保持清洁，以免漏电。

（2）油箱及绝缘油检查

① 经常检查油箱有无渗漏现象，有无变形；连接导线有无放电现象和异常过热现象。

② 绝缘油必须保持干净，要经常注意表面的油色。如发现油色发黑或出线胶质状，应更换新油。

③ 目测油位是否正常，当环境温度为20℃时，应保持在油位计的1/2处。

④ 定期做油样试验，每年做耐压试验一次和简化试验一次。

⑤ 在运行正常的情况下，一般3～4年更换一次新油。

⑥ 断路器经过若干次（一般为4～5次）满容量跳闸后，必须进行解体维护。

（3）检查指示灯泡

检查通断位置的指示灯泡是否良好。若发现红绿灯指示不良，应立即更换或维修。

【高压断路器口诀】

高压断路器开关，控制保护能实现。
结构复杂种类多，广泛用于供配电。
灭弧装置较完善，操作维护较方便。
正常情况控电路，能够快速重合电。
故障情形断电路，特殊时通短路电。

4.2.2 高压隔离开关

1 高压隔离开关的作用

高压隔离开关需要与高压断路器配套使用，其主要作用是：在有电压无载荷情况下分断与闭合电路，起隔离电压的作用，以保证高压电器及装置在检修工作时的安全。具体来说，高压隔离开关的作用表现在以下4个方面。

（1）隔离电压

在检修电气设备时，用隔离开关将被检修的设备与电源电压隔离，并形成明显可见的断开间隙，以确保检修的安全。

（2）倒闸

投入备用母线或旁路母线以及改变运行方式时，常用隔离开关配合断路器，协同操作来完成。例如，在双母线电路中，可用高压隔离开关将运行中的电路从一条母线切换到另一条母线上。

（3）分、合小电流

因隔离开关具有一定的分、合小电感电流和电容电流的能力，故一般可用来进行以下操作：

① 分、合避雷器，电压互感器和空载母线。

② 分、合励磁电流不超过2A的空载变压器。

③ 关合电流不超过5A的空载线路。

（4）用作互感避雷器等

在高压成套配电装置中，高压隔离开关常用作电压互感器、避雷器、配电所用变压器及计量柜的高压控制电器。

特别提醒

由于高压隔离开关没有灭弧装置，断流能力差，所以不能带负荷操作。也就是说，高压隔离开关不能用于切断、投入负荷电流和开断短路电流，仅可用于不产生强大电弧的某些切换操作。否则在高压作用下，断开点将产生强烈电弧，并很难自行熄灭，甚至可能造成飞弧（相对地或相间短路），烧损设备，危及人身安全。

为防止误操作，电力系统中的高压隔离开关和断路器之间通常都装有联锁机构。

视频4.11：高压隔离开关

2 高压隔离开关的类型

① 按安装地点分，高压隔离开关可分为户内式和户外式，如图4-48所示。户内式往往与高压断路器串联连接，配套使用，以保证供电的可靠性；户外式隔离开关常作为供电线路与用户分开的第一断路隔离开关。

② 按绝缘支柱数目分，高压隔离开关可分为单柱式、双柱式和三柱式。

③ 按极数分，高压隔离开关可分为单极和三极两种。室内配电装置一般采用户内式三极的高压隔离开关。

（a）户内式　（b）户外式

图4-48　高压隔离开关

3 高压隔离开关的安装要求

① 户外式隔离开关，露天安装时应水平安装，使带有瓷裙的支持瓷瓶能起到防雨作用；户内式隔离开关，在垂直安装时，静触头在上方，带有套管的可以倾斜一定的角度。

② 一般情况下，静触头接电源，动触头接负荷，但安装在受电柜里的隔离开关，采用电缆进线时，则电源在动触头侧，这种接法俗称“倒进火”。

③ 隔离开关的动静触头应对准，否则合闸时会出现旁击火花，使合闸后动静触头接触面压力不均匀，造成接触不良。

④ 隔离开关的操作机构，传动机械应调整好，使分合闸操作能正常进行。还要满足三相同期的要求，即分合闸时三相动触头同时动作，不同期的偏差应小于3mm。

⑤ 处于合闸位置时，动触头要有足够的切入深度，以保证接触面积符合要求，但又不允许合过头，要求动触头距静触头底座有3～5mm的空隙，否则合闸过猛时将敲碎静触头的支持瓷瓶。处于拉开位置时，动静触头间要有足够的拉开距离，以便有效地隔离带电部分。

4 高压隔离开关的日常检查

① 运行时，随时巡视检查把手位置、辅助开关位置是否正确，如图4-49所示。

② 检查闭锁及联锁装置是否良好，接触部分是否可靠，如图4-50所示。

③ 检查刀片和触头是否清洁；检查瓷瓶是否完好、清洁，操作时是否可靠及灵活，如图4-51所示。

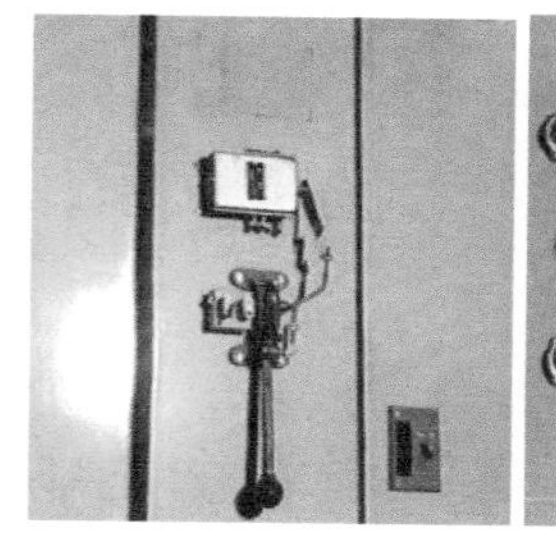

图4-49　高压隔离开关的把手位置和辅助开关位置

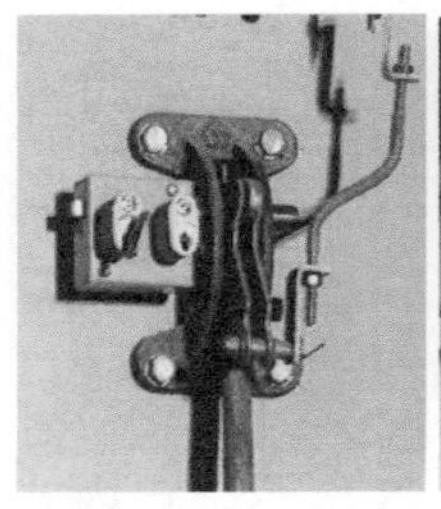

（a）闭锁及联锁装置

（b）接触部分

图 4-50　检查闭锁、联锁装置和接触部分

（a）刀片和触头

（b）瓷瓶

图 4-51　检查刀片、触头和瓷瓶

5　高压隔离开关的操作

① 在手动合高压隔离开关时，速度要快，动作要果断，在合到底时不能用力过猛，如图 4-52 所示。

② 如误合或合闸产生弧光，此时应将高压隔离开关迅速合上，如图4-53所示。高压隔离开关一经合上，不再拉开，因为带负荷拉高压隔离开关会让弧光扩大使设备损坏。误合后，只能用断路器切断回路，才允许将高压隔离开关拉开。

③ 手动拉高压隔离开关时，应按照“慢—快—慢”的过程进行，如图 4-54 所示。即刚开始时应缓慢而谨慎，看清高压隔离开关和触头分开时是否有电弧产生，若有电弧则立即合上，停止操作。操作到后阶段应缓慢，以防止用力过猛损坏支持绝缘子。

④ 高压隔离开关操作后要检查开合位置，如图 4-55 所示。

【高压隔离开关口诀】

高压隔离的开关，需要配套断路器，
为了防止误操作，联锁机构巧设计。
户外安装应水平，户内安装要垂直。
主要功能是隔离，倒闸分合小电流。
户内户外两形式，操作不能带负荷。
合闸操作要果断，分闸动作慢快慢。
如果发生误操作，配合断路器断电。

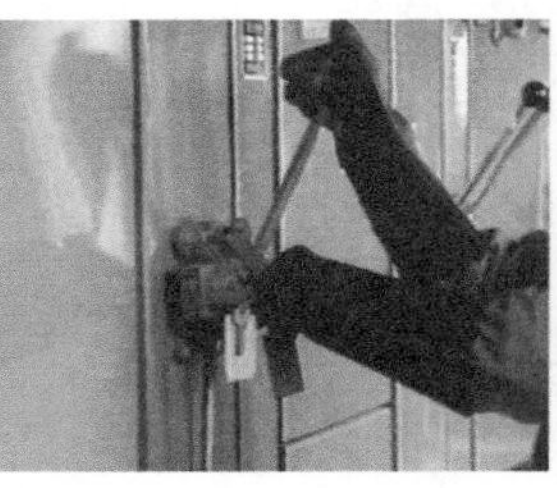

图 4-52　手动合高压隔离开关操作

图 4-53　不准带负荷拉高压隔离开关

图 4-54　拉高压隔离开关应“慢—快—慢”操作

图 4-55　高压隔离开关操作后的检查

4.2.3　高压负荷开关

1　高压负荷开关的作用

高压负荷开关是一种功能介于高压断路器和高压隔离开关之间的高压电器。高压负荷开关常与高压熔断器串联配合使用，用于控制电力变压器。

视频 4.12：高压负荷开关

高压负荷开关主要用于 10kV 电流不太大的高压电路中带负荷分断、接通电路。在规定的使用条件下，高压负荷开关可以接通和断开一定容量的空载变压器（室内 315kV·A，室外 500kV·A）；可以接通和断开一定长度的空载架空线路（室内 5km，室外 10km）；可以接通和断开一定长度的空载电缆线路。

2　高压负荷开关的性能特点

① 高压负荷开关具有简单的灭弧装置和一定的分合闸速度，在额定电压和额定电流的条件下，能通断一定的负荷电流和过负荷电流。

② 高压负荷开关不能断开超过规定的短路电流，通常要与高压熔断器串联使用，借助熔断器来进行短路保护，这样可代替高压断路器。

③ 有明显的断开点，多用于固定式高压设备。

④ 高压负荷开关一般以手动方式操作。

3　高压负荷开关的类型及结构特点

高压负荷开关的种类较多，主要有固体产气式、压气式、压缩空气式、SF_6 式、油浸式、真空式高压负荷开关等 6 种，见表 4-18。

表 4-18　高压负荷开关的类型

种类	说明
固体产气式高压负荷开关	利用开断电弧本身的能量使弧室的产气材料产生气体来吹灭电弧，其结构较为简单，适用于 35kV 及以下的产品
压气式高压负荷开关	利用开断过程中活塞的压缩空气吹灭电弧，其结构也较为简单，适用于 35kV 及以下产品
压缩空气式高压负荷开关	利用压缩空气吹灭电弧，能开断较大的电流，其结构较为复杂，适用于 60kV 及以上的产品
SF_6 式高压负荷开关	利用 SF_6 气体灭弧，其开断电流大，开断性能好，但结构较为复杂，适用于 35kV 及以上产品
油浸式高压负荷开关	利用电弧本身能量使电弧周围的油分解汽化并冷却熄灭电弧，其结构较为简单，但质量大，适用于 35kV 及以下的户外产品
真空式高压负荷开关	利用真空介质灭弧，电寿命长，相对价格较高，适用于 220kV 及以下的产品

在 10kV 供电线路中，目前较为流行的是固体产气式、压气式和真空式三种高压负荷开关，其特点见表 4-19。在国家标准中，高压负荷开关被分为一般型和频繁型两种。固体产气式和压气式高压负荷开关属于一般型，而真空式高压负荷开关属于频繁型。

常用高压负荷开关如图 4-56 所示。

表 4-19　三种高压负荷开关的特点

类型	结构	机械寿命（次）
固体产气式高压负荷开关	简单，有可见断口	2000
压气式高压负荷开关	较复杂，有见可断口	2000
真空式高压负荷开关	复杂，无可见断口	10000

（a）固体产气式

（b）压气式

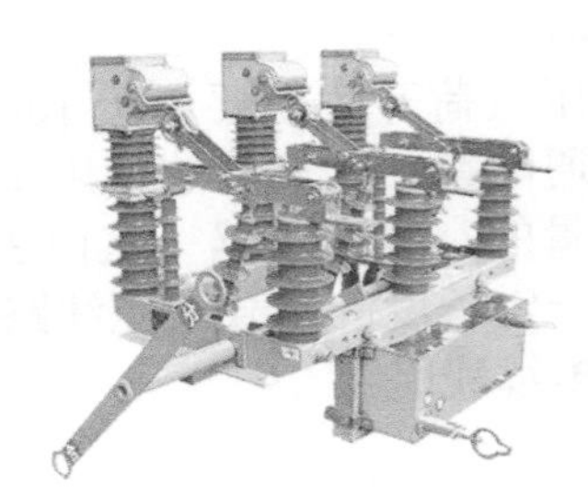

（c）真空式

图 4-56　常用高压负荷开关

4 高压负荷开关的选用

选用高压负荷开关，必须满足额定电压、额定电流、开断电流、极限电流及热稳定度 5 个条件。

高压负荷开关的选用原则：从满足配电网安全运行的角度出发，在满足功能的条件下，应尽量选择结构简单、价格便宜，操作功率小的产品。换言之，能选用一般型就不选用频繁型；在一般型中，能用固体产气式高压负荷开关而尽可能不用压气式高压负荷开关。

5 高压负荷开关的使用

① 高压负荷开关应垂直安装，开关框架、合闸机构、电缆外皮、保护钢管均应可靠接地（不能串联接地）。

② 高压负荷开关运行前应进行数次空载分、合闸操作，各转动部分应无卡阻。合闸应到位，分闸后有足够的安全距离。

③ 与高压负荷开关串联使用的熔断器熔体应选配得当，即应使故障电流大于负荷开关的开断能力时保证熔体先熔断，然后高压负荷开关才能分闸。

④ 高压负荷开关合闸时应接触良好，连接部无过热现象。

⑤ 巡检时，应注意检查有无瓷瓶脏污、裂纹、掉瓷、闪烁放电现象，开关上不能用水冲（户内式）。

⑥ 一台高压柜控制一台变压器时，更换熔断器最好将该回路高压柜停运。

【高压负荷开关记忆口诀】

高压负荷开关件，手动方式来操作。
灭弧装置较简单，带载分接控电路。
串联高压熔断器，代替高压断路器。
常用开关有六种，五个条件来选用。

4.2.4　高压熔断器

1　高压熔断器的作用

视频 4.13：高压熔断器

高压熔断器是一种最简单的短路保护电器，当电路或电路中的设备过载或发生故障时，当其所在电路的电流超过规定值并经一定时间后，熔件发热而熔化，从而切断电路、分断电流，达到保护电路或设备的目的。

高压熔断器串联在被保护电路及设备中（如高压输电线路、电力变压器、电压互感器等电气设备），主要用来进行短路保护，但有的也具有过负荷保护功能。

2　高压熔断器的类型

根据安装条件不同，高压熔断器可分为户内管式高压熔断器和户外高压跌落式熔断器。

（1）户内管式高压熔断器

户内管式高压熔断器属于固定式的高压熔断器，如图 4-57 所示。

图 4-57　户内管式高压熔断器

户内管式高压熔断器一般采用有填料的熔断管，通常为一次性使用。户内管式高压熔断器的基本结构如图 4-58 所示。

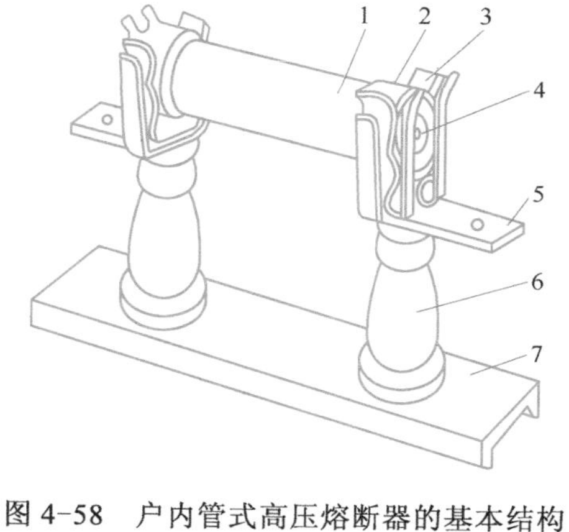

图 4-58　户内管式高压熔断器的基本结构

1—瓷熔管；2—金属管帽；3—弹性触座；4—熔断指示器；5—接线端子；6—瓷绝缘子；7—底座

（2）户外高压跌落式熔断器

户外高压跌落式熔断器主要作为 3 ～ 35kV 电力线路和变压器的过负荷和短路保护。

3　户外高压跌落式熔断器

（1）结构

户外高压跌落式熔断器主要由绝缘瓷套管、熔断管、动静触头等组成，如图 4-59 所示。熔体由铜银合金制成，焊在编织导线上，并穿在熔管内。正常工作时，熔体使熔管上的活动关节锁紧，故熔管能在上触头的压力下处于合闸状态。

（2）户外高压跌落式熔断器的应用

户外高压跌落式熔断器在 35kV、10kV 的供配电中常被安装在电力变压器的高压进线一侧，它既是熔断器又可兼作变压器的检修隔离开关，如图 4-60 所示。

户外高压跌落式熔断器使用专门的铜熔丝，在发生短路熔断后可更换。更换时，选用的熔丝应与原来的规格一致，如图 4-61 所示。

户外高压跌落式熔断器熔丝的选择，按“配电变压器内部或高、低压出线管发生短路时能迅速熔断”的原则来进行选择，熔丝的熔断时间必须小于或等于 0.1s。

配电变压器容量在 100kV·A 以下者，高压侧熔丝额定电流按变压器容量额定电流的 2 ～ 3 倍选择；容量在 100kVA 以上者，高压侧熔丝额定电流按变压器容量额定电流的 1.5 ～ 2 倍选择；变压器低压侧熔丝按低压侧额定电流选择。

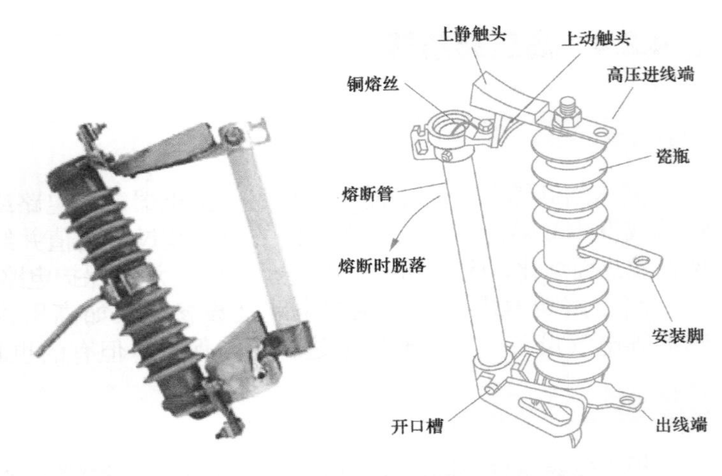

图 4-59　户外高压跌落式熔断器的结构

图 4-60　户外高压跌落式熔断器的安装位置

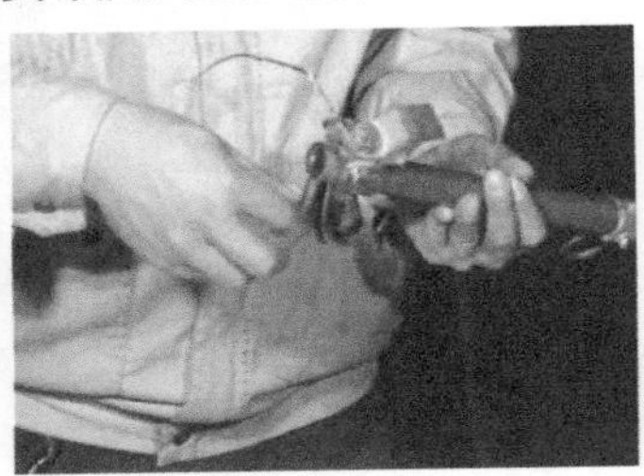

图 4-61　更换熔丝操作

（3）户外高压跌落式熔断器分合闸操作

户外高压跌落式熔断器合闸操作说明见表 4-20。

表 4-20　户外高压跌落式熔断器合闸操作说明

操作要点	操作说明
一准备	操作前要选用相应电压等级且合格的绝缘拉杆，戴绝缘手套，穿绝缘鞋，确保安全
二核对	操作前要认真核对设备名称和编号，确定操作对象的正确性
三站位	选择便于操作的位置站好，一般站在当前操作相跌落式熔断器的前下方为宜。如果是杆塔上操作，还应系好安全带
四对准	操作时使户外高压跌落式熔断器动触头对准其静触头，以确保合位的准确性
五合上	在合户外高压跌落式熔断器时，必须迅速、果断、准确，但在合到底时，不能用力过猛，以防损坏支持绝缘子及其他设备

① 分闸时，用专用绝缘杆操作鸭嘴，顺序为先分中间相，再分两边相，如图 4-62 所示。

② 合闸时，用专用绝缘杆操作熔丝管的上环，对准鸭嘴用力快速合拢。顺序为先中间相，后两边相，如图 4-63 所示。

③ 不允许带负荷分、合高压熔断器。

户外高压跌落式熔断器分合闸操作注意事项如下。

① 操作时由两人进行（一人监护，一人操作），但必须戴绝缘手套、穿绝缘靴、戴

护目眼镜，使用电压等级相匹配的合格绝缘棒操作，在雷电或者大雨的气候下禁止操作。

② 分闸时，一般规定为先拉断中间相，再拉背风的边相，最后拉断迎风的边相。这是因为配电变压器由三相运行改为两相运行，拉断中间相时所产生的电弧火花最小，不致造成相间短路。其次是拉断背风边相，因为中间相已被拉开，背风边相与迎风边相的距离增加了一倍，即使有过电压产生，造成相间短路的可能性也很小。最后拉断迎风边相时，仅有对地的电容电流，产生的电火花则已很轻微。合闸的操作顺序与分闸相反，先合迎风边相，再合背风的边相，最后合上中间相。

图 4-62　分闸操作

③ 分、合熔管时要用力适度，合好后，要仔细检查鸭嘴舌头能紧紧扣住舌头长度三分之二以上，可用分闸杆钩住上鸭嘴向下压几下，再轻轻试拉，检查是否合好。合闸时未能到位或未合牢靠，熔断器上静触头压力不足，极易造成触头烧伤或者熔管自行跌落。

图 4-63　合闸操作

（4）户外高压跌落式熔断器的运行维护

① 日常运行维护管理。

熔断器的每次操作须仔细认真，不可粗心大意，特别是合闸操作，必须使动、静触头接触良好。

熔管内必须使用标准熔体，禁止用铜丝、铝丝代替熔体，更不准用铜丝、铝丝及铁丝将触头绑扎住使用。

熔体熔断后应更换新的同规格熔体，不可将熔断后的熔体联结起来再装入熔管继续使用。

应定期对熔断器进行巡视，每月不少于一次夜间巡视，查看有无放电火花和接触不良现象，有放电，会伴有嘶嘶的响声，要尽早安排处理。

② 停电检修时的检查。

静、动触头接触是否吻合，紧密完好，有否烧伤痕迹。

熔断器转动部位是否灵活，是否锈蚀、转动不灵等异常，零部件是否损坏、弹簧是否锈蚀。

熔体本身是否受到损伤，经长期通电后有无发热伸长过多变得松弛无力。

熔管管内产气用消弧管是否烧伤，是否损伤变形，长度是否缩短。

清扫绝缘子并检查有无损伤、裂纹或放电痕迹，拆开上、下引线后，用 2500V 摇表测试绝缘电阻应大于 300MΩ。

检查熔断器上下连接引线有无松动、放电、过热现象。

特别提醒

高压负荷开关、高压隔离开关、高压真空断路器的区别如下。

① 高压负荷开关是可以带负荷分断的，有自灭弧功能，但它的开断容量很小。

② 高压隔离开关的结构上没有灭弧罩，一般是不能带负荷分断。一些能分断负荷的隔离开关，只是结构上与负荷开关不同，相对来说简单一些。

③ 高压负荷开关和高压隔离开关，都可以形成明显断开点，大部分断路器不具备隔离功能，只有少数断路器具备隔离功能。

④ 高压隔离开关不具备保护功能，高压负荷开关一般是加熔断器保护，只有速断和过流保护功能。

⑤ 高压真空断路器的开断容量可以在制造过程中做得很高。主要是依靠加电流互感器配合二次设备来保护。其具有短路保护、过载保护、漏电保护等功能。

4.2.5 电压互感器

1 电压互感器的作用

视频 4.14：电压互感器

电压互感器其实就是一个带铁芯的变压器。电压互感器将高电压按比例转换成低电压，即 100V，电压互感器一次侧接在一次系统，二次侧接测量仪表、继电保护等。

电压互感器本身的阻抗很小，一旦二次侧发生短路，电流将急剧增长而烧毁线圈。为此，电压互感器的一次侧接有熔断器，二次侧可靠接地，以免一次侧、二次侧绝缘损毁时，二次侧出现对地高电位而造成人身和设备事故。

在电能计量装置中，采用电压互感器后，电能表上的读数乘以电压互感器的变比，就是实际使用电量。

特别提醒

电压互感器和变压器的区别如下。

电压互感器和变压器都是用来变换线路上的电压。变压器变换电压的目的是为了输送电能，因此容量很大，一般都是以千伏安或兆伏安为计算单位；而电压互感器变换电压的目的，主要是用来给测量仪表和继电保护装置供电，用来测量线路的电压、功率和电能，或者用来在线路发生故障时保护线路中的贵重设备、电机和变压器，因此电压互感器的容量很小，一般都只有几伏安、几十伏安，最大也不超过一千伏安。

2 电压互感器的种类

电压互感器的种类见表 4-21。

表 4-21 电压互感器的种类

分类方法	种类	说明
按安装地点分	户内式，户外式	35kV 及以下一般为户内式，35kV 以上一般为户外式
按相数分	单相式，三相式	35kV 及以上不能制成三相式
按绕组数目分	双绕组式，三绕组式	三绕组电压互感器除一次侧和基本二次侧外，还有一组辅助二次侧，供接地保护用
按绝缘方式分	干式	结构简单、无着火和爆炸危险，但绝缘强度较低，只适用于 6kV 以下的户内式装置
	浇注式	结构紧凑、维护方便，适用于 3 ～ 35kV 户内式配电装置
	油浸式	绝缘性能较好，可用于 10kV 以上的户外式配电装置
	充气式	用于 SF_6 全封闭电器中

常用电压互感器如图 4-64 所示。

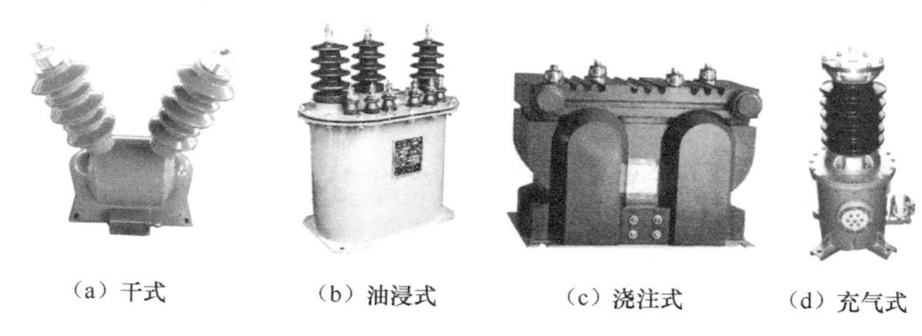
（a）干式　（b）油浸式　（c）浇注式　（d）充气式

图 4-64　常用电压互感器

3　电压互感器的接线

（1）一台单相电压互感器接线方式

如图 4-65 所示，一台单相电压互感器接线方式也称 Vv 接线方式，广泛用于中性点绝缘系统或经消弧线圈接地的 35kV 及以下的高压三相系统，特别是 10kV 三相系统，接线来源于三角形接线，只是“口”没闭住，称为 Vv 接线，此接线方式可以节省一台电压互感器，可满足三相有功、无功电能计量的要求，但不能用于测量相电压，不能接入监视系统绝缘状况的电压表。

（2）两台单相互感器接成不完全星形接线方式

不完全星形接线方式也称 Y，vn 接线方式，如图 4-66 所示，主要采用三铁芯柱三相电压互感器，多用于小电流接地的高压三相系统，二次侧中性接线引出接地，此接线为了防止高压侧单相接地故障，高压侧中性点不允许接地，故不能测量对地电压。

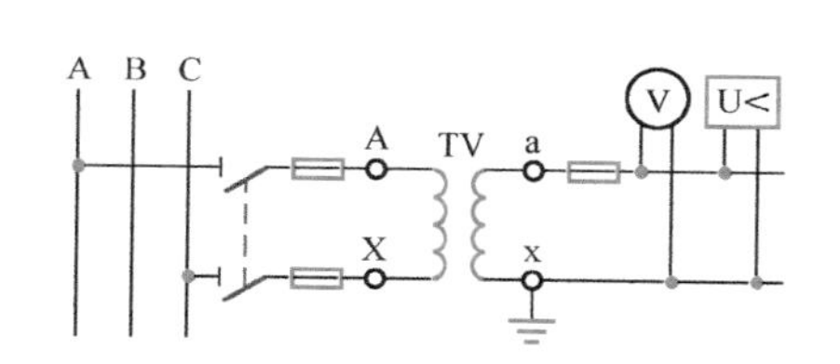

图 4-65　电压互感器的 Vv 接线方式

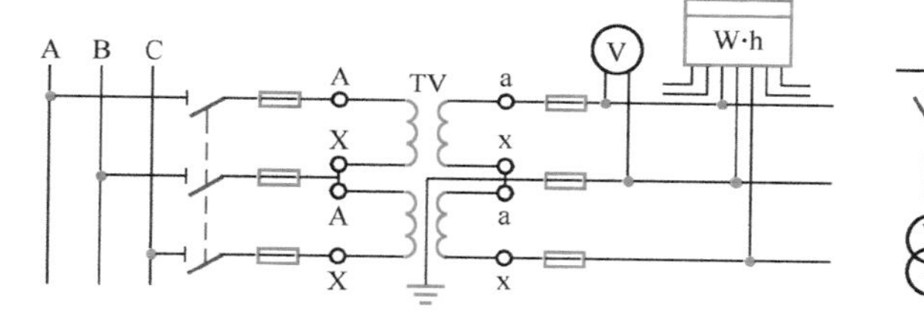

图 4-66　电压互感器的 Y，vn 接线方式

（3）YN，vn 接线方式

用三台单相电压互感器构成一台三相电压互感器，也可以用一台三铁芯柱式三相电压互感器，将其高低压绕组接成星形。YN，vn 接线方式如图 4-67 所示，多用于大电流接地系统。

（4）三台单相三绕组电压互感器接线方式

三台单相三绕组电压互感器接线方式又称为 YN，vn，do 接线方式，俗称开口三角接线，如图 4-68 所示，在正常运

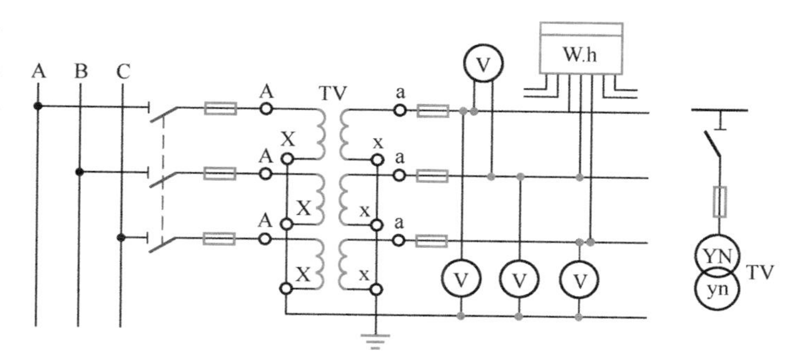

图 4-67　电压互感器的 YN，vn 接线方式

行状态下，开口三角的输出端上的电压均为零，如果系统发生一相接地时，其余两个输出端的出口电压为每相剩余电压绕组的二次电压的3倍，这样便于交流绝缘监视电压继电器的电压整定，但此接线方式在10kV及以下的系统中不采用。

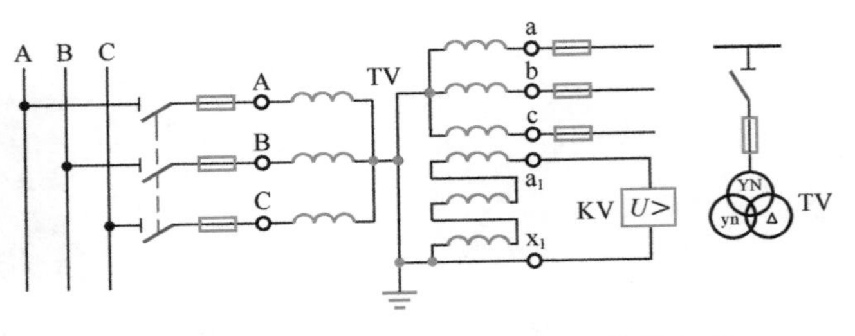

图4-68　电压互感器YN，vn，do接线方式

4 电压互感器应用注意事项

① 电压互感器在投入运行前要按照规程规定的项目进行试验检查。例如，测极性、连接组别、摇绝缘、核相序等。

② 电压互感器的接线应保证其正确性，一次绕组和被测电路并联，二次绕组应和所接的测量仪表、继电保护装置或自动装置的电压线圈并联，同时要注意极性的正确性。

③ 接在电压互感器二次侧的负荷不应超过其额定容量，否则，会使互感器的误差增大，难以达到测量的正确性。

④ 电压互感器二次侧不允许短路。由于电压互感器内阻抗很小，若二次回路短路时，会出现很大的电流，将损坏二次设备甚至危及人身安全。电压互感器可以在二次侧装设熔断器以保护其自身不因二次侧短路而损坏。在可能的情况下，一次侧也应装设熔断器以保护高压电网不因互感器高压绕组或引线故障危及一次系统的安全。

⑤ 为了确保人在接触测量仪表和继电器时的安全，电压互感器二次绕组必须有一点接地。因为接地后，当一次和二次绕组间的绝缘损坏时，可以防止仪表和继电器出现高电压危及人身安全。

特别提醒

为了确保安全，电压互感器的二次绕组连同铁芯必须可靠接地，二次侧绝对不容许短路。

4.2.6 电流互感器

1 电流互感器的作用

电流互感器（英文缩略语CT）是依据电磁感应原理将一次侧大电流转换成二次侧小电流来测量的仪器，具有电流变换和电气隔离双重作用，它将高压回路或低压回路的大电流转变为低压小电流（国家规定电流互感器的二次额定电流为5A或1A），供给仪表和继电保护装置，实现测量、计量、保护等作用。如变比为400/5的电流互感器，可以把实际为400A的电流转变为5A的电流。

2 电流互感器的类型

① 按照用途不同，电流互感器可分为测量用电流互感器和保护用电流互感器两类，如图4-69所示。

测量用电流互感器作为交流电流信号采集元件，在正常工作电流范围内，向测量、计量等装置提供电网的电流信息。

视频4.15：电流互感器

保护用电流互感器用于在电网故障状态下，向继电保护等装置提供电网故障电流信息。常用的保护用电流互感器有过负荷保护电流互感器、差动保护电流互感器和接地保护电流互感器（零序电流互感器）三种。

保护用电流互感器的工作条件与测量用电流互感器的完全不同，保护用电流互感器只有在比正常电流大几倍几十倍的电流时才开始进行有效的工作。

（a）测量用电流互感器

（b）保护用电流互感器

图 4-69　电流互感器

② 电流互感器还可以按照安装方式、绝缘介质和工作原理进行分类，电流互感器的种类见表 4-22。

表 4-22　电流互感器的种类

分类方法	种类	说明
按安装方式分	贯穿式电流互感器	用来穿过屏板或墙壁的电流互感器
	支柱式电流互感器	安装在平面或支柱上，能起到支撑被测导体的作用
	套管式电流互感器	没有一次导体和一次绝缘，直接套装在绝缘套管上的一种电流互感器
	母线式电流互感器	没有一次导体但有一次绝缘，直接套装在母线上使用的一种电流互感器
按绝缘介质分	干式电流互感器	由普通绝缘材料经浸漆处理作为绝缘
	浇注式电流互感器	用环氧树脂或其他树脂混合材料浇注成型的电流互感器
	油浸式电流互感器	由绝缘纸和绝缘油作为绝缘，一般为户外式
	气体式电流互感器	主绝缘由 SF_6 气体构成
按工作原理分	电磁式电流互感器	根据电磁感应原理实现电流变换的电流互感器
	电子式电流互感器	可以是各种测量原理，一般需要提供辅助电源，输出可以是模拟量或数字量的电流互感器

3　电流互感器应用注意事项

① 电流互感器的接线应遵守串联原则：即一次绕组应与被测电路串联，二次绕组与所有仪表负载串联。

② 根据被测电流的大小选择合适的电流比，否则误差将增大。同时，二次侧一端必须接地，以防绝缘一旦损坏时，一次侧高压窜入二次低压侧，造成人身和设备事故。

③ 二次侧绝对不允许开路。因为二次侧一旦开路，一次侧电流全部成为磁化电流，造成铁芯过度饱和磁化，发热严重乃至烧毁线圈；同时，磁路过度饱和磁化后，使误差增大。电流互感器在正常工作时，二次侧近似于短路，若突然使其开路，则励磁电动势由很小的数值骤变为很大的数值，铁芯中的磁通呈现严重饱和的平顶波，因此二次侧绕组将在磁通过零时感应出很高的尖顶波，其值可达到数千伏甚至上万伏，危及工作人员的安全及仪表的绝缘性能。

另外，二次侧开路使二次侧电压达几百伏，一旦触及将造成触电事故。因此，电流互感器二次侧都备有短路开关，防止二次侧开路。在使用过程中，二次侧一旦开路应马上撤掉电路负载，然后，再停车处理。一切处理好后方可再用。

④ 为了满足测量仪表、继电保护、断路器失灵判断和故障滤波等装置的需要，在发电机、变压器、母线分段断路器、母线断路器、旁路断路器等回路中均设 2 ～ 8 个

二次绕组的电流互感器。对于大电流接地系统，一般按三相配置；对于小电流接地系统，依具体要求按二相或三相配置。

⑤ 对于保护用电流互感器的装设地点，若有两组电流互感器，且位置允许时，应设在断路器两侧，使断路器处于交叉保护范围之中。

⑥ 电流互感器通常布置在断路器的出线或变压器侧。

⑦ 为了减轻发电机发生内部故障时的损伤，用于自动调节励磁装置的电流互感器应布置在发电机定子绕组的出线侧。为了便于分析和在发电机并入系统前发现内部故障，用于测量仪表的电流互感器宜装在发电机中性点侧。

4 电流互感器的接线

电流互感器在三相电路中常见的接线方式如图 4-70 所示。

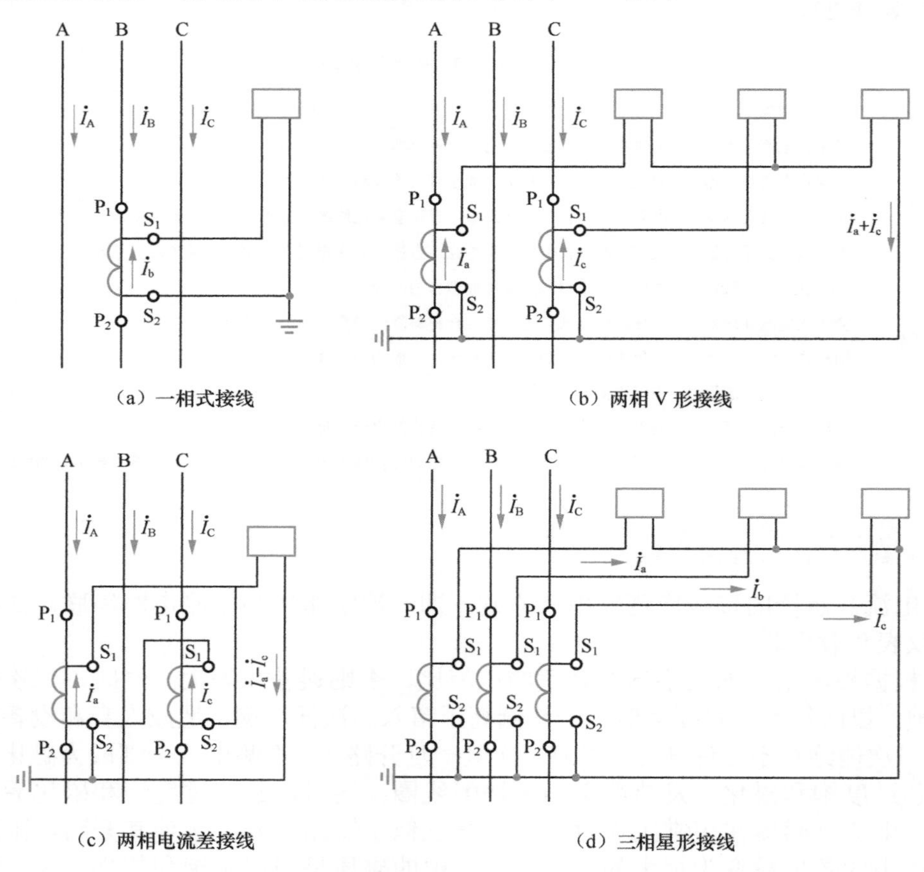

图 4-70 电流互感器在三相电路中常见的接线方式

（1）一相式接线

该接线方式电流线圈通过的电流，反映一次电路相应相的电流。通常在负荷平衡的三相电路如低压动力线路中，供测量电流、电能或接过负荷保护装置之用。

（2）两相 V 形接线

该接线方式也称为两相不完全星形接线。在继电保护装置中称为两相两继电器接线。在中性点不接地的三相三线制电路中，广泛用于测量三相电流、电能及做过电流继电保护之用。两相V形接线的公共线上的电流反映未接电流互感器那一相的相电流。

（3）两相电流差接线

在继电保护装置中，此接线也称为两相一继电器接线。该接线方式适于中性点不接地的三相三线制电路中作过电流继电保护之用。该接线方式电流互感器二次侧公共线上的电流量值为相电流的$\sqrt{3}$倍。

（4）三相星形接线

这种接线方式中的三个电流线圈，正好反映各相的电流，广泛用在负荷一般不平衡的三相四线制系统中，如图4-71所示；也可用在负荷可能不平衡的三相三线制系统中，作三相电流、电能测量及过电流继电保护之用。

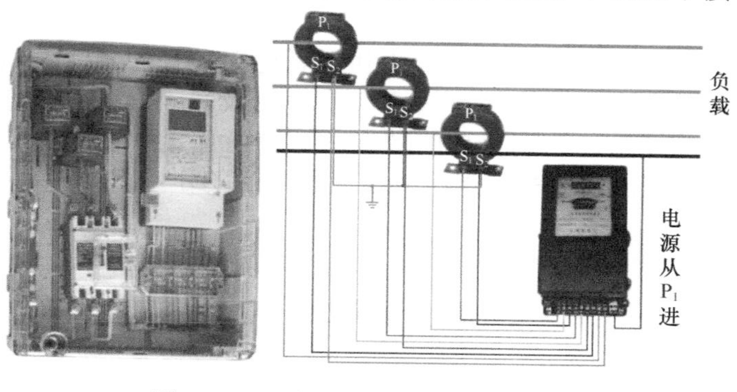

图4-71　三相四线电能表互感器接线

4.2.7 避雷器

1 避雷器的作用

视频4.16：避雷器

避雷器是用于保护电气设备免受雷击时高瞬态过电压危害，并限制续流时间，也常限制续流幅值的一种电器。避雷器有时也称为过电压保护器、过电压限制器。

避雷器的主要作用是通过并联放电间隙或非线性电阻，对入侵流动波进行削幅，降低被保护设备所受过的电压值，从而保护线路和设备。

避雷器不仅可用来防护雷电产生的高电压，也可用来防护操作高电压。

2 避雷器的类型及原理

避雷器的主要类型有管型避雷器、阀型避雷器和氧化锌避雷器等，如图4-72所示。

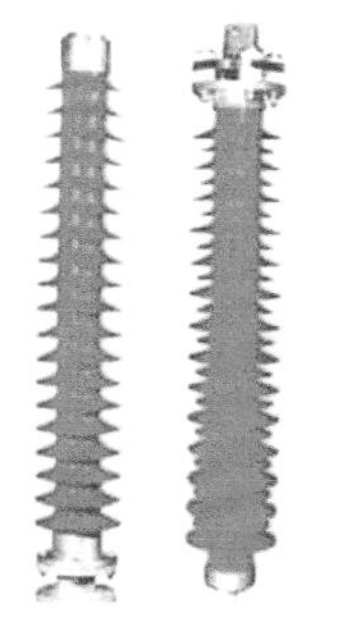

（a）管型避雷器

（b）阀型避雷器

（c）氧化锌避雷器

图4-72　常用的避雷器

不同类型避雷器的工作原理是不同的，但是它们的工作实质是相同的，都是为了保护通信线缆和通信设备不受损害。

（1）管型避雷器

管型避雷器实际是一种具有较高熄弧能力的保护间隙。它由两个串联间隙组成，一个间隙在大气中，称为外间隙，它的任务就是隔离工作电压，避免产气管被流经管子的工频泄漏电流所烧坏；另一个装设在气管内，称为内间隙或者灭弧间隙。管型避雷器一般用在供电线路上作避雷保护，它是利用产气材料在电弧高温下产生的高压气体来熄灭工频续流电弧的。

（2）阀型避雷器

阀型避雷器由火花间隙及阀片电阻组成，阀片电阻的制作材料是特种碳化硅。当有雷电高电压时，火花间隙被击穿，阀片电阻的电阻值下降，将雷电流引入大地，这就保护了线缆或电气设备免受雷电流的危害。在正常的情况下，火花间隙是不会被击穿的，阀片电阻的电阻值较高，不会影响线路正常工作。

（3）氧化锌避雷器

氧化锌避雷器是主要利用氧化锌良好的非线性伏安特性，使在正常工作电压时流过避雷器的电流极小（微安或毫安级）；当过电压作用时，电阻急剧下降，泄放过电压的能量，达到保护的效果。这种避雷器和传统避雷器的差异是没有放电间隙，利用氧化锌的非线性特性起到泄流和开断的作用。

3 避雷器的选用

不同类型避雷器的选用见表 4-23。

表 4-23　不同类型避雷器的选用

序号	名称	系列代号	应用范围
（1）	低压阀式避雷器	FS	用于低压网络，保护交流电器、电能表和配电变压器低压绕组
（2）	配电用普通阀式避雷器		用于 3 ～ 10kV 交流配电系统，保护变压器等电气设备
（3）	电站用普通阀式避雷器	FZ	用于 3 ～ 110kV 交流系统，保护变压器等电气设备
（4）	电站用磁吹阀式避雷器	FCZ	用于 35kV 及以上交流系统，保护变压器等电气设备，尤其适合于绝缘水平较低或需要限制操作过电压的场合
（5）	保护旋转电机用磁吹阀式避雷器	FCD	用于保护交流发电机和电动机
（6）	无间隙金属氧化物避雷器	YW	包括序号（1）到序号（5）中的全部应用范围
（7）	有串联间隙金属氧化物避雷器	YC	用于 3 ～ 10kV 交流系统，保护配电变压器、电缆头和其他电气设备，与 YW 相比各有其特点
（8）	有并联间隙氧化物避雷器	YB	用于保护旋转电机和要求保护性能特别好的场合
（9）	直流金属氧化物避雷器	YL	用于保护直流电气设备

4 避雷器的安装要求

① 避雷器应垂直安装，倾斜角度不得大于 15°，如图 4-73 所示。安装位置应尽可能接近保护设备，避雷器与 3 ～ 10kV 设备的电气距离一般不大于 15m，易于检查巡视的带电部分距地面若低于 3m，应设遮拦。

② 避雷器的引线与母线、导线的接头，截面面积不得小于规定值：3 ～ 10kV 铜引线截面面积不小于 16mm^2，铝引线截面面积不小于 25mm^2，35kV 及以上按设计要求。并要求上下引线连接牢固，不得松动，各金属接触表面应清除氧化膜及油漆。

③ 避雷器周围应有足够的空间，带电部分与邻相导线或金属构架的距离不得小于 0.35m，底板对地不得小于 2.5m，以免周围物体干扰避雷器的电位分布而降低间隙放电电压。

图 4-73　10kV 避雷器安装实物图

④ 高压避雷器的拉线绝缘子串必须固定牢固，其弹簧应适当调整，确保伸缩自由，弹簧盒内的螺帽不得松动，应有防护装置；同相各拉紧绝缘子串的拉力应均匀。

⑤ 均压环应水平安装，不得歪斜，三相中心孔应保持一致；全部回路（从母线、线路到接地引线）不能迂回，应尽量短而直。

⑥ 对 35kV 及以上的避雷器，接地回路应装设放电记录器，而放电记录器应密封良好，安装位置应与避雷器一致，以便于观察。

⑦ 避雷器底座对地绝缘应良好，接地引下线与被保护设备的金属外壳应可靠连接，并与总接地装置相连。

5 避雷器的运行和维护

避雷器在运行中应与配电装置同时进行巡视检查，在雷电活动后应增加特殊巡视。

① 在日常运行中，应检查避雷器的污染状况。发现避雷器的瓷套表面严重污秽时，必须及时清扫。

② 检查避雷器上端引线处密封是否良好，避雷器密封不良会进水受潮易引起事故。检查避雷器与被保护电气设备之间的电气距离是否符合要求，避雷器应尽量靠近被保护的电气设备。

③ 检查避雷器导线与接地引线有无烧伤痕迹和断股现象。

④ 雷雨后应检查放电记录器的动作情况。放电记录器动作次数过多时，应进行检修。

⑤ 定期用 1000 ～ 2500V 绝缘电阻表测量绝缘电阻，测量结果与前一次或同型号避雷器的试验值相比较，绝缘电阻值不应有显著变化。

第5章 常用电工材料及应用

5.1 导电材料及应用

5.1.1 物体的导电性

各种物体对电流的通过有着不同的阻碍能力，这种不同的物体允许电流通过的能力叫作物体的导电性能。

1 导体

通常把电阻系数小的（电阻系数的范围约为 $0.01^{-1}\Omega\cdot mm/m$）、导电性能好的物体叫作导体。例如：银、铜、铝是良导体。含有杂质的水、人体、潮湿的树木、钢筋混凝土电杆、墙壁、大地等，也是导体，但不是良导体。

导电材料大部分是金属，在金属中，导电性最佳的是金和银，其次是铜，再次是铝。由于银的价格比较昂贵，因此只是在一些特殊的场合才使用，一般将铜和铝用作主要的金属导电材料。主要是依据电阻率、抗拉强度、密度、抗氧化耐腐蚀性、可焊性等性能来选择金属导电材料。常用金属材料的主要性能，见表 5-1。

表 5-1 常用金属材料的主要性能

名称	20℃时的电阻率（W·m）	抗拉强度（N/mm^2）	密度（g/cm^2）	抗氧化耐腐蚀性（比较）	可焊性（比较）	资源（比较）
银	1.6×10^{-8}	160 ～ 180	10.50	中	优	少
铜	1.72×10^{-8}	200 ～ 220	8.90	上	优	少
金	2.2×10^{-8}	130 ～ 140	19.30	上	优	稀少
铝	2.9×10^{-8}	70 ～ 80	2.70	中	中	丰富
锡	11.4×10^{-8}	1.5 ～ 2.7	7.30	中	优	少
钨	5.3×10^{-8}	1000 ～ 1200	19.30	上	差	少
铁	9.78×10^{-8}	250 ～ 330	7.8	下	良	丰富
铅	21.9×10^{-8}	10 ～ 30	11.37	上	中	中

2 绝缘体

电阻系数很大的（电阻系数的范围约为 $10^{10}\Omega\cdot mm/m$）、导电性能很差的物体叫作绝缘体。例如：陶瓷、云母、玻璃、橡胶、塑料、电木、纸、棉纱、树脂等物体，以及干燥的木材等都是绝缘体（也叫电介质）。

3 半导体

导电性能介于导体和绝缘体之间的物体叫作半导体。例如：硅、锗、硒、氧化铜等都是半导体。半导体在电子技术领域应用越来越广泛。

导体导电性好，可作导线。绝缘体一般不导电，可作导线包皮。半导体导电性介于两者之间，用半导体材料可制成晶体管。

5.1.2　导电材料介绍

导电材料主要用来传输电流，一般分为良导电材料和高电阻导电材料两类。

常用的良导电材料有铜、铝、铁、钨、锡等。其中，铜、铝、铁主要用于制作各种导线和母线；钨的熔点较高，主要用于制作灯丝；锡的熔点低，主要用于制作导线的接头焊料和熔丝。

常用的高电阻导电材料有康铜、锰铜、镍铜和铁铬铝等，主要用于制作电阻器和电工仪表的电阻元件。

视频 5.1：金属导电材料

1　铜和铝

铜和铝是两种最常用且用量最大的电工材料。室内线路以铜材料居多，室外线路以铝材料为主，它们几乎各占“半边天”。

（1）铜

铜的导电性能好，在常温时有足够的机械强度，具有良好的延展性，便于加工，化学性能稳定，不易氧化和腐蚀，容易焊接。铜的导电性能和机械强度都优于铝，在要求较高的电器设备安装及移动电线电缆中多采用铜导体。

一号铜主要用来制作各种电缆导体；二号铜主要用来制作开关和一般导电零件；一号无氧铜和二号无氧铜主要用来制作电真空器件、电子管和电子仪器零件、耐高温导体、真空开关触点等；无磁性高纯铜主要用来制作无磁性漆包线的导体、高精度电气仪表的动圈等。

（2）铝

铝的导电性能和机械强度虽然比铜差，但质量轻、价格便宜、资源较丰富，所以在架空线、电缆、母线和一般电气设备安装中广泛使用，如图 5-1 所示为钢芯铝绞线。

铝的密度小。同样长度的两根线，若要求它们的电阻值一样，则铝导线的截面面积约是铜导线的 1.69 倍。

铝的焊接比较困难，必须采取特殊的焊接工艺。

（3）影响铜、铝材料导电性能的主要因素

①“杂质”使铜的电阻率上升，磷、铁、硅等杂质的影响尤其明显。铁和硅是铝的主要杂质，它们使铝的电阻率增加，塑性、耐蚀性降低，但提高了铝的抗拉强度。

② 温度的升高使铜、铝的电阻率增加。

③ 环境影响。潮湿、盐雾、酸与碱蒸气、被污染的大气都对导电材料有腐蚀作用。铜的耐蚀性比铝好，用于特别恶劣环境中的导电材料应采用铜合金材料。

图 5-1　钢芯铝绞线

2　电热材料

（1）电热材料的性能

电热材料是制造各种电阻加热设备中的发热元件。电热材料性能的优劣会直接影响电热设备的质量。电热材料要求具备一定的力学、物理性能，如机械强度高、反复弯曲次数多、抗拉强度高、伸长率高。还要求具备电和热等方面的性能，如较高的电阻率、较小的电阻温度系数、好的抗氧化性、好的耐腐蚀性、耐高温、良好的加工性能。

（2）常用的电热材料

电热材料根据不同使用温度可分为纯金属、合金、非金属材料等。

纯金属材料大部分需要在保护环境中使用，以防止氧化。纯金属与非金属材料的电阻温度系数大、电阻率低，使用时还需配以低电压、大电流的调压装置，但这会导致设备增大，所以其使用受到了限制。而合金材料优于两者，其使用简便，所以被广泛应用。

常用的电热合金材料为镍铬合金和铁铬铝合金。

① 镍铬合金的特点是加工性能好，高温时机械强度好，用后不变脆，具有良好的冷加工性和焊接性。但电阻率较小，电阻温度系数较大，价格高，抗氧化性及耐温较低，适用于 1000℃以下的中温加热设备和移动设备中。

② 铁铬铝合金具有高温抗氧化性能，电阻率比镍铬合金高，价格便宜，但高温时机械强度较差，用后发脆，适用于加热温度较高、固定的加热设备中，如用在工业电阻炉和家用电热器具中。

3 电阻合金

电阻合金是制造电阻元件的重要材料，广泛用于电机、电器、仪表和电子等工业中。

康铜、新康铜、镍铬、镍铬铁、铁铬铝等合金的机械强度高，抗氧化和耐腐蚀性能好，工作温度较高，一般用于制造调节元件。而康铜、镍铬合金和锰铜等耐腐蚀性能好、表面光洁、接触电阻小且恒定，一般用于制造电位器和滑线电阻。

4 电触头材料

电触头材料是用于开关、继电器、电气连接及电气接插元件的电接触头。一般分为强电用触头材料和弱电用触头材料两种。常用的电触头材料见表 5-2。

电触头材料性能的优劣是影响电气设备工作特性及电寿命的关键因素之一。表 5-2 所述的触头材料由于有一系列的优点，如有适当的分断能力、良好的耐压强度和抗熔焊性、适当的热传导系数和导电率、燃弧时烧蚀速度小、触头使用寿命长等，所以广泛应用于不同种类、不同场合的电接触头产品中。

表 5-2　常用的电触头材料

类别		品种
强电	纯金属	铜
	复合材料	银钨（Ag-W）50，铜钨（Cu-W）50、铜钨（Cu-W）60、铜钨（Cu-W）70、铜钨（Cu-W）80，银－碳化钨（Ag-WC）60
	合金	黄铜（硬）铜铋（CuB）10.7
	铂族合金	铂铱、钯银、钯铜、钯铱
弱电	金基合金	金银、金镍、金锆
	银及其合金	银、银铜
	钨及其合金	钨、钨钼

接触器、继电器等操作频繁的电器要求触头耐电磨损（即电寿命长），一般采用熔炼内氧化产品；承担分断大电流的开关，则要求触头有高的抗熔焊特性，一般采用粉末冶金产品。

例如，纯银常用于无线电、通信用微型开关及小电流电器等领域。细晶银通常用于工作电流10A以下的低压电器，如通用继电器、热保护器、定时器等，且几乎所有应用纯银的场合都可由它来代替。银镍石墨广泛应用于万能式断路器中，如DW45等智能型万能断路器。

5 熔体材料

（1）熔体材料的作用

熔体材料是构成熔断器的核心材料。熔断器在电路中的保护作用就是通过熔体实现的。

在电工技术中，由于对熔体的封装不同，常用的有裸熔丝（如用在家用闸刀上的保险丝）、玻璃管熔丝（如用在电器上的熔丝管）、陶瓷管熔丝（如用在螺旋式熔断器中的熔丝管）等。

根据电路的要求不同，熔断器的种类、规格和用途的不同，熔体可制成丝状、带状、片状等。常用片状熔体的形状如图5-2所示。

熔体材料的保护作用见表5-3。

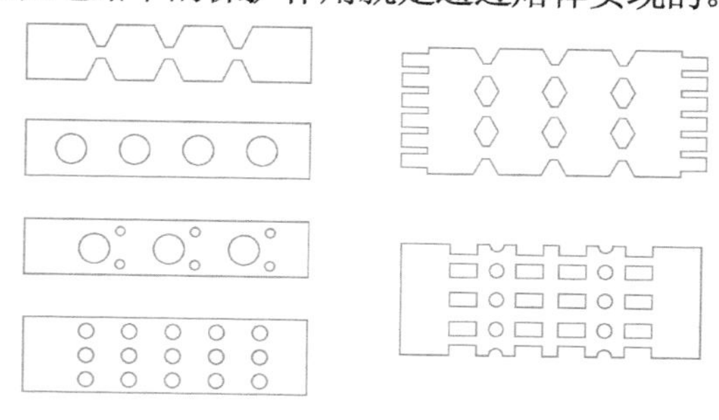

图5-2 常用片状熔体的形状

表5-3 熔体材料的保护作用

保护情形	保护说明
短路保护	一旦电路出现短路情况，熔体尽快熔断，时间越短越好。如保护晶闸管元件的快速熔断器（其熔体常用银丝）
过载与短路保护兼顾	对电动机的保护，出现过载电流时，不要求立即熔断而是要经一定时间后才烧断熔体。 短路电流出现时，经较短时间（瞬间）熔断，此处用慢速熔体，如铅锡合金、部分焊有锡的银线（或铜线）等延时熔断器
限温保护	“温断器”用于保护设备不超过规定温度。如保护电炉、电镀槽等不超过规定温度。常用的低熔点合金熔体材料主要成分是铋（Bi）、铅（Pb）、锡（Sn）、镉（Cd）等

（2）常用的熔体材料

常用的熔体材料有纯金属熔体材料和合金熔体材料两大类，见表5-4。

表5-4 常用的熔体材料

材料	品种	特性及用途
纯金属熔体材料	银	具有高导电、导热性好、耐蚀、延展性好，可以加工成各种尺寸精确和外形复杂的熔体。银常用来做高质量要求的电力及通信设备的熔断器熔体
	锡和铅	熔断时间长，宜做小型电动机保护用的慢速熔体
	铜	熔断时间短，金属蒸气少，有利于灭弧，但熔断特性不够稳定，只能做要求较低的熔体
	钨	可做自复式熔断器的熔体。故障出现时可熔断、切断电路起保护作用；故障排除后自动恢复，并可多次（5次以上）使用
合金熔体材料	铅合金	它是最常见的熔体材料，如铅锑熔丝、铅锡熔丝等。低熔点合金熔体材料由铋、铅、锡、镉、汞等按不同比例混合而成

（3）熔体材料的选用

熔体置于熔断器中，是电路运行安全的重要保障。在选用熔体时，必须遵循下列原则。

① 照明电路上熔体的选择：熔体额定电流等于负载电流。

② 日常家用电器，如电视机、电冰箱、洗衣机、电暖器、电烤箱等，熔断额定电

流等于或略大于上述所有电器额定电流之和。

③ 电动机类的负载：对于单台电动机，熔体额定电流是电动机额定电流的 1.5 ～ 2.5 倍；对于多台电动机，熔体额定电流是容量最大一台电动机额定电流的 1.5 ～ 2.5 倍加其余电动机额定电流之和。

④ 熔体与电线额定电流的关系：熔体额定电流应等于或小于电线长时间运行的允许电流的 80%。

5.1.3 电线与电缆

电线与电缆是用于电力系统传输电能、通信系统传输信号的导线。“电线”和“电缆”并没有严格的界限。通常将芯数少、直径小、结构简单的称为电线；没有绝缘的称为裸线；芯数多、直径大、结构复杂的称为电缆。导体截面面积较大的（大于 6mm^2）称为粗缆，导体截面面积较小的（小于或等于 6mm^2）称为细缆。

视频 5.2：电线电缆

1 电线电缆的种类

电线电缆产品应用在各行各业中，有很多种类。它们用途有两种，一种是电力电缆（用于传输电流），另一种是控制电缆（用于传输信号）。传输电流类的电缆最主要的技术性能指标是导体电阻、耐压性能；传输信号类的电缆主要的技术性能指标是传输性能，包括特性阻抗、衰减及串音等。当然，传输信号也要靠电流（电磁波）作载体，现在也可以用光波作载体来传输信号。

在常规供配电线路及电气设备中，主要使用的线缆有耐压 10kV 以下的聚乙烯或聚氯乙烯绝缘类电缆、橡胶绝缘电缆、架空铝绞导线、裸母线（汇流排）等几种。常用的电线电缆如图 5-3 所示。

（a）聚乙烯电力电缆

（b）聚氯乙烯电力电缆

（c）钢芯铝交联聚乙烯电力电缆

（d）聚氯乙烯控制电缆

（e）聚氯乙烯绝缘硬电线

（f）聚氯乙烯绝缘电线

图 5-3 常用的电线电缆

绝缘导线的种类很多，常用绝缘导线的种类及用途见表 5-5。

表 5-5 常用绝缘导线的种类及用途

型号	名称	主要用途
BX	铜芯橡皮线	固定敷设用
BLX	铝芯橡皮线	
BV	铜芯聚氯乙烯塑料线	
BLV	铝芯聚氯乙烯塑料线	
BVV	铜芯聚氯乙烯绝缘、护套线	
BLVV	铝芯聚氯乙烯绝缘、护套线	
RVS	铜芯聚氯乙烯型软线	灯头和移动电器、设备的引线
RVB	铜芯聚氯乙烯平行软线	
LJ、LGJ	裸铝绞线	架空线路
AV、AVR、AVV	塑料绝缘线	电器、设备安装
KVV、KXV	控制电缆	室内敷设
YQ、YZ、YC	通用电缆	连接移动电器

【记忆口诀】

常用电缆两大类，电力电缆控制缆。
单芯多芯铜铝芯，根据用途选性能。

2 硬母线

硬母线又称为汇流排，硬母线可分为裸母线和母线槽两大类。

（1）裸母线

裸母线是用铜材或铝材制成的条状导体，有较大的截面面积和刚性。使用时，用绝缘子作为支撑进行安装固定，主要用于变压器与低压配电控制柜间的连接和配电柜内的主干线，如图 5-4 所示。

图 5-4 裸母线及其应用示例

（2）母线槽

母线槽的特点是将裸母线由绝缘撑垫隔开后封装在标准的金属外罩内。母线槽可根据使用场合不同，分为室内型、室外型、馈电型（不带中间分接装置）、插接式（带有支路分接引出装置）、滑接式（用滚轮或滑触块来分接单元电气）。

母线槽主要适用于高层建筑、多层式厂房、标准厂房以及机床密集的车间供配电线路，如图 5-5 所示。母线槽具有容量大、结构紧凑、安装简单、使用安全可靠的优点，但母线槽供电线路的投资较高。

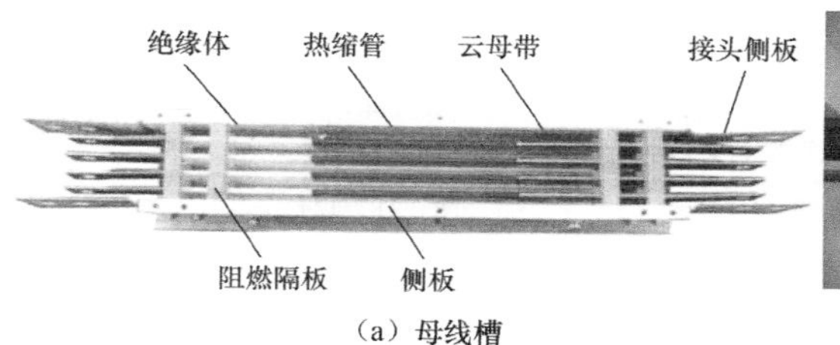

（a）母线槽

（b）母线槽的应用

图 5-5 母线槽及其应用示例

特别提醒

母线的相序排列方法如下：

① 从左到右排列时，左侧为 A 相，中间为 B 相，右侧为 C 相。

② 从上到下排列时，上侧为 A 相，中间为 B 相，下侧为 C 相。

③ 从远至近排列时，远为 A 相，中间为 B 相，近为 C 相。

3 导电带

导电带是由细铜丝编织成的一种柔软带状裸导线，没有绝缘层，如图 5-6 所示。

图 5-6　导电带

导电带主要用于电气设备活动部分的接地连接，如作为配电柜门扇的接地线。导电带的一端与已接地的配电柜体紧固，另一端与门扇连接，将门扇与配电柜体连成一体，防止可能因触及柜门而引发的漏电、触电事故，如图 5-7 所示。

4 裸导线

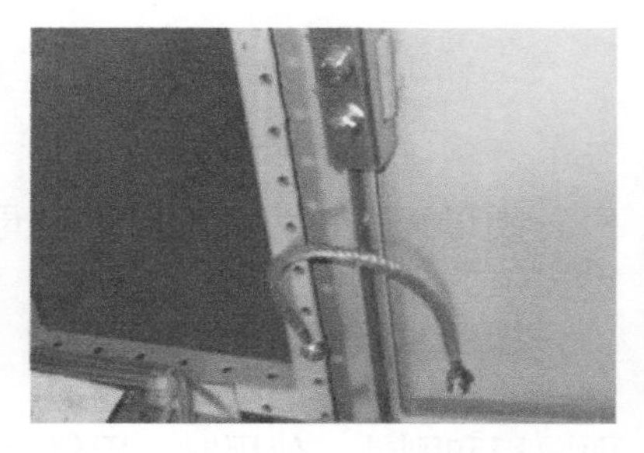

图 5-7　配电柜接地

裸导线的主要特征是：导体金属无绝缘及护套层，如钢芯铝绞线、铜铝汇流排、电力机车线等。加工工艺主要包括熔炼、压延、拉制、绞合 / 紧压绞合等。产品主要用于城郊、农村、用户主干线、开关柜内布线等的导体直接裸露在外。

常用的裸导线分为裸单线、裸软接线、型线（裸扁线、裸铜带）、空芯线和裸绞线 5 种。

一般来说，裸绞线用于架空电力线路；型线用于变压器和配电柜，裸软接线用于电动机电刷、蓄电池等场合。

裸导线也可以直接使用，如电子元器件的连接线。常用裸线的型号和用途见表 5-6。

表 5-6　常用裸线的型号和用途

分类	名称	型号	主要用途
裸单线	圆铝线（硬、半硬、软） 圆铜线（硬、软） 镀锡软圆铜单线	LY、LYB、LR TY、TR TRX	供电线电缆及电器设备制品用（如电动机、变压器等），硬圆铜线可用于电力及通用架空线路
裸绞线	铝绞线 钢芯铝绞线	LT LGJ、LGJQ、LGJJ	供高低压输电线路用
裸软接线	铜电刷线（裸、软裸） 纤维编织裸软电线（铜、软铜）	TS、TSR TSX、TSXR	供电动机、电器线路连接线用
	裸铜软绞线	TR、TRJ-124	供移动电器、设备连接线用
型线	扁铜线（硬、软） 铜带（硬、软） 铜母线（硬、软） 铝母线（硬、软）	TBY、TBR TDY、TDR TMY、TMR LMY、LMR	供电动机、电器、安装配电设备及其他电工方面用
空芯线	空芯导线（铜、铝）	TBRK、LBRK	供水内冷电动机、变压器作绕组线圈的导体

5 电力电缆

(1) 主要特征

电力电缆如图 5-8 所示，主要特征是在导体外挤（绕）包绝缘层，或单芯或多芯（对应电力系统的相线、零线和地线）；或再增加护套层，如塑料 / 橡套电线电缆。它的主要加工工艺有拉制、绞合、绝缘挤出、成缆、铠装、护层挤出等。电力电缆用于发、配、输、变、供电线路中的强电电能传输，通过的电流大（几十安至几千安）、电压高（220V 至 500kV 及以上）。

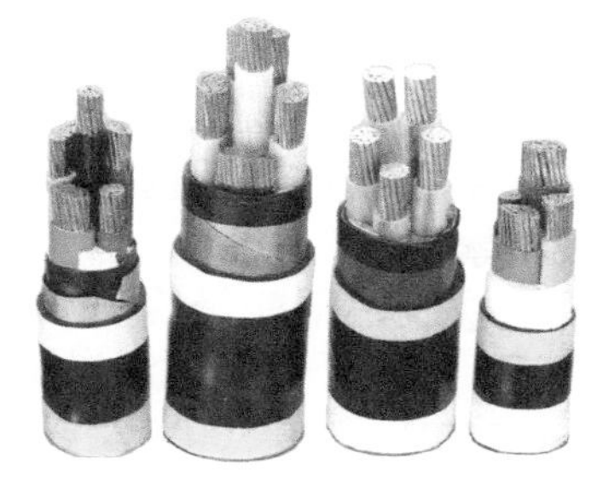

图 5-8　电力电缆

(2) 绝缘电缆的型号

绝缘电缆的型号一般由 4 个部分组成，如图 5-9 所示，绝缘导线型号的含义见表 5-7。例如，“RV-1.0”表示标称截面面积为 1.0mm² 的铜芯聚氯乙烯塑料软导线。

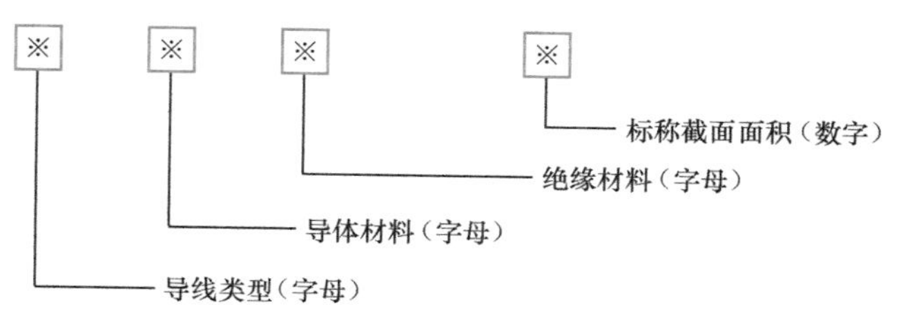

图 5-9　绝缘导线型号的表示方法

(3) 电力电缆的规格、型号及主要用途

电力通用电缆的型号、规格及主要用途见表 5-8。

表 5-7　绝缘导线型号的含义

类型	导体材料	绝缘材料	标称截面面积
B：布线用导线 R：软导线 A：安装用导线	L：铝芯 （无）：铜芯	X：橡胶 V：聚氯乙烯塑料	单位：mm²

表 5-8　电力通用电缆的型号、规格及主要用途

电缆名称	代表产品型号	规格范围	主要用途
油浸纸绝缘电缆统包型	ZQ、ZLQ ZQ_{21}、ZQL_{21}	电压：1 ～ 35kV 截面面积：2.5 ～ 240mm²	在交流电压的输配电网中作传输电能用。固定敷设在室内、干燥沟道及隧道中（ZQ_{31}、ZQ_5 可直埋土壤中）
	ZL、ZLL ZL_{20}、ZLL_{20}	电压：1 ～ 10kV 截面面积：10 ～ 500mm²	
分相铅（铝）包型	ZLLF、ZQF	电压：20 ～ 35kV	
不滴流浸渍纸绝缘电缆统包型	ZQD_{31}、$ZLQD_{31}$ ZQD_{30}、$ZLQD_{39}$	电压：1 ～ 10kV 截面面积：10 ～ 500mm²	同上，但常用于高落差和垂直敷设场合
分相铅（铝）包型	ZQDF、ZLLDF	电压：20 ～ 35kV	
聚乙烯绝缘聚氯乙烯护套电缆	YV，YLV	电压：6 ～ 220kV 截面面积：6 ～ 240mm²	同上，对环境的防腐蚀性能好，敷设在室内及隧道中，不能受外力作用
聚氯乙烯绝缘及护套电缆	VV VLV	电压：1 ～ 10kV 截面面积：10 ～ 500mm²	
交联聚乙烯绝缘聚氯乙烯护套电缆	YJV YJLV	电压：6 ～ 110kV 截面面积：16 ～ 500mm² 多芯面积：6 ～ 240mm²	同油浸纸绝缘电缆，但可供定期移动的固定敷设，无敷设位差的限制
橡胶绝缘电缆	XQ、XLQ XLV、XV、XLF	电压：0.5 ～ 6kV 截面面积：1 ～ 185mm²	同油浸纸绝缘电缆，但可供定期移动的固定敷设
阻燃性交联聚乙烯绝缘电缆	YJT-FR （WD-YJT）	电压：0.5 ～ 6kV 截面面积：1.5 ～ 240mm²	易燃环境，商业设施等

6 橡胶、塑料绝缘电线

橡胶、塑料绝缘电线如图 5-10 所示。它们的主要特征是：外有绝缘，线径较细，适合室内或电器柜内布线用，品种规格繁多。

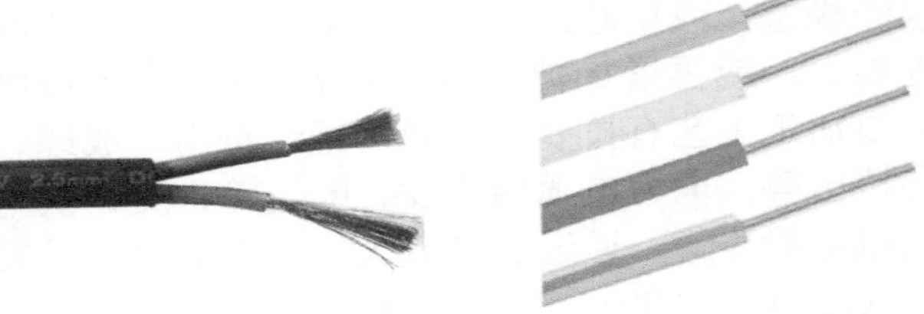

橡胶绝缘电线　　塑料绝缘电线

图 5-10　塑料绝缘电线

橡胶、塑料绝缘电线应用范围广泛，常用于交流额定电压（U_0/U）450/750V、300/500V 及以下和直流电压 1000V 以下的动力装置及照明线路的固定敷设中。针对特殊场合的需要，塑料绝缘电线不断衍生新的产品，如耐火线缆、阻燃线缆、低烟无卤 / 低烟低卤线缆、防白蚁、防老鼠线缆、耐油 / 耐寒 / 耐温 / 耐磨线缆、医用 / 农用 / 矿用线缆、薄壁电线等。

常用橡胶、塑料绝缘电线品种、型号及主要用途如表 5-9 所示。

表 5-9　常用橡胶、塑料绝缘电线品种、型号及主要用途

产品名称	型号	截面面积范围（mm^2）	额定电压（U_0/U）	最高允许工作温度（℃）	主要用途
铝芯氯丁橡胶线 铜芯氯丁橡胶线	BLXF BXF	2.5 ～ 185 0.75 ～ 95	300/500	65	固定敷设用，尤其宜用于户外，可明设或暗设
铝心橡胶线铜心橡胶线	BLX BX	2.5 ～ 400 1.0 ～ 400	300/500		固定敷设，用于照明和动力线路，可明敷或暗敷
铜芯橡胶软线	BXR	0.75 ～ 400	300/500	65	用于室内安装及有柔软要求场合
橡胶绝缘氯丁橡胶护套线	BXHL BLXHL	0.75 ～ 185	300/500	65	敷设于较潮湿的场合，可明敷或暗敷
铝芯聚氯乙烯绝缘电线	BLV	1.5 ～ 185	450/750	70	固定敷设于室内外照明，电力线路及电气装备内部
铜芯聚氯乙烯绝缘电线	BV	0.75 ～ 185			
铜芯聚氯乙烯软线	BVR	0.75 ～ 70	450/750	70	室内安装，要求较柔软（不频繁移动）的场合
铝芯聚氯乙烯绝缘聚氯乙烯护套线	BLVV	2.5 ～ 10 （2 ～ 3 芯）	300/500	70	固定敷设于潮湿的室内和机械防护较高的场合，可明敷或暗敷和直埋地下
铜芯聚氯乙烯绝缘聚氯乙烯护套线	BVV	0.75 ～ 10（2 ～ 3 芯） 0.5 ～ 6（4 ～ 6 芯）			
铜（铝）芯聚氯乙烯绝缘聚氯乙烯护套平行线	BVVR	0.75 ～ 10（2 ～ 3 芯）	300/500	70	固定敷设于室内外照明及小容量动力线，可明敷或暗敷
	BLVVR	2.5 ～ 10（2 ～ 3 芯）			
铜（铝）芯耐热 105℃ 聚氯乙烯绝缘电线	BV-105 BLV-105	0.75 ～ 10	450/750	105	敷设于高温环境的场所，可明敷或暗敷
铜芯耐热 105℃ 聚氯乙烯绝缘软线	BVR-105	0.75 ～ 10	450/750	105	同 BVR 型，用于安装时要求柔软的场合
纤维和聚乙烯绝缘电线	BSV	0.75 ～ 1.5	300/500	65	电器、仪表等作固定敷设的线路用于交流 250 V 或直流 500 V 场合
纤维和聚乙烯绝缘软线	BSVR				
丁腈聚氯乙烯复合物绝缘电气装置用电（软）线	BVF （BVFR）	0.75 ～ 6.0 0.75 ～ 70	300/500	65	用于交流 2500V 或直流 1000V 以下的电器、仪表等装置

7 通信电缆

随着通信技术的发展，与之配套的线缆产品也有很大的变化。从过去简单的电话、

电报线缆发展到有几千对芯线的话缆、同轴缆、光缆、数据电缆，甚至组合通信缆等。如图 5-11 所示，大多数实心绝缘非填充型通信电缆，适用于本地电信网的城市与乡镇电信线路，也适用于接入公用网的专用网线路。

图 5-11 通信电缆

8 电线电缆的选用

（1）电缆的选用

电力电缆（导线）的选用应从电压损失条件、环境条件、机械强度和经济电流密度条件等多方面综合考虑。

1）电压损失条件

导线和电缆在通过负荷电流时，由于线路存在阻抗，所以就会产生电压损失，线路电压损失的一般规定见表 5-10。

表 5-10 线路电压损失的一般规定

用电线路	允许最大电压损失（%）
高压配电线路	5
变压器低压侧到用户用电设备受电端	5
视觉要求较高的照明电路	2 ～ 3

如果线路的电压损失超过了规定的允许值，则应选用更大截面面积的电线或者减小配电半径。

2）环境条件

电缆的使用环境条件包括周围的温差、潮湿情况、腐蚀性等因素，这些因素对电缆的绝缘层及芯线有较大的影响。线路的敷设方式（明敷设、暗敷设）对电缆的性能要求也有所不同。因此，所选线材应能适应环境温度的要求。常用导线在正常和短路时的最高允许温度见表 5-11。

表 5-11 常用导线在正常和短路时的最高允许温度

导体种类和材料		最高允许温度（℃）	
		额定负荷时	短路时
母线或绞线	铜	70	300
	铝	70	200
500V 橡皮绝缘导线和电力电缆	铜芯	65	150
500V 聚氯乙烯绝缘导线和 1 ～ 6kV 电力电缆	铜芯	70	160
1 ～ 10kV 交联聚乙烯绝缘电力电缆、乙丙橡胶电力电缆	铜芯	90	250

3）机械强度

机械强度是指导线承受重力、拉力和扭折的能力。

在选择导线时，应该充分考虑其机械强度，尤其是电力架空线路。只有足够的机械强度，才能满足使用环境对导线强度的要求。

4）经济电流密度条件

导线截面面积越大，电能损耗越小，但线路投资、维修管理费用要增加。因此，需要合理选用导线的截面面积。导线和电缆现行经济电流密度的规定见表 5-12（用户电压 10kV 及以下线路，通常不按照此条件选择）。

表 5-12 导线和电缆现行经济电流密度的规定（A/mm²）

线路类型	导线材质	年最大负荷利用小时（h）		
		≤ 3000	3000 ～ 5000	≥ 5000
架空线路	铜	3.00	2.25	1.75
	铝	1.65	1.15	0.90
电缆线路	铜	2.50	2.25	2.00
	铝	1.92	1.73	1.54

【记忆口诀】

选择电缆四方面，综合考虑来权衡。
电压等级要符合，过大过小均不可。
使用环境很重要，电缆也怕温度高。
机械强度应足够，电流密度符要求。

（2）导线截面面积大小的选择

在不需考虑允许的电压损失和导线机械强度的一般情况下，可只按导线的允许载流量来选择导线的截面面积。选择导线截面面积的方法通常有查表法和口诀法两种。

1）查表法

在安装前，常用导线的允许载流量可通过查阅电工手册得知。500V 护套线（BW、BLW）在空气中敷设、长期连续负荷的允许载流量见表 5-13，架空裸导线和绝缘导线的最小允许截面面积分别见表 5-14 和表 5-15。

2）口诀法

电工口诀是电工在长期工作实践中总结出来的用于应急解决工程中的一些比较复杂问题的简便方法。

例如，利用下面口诀介绍的方法，可直接求得导线截面面积允许载流量的估算值。

表 5-13 500V 护套线（BW、BLW）在空气中敷设、长期连续负荷的允许载流量（A）

截面面积（mm²）	一芯		二芯		三芯	
	铝芯	铜芯	铝芯	铜芯	铝芯	铜芯
1.0	—	19	—	15	—	11
1.5	—	24	—	19	—	14
2.5	25	32	20	26	16	20
4.0	34	42	26	36	22	26
6.0	43	55	33	49	25	32
10.0	59	75	51	65	40	52

表 5-14 架空裸导线的最小允许截面面积

线路种类		导线最小截面面积（mm²）		
		铝及铝合金	钢芯铝线	铜绞线
35kV 及以上电路		35	35	35
3 ～ 10kV 线路	居民区	35	25	25
	非居民区	25	16	16
低压线路	一般	35	16	16
	与铁路交叉跨越	35	16	16

表 5-15 绝缘导线的最小允许截面面积

线路种类			导线最小截面面积（mm²）		
			铜芯软线	铜芯线	保护地线 PE 线和保护中性线 PEN 线（铜芯线）
照明用灯头下引线	室内		0.5	1.0	有机械性保护时为 2.5，无机械性保护时为 4
	室外		1.0	1.0	
移动式设备线路	生活用		0.75	—	
	生产用		1.0	—	
敷设在绝缘子上的绝缘导线（L 为绝缘子间距）	室内	$L \leqslant 2m$	—	1.0	
	室外	$L \leqslant 2m$	—	1.0	
		$L \geqslant 2m$		1.5	
		$2m < L \leqslant 6m$		2.5	
		$6m < L \leqslant 12m$		4	
		$15m < L \leqslant 25m$		6	
穿管敷设的绝缘导线			1.0	1.0	
沿墙明敷的塑料护套线			—	1.0	

【记忆口诀】

10 下五，100 上二；
25、35，四、三界；
70、95，两倍半；
穿管、温度，八、九折；
裸线加一半，铜线升级算。

这个口诀以铝芯绝缘导线明敷、环境温度为 25℃的条件为计算标准，对各种截面面积导线的载流量（A）用“截面面积（mm²）乘以一定的倍数”来表示。

首先，要熟悉导线芯线截面面积排列，把口诀的截面面积与倍数关系排列起来，表示为

……10	16 ～ 25	35 ～ 50	70 ～ 95	100……以上
五倍	四倍	三倍	二倍半	二倍

口诀中的“穿管、温度，八、九折”是指导线不明敷，温度超过 25℃较多时才予以考虑。若两种条件都已改变，则载流量应打八折后再打九折，或者一次以七折计算（即 $0.8 \times 0.9=0.72$）。

口诀中的“裸线加一半”是指按一般计算得出的载流量再加一半（即乘以 1.5）；口诀中的“铜线升级算”是指将铜线的截面面积按截面面积排列顺序提升一级，然后再按相应的铝线条件计算。

电工师傅在实践中总结出的经验口诀较多，虽然表述方式不同，但计算结果是基本一致的。我们只要记住其中的一两种口诀就可以了。

（3）绝缘导线电阻值的估算

根据电阻定律公式$R=\rho\dfrac{L}{S}$，可以总结出绝缘导线电阻值的估算口诀。

【记忆口诀】

导线电阻速估算，先算铝线一平方。
百米长度三欧姆，多少百米可相乘。
同粗同长铜导线，铝线电阻六折算。

对于常用铝芯绝缘导线，只要知道它的长度（m）和标称截面面积（mm^2），就可以立即估算出它的电阻值。其基准数值是：每100m长的铝芯绝缘线，当标称截面面积为1 mm^2时，电阻约为3Ω。这是根据电阻定律公式$R=\rho\frac{L}{S}$，铝线的电阻率$\rho\approx0.03\Omega/m$算出来的。

例如：200m、6mm^2的铝芯绝缘线，其电阻则为3×2÷6=1（Ω）。

由于铜芯绝缘线的电阻率 ρ=0.018Ω/m，是铝线电阻率的60%。因此，可按铝芯绝缘线算出电阻后再乘以0.6。

上述例子若是铜芯绝缘线，其电阻则为（3×2÷6）×0.6=1×0.6=0.6（Ω）。

（4）识别劣质绝缘电线的方法

劣质电线有很大的危害。一些劣质电线的绝缘层采用回收塑料制成，轻轻一剥就能将绝缘层剥开，这样极易造成绝缘层被电流击穿漏电，对使用者的生命安全造成极大威胁。有的线芯实际截面面积远小于其所标明的大小。使用这种产品时，很容易引发电器火灾。铜芯线质量鉴别的方法可归纳为“三看”，见表5-16。

表5-16　铜芯线质量鉴别方法

项目	鉴别方法	图示
看外表	电线表面应有制造厂名、产品型号和额定电压的连续标志	
看铜芯	剥开一段绝缘层，质量较好的铜芯线，其铜芯粗细均匀，无损伤和锈蚀，颜色金黄光亮。另外，质量好的电线无线芯偏心、歪斜现象	
看柔韧性	质量较好的电线手感柔软，弯折数十次以上也不会轻易折断	

【劣质绝缘电线识别口诀】

细看标签印刷样，字迹模糊址不详。
用手捻搓绝缘皮，掉色掉字差质量。
再用指甲划掐线，划下掉皮线一般。
反复折弯绝缘线，三至四次就折断。
用火点燃线绝缘，离开明火线自燃。
线芯常用铝和铜，颜色变暗光泽轻。
细量内径和外径，秤称质量看皮厚。

5.1.4　电刷材料

电刷的材料大多由石墨制成，为了增加导电性，还有用含铜石墨制成，石墨有良好的导电性，质地软而且耐磨。

1　电刷的作用

电刷是在直流电动机旋转部分与静止部分之间传导电流的主要部件之一，用于做电动机（除鼠笼式电动机外）的换向器或集电环上作为导入导出电流的滑动接触体。

电刷的导电、导热以及润滑性能良好，并具有一定的机械强度。几乎所有的直流电动机以及换向式电动机都使用电刷，因此它是电动机的重要组成部件。

在直流电机中，电刷担负着对电枢绕组中感应的交变电动势，进行换向（整流）的任务。

2 电刷的选用

电刷用于做电动机的换向器或集电环上传导电流的滑动接触体，因电刷材料和制造方法不同，常用的电刷可分为石墨型电刷（S系列）、电化石墨型电刷（D系列）和金属石墨型电刷（J系列）三类，见表5-17。常用电刷的外形如图5-12所示。

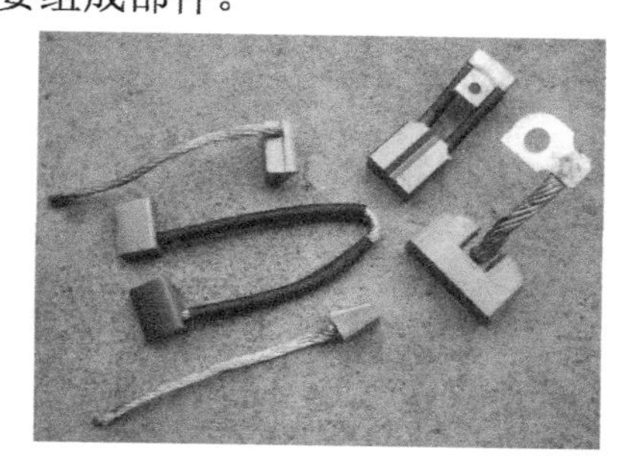

图5-12 常用电刷的外形

表5-17 常用电刷的种类及作用

种类	作用
石墨型电刷	用天然石墨制成，质地较软，润滑性能较好，电阻率低，摩擦系数小，可承受较大的电流密度，适用于负载均匀的电动机
电化石墨型电刷	以天然石墨焦炭、炭墨等为原料除去杂质，经2500℃以上高温处理后制成。其特点是摩擦系数小，耐磨性好，换向性能好，有自润滑作用，易于加工。适用于负载变化大的电动机
金属石墨型电刷	由铜及少量的银、锡、铅等金属粉末渗入石墨中（有的加入黏合剂）均匀混合后采用粉末冶金方法制成。特点是导电性好，能承受较大的电流密度，硬度较小、电阻率和接触压降低。适用于低电压、大电流、圆周速度不超过30m/s的直流电动机和感应电动机

从直观来看，电刷接触面的倒角应得体、规格适当、结构规范，其截面面积和长度符合要求，没有松动、脱落、破损、掉边、掉角、卡箍等现象。

针对同一电动机来说，应尽量选择同一型号、同一制造厂，最好是同一时间生产的电刷，以防止由于电刷性能上的差异造成并联电刷电流分布不平衡，影响电动机的正常运行。

3 电刷与刷架的配合

电刷装入刷架后，应以电刷能够上下自由移动为宜，只有这样，才能确保电刷在弹簧的压力下不断地磨损，与整流子或集电环持续保持紧密接触，如图5-13所示。因此，电刷的四个侧面与刷架内壁之间必须留有一定的间隙。实践证明，这个间隙一般在0.1～0.3mm之间。既不宜过大，也不宜过小。间隙过小，可能造成电刷卡在刷架中，弹簧无法压紧电刷，电动机不能工作；间隙过大，电刷则会在架内产生摆动，不仅出现噪声，更重要的是出现火花，对整流子或集电环产生破坏性影响。

图5-13 电刷与刷架

5.1.5 漆包线

1 漆包线的作用

漆包线是在裸铜丝的外表涂覆一层绝缘漆而成。漆膜就是漆包线的绝缘层。漆膜的特点是薄而牢固，均匀光滑。由于漆包线是以绕组形式来实现电磁能的转化，通常又称为绕组线。

漆包线主要用于绕制变压器、电动机、继电器、其他电器及仪表的线圈绕组，如图 5-14 所示。

图 5-14　漆包线及其应用示例

2 漆包线的选用

常用漆包线的特点及应用见表 5-18。

表 5-18　常用漆包线的特点及应用

主要用途	名称	型号	规格范围（mm）	特点		
				耐热等级（℃）	优点	局限性
油浸变压器线圈	纸包圆铜线	Z	1.0 ~ 5.6	105	耐电压击穿优	绝缘纸易破
	纸包扁铜线	ZB	厚 0.9 ~ 5.6 宽 2 ~ 18	105		
高温变压器、中型高温电动机绕组	聚酰胺纤维纸包圆（扁）铜线	—	—	200	能经受复杂的加工工艺，与干湿式变压器通常使用的原材料相容	—
大中型电动机绕组	双玻璃丝包圆铜线	SBE	0.25 ~ 6.0	130	过载性好，可耐电晕	弯曲性差，耐潮性差
	双玻璃丝包扁铜线	SBEB	厚 0.9 ~ 5.6 宽 2.0 ~ 18	—		
大型电动机、汽轮或水轮发电动机	双玻璃丝包空芯扁铜线	—	—	130	通过内冷降温	线硬、加工困难
高温电动机和特殊场合使用电动机的绕组	聚酰亚胺薄膜绕包圆铜线	MYF	2.5 ~ 6.0	220	耐热和低温性均优，耐辐射性优，高温下耐电压优	耐水性差

3 漆包线线径的测量

在维修时，如果不知道漆包线线径的大小，可用以下方法进行测量。

① 将一段拆下的漆包线细心地除去漆膜，方法是用火烧一下再擦去漆膜或用金相砂纸细心磨去漆膜，然后用千分卡尺测量线径，如图 5-15 所示。

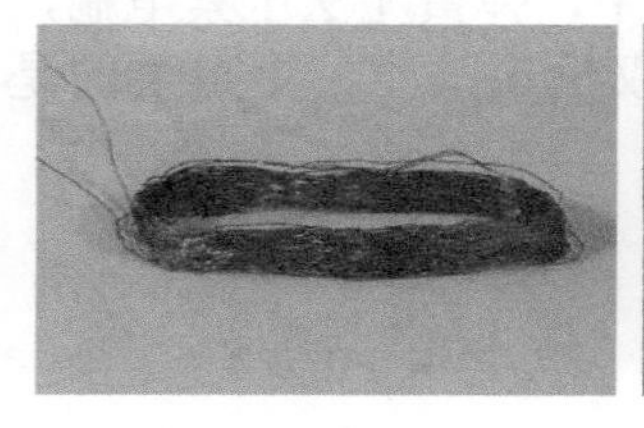

（a）漆膜

（b）取漆包线

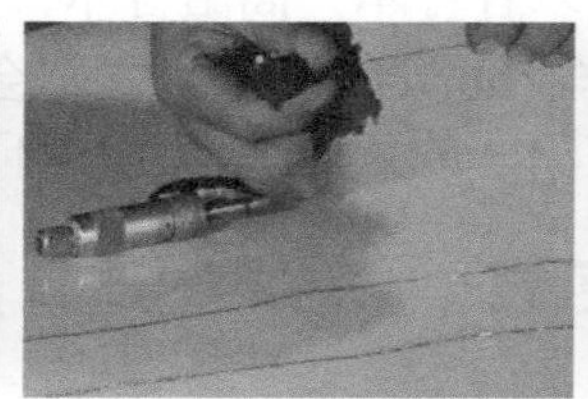

（c）去漆膜

（d）测量

图 5-15　漆包线线径的测量

② 可不去漆膜，直接用千分卡尺测量，然后减去二倍漆膜厚度就是标称尺寸。一般是线径越大，漆层越厚。需要注意的是同种漆包线的漆膜有厚、薄、加厚之分（详

见电工材料手册）。还可通过理论计算，求出线径值，确定漆包线的型号。

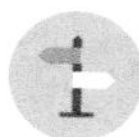

特别提醒

业余测量时，可将待测量的圆漆包线缠绕在圆珠笔芯上 10 ～ 20 圈，然后用直尺测量线匝的宽度再除以线匝数就可大至判断漆包线的直径。缠绕匝数越多越精确。

低于 0.1mm 的漆包线，有条件可以用测微显微镜（40X），精度会更高，且非接触测量。

5.1.6　电气连接材料

电气连接广义上是指电气产品中所有电气回路的集合，包括电源连接部件例如电源插头、电源接线端子、电源线、内部导线、内部连接部件等；狭义上的电气连接只是指产品内部将不同导体连接起来的所有方式。

电气连接组件一般由电气连接部件（例如接线端子等）、电线电缆、电线固定装置和电线保护装置（例如单独的电线护套等）等部件组成。

最常用的电气连接组件是接线端子。

1 端子箱

接线端子适合大量的导线互联，在电力行业有专门的端子排、端子箱，如图 5-16 所示，上面全是接线端子，如单层的、双层的、电流的、电压的、普通的、可断的等。一定的压接面积是为了保证可靠接触，以及保证能通过足够的电流。

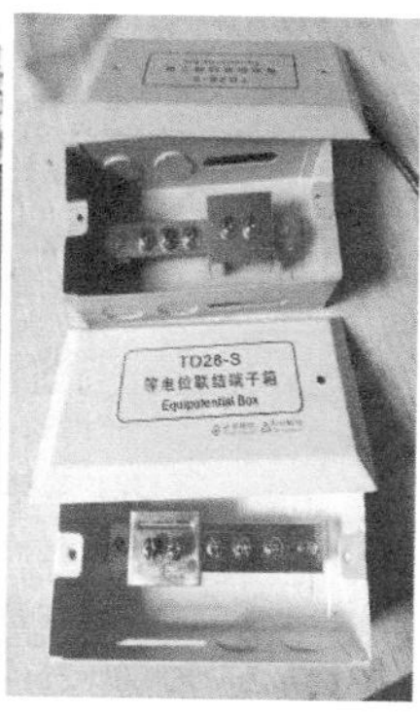

图 5-16　端子箱

2 接线端子

接线端子就是一段封在绝缘塑料里面的金属片，两端都有孔可以插入导线，有螺钉用于紧固或者松开，比如两根导线，有时需要连接，有时又需要断开，这时就可以用端子把它们连接起来，并且可以随时断开，而不必把它们焊接起来或者缠绕在一起，操作很方便快捷。

接线端子可以分为欧式接线端子系列、插拔式接线端子系列、变压器接线端子系列、建筑物布线端子系列、栅栏式接线端子系列、弹簧式接线端子系列、轨道式接线端子系列、穿墙式接线端子系列、光电耦合型接线端子系列，以及各类圆环端子、管形端子、铜带铁带等。电气行业中常用的接线端子如图 5-17 所示。

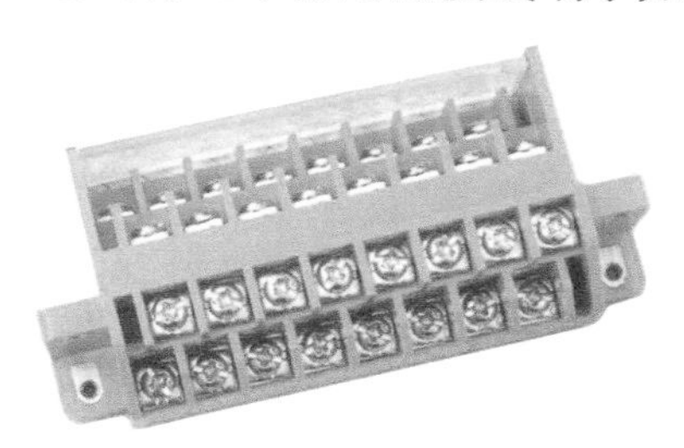

（a）端子排

（b）双进双出接线端子

图 5-17　电气行业中常用的接线端子

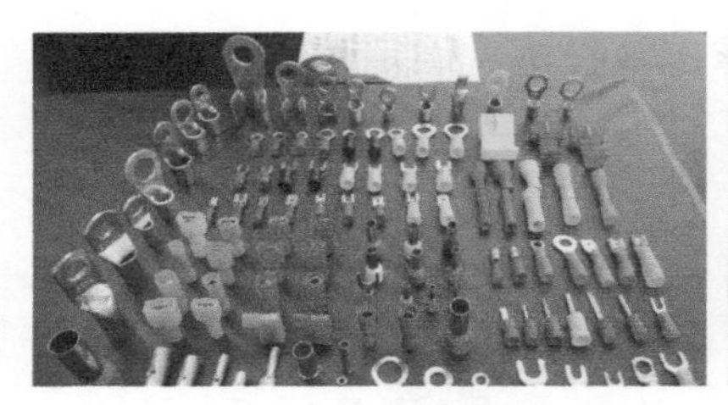

（c）冷压接线端子

（d）公母对插接线端子

图 5-17　电气行业中常用的接线端子（续）

3　接线端子线端的识别

一些特定的接线端子上，根据国家标准标注有字母数字符号，识别方法见表 5-19。

表 5-19　设备特定接线端子的标记和特定导线线端的识别

导体线端	字母数字符号	
第 1 相	U	L_1
第 2 相	V	L_2
第 3 相	W	L_3
中性线	N	N
正极	C	L+
负极	D	L−
中间线	M	M
保护导体	PE	PE
不接地的保护导体	PU	PC
保护中性导体	—	PEN
接地导体	E	E
低噪声接地导体	TE	TE
接机壳、接地架	MM	MM
等电位连接	CC	CC

5.2　电工绝缘材料及选用

5.2.1　绝缘材料简介

具有高电阻率（通常在 10^{10} ～ $10^{22}\Omega\cdot m$ 的范围内）、能够隔离相邻导体或防止导体间发生接触的材料称为绝缘材料，又称电介质。绝缘材料是电气工程中用途广、用量大、品种多的一类电工材料。

视频 5.3：电工绝缘材料

1　绝缘材料的作用

绝缘材料的作用就是将带电部分或带不同电部分相互隔离开来，使电流能够按人们指定的路线去流动。如在电动机中，导体周围的绝缘材料将匝间隔离并与接地的定子铁芯隔离开来，以保证电动机的安全运行。

绝缘材料还有其他作用，如散热冷却、机械支撑和固定、储能、灭弧、防潮、防霉及保护导体等。

特别提醒

绝缘材料是在允许电压下不导电的材料，但不是绝对不导电的材料。在一定外加电场强度作用下，也会发生导电、极化、损耗、击穿等情况，而长期使用还会发生绝缘老化。

2 绝缘材料的种类

绝缘材料按其化学性质可分为无机绝缘材料、有机绝缘材料和混合绝缘材料 3 种类型。常用绝缘材料的类型及主要作用见表 5-20。

表 5-20 常用绝缘材料的类型及主要作用

类型	材料	主要作用
无机绝缘材料	云母、石棉、大理石、瓷器、玻璃、硫黄等	电动机、电器的绕组绝缘、开关的底板和绝缘子等
有机绝缘材料	虫胶、树脂、橡胶、棉纱、纸、麻、人造丝等	制造绝缘漆，还可以作为绕组导线的被覆绝缘物
混合绝缘材料	由无机绝缘材料和有机绝缘材料两种材料经过加工制成的各种绝缘成型件	制造电器的底座、外壳等

在诸多的电工绝缘材料中，常用的固态材料有绝缘导管、绝缘纸、层压板、橡皮、塑料、油漆、玻璃、陶瓷、云母等；常用的液态材料有变压器油等；常用的气态材料有空气、氮气、六氟化硫等。

3 电工绝缘材料的主要性能指标

绝缘材料的电阻率很高，导电性能差甚至不导电，在电工技术中大量用于制作带电体与外界隔离的材料。电工绝缘材料的主要性能指标包括绝缘耐压强度、耐热等级、绝缘材料的抗拉强度、膨胀系数等。

① 绝缘材料在高于某一个数值的电场强度的作用下，会损坏而失去绝缘性能，这种现象称为击穿。绝缘材料被击穿时的电场强度称为击穿强度，单位为 kV/mm。

② 当温度升高时，绝缘材料的电阻、击穿强度、机械强度等性能都会降低。因此，要求绝缘材料在规定的温度下能长期工作且绝缘性能保证可靠。不同成分的绝缘材料的耐热程度不同，耐热等级可分为 Y、A、E、B、F、H、C 7 个等级，并对每个等级的绝缘材料规定了最高极限工作温度。

③ 根据各种绝缘材料的具体要求，相应规定的抗张、抗压、抗弯、抗剪、抗撕、抗冲击等各种强度指标，统称为机械强度。

④ 有些绝缘材料以液态形式呈现，如各种绝缘漆，其特性指标就包含黏度、固定含量、酸值、干燥时间及胶化时间等。有的绝缘材料特性指标还涉及渗透性、耐油性、伸长率、收缩率、耐溶剂性、耐电弧等。

4 绝缘材料产品型号的含义

绝缘材料的产品型号一般用 4 位数表示，如图 5-18 所示。

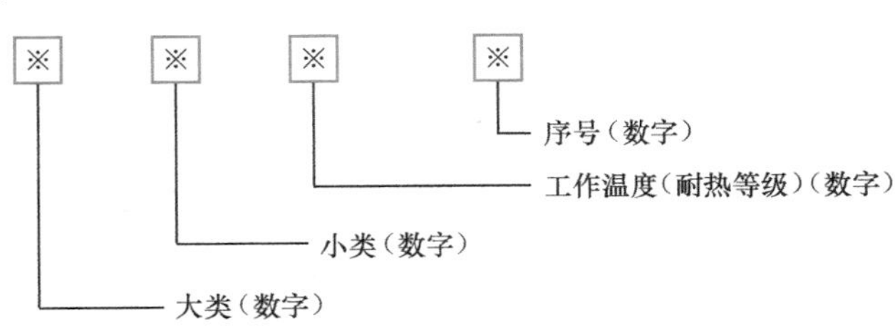

图 5-18 绝缘材料的产品型号表示方法

选用绝缘材料时，必须根据设备的最高允许温度，选用相应等级的绝缘材料。不同绝缘材料的耐热温度不同，一般可分为7个等级，从低到高分别是Y、A、E、B、F、H、C级。例如，常用电动机多为A级、E级或B级。

5 常用绝缘材料的耐热等级及其极限温度

常用绝缘材料的耐热等级及其极限温度见表5-21。

表5-21　常用绝缘材料的耐热等级及其极限温度

数字代号	耐热等级	极限温度（℃）	相当于该耐热等级的绝缘材料简述
0	Y	90	用未浸渍过的棉纱、丝及纸等材料或其混合物所组成的绝缘结构
1	A	105	用浸渍过的或浸在液体电介质（如变压器油）中的棉纱、丝及纸等材料或其混合物所组成的绝缘结构
2	E	120	用合成有机薄膜、合成有机瓷器等材料的混合物所组成的绝缘结构
3	B	130	用合适的树脂黏合或浸渍、涂敷后的云母、玻璃纤维、石棉等，以及其他无机材料、合适的有机材料或其混合物所组成的绝缘结构
4	F	155	常见的下级材料有绝缘树脂黏合或浸渍、涂敷后的云母、玻璃丝、石棉、玻璃漆布以及以上材料为基础的层压制品。化学热稳定性好的聚酯和醇酸类材料，复合硅有机聚酯漆等
5	H	180	用合适的树脂（如有机硅树脂）黏合或浸渍、涂敷后的云母、玻璃纤维、石棉等材料或其混合物所组成的绝缘结构
6	C	＞180	用合适的树脂黏合或浸渍、涂敷后的云母、玻璃纤维以及未经浸渍处理的云母、陶瓷、石英等材料或混合物所组成的绝缘结构

6 常用绝缘材料的绝缘耐压强度

常用绝缘材料的绝缘耐压强度见表5-22。

表5-22　常用绝缘材料的绝缘耐压强度

材料名称	绝缘耐压强度（kV/cm）
干木材	0.36～0.80
石棉板	1.2～2
空气	3～4
纸	5～7
玻璃	5～10
纤维板	5～10
瓷	8～25
电木	10～30
石蜡	16～30
绝缘布	10～54
白云母	15～18
硬橡胶	20～38
油漆	干100，湿25
矿物油	25～57

7 绝缘材料的使用

①绝缘材料主要用来隔离电位不同的导体，如隔离变压器绕阻与铁芯，或者隔离高、低压绕组，或者隔离导体以保证人身安全。在某些情况下，绝缘材料还能起支承固定（如在接触器中）、灭弧（如断路器中）、防潮、防霉及保护导体（如在线圈中）等作用。

② 绝缘材料只有在其绝缘强度范围内才具有良好的绝缘作用。若电压或场强超过绝缘强度，会使材料发生电击穿。

③ 由于热、电、光、氧等多因素作用会导致材料绝缘性能丧失，即绝缘材料的老化。受环境影响是主要的老化形式。因此，工程上对工作环境恶劣而又要求耐久使用的材料均须采取防老化措施。

④ 绝缘材料的种类很多，要了解常用的各种绝缘材料的主要特性、用途和加工工艺，在具体选材时应尽可能结合生产实际，查阅有关技术资料，不但要进行技术性比较，还要进行经济性比较，以便正确合理地选择出物美价廉适用的材料。

⑤ 有的绝缘材料（如石棉）长期接触后会对人体健康有害，在加工制作时要注意保护。

⑥ 掌握常用绝缘材料的使用方法对安全生产至关重要。

5.2.2　电气绝缘板

1　电气绝缘板的特点

电气绝缘板通常是以纸、布或玻璃布做底材，浸以不同的胶黏剂，经加热压制而成，如图 5-19 所示。绝缘板具有良好的电气性能和机械性能，具有耐热、耐油、耐霉、耐电弧、防电晕等特点。

图 5-19　电气绝缘板

2　电气绝缘板的选用

电气绝缘板主要用于做线圈支架、电动机槽楔、各种电器的垫块与垫条等。常用电气绝缘板的特点与用途见表 5-23。

表 5-23　常用电气绝缘板的特点与用途

名称	耐热等级	特点与用途
3020 型酚醛层压纸板	E	介电性能高，耐油性好。适用于电气性能要求较高的电器设备中做绝缘结构件，也可在变压器油中使用
3021 型酚醛层压纸板	E	机械强度高、耐油性好。适用于机械性能要求较高的电器设备中做绝缘结构件，也可在变压器油中使用
3022 型酚醛层压纸板	E	有较高的耐潮性，适用于潮湿环境下工作的电器设备中做绝缘结构件
3023 型酚醛层压纸板	E	介电损耗小，适用于无线电、电话及高频电子设备中做绝缘结构件
3025 型酚醛层压布板	E	机械强度高，适用于电器设备中做绝缘结构件，并可在变压器油中使用
3027 型酚醛层压布板	E	吸水性小，介电性能高，适用于高频无线电设备中做绝缘结构件
环氧酚醛层压玻璃布板	B	具有高的机械性能、介电性能和耐水性，适用于电动机、电器设备中做绝缘结构零部件，可在变压器油中和潮湿环境下使用
有机硅环氧层压玻璃布板	H	具有较高的耐热性、机械性能和介电性能，适用于热带型电动机、电器设备中做绝缘结构件
有机硅层压玻璃布板	H	耐热性好，具有一定的机械强度，适用于热带型旋转电动机、电器设备中做绝缘结构零部件
聚酰亚胺层压玻璃布板	C	具有很好的耐热性和耐辐射性，主要用于 H 绝缘等级（最高允许温度 180℃）的电动机、电器设备中做绝缘结构件

5.2.3 电工绝缘带

电工绝缘带可分为不黏绝缘带和绝缘黏带。

1 不黏绝缘带

常用不黏绝缘带的品种、规格、特点及用途见表 5-24。

表 5-24 常用不黏绝缘带的品种、规格、特点及用途

序号	名称	型号	厚度（mm）	耐热等级	特点及用途
（1）	白布带		0.18、0.22、0.25、0.45	Y	有平纹、斜纹布带，主要用于线圈整形或导线等浸胶过程中临时包扎
（2）	无碱玻璃纤维带		0.06、0.08、0.1、0.17、0.20、0.27	E	由玻璃纱编织而成，做电线电缆绕包绝缘材料
（3）	黄漆布带	2010 2012	0.15、0.17 0.20、0.24	A	2010 柔软性好，但不耐油，可做一般电机、电器的衬垫或线圈绝缘；2012 耐油性好，可做有变压器油或汽油气侵蚀的环境中工作的电动机、电器的衬垫或线圈的绝缘材料
（4）	黄漆绸带	2210 2212		A	具有较好的电气性能和良好的柔软性，2210 适用于电动机、电器薄层衬垫或线圈绝缘；2212 耐油性好，适合作为有变压器油或汽油气侵蚀的环境中工作的电动机、电器薄层衬垫或线圈绝缘材料
（5）	黄玻璃漆布带	2412	0.11、0.13、0.15、0.17、0.20、0.24	E	耐热性较 2010、2012 漆布好，适合作为一般电动机、电器的衬垫和线圈的绝缘材料，以及在油中工作的变压器、电器的线圈的绝缘材料
（6）	沥青玻璃漆布带	2430	0.11、0.13、0.15、0.17、0.20、0.24	B	耐潮性好，但耐苯和耐变压器油性差，适合作为一般电动机、电器的衬垫和线圈的绝缘材料
（7）	聚己烯塑料带		0.02 ～ 0.20	Y	绝缘性能好，使用方便，做电线电缆包绕绝缘材料，用黄、绿、红色区分

2 绝缘黏带

绝缘黏带广泛用于在 380V 电压以下使用的导线的包扎、接头、绝缘密封等电工作业，以及电动机或变压器等的线圈绕组绝缘等。

常用绝缘黏带的品种、规格、特点及用途见表 5-25。

表 5-25 常用绝缘黏带的品种、规格、特点及用途

序号	名称	厚度（mm）	组成	耐热等级	特点及用途
（1）	黑胶布黏带	0.23 ～ 0.35	棉布带、沥青橡胶黏剂	Y	击穿电压为 1000V，成本低，使用方便，适用于 380V 及以下电线包扎绝缘
（2）	聚己烯薄膜黏带	0.22 ～ 0.26	聚己烯薄膜、橡胶型胶黏剂	Y	有一定的电器性能和机械性能，柔软性好，黏结力较强，但耐热性低（低于 Y 级），可做一般电线接头包扎的绝缘材料
（3）	聚己烯薄膜纸黏带	0.10	聚己烯薄膜、纸、橡胶型胶黏剂	Y	包扎服帖，使用方便，可代替黑胶布带做电线接头包扎的绝缘材料
（4）	聚氯己烯薄膜黏带	0.14 ～ 0.19	聚氯己烯薄膜、橡胶型胶黏剂	Y	有一定的电器性能和机械性能，较柔软，黏结力强，但耐热性低（低于 Y 级），供电压为 500 ～ 6000V 电线接头包扎绝缘用
（5）	聚酯薄膜黏带	0.05 ～ 0.17	聚酯薄膜、橡胶型胶黏剂或聚丙烯酸酯胶黏剂	B	耐热性好，机械强度高，可做半导体元件密封绝缘材料和电机线圈绝缘材料
（6）	聚酰亚胺薄膜黏带	0.04 ～ 0.07	聚酰亚胺薄膜、聚酰亚胺树脂胶黏剂	C	电气性能和机械性能较高，耐热性优良，但成型温度较高（180 ～ 200℃），适用于 H 级电机线圈绝缘材料和槽绝缘材料
（7）	环氧玻璃黏带	0.17	无碱玻璃布、环氧树脂胶黏剂	C	具有较高的电气性能和机械性能，供做变压器铁芯绑扎材料，属 B 级绝缘材料
（8）	有机硅玻璃黏带	0.15	无碱玻璃布，有机硅树脂胶黏剂	C	有较高的耐热性、耐寒性和耐潮性，以及较好的电气性能和机械性能，可做 H 级电机、电器线圈绝缘材料和导线连接的绝缘材料

5.2.4　电工绝缘套管

绝缘套管是绝缘材料的一种，电工材料中有玻璃纤维绝缘套管、热缩套管、PVC 套管等。

1　玻璃纤维绝缘套管

玻璃纤维绝缘套管又称绝缘漆管，俗称黄蜡管，一般以白色为主，主要原料是玻璃纤维，通过拉丝、编织、加绝缘清漆后制作而成，如图 5-20 所示。

玻璃纤维绝缘套管成管状，可以直接套在需要绝缘的导线或细长型引线端，使用很方便，主要用于电线端头及变压器、电动机、低压电器等电气设备引出线的护套绝缘。

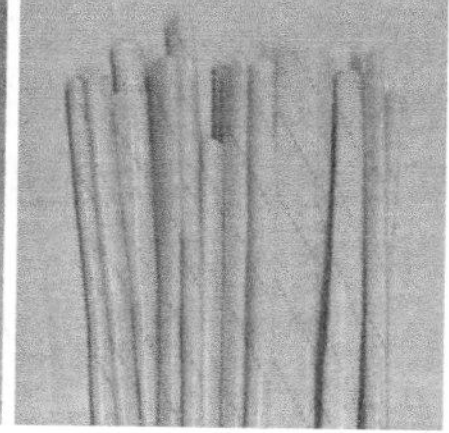

图 5-20　玻璃纤维绝缘套管

在布线（网线、电线、音频线等）过程中，如果需要穿墙，或者暗线经过梁柱的时候，导线需要加护和防拉伤，防老鼠咬坏等，也需要用到玻璃纤维绝缘套管。

常用绝缘漆管的特点与用途，见表 5-26。

表 5-26　常用绝缘漆管的特点与用途

名称	耐热等级	特点与用途
油性漆管	A	具有良好的电气性能和弹性，但耐热性、耐潮性和耐霉性差。主要用于仪器仪表、电动机和电器设备的引出线与连接线的绝缘
油性玻璃漆管	E	具有良好的电气性能和弹性，但耐热性、耐潮性和耐霉性较差。主要用于仪器仪表、电动机和电器设备的引出线与连接线的绝缘
聚氨酯涤纶漆管	E	具有优良的弹性，较好的电气性能和机械性能。主要用于仪器仪表、电动机和电器设备的引出线与连接线的绝缘
醇酸玻璃漆管	B	具有良好的电气与机械性能，耐油性、耐热性好，但弹性稍差。主要用于仪器仪表、电动机和电器设备的引出线与连接线的绝缘
聚氯乙烯玻璃漆管	B	具有优良的弹性，较好的电气机械性能和耐化学性。主要用于仪器仪表、电动机和电器设备的引出线与连接线的绝缘
有机硅玻璃漆管	H	具有较高的耐热性、耐潮性和柔软性，有良好的电气性能。适用于 H 绝缘级电动机、电气设备等的引出线与连接线的绝缘
硅橡胶玻璃漆管	H	具有优良的弹性、耐热性和耐寒性，有良好的电气性能和机械性能。适用于在严寒或 180℃以下高温等特殊环境下工作的电气设备的引出线与连接线的绝缘

2　热缩套管

热缩套管是利用塑料的“记忆还原”效应，达到加热收缩的效果，具有遇热收缩的特殊功能，加热 98℃以上即可收缩，使用方便。热缩套管按耐温度可分为 85℃和 105℃两大系列，规格为 $\phi2 \sim \phi200$。

热缩套管具体绝缘性能好、柔软性好、耐油耐酸、环保等优点，广泛应用于电器、电动机、变压器的引出线绝缘，线束、电子元器件的绝缘套保护等，能起到防潮、绝缘、美观的效果，如图 5-21 所示。

3 PVC 套管

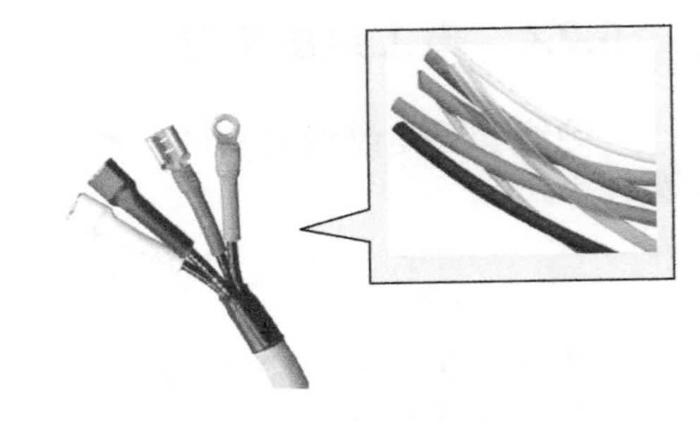

图 5-21　热缩套管

PVC 套管即建筑用绝缘电工套管，俗称电线管或穿线管，是指以聚氯乙烯树脂为主要原料，加入其他添加剂经挤出成型，用于 2000V 以下工业与建筑工程中的电线电缆保护平直套管，如图 5-22 所示。

PVC 套管用于室内正常环境和在高温、多尘、有振动及有火灾危险的场所，也可在潮湿的场所使用。不得在特别潮湿，有酸、碱、盐腐蚀和有爆炸危险的场所使用。使用环境温度为 -15 ～ 40℃。

图 5-22　PVC 套管

PVC 套管分为 L 型（轻型）、M 型（中型）、H 型（重型）。外径规格分别为：ϕ16、ϕ20、ϕ25、ϕ32、ϕ40、ϕ50、ϕ63、ϕ75、ϕ110。其中，规格为 ϕ16 和 ϕ20 的，一般用于室内照明线路；规格为 ϕ25 的，常用于插座或是室内主线管；规格为 ϕ32 的，常用于进户线的线管，也用于弱电线管；规格为 ϕ50、ϕ63、ϕ75 的，常用于配电箱至户内的线管。

5.2.5　电工塑料

电工塑料的主要成分是树脂，可分为热固性塑料和热塑性塑料两大类。热固性塑料在热挤压成型后成为不熔的固化物，如酚醛塑料、聚酯塑料等。热塑性塑料在热挤压成型后虽固化，但其物理、化学性质不发生明显变化，仍可熔，故可反复成型。

1 ABS 塑料

ABS 塑料具有良好的机电综合性能，在一定的温度范围内尺寸稳定，表面硬度较高，易于机械加工和成型，表面可镀金属，但耐热性、耐寒性较差，接触某些化学药品（如冰醋酸和醇类）和某些植物油时，易产生裂纹。

ABS 适用于制作各种仪表外壳、支架、小型电动机外壳、电动工具外壳等，可用注射、挤压或模压法成型，如图 5-23 所示。

图 5-23　ABS 塑料应用举例

2 聚酰胺

聚酰胺（尼龙 1010）为白色半透明体，在常温下有较高的机械强度，较好的电气性能、冲击韧性、耐磨性、自润滑性，结构稳定，有较好的耐油、耐有机溶剂性。可用作线圈骨架、插座、接线板、碳刷架等，如图 5-24 所示。

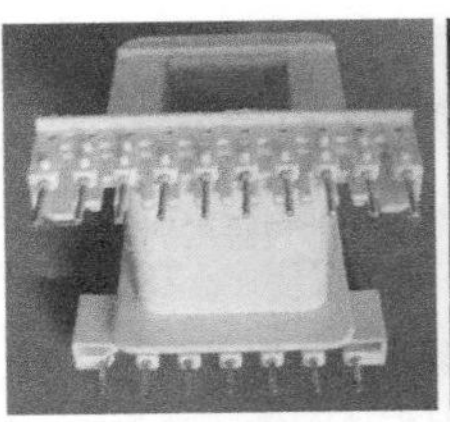

图 5-24　聚酰胺应用举例

聚酰胺可用注射、挤出、模压等方法成型，也可浇注法成型，是目前工业中应用广泛的一种工程塑料。

3 聚甲基丙烯酸甲酯

聚甲基丙烯酸甲酯（俗称有机玻璃）是透光性优异的无色透明体，耐气候性好，电气性能优良，常态下尺寸稳定，易于成型和机械加工，但可溶于丙酮、氯仿等有机溶剂，性脆、耐磨性、耐热性均较差。

有机玻璃适用于制作仪表的一般结构零件、绝缘零件，以及电器仪表外壳、外罩、盖、接线柱等，如图 5-25 所示。

图 5-25　聚甲基丙烯酸甲酯应用示例

4 电线电缆用热塑性塑料

电线电缆用热塑性塑料应用最多的是聚乙烯和聚氯乙烯。

（1）聚乙烯

聚乙烯（PE）具有优异的电气性能，其相对介电系数、介质损耗等几乎与频率无关，且结构稳定，耐潮、耐寒性优良，但软化温度较低，长期工作温度不应高于 70℃。

（2）聚氯乙烯

聚氯乙烯（PVC）分绝缘级与护层级两种。其中，绝缘级按耐温条件分别为 65℃、80℃、90℃、105℃四种；护层级耐温条件为 65℃。

聚氯乙烯机械性能优异，电气性能良好，结构稳定，具有耐潮、耐电晕、不延燃、成本低、加工方便等优点。

5.2.6　电工绝缘漆和电缆浇注胶

电工绝缘漆是漆类中的一种特种漆，以高分子聚合物为基础，能在一定的条件下固化成绝缘膜或绝缘整体的重要绝缘材料，如图 5-26 所示。电工绝缘漆多为清漆，也有色漆，均具有良好的电化学性能、热性能和机械性能。

图 5-26　电工绝缘漆

1 浸渍漆

浸渍漆主要用来浸渍电机、电器、变压器的线圈和绝缘零部件，以填充其间隙和微孔。浸渍漆固化后能在浸渍物表面形成连续平整的漆膜，并使线圈粘接成一个结实的整体，提高绝缘结构的耐潮性、导热性和机械强度。

常用的有 1030 醇酸浸渍漆、1032 三聚氰胺酸浸渍漆。这两种都是烘干漆，具有较好的耐油性和绝缘性，漆膜平滑而有光泽。

1010 沥青漆适用于浸渍不需耐油的电机绕组。聚酰胺酰亚胺漆的耐热性、电气性能优良，黏合力强、耐辐照性好，适用于浸渍耐高温或在特殊条件下工作的电机、电器绕组。

2 覆盖漆和瓷漆

覆盖漆和瓷漆主要用来涂覆经浸渍处理后的绕组和绝缘零部件，在其表面形成连续而均匀的漆膜，以防止机械损伤及大气、润滑油和化学药品的浸蚀。常用的覆盖漆有1231醇酸晾干漆，其干燥快、漆膜硬度高并有弹性、电气性能好。常用的瓷漆有1320（烘干漆）、1321（晾干漆）醇酸灰瓷漆，它们的漆膜坚硬、光滑。

3 电缆浇注胶

电缆浇注胶广泛用于浇注电缆中间接线盒和终端盒。如，1811沥青电缆胶和1812环氧电缆胶适合于10kV以下的电缆。前者耐潮性能好；后者密封性能好，电气、力学性能高。1810电缆胶电气性能好、抗冻裂性高，适用于浇注10kV以上的电缆。

5.2.7 电器绝缘油

电器绝缘油也称电器用油，包括变压器油、油开关油、电容器油和电缆油四类油品，起绝缘和冷却的作用，在断路器内还起消灭电路切断时所产生的电弧（火花）的作用。

变压器油和油开关油占整个电器用油的80%左右。目前已有500kV以上的超高压变压器生产，随之也开发了超高压变压器油。

电器绝缘油除了根据用途的不同，要求具有某些特殊的性能外，电器绝缘油还有电气性能方面的要求。

① 良好的抗氧化安定性能。要求油品有较长的使用寿命，在热、电场作用下氧化变质要求较慢。

② 高温安全性好。绝缘油的高温安全性是用油品的闪点来表示的，闪点越低，挥发性越大，油品在运行中损耗也越大，越不安全。一般变压器油及电容器油的闪点要求不低于135℃。

③ 低温性能好。变压器及电容器等常安置于户外，绝缘油应能够适应在严寒条件下工作的要求。

④ 介质损耗因数。在电场作用下，由于介质损失而使通过介质上的电压向量与电流向量间的夹角的余角（此角度称为介质耗角）发生变化。衡量此介质的程度称为介质损耗因数，以介质损耗角的正切值表示。

⑤ 击空电压。击空电压也是评定绝缘油电气性能的一项重要指标，可用来判断绝缘油被水和其他悬浮物污染和程度，以及对注入设备前油品干燥和过滤程度的检验。常用绝缘油性能与用途见表5-27。

表5-27 常用绝缘油性能与用途

名称	透明度（+5℃时）	绝缘强度（kV/cm）	凝固点	主要用途
10号变压器油（DB-10） 25号变压器油（DB-25）	透明	160～180 180～210	-10℃ -25℃	用于变压器及油断器中起绝缘和散热作用
45号变压器油（DB-45）	透明	—	-45℃	—
45号开关油（DV-45）	透明	—	-45℃	在低温工作下的油断器中做绝缘及排热灭弧用
1号电容器油（DD-1） 2号电容器油（DD-2）	透明	200	≤-45℃	在电力工业、电容器上做绝缘用；在电信工业、电容器上做绝缘用

5.2.8　电工陶瓷

电工陶瓷简称电瓷，电瓷材料是良好的绝缘体。广义而言，电瓷涵盖了各种电工用陶瓷制品，包括绝缘用陶瓷、半导体陶瓷等。本节所述电瓷仅指以铝矾土、高岭土、长石等天然矿物为主要原料经高温烧制而成的一类应用于电力工业系统的瓷绝缘子，包括各种线路绝缘子和电站电器用绝缘子，以及其他带电体隔离或支持用的绝缘部件。

1　电瓷的分类

① 按产品形状可分为盘形悬式绝缘子、针式绝缘子、棒形绝缘子、空心绝缘子等。

② 按电压等级可分为低电压（交流 1000V 及以下，直流 1500V 及以下）绝缘子和高电压（交流 1000V 以上，直流 1500V 以上）绝缘子。其中，高压绝缘子分为超高压（交流 330kV 和 500kV，直流 500kV）绝缘子和特高压（交流 750kV 和 1000kV，直流 800kV）绝缘子。

③ 按使用特点可分为线路用绝缘子、电站或电器用绝缘子。

④ 按使用环境可分为户内绝缘子和户外绝缘子。

2　电瓷的应用

电瓷主要应用于电力系统中各种电压等级的输电线路、变电站、电器设备，以及其他的一些特殊行业如轨道交通的电力系统中，将不同电位的导体或部件连接并起绝缘和支持作用。如用于高压线路耐张或悬垂的盘形悬式绝缘子和长棒形绝缘子，用于变电站母线或设备支持的棒形支柱绝缘子，用于变压器套管、开关设备、电容器或互感器的空心绝缘子等。常用绝缘子如图 5-27 所示。

（a）高压盘形悬式绝缘子

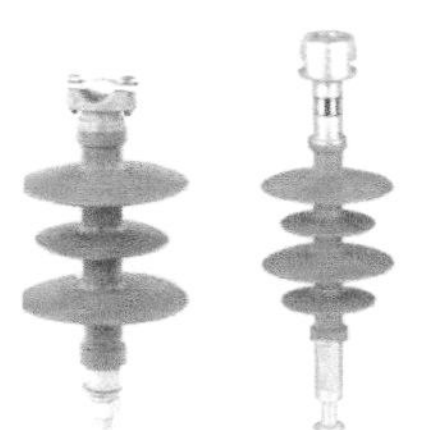

（b）高压针式绝缘子

（c）高压支柱绝缘子

（d）低压绝缘子

图 5-27　常用绝缘子

5.3　磁性材料及应用

大家知道，不管是机械能转换成电能，还是电能转换成机械能，均离不开电磁场，而磁性材料是最好、最节能的恒磁场。常用的电工磁性材料有软磁材料和硬磁材料。

5.3.1　软磁材料

软磁材料也称导磁材料，主要特点是导磁率高、剩磁弱。常用软磁材料的主要特点及应用范围见表 5-28。

视频 5.4：磁性材料

表 5-28　常用软磁材料的主要特点及应用范围

品种	主要特点	应用范围
电工纯铁	含碳量在 0.04% 以下，饱和磁感应强度高，冷加工性好。但电阻率低，铁损高，有磁时效现象	一般用于直流磁场
硅钢片	铁中加入 0.5%～4.5% 的硅，就是硅钢。它和电工纯铁相比，电阻率增高，铁损降低，磁时效基本消除，但导热系数降低，硬度提高，脆性增大	电动机、变压器、继电器、互感器、开关等产品的铁芯
铁镍合金	和其他软磁材料相比，在弱磁场下，高磁导率，低矫顽力，但对应力比较敏感	频率在 1MHz 以下弱磁场中工作的器件
软磁铁氧体	它是一种烧结体，电阻率非常高，但饱和磁感应强度低，温度稳定性也较差	高频或较高频率范围内的电磁元件
铁铝合金	与铁镍合金相比，电阻率高，比重小，但磁导率低，随着含铝量的增加，硬度和脆性增大，塑性变差	弱磁场和中等磁场下工作的器件

电工常用的软磁材料是硅钢片，硅钢片是一种含碳极低的硅铁软磁合金，主要用来制作各种变压器、电动机和发电机的铁芯，如图 5-28 所示。

图 5-28　常用硅钢片

5.3.2　硬磁材料

1　硬磁材料的特点

硬磁材料又称永磁材料或恒磁材料。

硬磁材料的特点是经强磁场饱和磁化后，具有较高的剩磁和矫顽力，当将磁化磁场去掉以后，在较长时间内仍能保持强而稳定的磁性。因而，硬磁材料适合制造永久磁铁，被广泛应用在磁电系测量仪表、扬声器、永磁发电动机及通信装置中。

2　硬磁材料的种类

硬磁材料的种类很多，目前被广泛采用的是铝镍钴永磁材料、铁氧体永磁材料和稀土永磁材料。

（1）铝镍钴永磁材料

铝镍钴合金是一种金属硬磁材料，其组织结构稳定，具有优良的磁性能，良好的稳定性和较低的温度系数。

铝镍钴永磁材料主要用于电动机、微电动机、磁电系仪表等。

（2）铁氧体永磁材料

铁氧体永磁材料是一种以氧化铁为主，不含镍、钴等贵重金属的非金属硬磁材料。其价格低廉，材料的电阻率高，是目前产量最高的一种永磁材料。

铁氧体永磁材料主要用于电信器件中的拾音器、扬声器、电话机等的磁芯，以及微型电动机、微波器件、磁疗片等。

特别提醒

永磁材料本身的导磁率比较小，它的相对导磁率略大于1，难以被磁化，也难以被退磁。用永磁材料作同步电机转子，多使用钕铁硼瓦片型的薄片，如图5-29所示，贴在非永磁材料的转子铁芯上，相当于等效的空气隙加大。

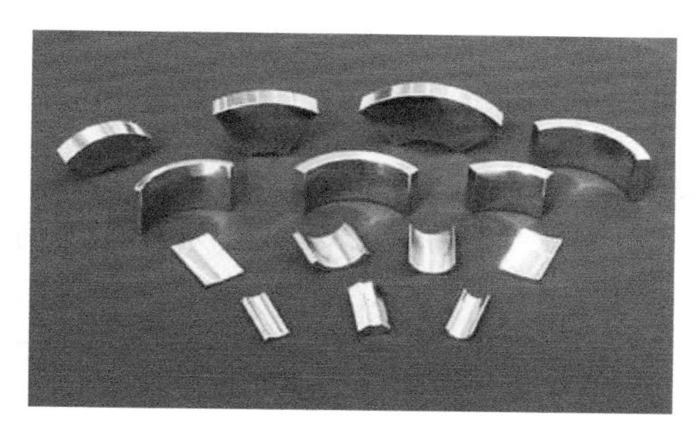

图5-29 钕铁硼瓦片型永磁体

（3）稀土永磁材料

稀土永磁材料是将钐、钕混合稀土金属与过渡金属（如钴、铁等）组成的合金，用粉末冶金方法压型烧结，经磁场充磁后制得的一种磁性材料。稀土永磁材料性能最好，但价格也最贵。现代高性能电动机如永磁直流电机、无刷直流电动机、正弦波永磁同步电动机等大多采用稀土永磁材料。

第6章 室内照明电路安装与检修

6.1 电气照明识图基础

6.1.1 导线的表示法

视频 6.1：电气照明识图基础

1 导线根数的图线表示法

（1）单根导线的图线表示法

在照明电气平面图中，单根导线的图线表示法，如图 6-1 所示。

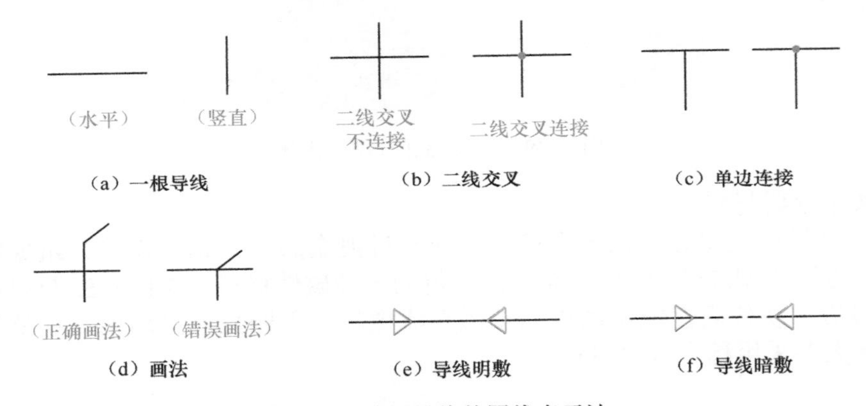

图 6-1 单根导线的图线表示法

（2）多根导线的图线表示法

在电气图中，一根导线、电缆用一条直线表示，根据具体情况，直线可予以适当加粗、延长或者缩短，如图 6-2（a）所示。4 根以下导线用短斜线数目代表根数，如图 6-2（b）所示。数量较多时，可用一小斜线标注数字来表示，如图 6-2（c）所示。需要表示导线的特征（如导线的材料、截面、电压、频率等）时，可在导线上方、下方或中断处采用符号标注，如图 6-2（d）和图 6-2（e）所示。如果需要表示电路相序的变更、极性的反向、导线的交换等，可采用图 6-2（f）所示的方法标注，表示图中 L_1 和 L_3 两相需要换位。

特别提醒

在照明线路平面图中，只要走向相同，无论导线的根数有多少，均可用一根线条表示，其根数用短斜线表示。一般分支干线均有导线根数表示和线径标志，而分支线则没有，这就需要施工人员根据电气设备要求和线路安装标准确定导线的根数和线径。

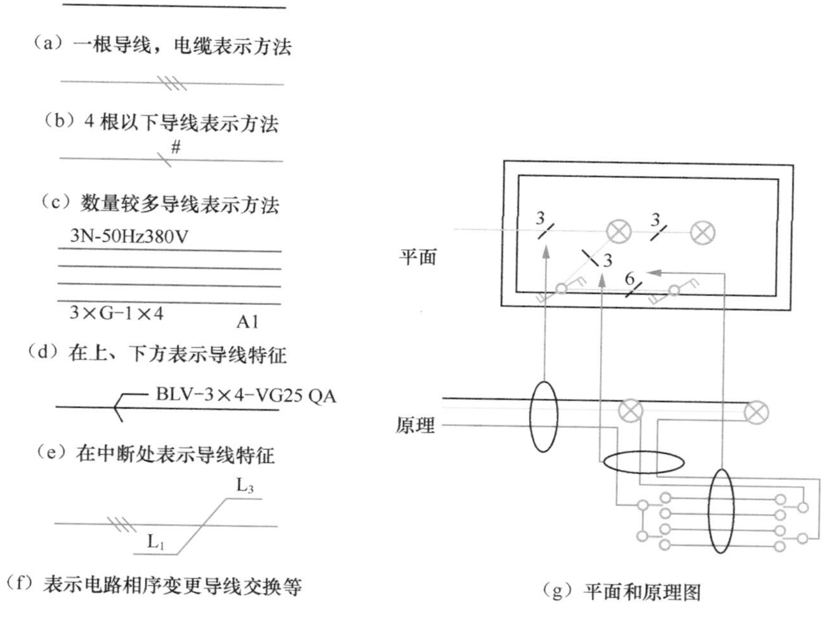

图 6-2　导线根数的表示方法

2 导线的类型及代号表示法

导线的类型及代号表示法见表 6-1。

表 6-1　导线的类型及代号表示法

导线类型	代号	导线类型	代号
铜芯导线	T（一般不标注）	聚氯乙烯绝缘线	V
铝芯导线	L	氯丁橡胶绝缘线	XF
聚氯乙烯套	V	橡胶绝缘线	X
聚乙烯套	Y	橡胶绝缘套	Y
软线	R	双绞线	S

6.1.2 线路的表示法

1 线路敷设方式的表示法

视频 6.2：识读照明系统图

内线敷设所使用的导线主要有 BV 型和 BLV 型塑料绝缘导线；BX 型和 BLX 型是橡皮绝缘导线；BVV 型是塑料护套硬导线，板面型号中第二个 V 表示在塑料线外面又加一层塑料护套；RVV 型是塑料护套软线，护套线大多是多芯的，有二芯、三芯、四芯等多种；RVB 型和 RVS 型是塑料软导线，型号中 R 表示软线，B 表示两根线粘在一起的并行线，S 表示双绞线。

工程图中导线的敷设方式及敷设部位一般用文字符号标注，见表 6-2。表中代号 E 表示明敷设，C 表示暗敷设。

表 6-2　导线的敷设方式及敷设部位的文字符号

序号	导线敷设方式和部位	文字符号	序号	导线敷设方式和部位	文字符号
(1)	用瓷瓶或瓷柱敷设	K	(14)	沿钢索敷设	SR
(2)	用塑料线槽敷设	PR	(15)	沿屋架或跨屋架敷设	BE
(3)	用钢线槽敷设	SR	(16)	沿柱或跨柱敷设	CLE
(4)	穿水煤气管敷设	RC	(17)	沿墙面敷设	WE
(5)	穿焊接钢管敷设	SC	(18)	沿顶棚面或顶板面敷设	CE
(6)	穿电线管敷设	TC	(19)	在能进入的吊顶内敷设	ACE
(7)	穿聚氯乙烯硬质管敷设	PC	(20)	暗敷设在梁内	BC
(8)	穿聚氯乙烯半硬质管敷设	FPC	(21)	暗敷设在柱内	CLC
(9)	穿聚氯乙烯波纹管敷设	KPC	(22)	暗敷设在墙内	WC
(10)	用电缆桥架敷设	CT	(23)	暗敷设在地面内	FC
(11)	用瓷夹敷设	PL	(24)	暗敷设在顶板内	CC
(12)	用塑料夹敷设	PCL	(25)	暗敷设在不能进入的吊顶内	ACC
(13)	穿金属软管敷设	CP	—	—	—

2　线路的标注格式

配电线路的标注用于表示线路的敷设方式、敷设部位、导线的根数及截面面积等，用英文字母表示。配电线路标注的一般格式为

$$a\text{-}d(e\times f)\text{-}g\text{-}h$$

式中 a——线路编号或功能符号；

d——导线型号；

e——导线根数；

f——导线截面面积，mm^2；

g——导线敷设方式的符号；

h——导线敷设部位的符号。

图 6-3 所示为线路标注格式的示例。

图 6-3（a）中，线路标注“1MFG-BLV-3×6+1×2.5-K-WE”的含义是：1 号照明分干线（1MFG）；铝芯塑料绝缘导线（BLV）；共有 4 根线，其中 3 根截面面积为 $6mm^2$，1 根截面积为 $2.5mm^2$（3×6+1×2.5）；配线方式为瓷瓶配线（K）；敷设部位为沿墙明敷（WE）。

图 6-3（b）中，线路标注“2LFG-BLX-3×4-PC20-WC”的含义是：2 号动力分干线（2LFG）；铝芯橡皮绝缘线（BLX）；3 根导线截面面积均为 $4mm^2$（3×4）；穿直径为 20mm 的硬塑料管(PC20)，沿墙暗敷(WC)。

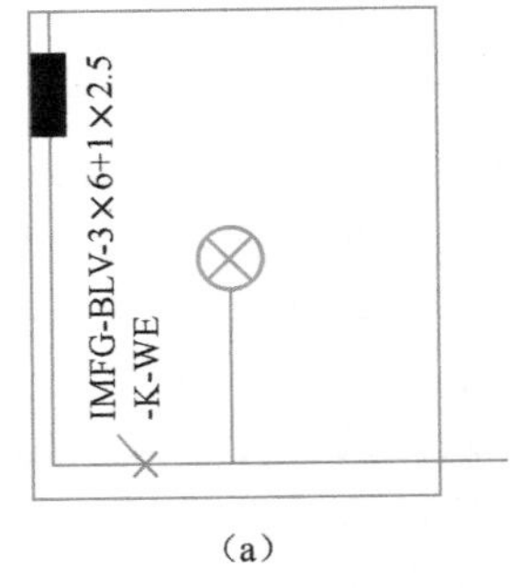

(a)

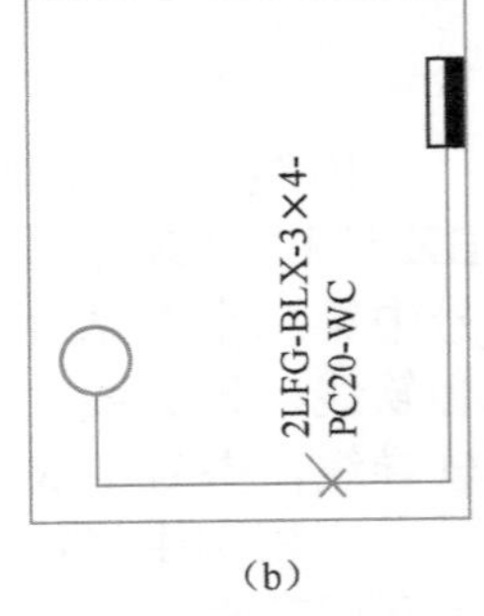

(b)

图 6-3　线路标注格式示例

3　线端标记

在电路图中，特定导线线端的标记如下。

相线：L_1、L_2、L_3；

中性线：N；

保护接地线：PE；

中性保护导体（保护接地线与中性线共用）：PEN；

等电位连接：CC。

4 线路图符

平面图中，线路的图形符号见表 6-3。

表 6-3 线路的图形符号

名称	图形符号	名称	图形符号
中性线（零线）		接地保护线	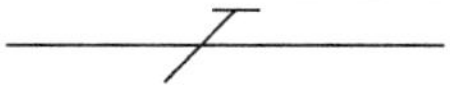
共用的接地与中性线	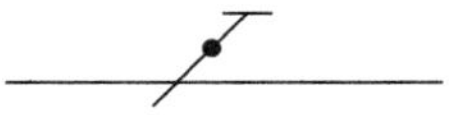	五线供电线路 （保护线与中性线分开）	
向上配线	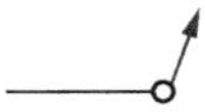	向下配线	
垂直通过配线		架空线路	
管道线路	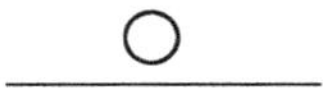	在钢索上的线路	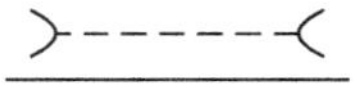
事故照明线路		控制及信号线	
50V 及以下电力及照明线路		电缆铺砖保护	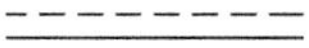
电缆穿管保护	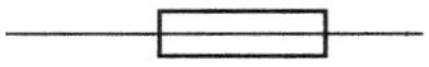	电缆中间接头盒	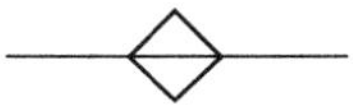
电缆分支接头盒	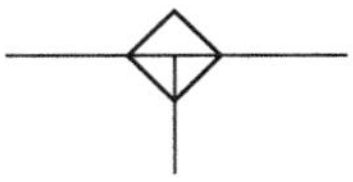	照明引出线位置 （示出配线）	
在墙上的照明引出线 （出示配线向左边）	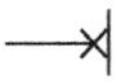	—	—

6.1.3 照明灯具表示法

1 灯具的图形符号

表 6-4 列出了常见照明电器的图形符号。照明电器的各种标注符号主要用在平面图上，有时也用在系统图上。在电气平面图上，还要标出配电箱。

表 6-4 常用照明电器的图形符号

序号	名称	图形符号	备注
(1)	灯具一般符号		
(2)	深照型灯		
(3)	广照型灯（配照型灯）		
(4)	防水防尘灯		
(5)	安全灯		

续表

序号	名称	图形符号	备注
(6)	防爆灯		
(7)	顶棚灯		
(8)	球形灯		
(9)	花灯		
(10)	弯灯		
(11)	壁灯		
(12)	投光灯一般符号		
(13)	聚光灯		
(14)	泛光灯		
(15)	荧光灯具一般符号		
(16)	三管荧光灯	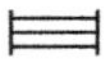	
(17)	五管荧光灯	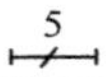 5	
(18)	防爆荧光灯		
(19)	应急照明灯		在专用电路上
(20)	应急照明灯		自带电源
(21)	气体放电灯的辅助设备		用于辅助设备与光源不在一起时
(22)	疏散灯	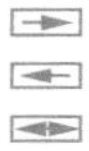	箭头表示疏散方向
(23)	安全出口标志灯		
(24)	导轨灯导轨		
(25)	闪光型信号灯	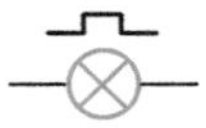	

2 灯具类型的文字符号

灯具的类型及文字符号见表 6-5。

表 6-5 灯具的类型及文字符号

灯具类型	文字符号	灯具类型	文字符号
普通吊灯	P	壁灯	B
花灯	H	吸顶灯	D
柱灯	Z	卤钨探照灯	L
投光灯	T	防水、防尘灯	F
工厂灯	G	陶瓷伞罩灯	S

3　灯具的标注法

在电气工程图中，照明灯具标注的一般方法如下。

$$a\text{-}b\,\frac{c\times d\times L}{e}\,f$$

式中　a——灯具数；

b——型号或编号；

c——每盏灯的灯泡数或灯管数；

d——灯泡容量，W；

L——光源种类；

e——安装高度，m；

f——安装方式。

4　灯具安装方式及代号

照明灯具安装方式及代号见表 6-6。

表 6-6　照明灯具安装方式及代号

安装方式	拼音代号	英文代号
线吊式	X	CP
管吊式	G	P
链吊式	L	CH
壁吊式	B	W
吸顶式	D	C
吸顶嵌入式	DR	CR
嵌入式	BR	WR

特别提醒

在电路图中，如果要指出电光源的类型，则在灯具符号的旁边标注下列字母：

氖：Ne，氙：Xe，钠：Na，汞：Hg，碘：I，白炽：IN，弧光：ARC，荧光：FL，红外线：IR，紫外线：UV，发光二极管：LED。

如果要求指示灯的颜色，则要在灯具符号的旁边标注下列字母：

红：RD，黄：YE，绿：GN，蓝 BU。

6.1.4　开关插座表示法

1　照明开关的图形符号

照明开关在电气平面图上的图形符号见表 6-7。

表 6-7　照明开关在电气平面图上的图形符号

序号	名称	图形符号	备注
(1)	开关，一般符号	[symbol]	
(2)	带指示灯的开关	[symbol]	

续表

序号	名称		图形符号	备注
（3）	单极开关	明装		除图上注明外，选用 250V、10A，面板底距地面 1.3m
		暗装		
		密闭（防水）		
		防爆		
（4）	双极开关	明装		
		暗装		
		密闭（防水）		
		防爆		
（5）	三极开关	明装		
		暗装		
		密闭（防水）		
		防爆		
（6）	单极拉线开关			① 暗装时，圆内涂黑； ② 除图上注明外，选用 250V、10A；室内净高低于 3m 时，面板底距顶 0.3m；室内净高高于 3m 时，面板距地面 3m
（7）	双极拉线开关（单极三线）			
（8）	单极限时开关			
（9）	双控开关（单极三线）			① 暗装时，圆内涂黑； ② 除图上注明外，选用 250V、10A，面板底距地面 1.3m
（10）	多拉开关 （如用于不同照度）			
（11）	中间开关		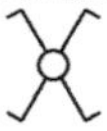	中间开关等效电路图 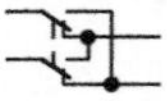
（12）	调光器			① 暗装时，圆下半部分涂黑； ② 除图上注明外，面板底距地面 1.3m
（13）	钥匙开关			
（14）	“请勿打扰”门铃开关			
（15）	风扇调速开关			① 暗装时，圆下半部分涂黑； ② 除图上注明外，面板底距地面 1.3m
（16）	风机盘管控制开关			
（17）	按钮			
（18）	带有指示灯的按钮			
（19）	防止无意操作的按钮 （例如防止打碎玻璃罩等）			
（20）	限时设备定时器			
（21）	定时开关			

2 插座的图形符号

插座在电气平面图上的图形符号见表 6-8。

表 6-8　插座在电气平面图上的图形符号

序号	名称		图形符号	备注
(1)	单相插座	明装		① 除图上注明外，选用 250V、10A； ② 明装时，面板底距地面 1.8m；暗装时，面板底距地面 0.3m； ③ 除具有保护板的插座外，儿童活动场所的明暗装插座距地面均为 1.8m； ④ 插座在平面图上的画法为 隔墙
		暗装		
		密闭（防水）		
		防爆		
(2)	带接地插孔的单相插座	明装		
		暗装		
		密闭（防水）		
		防爆		
(3)	带接地插孔的三相插座	明装		① 除图上注明外，选用 380V、15A； ② 明装时，面板底距地面 1.8m；暗装时，面板底距地面 0.3m
		暗装		
		密闭（防水）		
		防爆		
(4)	带中性线和接地插孔的三相插座	明装		
		暗装		
		密闭（防水）		
		防爆		
(5)	多个插座（示出三个）			① 除图上注明外，选用 250V、10A； ② 明装时，面板底距地面 1.8m；暗装时，面板底距地面 0.3m； ③ 除具有保护板的插座外，儿童活动场所的明暗装插座距地面均为 1.8m
(6)	具有保护板的插座			
(7)	具有单极开关的插座			① 除图上注明外，选用 250V、10A； ② 明装时，面板底距地面 1.8m；暗装时，面板底距地面 0.3m； ③ 除具有保护板的插座外，儿童活动场所的明暗装插座距地面均为 1.8m
(8)	具有联锁开关的插座			
(9)	具有隔离变压器的插座（如电动剃须刀插座）			除图上注明外，选用 220/110V、20A，面板底距地面 1.8m 或距台面 0.3m
(10)	带熔断器的单相插座			① 除图上注明外，选用 250V、10A； ② 明装时，面板底距地面 1.8m；暗装时，面板底距地面 0.3m

特别提醒

不同用途及规格的开关、插座的图形符号，有的差异比较小，识图时要注意仔细分辨清楚，否则在施工时容易张冠李戴，影响工程进度。

6.1.5 配电设备表示法

1 开关与熔断器的标注法

开关与熔断器标注格式为：$a\frac{b}{c/i}$，或者 ab—c/i。

例如：RT0—50/30，表示熔断器额定电流为 50A，内装熔体电流为 30A。

2 其他配电设备的图形符号

其他常用配电设备的图形符号见表 6-9。

表 6-9 其他常用配电设备的图形符号

名称	图形符号	名称	图形符号
动力、照明配电箱		配电中心 （6 根出线）	
事故照明配电箱		电能表	Wh
信号箱		电能表 （带发送器）	Wh
低压断路器		断路器 （带漏电保护）	

6.1.6 照明灯具控制方式标注法

视频 6.3：识读照明平面图

1 用一个开关控制灯具

① 一个开关控制一盏灯的表示法，如图 6-4 所示。

② 一个开关控制多盏灯的表示法，如图 6-5 所示。

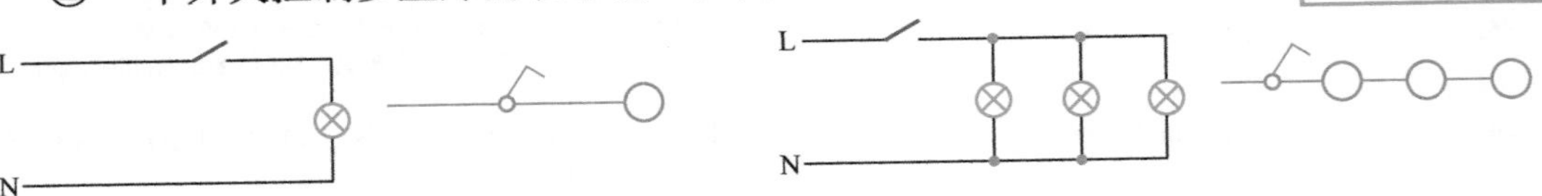

（a）原理图　（b）工程图

图 6-4 一个开关控制一盏灯

（a）原理图　（b）工程图

图 6-5 一个开关控制多盏灯

2 多个开关控制灯具

（1）多个开关控制多盏灯方式

多个开关控制多盏灯方式如图 6-6 所示，从原理图中可以看出，开关发出的导线数为灯数加 1，以后逐级减少，最末端的灯剩 2 根导线。

多个开关控制多盏灯方式，一般零线可以公用，但开关则需要分开控制，进线用一根火线分开后，则有几个开关再加几根线，因此开关回路是开关数加 1。图 6-7 所示为多个开关控制多盏灯的工程实例，图中虚线为描述的导线根数。

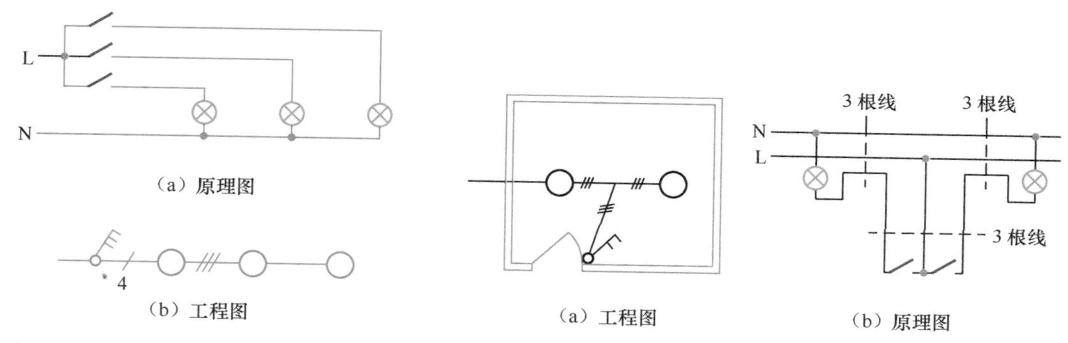

（a）原理图

（b）工程图

图 6-6 多个开关控制多盏灯方式

（a）工程图 （b）原理图

图 6-7 多个开关控制多盏灯工程实例

（2）两个双控开关控制一盏灯

电路中使用两个双控开关，开关接在相线上，当两个开关的动触头分别与图 6-8（b）中上面（或下面）一条线两端静触头接通，灯亮；两个开关的动触头处于一上一下位置时，电路断开，灯不亮，两个双控开关控制一盏灯如图 6-8 所示。

（3）三个双控开关控制一盏灯

三个双控开关控制一盏灯比两个双控开关控制一盏灯又增加了一个双控开关，通过位置 0 和 1 的转换（相当于使两线交换）实现三地控制，如图 6-9 所示。

（a）工程图 （b）原理图

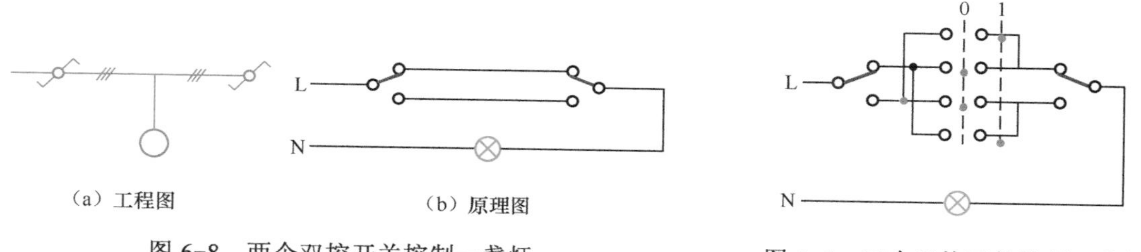

图 6-8 两个双控开关控制一盏灯

图 6-9 三个双控开关控制一盏灯

特别提醒

灯具接线时，相线（火线）应经开关控制，零线进灯头，如图 6-10 所示。为了安全和使用方便，任何场所的窗、镜箱、吊柜上方及管道背后，单扇门后均不应装有控制灯具的开关。潮湿场所和户外应选用防水瓷质拉线开关或加装保护箱；在特别潮湿的场所，开关应分别采用密闭型或安装在其他场所控制。

6.1.7 照明电路接线表示法

在一个建筑物内，灯具、开关、插座等很多，它们通常采用直接接线法或共头接线法两种方法连接。

1 直接接线法

直接接线法就是各设备从线路上直接引接，导线中间允许有接头的接线方法，如图 6-11（a）所示。

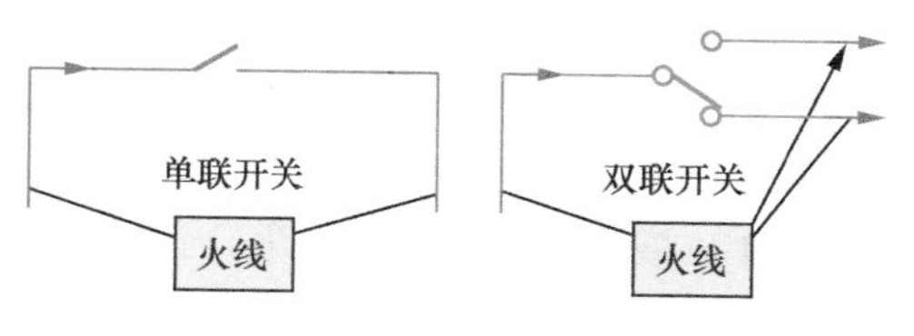

图 6-10 相线进开关

2 共头接线法

共头接线法就是导线的连接只能通过设备接线端子引接，导线中间不允许有接头的接线方法。采用不同的方法，在平面图上导线的根数是不同的，如图 6-11（b）所示。

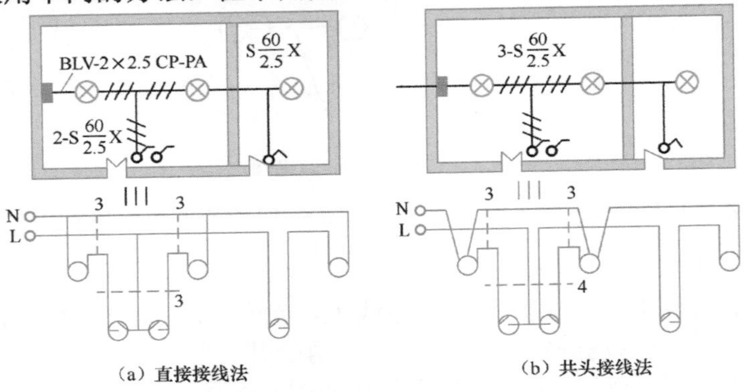

（a）直接接线法　（b）共头接线法

图 6-11　直接接线法和共头接线法

特别提醒

为了保证安全和使用功能，在实际施工时，配电回路中的各种导线连接，均不得在开关、插座的端子处以套接压线方式连接其他支路。

6.2 照明电路安装

6.2.1 照明电路安装施工工序

室内照明电路的敷设方法有明敷设和暗敷设两种。现代家庭装修时，绝大多数采用线管暗敷设布线方式，只有少数场合采用线管明敷设方式。

家居布线的一般工序如下。

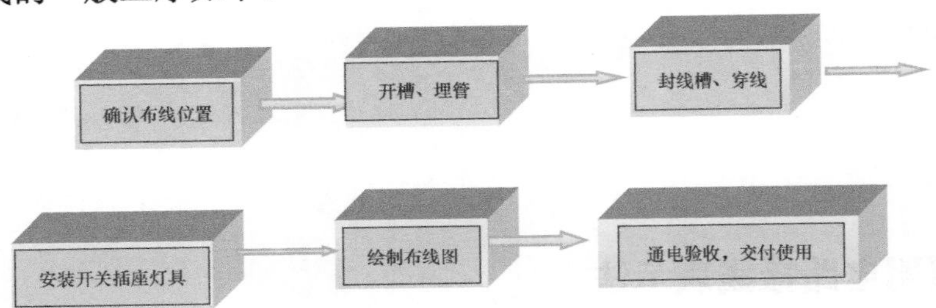

1 确认布线位置

按照施工图样，确定灯具、插座、开关、配电箱和照明设备等的位置。确定导线敷设的路径及穿过墙壁或楼板的位置，并用粉笔或记号笔或墨线将线路标示出来，如图 6-12 所示。

目前家装电路施工单位主要有以下四种电路改造施工方案，其工艺各有千秋。

（1）横平竖直铺设线管

采用横平竖直铺设线管，注意防止出现死角现象。但其美观程度远超成本，如图 6-13 所示。

（2）单管单线铺设线管

采用单管单线铺设线管，虽然没有出现死角弯，但满屋像是挂满了彩虹，成本很高，如图 6-14 所示。

（3）两点一线铺设线管

点对点，两点一线铺设线管，可减少弯点、缩短线路、降低成本，如图 6-15 所示。

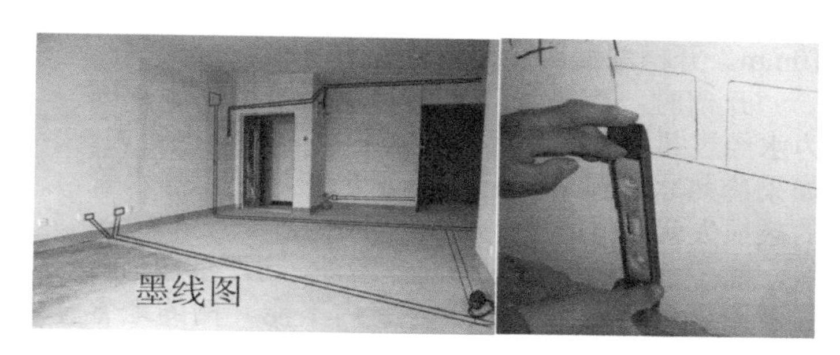

图 6-12 依据施工图进行画线定位

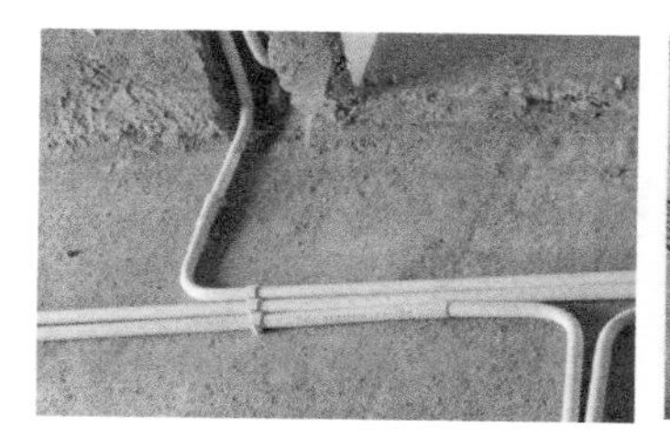

图 6-13 横平竖直铺设线

图 6-14 单管单线铺设线管

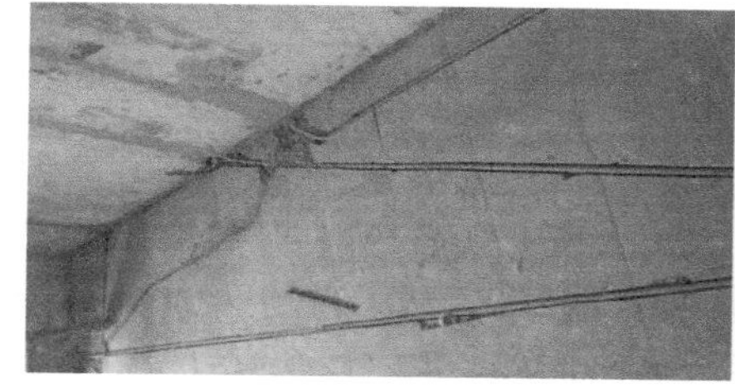

（a）墙面点对点

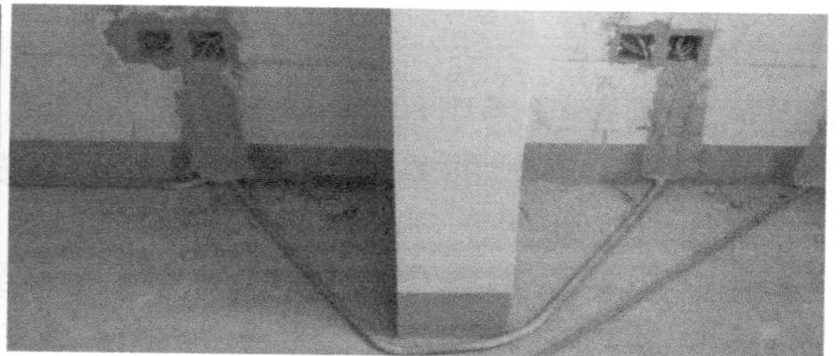

（b）地面点对点

图 6-15 两点一线铺设线管

（4）大弧弯铺设线管

采用大弧弯铺设线管，可确保线管在铺设中不出现死角弯，如图 6-16 所示。

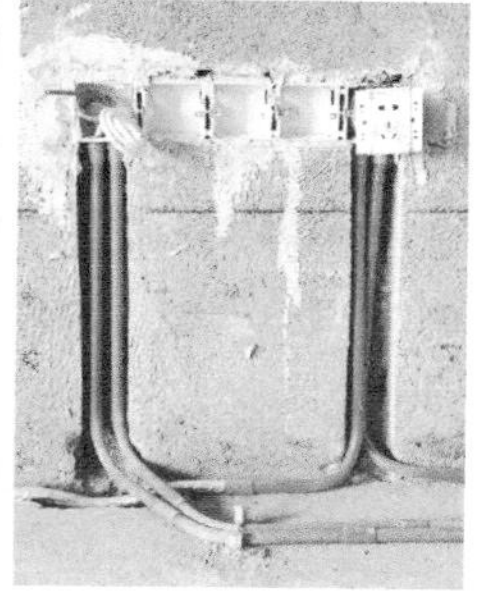

图 6-16 大弧弯铺设线管

2 开槽

沿着导线敷设路径，在墙上开槽。开槽常用的工具有切割机、水电开槽机（图 6-17）。一般来说，开槽宽度比管道直径大 20mm；如果是多根管道，则每个管道之间距离为

10mm。开槽深度比管道直径大 10 ～ 15mm。

开槽时，冷热水管之间一定要留出间距。因为水经过热水器加热后循环过程同时热量也流失。如果冷热水管紧靠一起，冷水也在循环，热水管的热损失就会很厉害。

除了承重墙不允许横向开槽外，还严禁在梁、柱及阳台的半截墙上开槽。室内不能开槽的地方如图 6-18 所示。

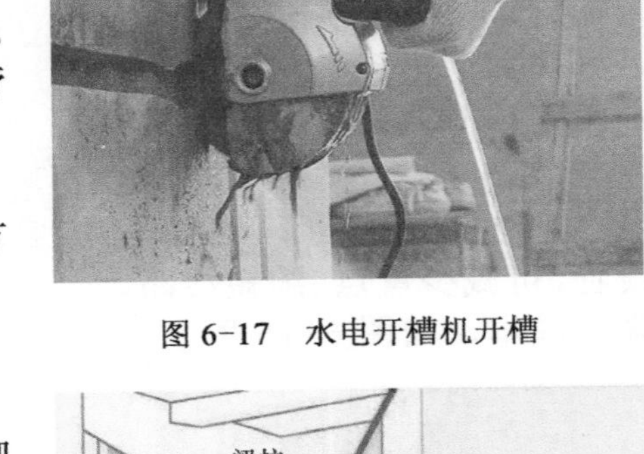

图 6-17　水电开槽机开槽

3 预埋底盒，固定电线管

先将底盒放入槽内，调平，保证底盒突出砌体墙面 2cm，将自攻螺钉打入底盒底部固定。底盒敷设完毕，按照已固定的底盒位置尺寸下料加工线管并安装于槽内，并与线盒接驳。接驳线管时，管与盒先接，管与管后接。线管接驳完毕，用管卡将线管固定于槽内，管卡的最大间距不大于 1m。

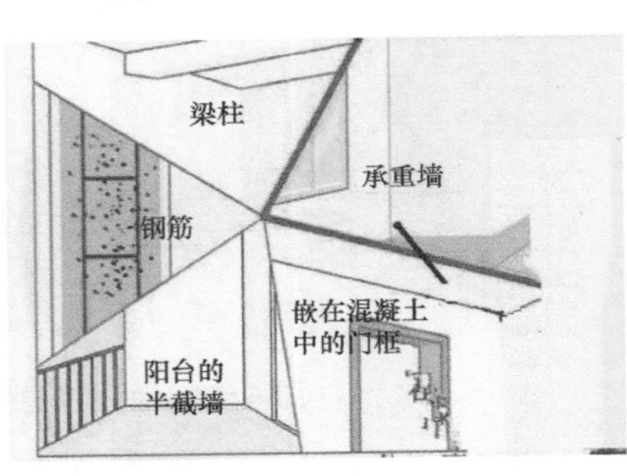

图 6-18　室内不能开槽的地方

4 穿线

利用尼龙钢丝或者引线器将电线引入电线管之中，经过一送、一拉的系列动作后，就可以快速完成电线穿线。电线穿线最好由两名经验丰富的电工师傅，一人拉线，一人送线，协同合作，能够大大提高穿线的效率。

在穿线时，一定不能生拉硬拽，这样很容易伤害线管，一旦遇到穿线穿到一半很难拉动的情况，送线的工人可以从另一头慢慢推来解决问题。

5 安装灯具、插座、开关及其他电器

在墙面刷涂料或贴墙纸的工作完成后，就可以进行灯具的安装及开关插座面板的安装工作。通常是先装开关、插座，再安装灯具和其他电器。其安装方法见本章相关的介绍。

6 电路竣工验收

室内开关插座及灯具安装完毕，会同业主进行电路竣工验收。将实际布线情况绘制成图或留下影像资料，交用户保存，以备今后检修使用。

特别提醒

现在家居装修布线除了要布设照明电路电线、电视有线电缆和电话线、音响线、视频线等，越来越多的家庭的网络布线也是必不可少的。

强电线路和弱电线路的布线是同时进行施工的，强、弱电线路之间要保持 50cm 左右的安全距离。

视频 6.4：PVC 电线管暗敷设布线

【家居布线工序口诀】

家居布线两方式，明敷设和暗敷设。
根据图纸定位置，确定敷设线路径。

开槽预埋电线管，打孔预埋膨胀钉。
敷设导线装设备，通电验收留图据。

6.2.2 PVC电线管敷设

PVC电线管敷设的主要步骤及具体操作方法见表6-10。

表6-10 PVC电线管敷设的主要步骤及具体操作方法

步骤	工序	主要方法
(1)	断管	根据实际需要的长度，用钢锯（或者特制剪刀）将线管锯（剪）断
(2)	弯管	根据实际需要，弯曲线管。弯管方法有热弯法和冷弯法
(3)	线管连接	将两节线管连接起来，连接方法有插接法和套接法
(4)	线管敷设	固定线管。敷设方法有明敷设和暗敷设
(5)	穿线	主要步骤有清管、穿引线、放线、穿线、剪余线、做标记

1 PVC电线管加工

（1）PVC电线管的切断

管径为32mm及以下的小管径管材使用专用截管器（或特制剪刀）截管材。使用钢锯锯管，适用于所有管径的线管，线管锯断后，应将管口修理平齐、光滑。

（2）电线管的弯曲

电线管的弯曲处，不应有折皱、凹陷和裂缝，其弯扁程度不应大于管外径的10%。一般情况下，弯曲半径不宜小于管外径的6倍。当管路埋入地下或混凝土内时，其弯曲半径不应小于管外径的10倍。管径为32mm以下采用冷弯，冷弯方式有弹簧弯管和弯管器弯管，弹簧弯管的方法如图6-19所示；管径为32mm以上一般采用热弯的方法。

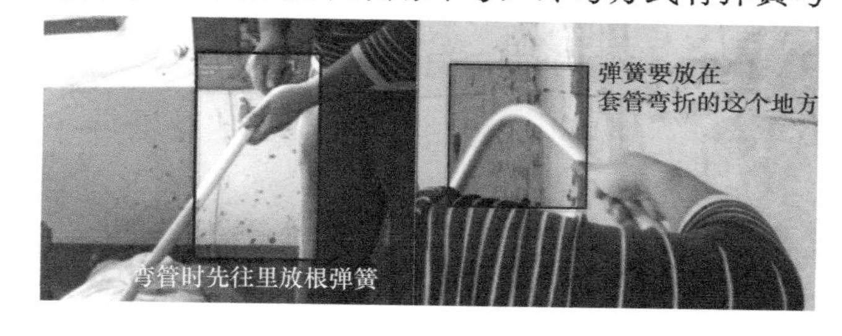

图6-19 弹簧弯管

2 PVC电线管预埋

（1）在地面敷设PVC电线管

新房装修电线管在地面上敷设时，如果地面比较平整，垫层厚度足够，PVC电线管可直接放在地面上。为了防止地面上的线管在其他工种施工过程中被损坏，在垫层内的PVC电线管可用水泥砂浆进行保护，如图6-20所示。

（2）在墙面上暗敷设PVC电线管

在墙面上暗敷设PVC电线管时，需要先在墙面上开槽。开槽工具一般采用切割机。开槽时不能过宽过大，开槽深度必须保证管子的保护层厚度，开槽的宽度和深度均大于管外径的1倍以上。在梁、柱上严禁开槽。值得注意的是，配管要尽量减少转弯，沿最短路径，经综合考虑确定合理的管路敷设部位和走向，确定盒箱的安装位置，如图6-21所示。

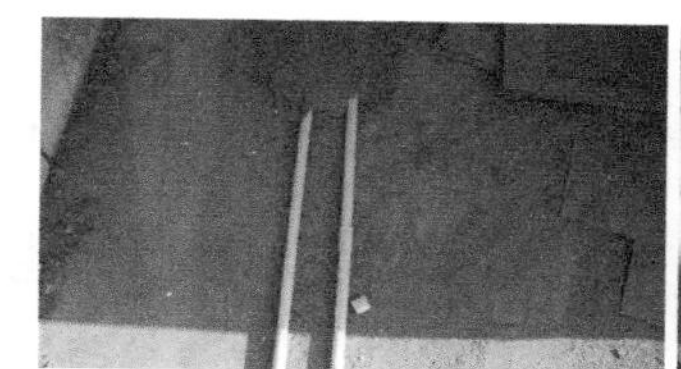
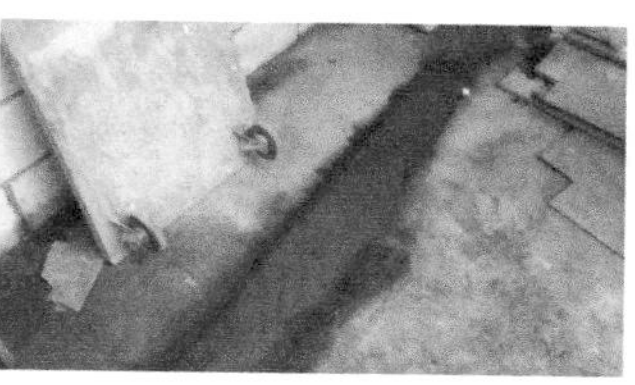

图6-20 地面线管保护措施示例

（3）在吊顶内明管敷设 PVC 电线管

吊顶内的线管要用明管敷设的方式，不得将线管固定在平顶的吊架或龙骨上，接线盒的位置正好和龙骨错开，这样便于日后检修，如图 6-22 所示。如果要用螺纹管接到下面灯的位置，螺纹管的长度不能超过 1m。

图 6-21　在墙面上暗敷设 PVC 电线管

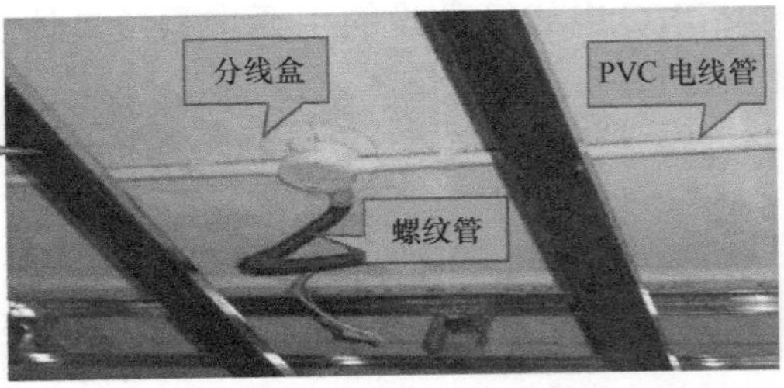

图 6-22　在吊顶内明管敷设 PVC 电线管

（4）PVC 电线管的连接

PVC 电线管的连接方法见表 6-11。

表 6-11　PVC 电线管的连接方法

连接方式	连接方法
管接头（或套管）连接	将管接头或套管（可用比连接管管径大一级的同类管料做套管）及管子清理干净，在管子接头表面均匀刷一层 PVC 胶水后，立即将刷好胶水的管头插入接头内，不要扭转，保持约 15s 不动，即可贴牢，如图 6-23 所示
插入法连接	将两根管子的管口，一根内倒角，一根外倒角，加热内倒角塑料管至 145℃左右，将外倒角管涂一层 PVC 胶水后，迅速插入内倒角管，并立即用湿布冷却，使管子恢复硬度

PVC 电线管的常用配件如图 6-24 所示。

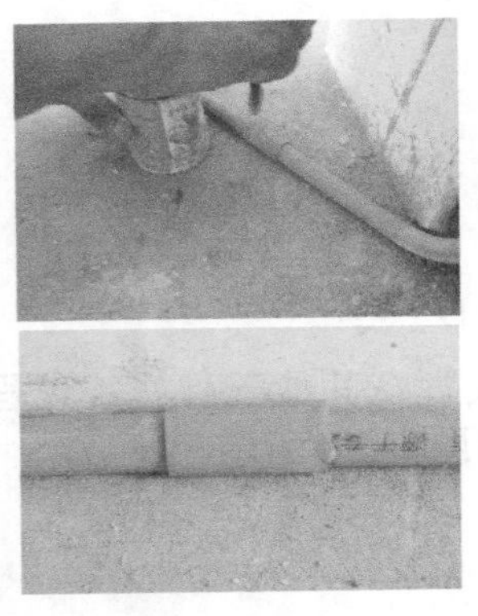

图 6-23　PVC 电线管接头连接

（a）方盒盖

（b）方线盒

（c）方线盒盖

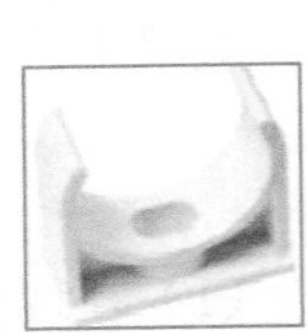

（d）管卡

（e）三通

（f）锁扣

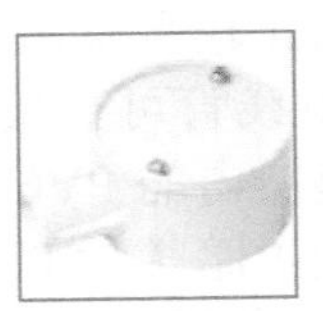

（g）圆单通

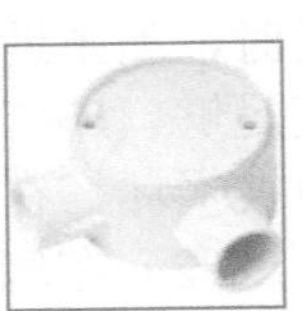

（h）圆角双通

图 6-24　PVC 电线管的常用配件

锁扣用在线盒里面，规范使用很美观，同时也保护穿线不划伤电线，连接后的效果如图 6-25 所示。

3　开关插座底盒预埋

底盒（暗盒）是用来固定开关面板和插座面板的，是装在墙里面的暗工程。常用底盒（暗盒）的型号有 86 型、118 型和 120 型，同时有单盒、多联盒（由两个及两个以上单盒组合）之分。常用的是 86 型暗盒，如图 6-26 所示。

（1）底盒预埋的步骤及方法

为了达到优良的观感，暗线底盒预埋位置必须准确整齐。开关插座和暗盒必须按照测定的位置进行安装固定。开关插座底盒的平面位置必须以轴线为基准来测定。

① 先将水泥、细砂以 1∶2 比例混合后加水，再一次搅拌，不能太稀疏，也不能太干。把水泥砂浆铲到灰桶里，备用。

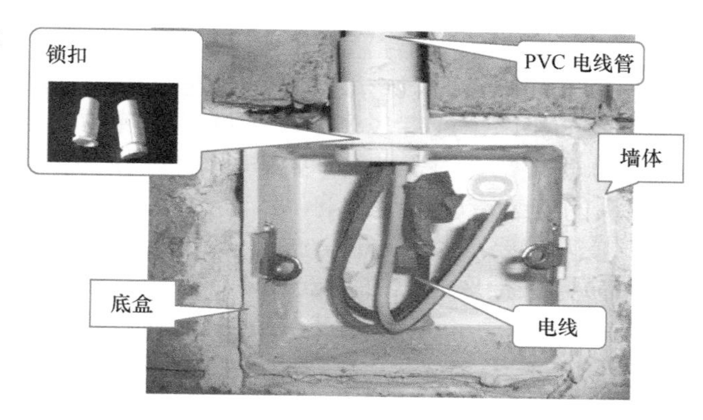

图 6-25 锁扣与接线底盒的连接

视频 6.5：开关插座安装设计

图 6-26 86 型暗盒

② 用灰刀把水泥砂浆放到槽内后，将暗盒进电线管方向的敲落孔敲下，再把暗盒按到槽内，按平，目视暗盒水平放正后，等待半个小时左右（时间长短与天气温度有关），水泥砂浆处于半干的状态时，就可以用木批把浆磨平，底盒预埋的方法如图 6-27 所示。

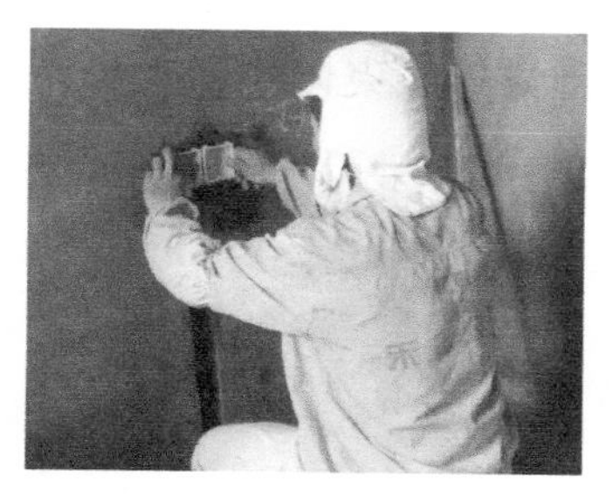

（a）将底盒装在墙上

（b）位置矫正

要点：端正，平整划一，与墙面保持平整，不得凸出墙面，相邻底盒的间距一致

（c）用水泥固定

图 6-27 底盒预埋的方法

（2）预埋暗盒的注意事项

① 安装暗盒时，一般让螺钉孔左右排列，以便于面板开关插座的安装。

② 如果两个或者多个 86 型暗盒并排装在一起时，底盒之间要求有一定的间距。

③ 安装暗盒时，尽量不要破坏暗盒的结构，结构被破坏容易导致预埋时盒体变形，对面板的安装造成不良影响。

④ 安装要平整、稳固，盒子安装完整不变形。

⑤ 开关插座暗盒并列安装时，要求高度相等，允许的最大高度差不超过 0.5mm；允许偏差为 0.5mm（可通过吊坠线检测暗盒的垂直度）。

6.2.3 电线管穿线

管路敷设完毕，下一步工序就是穿线，穿线前先穿入一根钢丝，然后通过钢丝把导线穿入电线管内。

1 管内穿线的技术要求

① 穿入管内绝缘导线的额定电压不应低于 500V；管内导线不得有接头和扭结，不得有因导线绝缘性不好而增加的绝缘层。

② 用于不同回路、不同电压、交流与直流的导线，不得穿入同一根管子内。对于照明花灯的所有回路，同类照明的几个回路，则可穿入同一根管内，但管内导线总数不应多于 8 根。

③ 管内导线的总面积（包括外护层）不应超过管子内截面面积的 40%。

④ 穿于垂直管路中的导线每超过一定长度时，应在管口处或接线盒中将导线固定，以防下坠。

2 穿线操作

穿线时，在管子两端口各有一人，一人负责将导线束慢慢送入管内，另一人负责慢慢抽出引线钢丝，要求步调一致，如图 6-28 所示。

穿线完成后，将绑扎的端头拆开，两端按接线长度加上预留长度，将多余部分的线剪掉（穿线时一般情况下是先穿线，后剪断，这样可节约导线），如图 6-29 所示。穿线后留在接线盒内的线头要用绝缘带包缠。

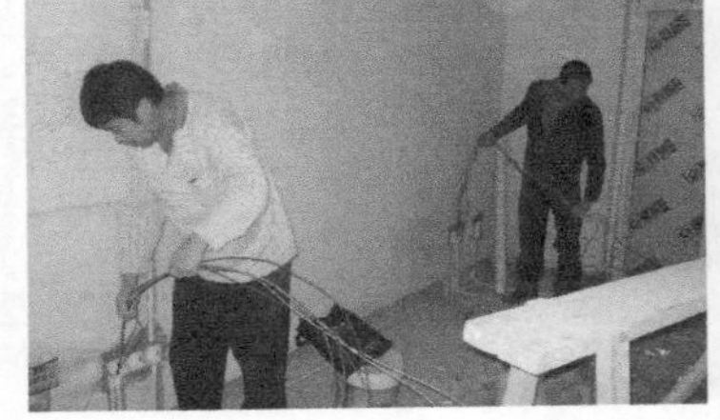

图 6-28　二人配合穿线

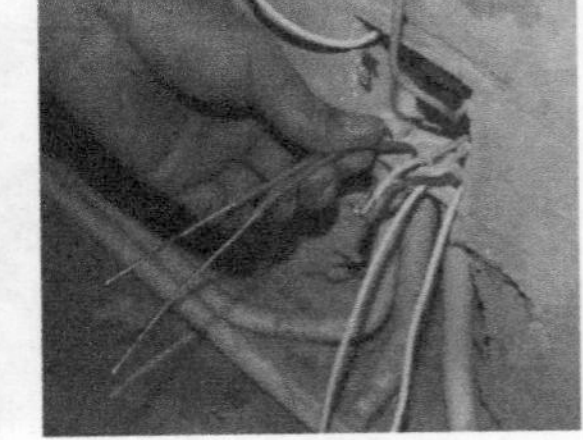

图 6-29　预留线头示例

特别提醒

PVC 电线管线路一般使用单股硬导线，单股硬导线有一定的硬度，距离较短时可直接穿入管内。多根导线在穿入过程中不能有绞合，不能有死弯。

3 测试

穿线完毕，用兆欧表测量线与线之间和线与管（地）之间绝缘电阻，应大于

1MΩ；若低于 0.5MΩ 时应查出原因，重新穿线。

【电线管穿线口诀】

线管穿线有规定，同一回路一管穿。
截面不应超 40%，管内导线不接头。
减少转角或拐弯，需要增加接线盒。

6.2.4 照明开关的安装

1 技术要求

视频 6.6：双控灯的安装

视频 6.7：双控灯单控插座电路安装

① 安装前应检查开关规格型号是否符合设计要求，并有产品合格证，同时检查开关操作是否灵活。

② 用万用表 R×100 挡或 R×10 挡测量开关的通断情况。

③ 用绝缘电阻表测量开关的绝缘电阻，要求不小于 2MΩ。测量方法是：一条测试线夹在接线端子上，另一条夹在塑料面板上。由于室内安装的开关、插座数量较多，电工可采用抽查的方式对产品绝缘性能进行检查。

④ 开关用于切断相线，即开关一定要串接在电源相线（俗称火线）上。如果将照明开关串接在零线上，虽然断开时电灯不亮，但灯头的相线仍然是接通的，而人们以为灯不亮就会错误地认为灯是处于断电状态。而实际上灯具上各点的对地电压仍是 220V。如果灯灭时，人们触及这些实际上带电的部位，就会造成触电事故。所以各种照明开关或者单相小容量用电设备的开关，只有串接在相线上，才能确保安全，如图 6-30 所示。

⑤ 同一室内开关的安装高度误差不能超过 5mm，并排安装的开关高度误差不能超过 2mm，开关面板的垂直允许偏差不能超过 0.5mm，如图 6-31 所示。

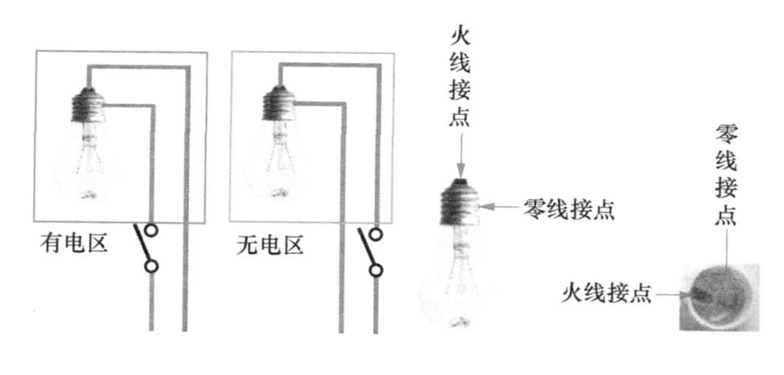

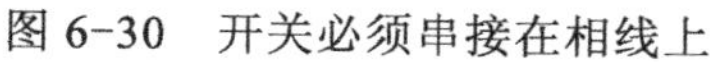
图 6-30 开关必须串接在相线上

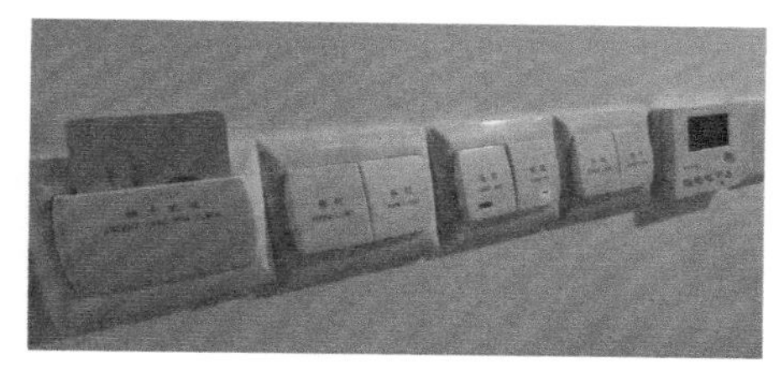
图 6-31 成排开关安装高度应一致

⑥ 开关必须安装牢固。面板应平整，暗装开关的面板应紧贴墙壁，且不得倾斜，相邻开关的间距及高度应保持一致。

⑦ 安装在同一建筑物、构筑物内的开关，宜采用同一系列的产品（例如：86 型、118 型），开关的通断位置应一致，且操作灵活、接触可靠。

【开关安装技术要求口诀】

灯具开关要串联，相线必须进开关。
安装位置选择好，高度误差小 5mm。
固定牢固接触好，面板贴墙不歪斜。

2 开关接线与固定

单控照明开关原理图和接线图如图 6-32 所示，开关是线路的末端，到开关的是从灯头盒引来的电源相线和经过开关返回灯头盒的回相线，即灯具开关要串联，相线必须进开关。

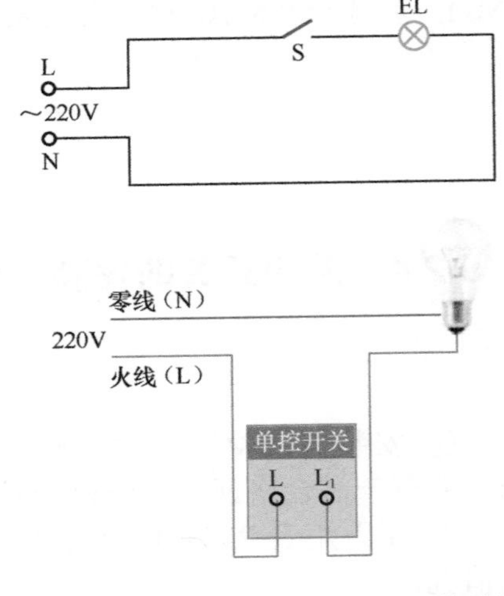

图 6-32 单控照明开关原理图和接线图

（1）接线操作

① 开关在安装接线前，应清理接线盒内的污物，检查盒体无变形、破裂、水渍等易引起安装困难及事故的情况。

② 把接线盒中留好的导线理好，留出足够的操作长度，长出盒沿 10 ～ 15cm。注意不要留得过短，否则很难接线；也不要留得过长，否则很难将开关装进接线盒。

③ 用剥线钳把导线的绝缘层剥去 10mm。

④ 把线头插入接线孔，用小螺丝刀把压线螺钉旋紧。注意线头不得裸露。开关安装操作如图 6-33 所示。

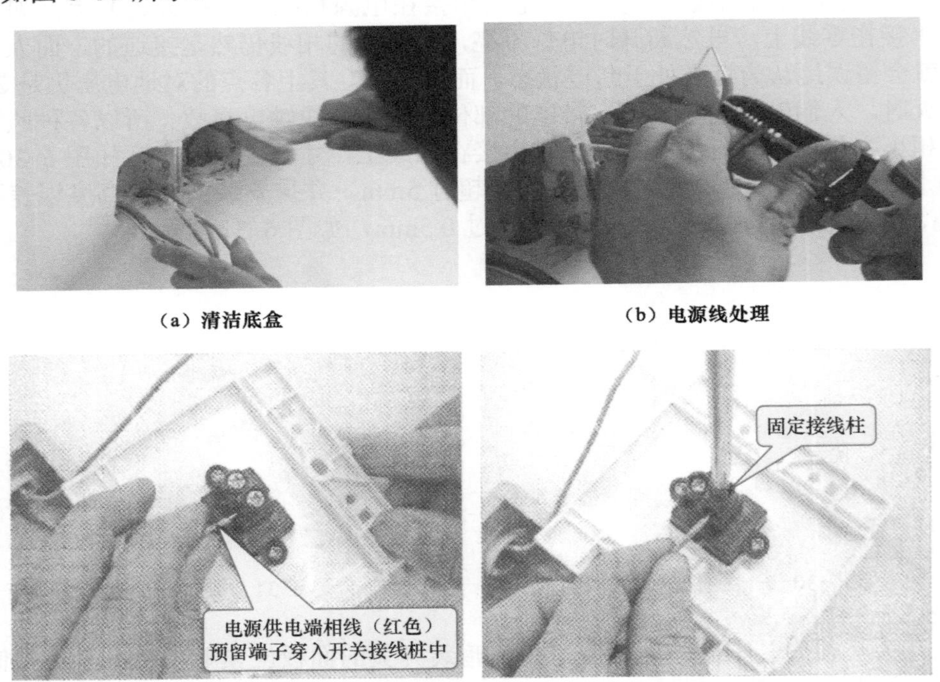

（a）清洁底盒　（b）电源线处理

（c）接线

图 6-33 开关安装操作

（2）面板安装

开关面板分为两种类型，一种单层面板，面板两边有螺钉孔；另一种是双层面板，把下层面板固定好后，再盖上第二层面板。

① 单层开关面板安装的方法：先将开关面板后面固定好的导线理顺盘好，把开关

面板压入接线盒。压入前要先检查开关跷板的操作方向，一般按跷板的下部，跷板上部凸出时，为开关接通灯亮的状态；按跷板上部，跷板下部凸出时，为开关断开灯灭的状态。再把螺钉插入螺钉孔，对准接线盒上的螺母旋入。在螺钉旋紧前注意检查面板是否平齐，旋紧后面板上边要水平，不能倾斜。

② 双层开关面板安装的方法：双层开关面板的外边框是可以拆掉的，安装前先用小螺钉旋具把外边框撬下来，把底层面板先安装好，再把外边框卡上去，如图6-34所示。

图6-34 双层开关面板安装的方法

单联双控开关有三个接线端，两个双控开关控制一盏灯，如图6-35所示。

【照明开关安装口诀】

开关串联相线中，零线不能进开关。
安装位置选择好，既守规范又方便。
盒内余线应适当，接线不能裸线头。
固定螺钉要拧紧，保证线头接触好。
底盒必须固定稳，面板平正才美观。

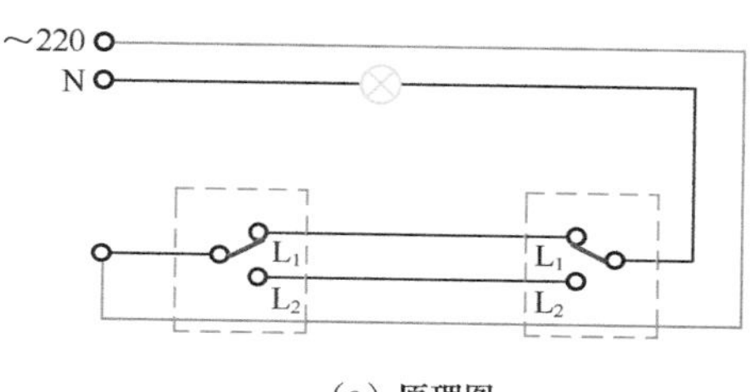

（a）原理图

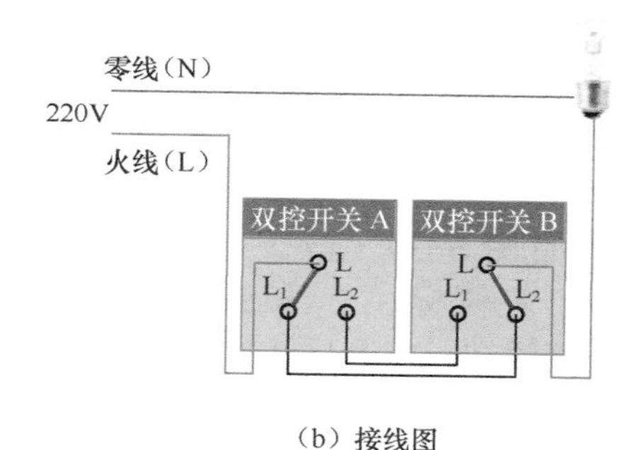

（b）接线图

图6-35 两个双控开关控制一盏灯

3 照明开关安装的注意事项

① 相线进开关，零线不能进开关，这是最基本的操作常识，也是安全用电的规定。在实际施工过程中，常常有人出现错误，应引起读者注意。

② 普通照明开关一般只能用于照明灯具的控制，不能作为大功率电器的控制开关。

③ 应该在墙面刷涂料或贴墙纸的工作完成后，再进行开关面板的安装工作。该规定同样适用于插座、灯具的安装。

6.2.5 电源插座的安装

1 插座接线的规定

视频6.8：插座的安装

① 单相两孔插座有横装和竖装两种。横装时，面对插座的右孔接相线（L），左孔接零线（中性线N），即“左零右相”；竖装时，面对插座的上孔接相线，下孔接中性线，即“上相下零”，如图6-36（a）所示。

② 单相三孔插座接线时，保护接地线（PE）应接在上方，下方的左孔接零线，右孔接相线，即“左零右相中PE”，通俗地说，三孔插座接线规则是“左零右火上接地”，如图6-36（a）所示。插座接线原理图如图6-36（b）所示。

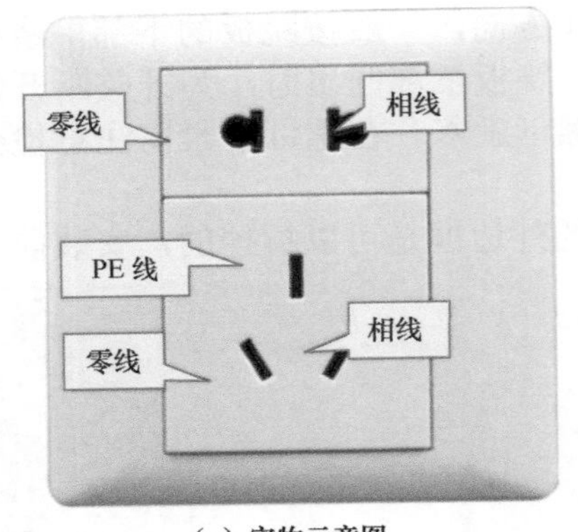

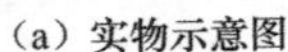
（a）实物示意图

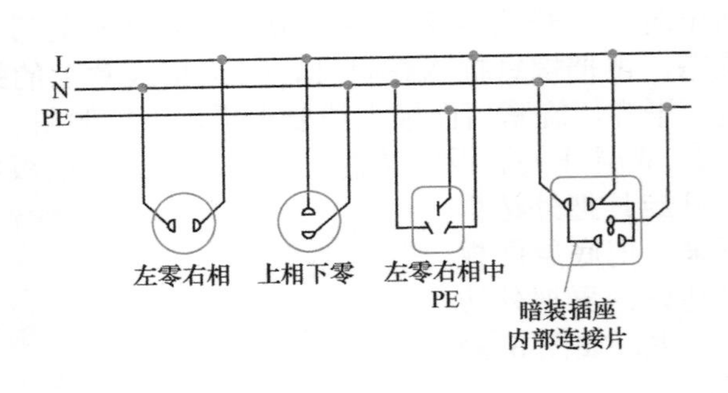

（b）接线原理图

图 6-36　单相插座接线的规定

③ 一开三孔插座的接线。

一开三孔插座（开关控制灯）的接线，适合于室内既需要控制灯具，又需要使用插座的场所配电，如图 6-37 所示。

一开三孔插座（开关控制插座）的接线，适用于室内需要经常使用的小功率电器配电，如图 6-38 所示。

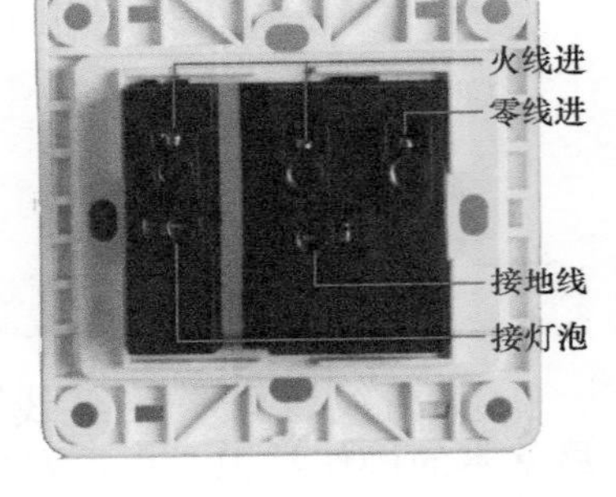

图 6-37　一开三孔插座（开关控制灯）的接线

④ 一开五孔插座的接线。

一开五孔插座的结构如图 6-39（a）所示，左侧标注 L_1 和 L_2 是开关的两个接线端，右侧标注的 L 是火线，N 是零线，剩下的一个是地线。开关控制插座的接线如图 6-39（b）所示，开关控制灯具，插座独立使用的接线如图 6-39（c）所示。

【插座接线口诀】

单相插座有多种，常用两孔和三孔。
两孔并排分左右，三孔组成品字形。
面对插座定方向，各孔接线有规定。
左接零线右接相，保护地线接正中。

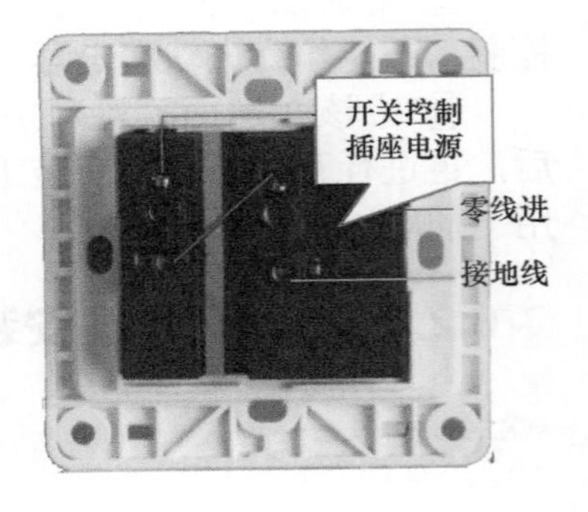

图 6-38　一开三孔插座（开关控制插座）的接线

2　插座安装的步骤及方法

暗装电源插座安装的步骤及方法见表 6-12。

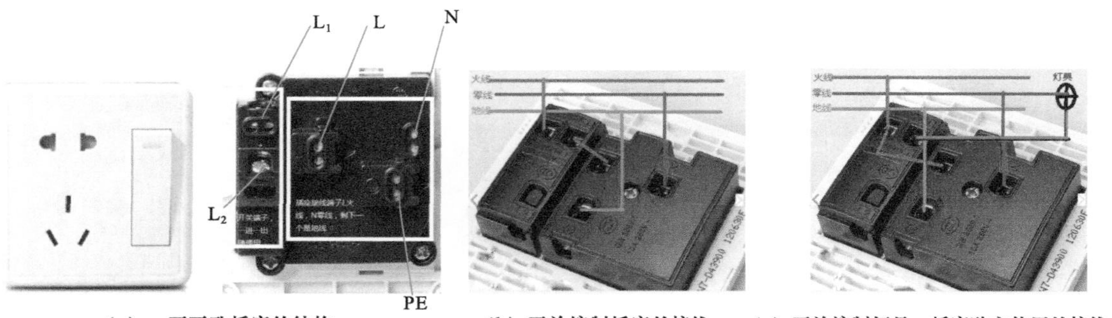

（a）一开五孔插座的结构　（b）开关控制插座的接线　（c）开关控制灯具，插座独立使用的接线

图 6-39　一开五孔插座的接线

表 6-12　暗装电源插座安装的步骤及方法

步骤	操作方法	图示
（1）	将盒内甩出的导线留足够的维修长度，剥削出线芯，注意不要碰伤线芯	
（2）	将导线按顺时针方向盘绕在插座对应的接线柱上，然后旋紧压头。如果是单芯导线，可将线头直接插入接线孔内，再用螺钉将其压紧，注意线芯不得外露	
（3）	将插座面板推入暗盒内，对正盒眼，用螺钉固定牢固。固定时，要使面板端正，并与墙面平齐	
（4）	安装插座护盖	

安装时，注意插座的面板应平整、紧贴墙壁的表面，插座面板不得倾斜，相邻插座的间距及高度应保持一致，如图 6-40 所示。

【插座安装口诀】

安装插座四步骤，剥削线尾绝缘层；
线头接压接线柱，注意线芯不外露；
面板推入暗盒内，与墙平齐固牢固。

要点：
紧贴墙壁，
排列整齐，
不得倾斜，
间距一致，
高度一致，
接线正确。

图 6-40　插座安装

特别提醒

① 插座（包括开关，下同）不能装在瓷砖的花片和腰线上: 插座底盒在瓷砖开孔时，边框不能比底盒大 2mm 以上，也不能开成圆孔。安装开关、插座，底盒边应尽量与瓷砖相平，这样安装时就不需另找比较长的螺钉。

② 装插座的位置不能有两块以上的瓷砖被破坏，并且尽量使其安装在瓷砖正中间。

③ 明装插座时，需要在墙面上先钻孔，打入膨胀套，固定插座底盒。

④ 插座接线是否正确，可以用插座检测仪来检查，如图 6-41 所示。

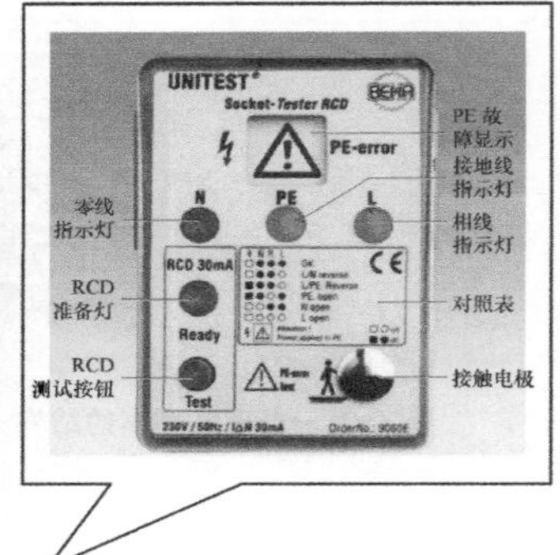

图 6-41　插座检测仪

6.3 照明灯具的选用与安装

6.3.1 合理选用照明灯具

灯具是家居的眼睛。家庭照明灯具的主要功能是合理分配光源辐射的光通量，满足环境和家庭生活的配光要求，并且不产生眩光和严重的光幕反射。

家庭选择灯具时，除考虑环境光分布和限制眩光的要求外，还应考虑灯具的效率，选择高光效灯具，选择节能灯。同时，应尽量避免室内灯光五颜六色，五颜六色的灯光除对人的视力危害大外，还会干扰大脑中枢高级神经的功能，特别是对婴幼儿及儿童危害更大。

灯具可以分为吊灯、台灯、吸顶灯、落地灯、壁灯、筒灯、射灯以及节能灯等。而在这些大的分类下面还有很多小的分类，比如吊灯又可以分为欧式烛台吊灯、水晶吊灯、中式吊灯和时尚吊灯，可适用于不同的装修风格。

家庭不同的居室，对灯具的要求也有所不同。家庭居室灯具的选用见表 6-13。

表 6-13　家庭居室灯具的选用

居室	灯具选用说明	图示
客厅	照明要求较高，以选用造型豪华的吊灯、吸顶灯、落地灯为主。当层高在 2.7m 以下时，宜采用吸顶灯，光源以暖色光为好，瓦数和灯罩宜大；当层高大于 2.7m 时，最好选择吊灯，但一般不选拉杆吊灯，其高度要求必须在 3m 以上，否则不安全。客厅装饰照明可选用 LED 灯杯、LED 灯带	
卧室	照明光线低柔，可采用乳白色或浅淡色。灯具的金属部分不宜有强反光。以壁灯、床头灯、吸顶灯、落地灯为主。壁灯宜用表面亮度低的漫射材料灯罩，可使卧室内显得光线柔和，利于休息	

续表

居室	灯具选用说明	图示
书房	光线要明亮。灯具可采用日光灯管、吸顶灯，书橱内可装设一盏小射灯，既容易辨别书名，还可保持温度，防止书籍潮湿腐烂。为孩子选择学习灯具时，应尽量购买无频闪效应、无电磁辐射的灯具	
厨房	灯具造型应尽可能简洁，以便经常擦拭。灯具底座要选用瓷质的安全插座。开关要购买内部是铜质且密封性能好的，具有防潮、防锈效果。灯具以嵌顶灯、筒灯、吸顶灯为主	
餐厅	西式餐厅追求浪漫，采用较暗灯光，如吊灯、筒灯、壁灯等。中式餐厅讲究灯光明亮，餐桌要求水平照度，故宜选用强烈向下直接照射的灯具或拉下式灯具，使其拉下高度在桌上方 0.6 ～ 0.7m，灯具的位置一般在餐桌的正上方	
卫生间	需要明亮柔和的光线，因卫生间内照明器开关频繁，所以选用白炽灯或 LED 灯具作光源较适宜	
门厅	门厅是进入室内给人以最初印象的地方，因此要明亮，灯具要考虑安置在进门处和深入室内的交界处，这样可避免在来访者脸上出现阴影	

6.3.2 照明灯具安装的要求及步骤

1 灯具安装的技术要求

视频 6.9：照明灯具的安装

① 安装照明灯具的最基本要求是必须牢固、平整、美观。

② 安装壁灯、床头灯、台灯、落地灯、镜前灯等灯具时，灯具的金属外壳均应接地，以保证使用安全。

③ 螺口灯头接线时，相线（开关线）应接在中心触点端子上，零线接在螺纹端子上。

④ 台灯等带开关的灯头，为了安全，开关手柄不应有裸露的金属部分。

⑤ 灯具质量大于 3kg 时，应采用预埋吊钩或从屋顶用膨胀螺栓直接固定支吊架安装（不能用吊平顶或吊龙骨支架安装灯具）。从灯头箱盒引出的导线应用软管保护至

灯位，防止导线裸露在平顶内。

⑥ 同一场所安装成排灯具一定要先弹线定位，再进行安装，中心偏差应不大于2mm。要求成排灯具横平竖直，高低一致；若采用吊链安装，吊链要平行，灯脚要在同一条线上。

⑦ 灯具安装过程中，不得污染损坏已装修完毕的墙面、顶棚、地板，如图 6-42 所示。

图 6-42　安装灯具要注意保护成品

【灯具安装技术要求口诀】

安装灯具须牢固，横平竖直最美观。
为保使用的安全，金属外壳应接地；
吊灯重超三千克，预埋吊钩或螺栓。
螺口灯头接线时，中心触点接火线。

2 灯具安装的施工步骤

应在屋顶和墙面喷浆、油漆或壁纸及地面清理等工作基本完成后，才能安装灯具。不同类型灯具的安装步骤略有不同，基本安装步骤如下。

① 灯具验收。
② 穿管电线绝缘检测。
③ 螺栓吊杆等预埋件安装。
④ 灯具组装。
⑤ 灯具安装固定。
⑥ 灯具接线。
⑦ 灯具试亮。

【灯具安装步骤口诀】

油漆壁纸做完毕，安装灯具才可行。
灯具验收应把关，穿管电线测绝缘；
主要器件先组装，然后吊顶固定装；
正确连接灯具线，灯具试亮无故障。

视频 6.10：吸顶灯的安装

6.3.3 吸顶灯的安装

吸顶灯可直接装在天花板上，安装简易，款式简单大方，清洁方便，能赋予空间清朗明快的感觉。常用的吸顶灯有方罩吸顶灯、圆球吸顶灯、尖扁圆吸顶灯、半圆球吸顶灯、半扁球吸顶灯、小长方罩吸顶灯等，其安装方法基本相同。

1 钻孔和固定挂板

对现浇的混凝土实心楼板，可直接用电锤钻孔，打入膨胀螺栓，用来固定挂板，如图 6-43 所示。固定挂板时，在木螺钉往膨胀螺栓里面上的时候，不要一边完全上进去了才固定另一边，那样容易导致另一边的孔位置对不齐，正确的方法是粗略固定好一边，使其不会偏移，然后固定另一边，两边要交替进行。

注意： 为了保证使用安全，当在砖石结构中安装吸顶灯时，应采用预埋吊钩、螺栓、螺钉、膨胀螺栓、尼龙塞或塑料塞固定。严禁使用木楔。

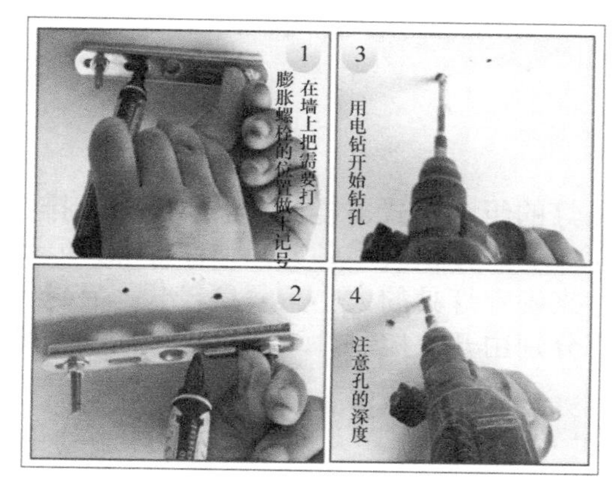

（a）钻孔

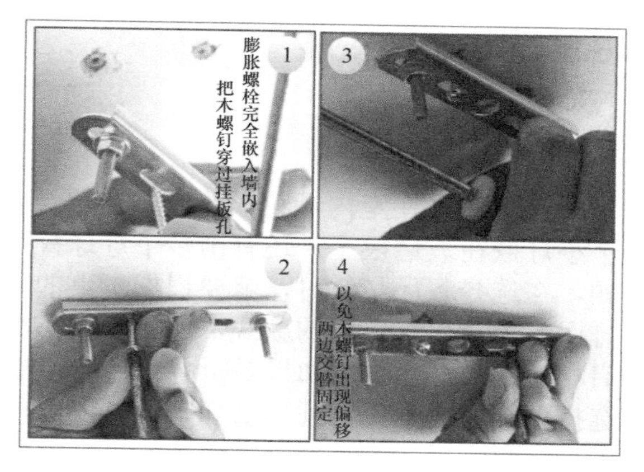

（b）固定挂板

图 6-43　钻孔和固定挂板

2 灯具的安装

① 拆开包装，先把吸顶盘接线柱上自带的一点线头去掉，并把灯管取出来，如图 6-44 所示。

② 将 220V 的相线（从开关引出）和零线连接在接线柱上，与灯具引出线相接，如图 6-45 所示。有的吸顶灯的吸顶盘上没有设计接线柱，可将电源线与灯具引出线连接，并用黄腊带包紧，外加包黑胶布。将接头放到吸顶盘内。

③ 将吸顶盘的孔对准吊板的螺钉，将吸顶盘及灯座固定在天花板上，如图 6-46 所示。

④ 按说明书依次装上灯具的配件和装饰物。

⑤ 插入灯泡或安装灯管（这时可以试一下灯是否会亮）。

⑥ 安装灯罩，如图 6-47 所示。

图 6-44　拆除吸顶盘接线柱上的连线并取下灯管

图 6-45　在接线柱上接线

图 6-46　固定吸顶盘和灯座

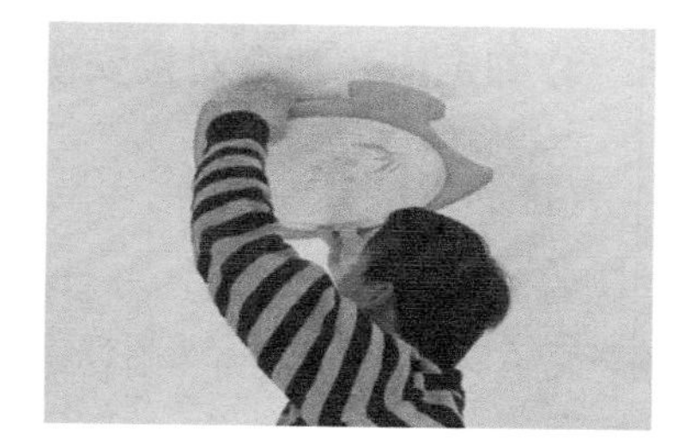

图 6-47　安装灯罩

【安装吸顶灯口诀】

天花板装吸顶灯，挂板贴墙固定牢。
吸盘固定挂板上，接线插灯通电亮。
装齐配件和饰物，最后不忘盖灯罩。

6.3.4 吊灯的安装

1 餐厅吊灯的简介

吊灯就是吊在室内天花板的装饰照明灯，吊灯的组合形式多样，单盏、三个一排、多个小灯嵌在玻璃板上，还有由多个灯球排列而成的，体积大小各异，如图 6-48 所示。例如，在选择餐厅吊灯时，就要根据餐桌的尺寸来确定灯具的大小。餐桌较长，宜选用一排由多盏小吊灯组成的款式，而且每盏小吊灯分别由开关控制，这样就可依用餐需要开启相应的吊灯盏数。如果是折叠式餐桌，则可选择可伸缩的不锈钢圆形吊灯来随时依需要扩大光照空间。单盏吊灯或风铃形的吊灯就比较适合与方形餐桌或圆形餐桌搭配。

餐厅灯在满足基本照明的同时，更注重的是营造一种进餐的情调，烘托温馨、浪漫的居家氛围，因此，应尽量选择暖色调、可调节亮度的灯源，而不要为了省电，一味选择如日光灯般泛着冰冷白光的节能灯。

图 6-48　各种样式的餐厅吊灯

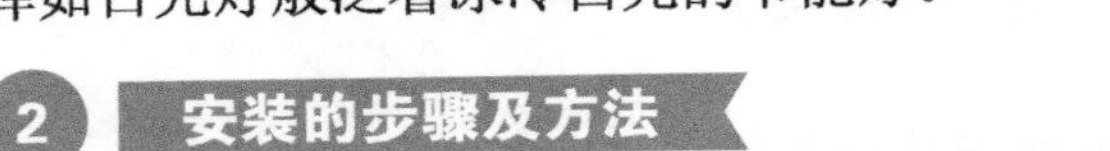

2 安装的步骤及方法

吊灯的安装与本节前面介绍的吸顶灯的安装方法基本一致。

① 选择好吊灯安装的位置，先用电锤钻孔，把膨胀螺栓敲入天花板内。钻孔时要避开吊灯或天花板中埋的暗线。

② 把天花板内的电源线拉出，从挂板靠中的位置穿过，接着用扳手把垫片、螺母以顺时针方向拧紧，把挂板紧固在天花板上，方能进行一下试拉的测试，确保挂板能够承受灯具的重量。

③ 把灯体挂入挂板上的挂钩内，拉起灯体内电线，与挂板内的电线相应极性对接拧紧，用扎线带固定后缠上电工胶布防止漏电。

④ 确定电线部分对接安全后，锁紧保险螺钉。

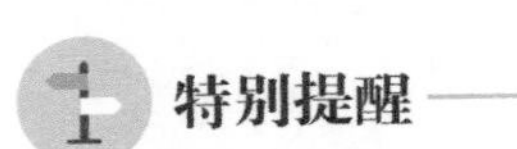

特别提醒

餐厅吊灯安装或高或低，都会影响就餐。一般吊灯的最低点到地面的距离为 2m 左右，而餐桌一般高度为 75cm 左右，那么吊灯的最低点到餐桌表面的距离为 55 ～ 75cm，这样既不会影响照明亮度，也不会被人碰撞。

6.4 配电箱和电能表的安装

6.4.1 配电箱的安装

1 配电箱的安装方式

配电箱（柜）是用户用电的总的分配装置。它是按电气接线要求将开关设备、测量仪表、保护电器和辅助设备组装在封闭或半封闭金属柜中或屏幅上，构成的低压配电装置。配电箱可以明装，也可以暗装，如图 6-49 所示。

视频 6.11：户内配电箱安装

配电箱直接在墙上明装时，可用埋设固定螺栓或用膨胀螺栓来固定。配电箱暗装（嵌入式安装）时，通常是配合土建砌墙将箱体预埋在墙内。

2　户内配电箱的电气单元

家庭户内配电箱一般嵌装在墙体内，外面仅可见其面板。户内配电箱一般由电源总闸单元、漏电保护单元和回路控制单元等三个功能单元构成，如图 6-50 所示。

（a）暗装

（b）明装

图 6-49　配电箱的安装方式

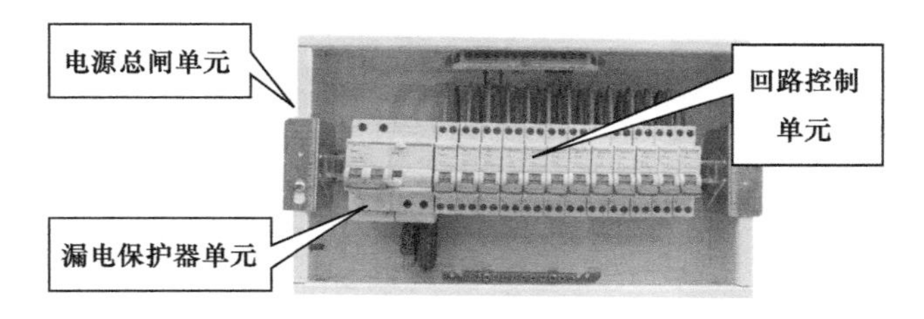

图 6-50　家庭户内配电箱的组成

（1）电源总闸单元

该单元一般位于配电箱的最左侧，采用低压断路器作为控制元件，控制着入户总电源。拉下电源总闸，即可同时切断入户的交流 220V 电源的相线和零线。

（2）漏电保护器单元

该单元一般设置在配电箱电源总闸的右侧，采用漏电断路器（漏电保护器）作为控制与保护元件。漏电断路器的开关扳手平时朝上处于“合”位置；在漏电断路器面板上有一试验按钮，供平时检验漏电断路器用。当户内线路或电器发生漏电，或万一有人触电时，漏电断路器会迅速动作切断电源（这时可见开关扳手已朝下处于“分”位置）。

（3）回路控制单元

该单元一般设置在配电箱的右侧，采用断路器作为控制元件，将电源分为若干路向户内供电。对于小户型住宅（如一室一厅），可分为照明回路、插座回路和空调回路。各个回路单独设置各自的断路器。对于中等户型、大户型住宅（如两室一厅一厨一卫，三室一厅一厨一卫等），在小户型住宅回路的基础上可以考虑适当增设一些控制回路，如客厅回路、主卧室回路、次卧室回路、厨房回路、空调 1 回路，空调 2 回路等，一般可设置 8 个以上的回路，居室数量越多，设置的回路就越多。其目的是达到用电安全、方便。图 6-51 所示为某普通两居室配电箱控制回路。

户内配电箱在电气上，电源总闸、漏电断路器、回路控制三个功能单元是顺序连接的，即交流 220V 电源首先接入电源总闸，通过电源总闸后进入漏电断路器，通过漏电断路器后分几个回路输出。

特别提醒

漏电断路器和漏电保护器是两种不同的产品，作用也不相同。漏电断路器是防止线路短路或超负荷时使用，只要线路短路或超负荷就会跳闸，而漏电不会跳闸。漏电保护器在实际使用中只要有漏电发生就会自动跳闸，但在超负荷或者短路发生时不会跳闸。

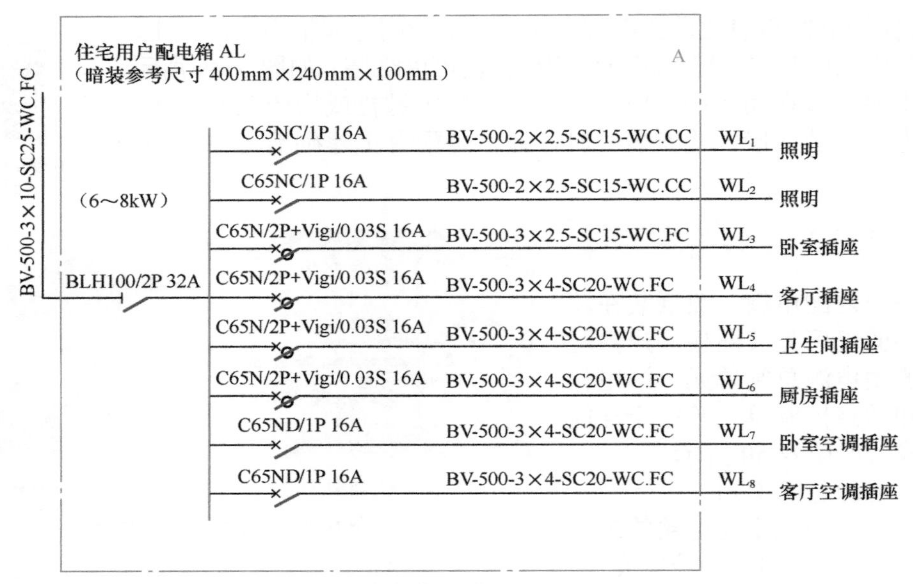

（a）住宅用户配电箱AL

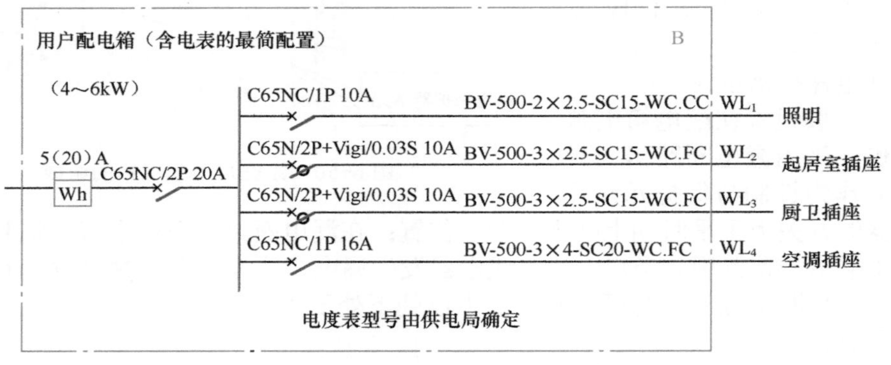

（b）用户配电箱（含电表的最简配置）

图6-51 两居室配电箱控制回路

3 户内配电箱安装的技术要求

家用配电箱的安装既要美观更要安全，技术要求如下。

① 箱体必须完好无损。进配电箱的电线管必须用锁紧螺帽固定，如图6-52所示。

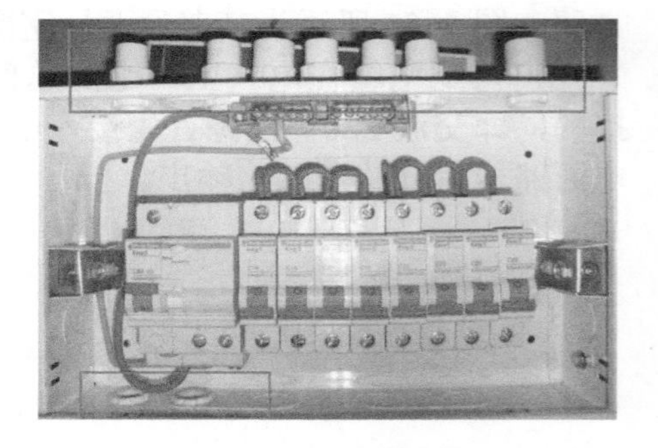

图6-52 电线管用锁紧螺帽固定

② 配电箱埋入墙体应垂直、水平。

③ 若配电箱需开孔，孔的边缘须平滑、光洁。

④ 箱体内应分别设零线(N)、保护接地线(PE)的接线汇流排，且要完好无损，具有良好的绝缘。零线和保护零线应在汇流排上连接，不得铰接，应有编号。

⑤ 配电箱内的接线应规则、整齐，端子螺钉必须紧固，如图6-53所示。

⑥ 各回路进线必须有足够的长度，不得有接头。
⑦ 安装完成后必须清理配电箱内的残留物。
⑧ 配电箱安装后应标注各回路名称，如图 6-54 所示。

图 6-53　配电箱内接线要规范

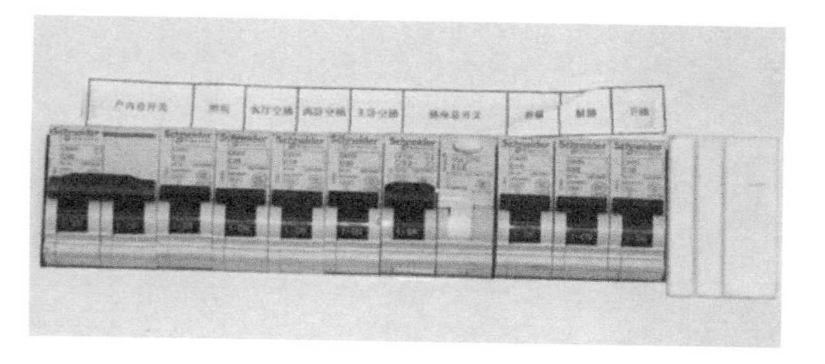
图 6-54　配电箱标注回路名称

4　户内配电箱的接线

配电箱线路的接线情况是最能说明电工水准的重要参照，它好比电工本身的思路，思路清晰了，线路也就清晰了。

① 把配电箱的箱体在墙体内用水泥固定好，同时把从配电箱引出的管子预埋好，然后把导轨安装在配电箱底板上，将断路器按设计好的顺序卡在导轨上，如图 6-55 所示。

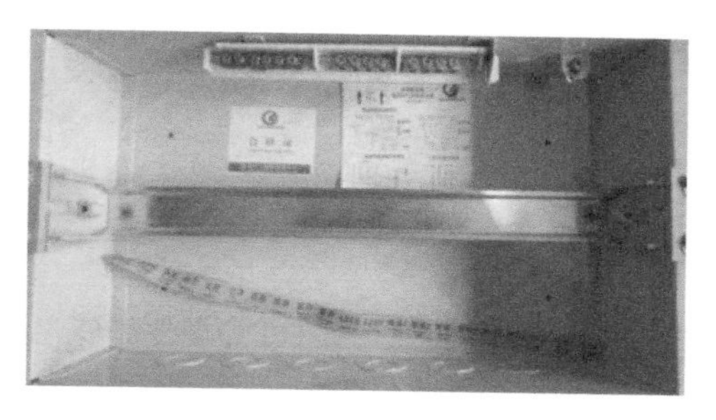
（a）安装导轨

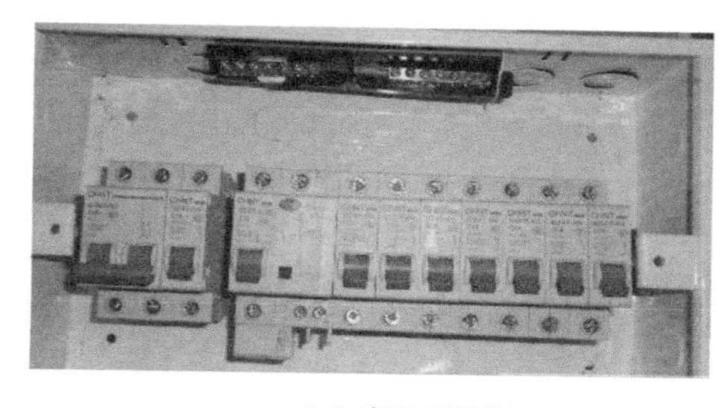
（b）安装断路器

图 6-55　安装导轨和断路器

② 各条支路的导线在管中穿好后，末端接在各个断路器的接线端，如图 6-56 所示。导线连接宜采用 U 形不间断接入法，如图 6-57 所示。

a．如果用的是 1P 断路器，只把相线接入断路器，在配电箱底板的两边各有一个铜接线端子排，一个与底板绝缘的是零线接线端子，进线的零线和各出线的零线都接在这个接线端子上。另一个与底板相连的是地线接线端子，进线的地线和各出线的地线都接在这个接线端子上，单极断路器接线方法如图 6-58 所示。

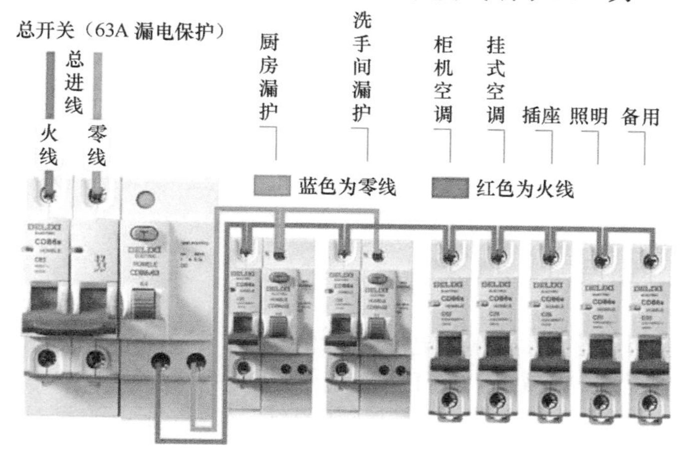

图 6-56　断路器接线

b．如果用的是 2P 断路器，把相线和零线都接入开关，在配电箱底板的边上只有一个铜接线端子排，是地线接线端子，如图 6-59 所示。

c．带漏电保护的 2P 断路器接线时，要分清楚进线端和出线端，一般都有箭头标志，上边的是进线端，下边的是出线端，如图 6-60 所示，不得接反，或者长时间通电会烧毁漏电保护器。

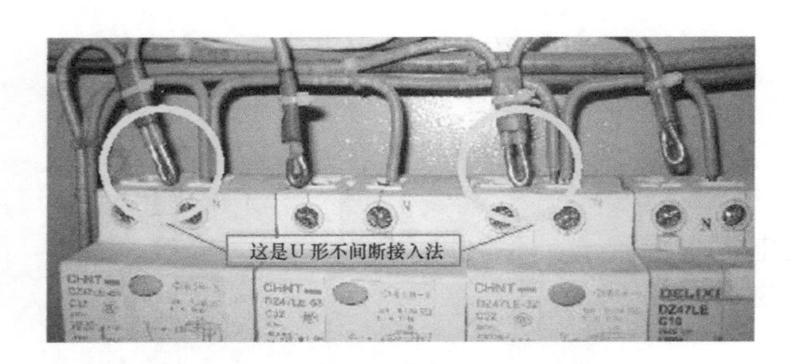

图 6-57　U 形不间断接入法

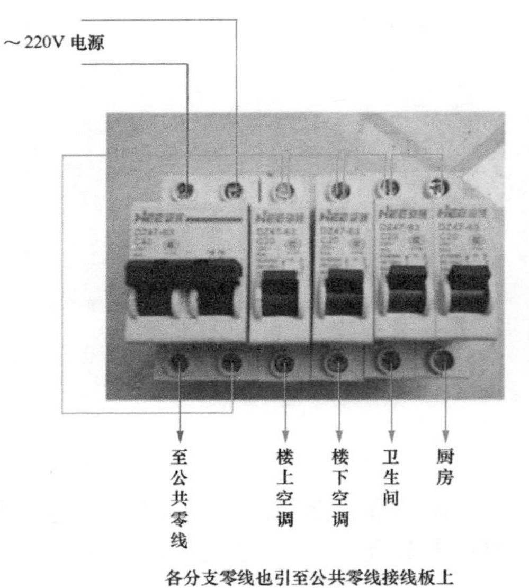

图 6-58　单极断路器接线方法

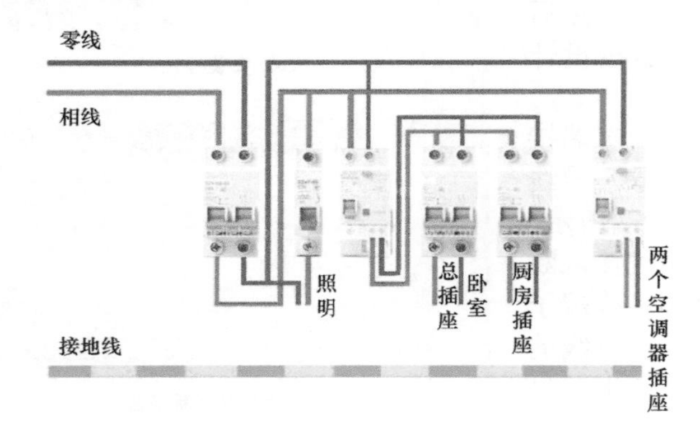

图 6-59　2P 断路器接线方法

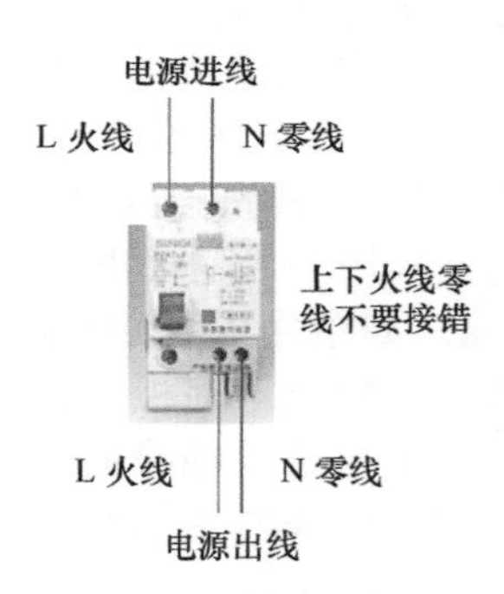

图 6-60　带漏电保护的 2P 断路器接线

③ 接完线以后，装上前面板，再装上配电箱门，在前面板上贴上标签，写上每个断路器的功能。

6.4.2　电能表的安装

1　电能表的选择

专门用来计量某一时间段电能累计值的仪表叫作电能表，俗称电度表。电能表按其工作原理，可分为感应式（机械式）、静止式（电子式）、机电一体式（混合式）电能表；按接入相线，可分为单相、三相三线、三相四线电能表；按安装接线方式，可分为直接接入式、间接接入式电能表。

视频 6.12：单相电能表照明电路安装

电能表的标注电流有两个，一个是基本电流（确定电能表有关特性的电流值），另一个是额定最大电流(仪表能满足其制造标准规定的准确度的最大电流值)，如图 6-61 所示，10（40）A 表示电能表的基本电流为 10A，额定最大电流为 40A。对于三相电能表，在前面乘以相数，如 3×5（20）A。

根据规程要求，直接接入式的电能表，其基本电流应根据额定最大电流和过载倍数来确定，其中，额定最大电流应按经核准的用户负荷容量来确定；对正常运行中的电能表实际负荷电流达到最大额定电流的 30% 以上的，过载倍数宜取 2 倍表；实际负荷电流低于最大额定电流 30% 的，过载倍数应取 4 倍表。

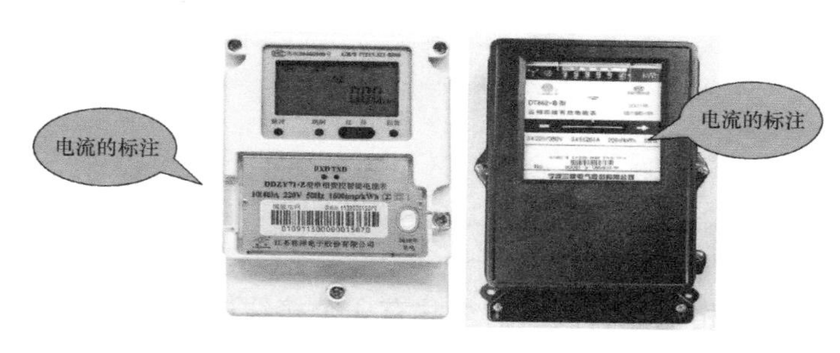

图 6-61　电能表的标注电流

选用电能表的原则：应使用电负荷在电能表额定电流的 20% ～ 120% 之内，必须根据负荷电流和电压数值来选定合适的电能表。使电能表的额定电压、额定电流等于或大于负荷的电压和电流。

【电能表选择口诀】

单相交流电能表，计量用电不可无。
显示数值千瓦时，百姓俗称一度电。
计算用电总电流，千瓦总数乘以五。
选择电表电流值，千瓦两倍可满足。

标注电流有两个，括号内外各一数。
外小内大成倍数，两倍四倍都会有。
外部称为标定值，内部称为过流值。
正常使用标定值，过流使用要有度。

2　电能表的安装要求

电能表可安装在室内或室外，安装表的位置应固定在坚固耐火的墙上，建议安装高度为 1.8m 左右，如图 6-62 所示。

电能表的计量点应设在产权分界点，安装点周围不能有腐蚀性的气体和强烈的冲击振动，环境要通风干燥，电能表的运行温度不能超过 50℃。

为了便于管理，家庭用电能表通常采用集中式安装的方式，高层楼房住宅一般是将同一楼的电能表统一安装在配电间，低层楼房住宅一般是将同一单元的电能表安装在一楼或二楼的楼梯间。

图 6-62　电能表的安装

电能表应安装在专用的计量柜或表箱内，安装应垂直，倾斜度不得大于 10°。当几只表装在一起时，表间距离不应小于 60mm。表若经过电流互感器安装，则二次回路应与继电保护回路分开。电流互感器二次回路应采用绝缘铜线，截面面积不小于 $2.5mm^2$。

用于远程遥测采样的电子式电能表，其信号线应采用屏蔽双绞导线。架设信号线时，将屏蔽导线的单端接地，以提高通信的可靠性。

【电能表安装要求口诀】

电能计量电能表，安装高度一米八。
表与地面应垂直，集中安装便管理。
远程遥测电能表，信号线用屏蔽线。

3 单相电能表接线

单相电能表接线盒里共有 4 个接线桩，从左到右按 1、2、3、4 编号。按编号 1、3 接进线（1 接火线，3 接零线），2、4 接出线（2 接火线，4 接零线），如图 6-63 所示，国产电能表统一采用这种接线方式。

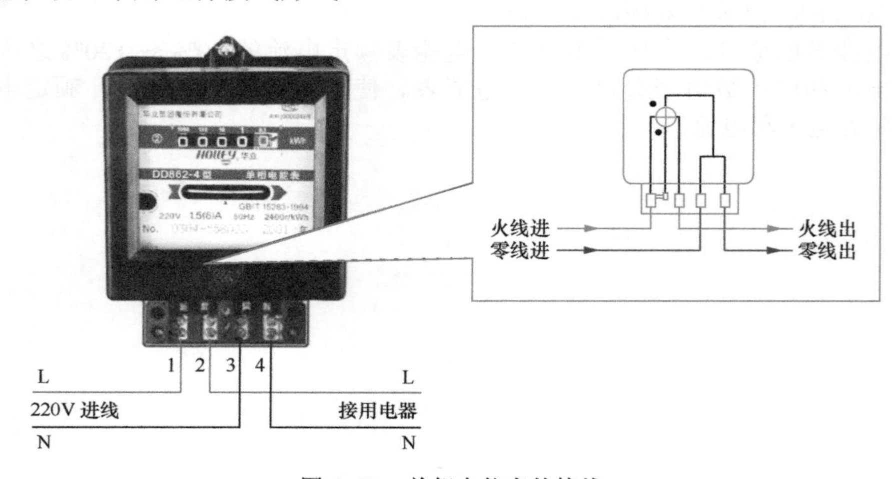

图 6-63 单相电能表的接线

特别提醒

机械式电能表接线时，应该掌握的关键点为电压线圈是并联的，电流线圈是串联的。

【单相电能表接线口诀】

接线盒里 4 个桩，从左到右编序号；
一进火线二出火，三进零线四出零。

4 三相电能表接线

三相三线电能表的电压线圈的额定电压为线电压（380V），主要用于三相三线制供电或三相四线制供电系统中的三相平衡负载的电能计量。三相电能表的接线分为直接式和间接式两种，如图 6-64 所示。

视频 6.13：间接式三相四线有功电能表接线

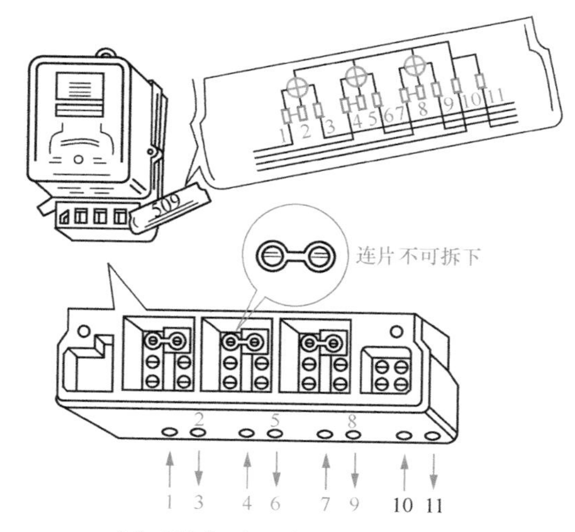

（a）直接式三相四线制电能表的接线

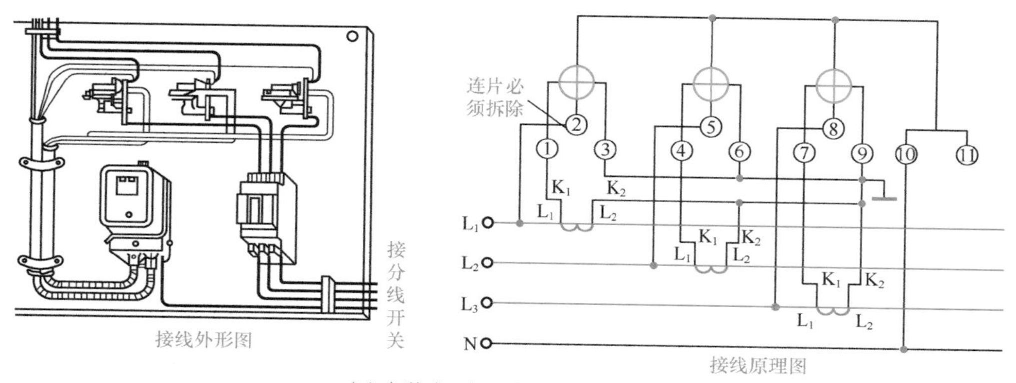

（b）间接式三相四线制电能表的接线图

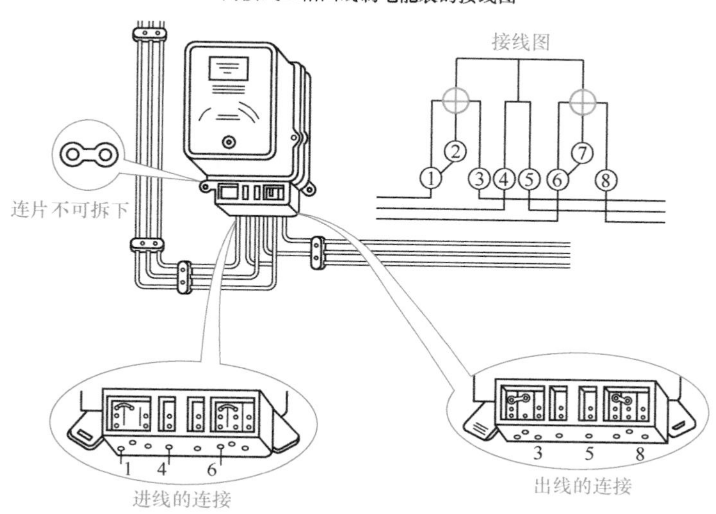

（c）直接式三相三线制电能表的接线图

图 6-64 三相电能表的接线

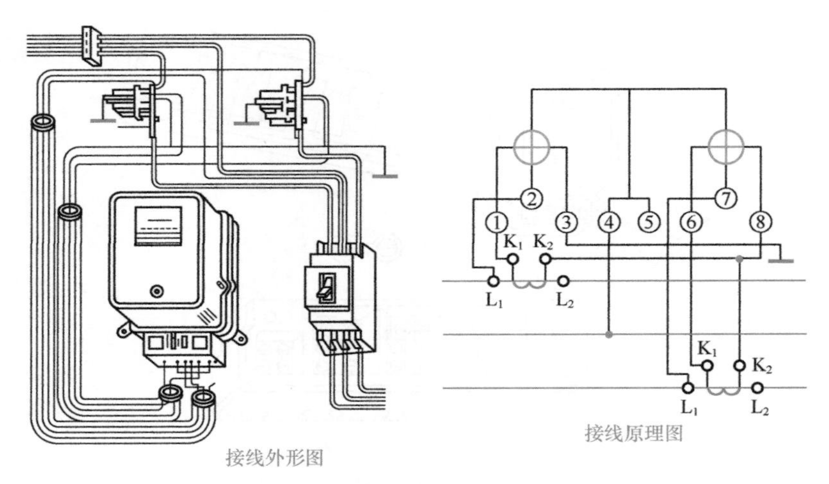

（d）间接式三相三线制电能表的接线图

图 6-64　三相电能表的接线（续）

特别提醒

① 电能表的表身要安装端正，如有明显倾斜，容易造成计度不准、停走或空走等问题。

② 安装电能表必须按照接线图接线，接线盒内的接线柱螺钉要拧紧。电压连接片（俗称过桥板）螺钉不能有松动。

③ 三相电能表要按照规定的相序（正相序）接线，如图 6-65 所示。

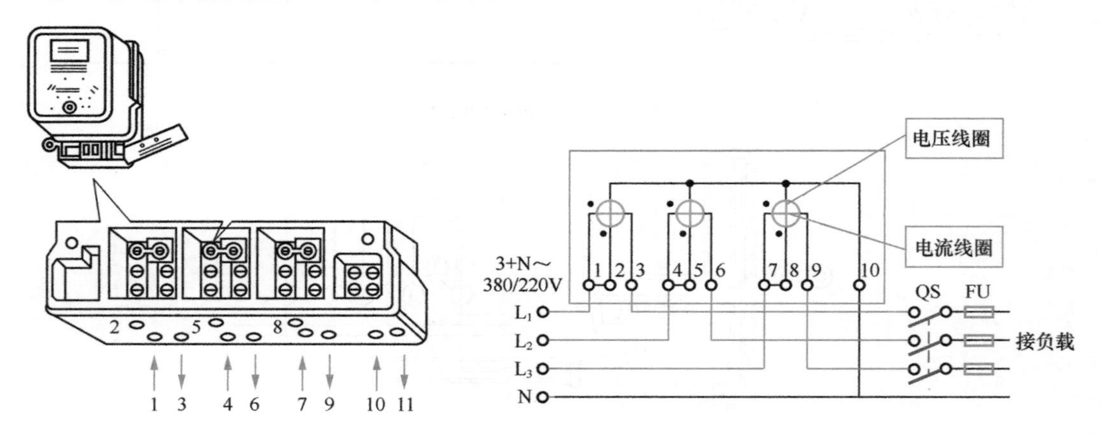

图 6-65　直接式三相四线电能表的正相序接线

④ 间接式三相四线电能表接线时，序号 1 和 2，4 和 5，7 和 8 的连接片必须拆除，如图 6-66 所示。

【三相电能表接线口诀】

三相动力三相线，三相电表计用电。
接线端口有六个，三个双来三个单。
单号依次接电源，双号连接输出线。
一二、三四、五和六，各为一相不可乱。
一、五两处小连片，保持原状莫拆断。

三相四线计用电，三相电表直接连。
面对电表左到右，总共八个接线眼。
前面三对接火线，七八用于接零线。
一二、三四 AB 相，五六两端 C 连接。
一三五旁小连片，保持原状莫拆断。

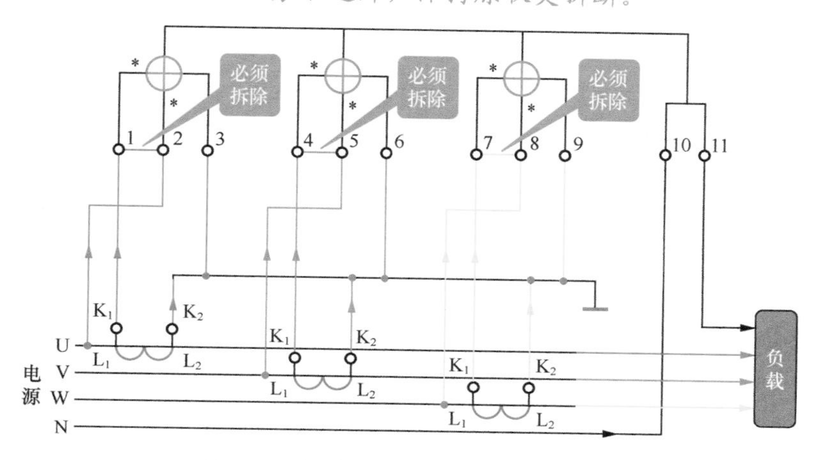

图 6-66　间接式三相四线电能表的接线

6.5 照明电路典型的故障检修

6.5.1 照明电路的检修程序及方法

1 照明电路故障的检修程序

视频 6.14：照明电路故障检修

照明电路的故障现象多种多样，可能出现故障的部位不确定，为了迅速排除故障，通常应按照以下检修程序进行。

（1）确定维修方案

某一地区照明全部熄灭，肯定是外线供电出现故障或停电。若相邻居室照明正常，某居室照明熄灭，则故障出现在室内线或引入线。

（2）先易后难，缩小故障范围

根据故障现象，一般配电箱（配电板）电路和用电器具的测量与检查比较方便，应首先进行；然后进行线路的检查。

（3）分清故障性质

分析故障现象时，分清是断路故障还是短路故障，以选择相应的方法做进一步检查。

（4）确定故障部位

通过测量、检查，确定故障是存在于干线、支线，还是用电器具的某一部位。

（5）故障点查找

常用的电压测量点主要有配电箱上的输入、输出电压，用电器插座电压，照明灯座电压。检查故障发生的重点部位是配线的各接线点、开关、吊线盒、插座和灯座的各接线端。

（6）故障排除

找到故障点后，应根据失效元器件或其他异常情况的特点采取合理的维修措施。例如，对于脱焊或虚焊，可重新焊好；对于元件失效，则应更换合格的同型号规格元器件；对于短路性故障，则应找出短路原因后对症排除。

特别提醒

一般来说，室内配线、照明装置的线路并不很复杂，但由于线路分布面较大，影响电路、电器设备正常工作的因素很多，所以，应掌握一定的技术资料及分析故障的方法，并不断积累经验。

① 本单位单线系统图、安装接线图、工作原理图、设备的使用说明书及有关技术资料。

② 电源进线、各闸箱、配电盘位置，闸箱内设备安装情况，线路分支、走向及负荷情况。

2 照明电路故障的检修方法

照明电路检查故障方法：
- 故障调查法
- 直观检查法
- 测试法
- 分支路、分段检查法

（1）故障调查法

在处理故障前应进行故障检查，向事故现场者或操作者了解故障前后的情况，以便初步判断故障种类及故障发生的部位。

（2）直观检查法

经过故障调查，进一步通过感官进行直观检查，即闻、听、看。

闻——有无因温度过高绝缘烧坏而发出的气味。

听——有无放电等异常声响。

看——对于明敷设线路可以沿线路巡视，查看线路上有无明显问题，如导线破皮、相碰、断线、灯泡损坏、熔断丝烧断、熔断器过热、断路器跳闸、灯座有进水、烧焦等，再进行重点部位检查。

（3）测试法

除了对线路、电气设备进行直观检查外，应充分利用试电笔、万用表、试灯等进行测试。

例如，有缺相故障时，仅仅用试电笔检查有无电是不够的。当线路上相线间接有负荷时，试电笔会发光而误认为该相未断，如图 6-67 所示，此时应使用电压表或万用表交流电压挡测试，方能准确判断是否缺相。

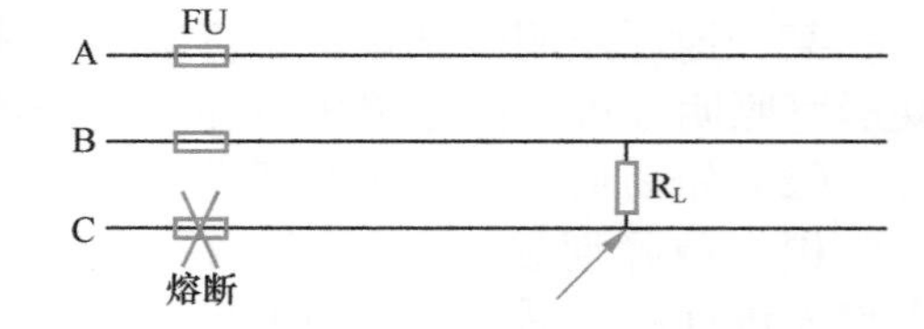

图 6-67　线路缺相故障的检查

（4）分支路、分段检查法

对于待查电路，可按回路、支路或用“对分法”进行分段检查，缩小故障范围，逐渐逼近故障点。

6.5.2 照明电路常见的故障诊断

照明电路在使用中甚至在安装后交付使用之前，每个组成元件因种种原因都有可能发生这样或那样的故障。一般来说，照明电路常见的故障主要有短路、断路和漏电三种。

1 短路故障

（1）故障现象

短路故障常引起熔断器熔丝熔断，短路点处有明显烧痕、绝缘碳化，严重时会使导线绝缘层烧焦甚至引起火灾。

（2）故障原因

① 安装不合规格，多股导线未捻紧、涮锡、压接不紧、有毛刺。

② 相线、零线压接松动，两线距离过近，遇到某些外力，使其相碰造成相对零短路或相间短路。

③ 意外原因导致灯座、断路器等电器进水。

④ 电气设备所处环境中有大量的导电尘埃。

⑤ 人为因素。

2 断路故障

（1）故障现象

相线、零线出现断路故障时，负荷将不能正常工作。单相电路出现断路时，负荷不工作；三相用电器电源出现缺相时，会造成不良后果；三相四线制供电线路不平衡，如零线断线时会造成三相电压不平衡，负荷大的一相相电压低，负荷小的一相相电压高。如负荷是白炽灯，则会出现一相灯光暗淡，而另一相上的灯又变得很亮。同时，零线断口负荷侧将出现对地电压。

（2）故障原因

① 因负荷过大而使熔丝熔断。

② 开关触点松动，接触不良。

③ 导线断线，接头处腐蚀严重（尤其是铜、铝导线未用铜铝过渡接头而直接连接）。

④ 安装时，接线处压接不实，接触电阻过大，使接触处长期过热，造成导线、接线端子接触处氧化。

⑤ 恶劣环境，如大风天气、地震等造成线路断开。

⑥ 人为因素，如搬运过高物品将电线碰断，以及人为破坏等。

特别提醒

照明电路断路故障可分为全部断路、局部断路和个别断路 3 种情形，检修时应区别对待。

3 漏电故障

（1）故障现象

① 漏电时，用电量会增多；有时候会无缘无故跳闸。

② 人触及漏电处会感到发麻。

③ 测线路的绝缘电阻时，电阻值会变小。

（2）故障原因

① 绝缘导线受潮或者受污染。

② 电线及电气设备长期使用，绝缘层已老化。

③ 相线与零线之间的绝缘受到外力损伤，而形成相线与地之间的漏电。

特别提醒

漏电与短路的本质相同，只是事故发展程度不同而已，严重的漏电可能造成短路。

6.5.3 照明电路检修技巧

1 试电笔检测照明电路故障

试电笔是用来测试电线中是否带电的专用工具，也是电工在进行照明电路检修作业时应该最先使用的工具。

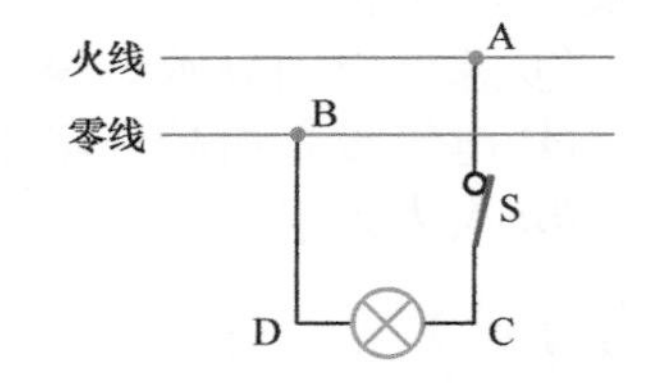

图 6-68 家庭照明电路（局部）

图 6-68 所示为家庭照明的局部电路，开关 S 闭合后灯不亮，电工用试电笔去测 C、D 两点时，发现氖管均发光，用试电笔去测 A、B 两点时，只有测 A 点时氖管发光，其故障原因则是 B、D 两端断路。这是因为用试电笔测 A、B、C、D 四点时，其中测 A、C、D 三点氖管均发光，只有测 B 点时氖管不发光，则说明 A、C、D 三点与火线相连，B 点与火线是断开的，由此可判断 B 与 D 点之间断路。

感应式试电笔采用感应式测试，无须物理接触，可检查控制线、导体和插座上的电压或沿导线检查断路位置。因此极大地保障了维修人员的人身安全。

数显试电笔笔体带 LED 显示屏，可以直观地读取测试电压数字。测照明电路时，火线与地之间电压 U=220V 左右。数显试电笔具有断点检测功能，用于检测开路性故障非常方便。按住断点检测键，沿电线纵向移动时，显示窗内无显示处即为断点处。

2 万用表检测照明电路故障

（1）万用表使用前准备

① 为了提高测试的精度和保证被测对象的安全，必须正确选择合适的量程挡。一般测电阻时，要求指针在全刻度 20% ～ 80% 的范围内，这样测试精度才能满足要求。

② 选好量程后，测量前应调零。即把两表笔直接相碰（短路），调整表盘下面的零欧姆调整器，使指针正确指在 0Ω 处。

③ 测量较大电阻时，手不可同时接触被测电阻的两端，否则人体电阻就会与被测电阻并联，使测量结果不正确，测试值会大大减小。另外，要测电路上的电阻时，应将电路的电源切断，不然不但测量结果不准确（相当再外接一个电压），还会使大电流通过微安表头，把表头烧坏。

④ 使用完毕不要将量程开关放在欧姆挡上。为了保护微安表头，以免下次开始测量时不慎烧坏表头，测量完成后，应注意把量程开关拨在直流电压或交流电压的最大量程位置，千万不要放在欧姆挡上，以防两支表笔万一短路时，将内部干电池全部耗尽。

（2）测短路故障

① 将万用表置于 R×10 电阻挡，并进行欧姆调零。

② 将万用表的红黑笔分别置于火线与零线的进线端，依次将漏电保护器、断路器置于闭合状态，读出电阻值应为无穷大或数百欧姆（白炽灯的非工作状态电阻值），倘若此时电阻值近乎为零，则电路可能短路，需要排查；切换任一开关，电阻值也应

在无穷大与数百欧姆值之间切换。

（3）测开路故障

① 将万用表置于 R×1 电阻挡，并进行欧姆调零。

② 将万用表的表笔一支置于火线进线端，另一支置于插座的火线端，依次将漏电保护器、插座线路中的断路器置于闭合状态，读出电阻值约等于零。如果测出的电阻较大，则有可能是某处接触不良，需要排查；如果测出的电阻为无穷大，则可能是断路故障，需要排查。

③ 将万用表的表笔一支置于火线进线端，另一支置于灯座的火线端，依次将漏电保护器、照明线路中的断路器置于闭合状态，读出电阻值约等于零或无穷大，按下任一灯具开关，电阻值应在零或无穷大之间切换，如图 6-69 所示。如果测出的电阻较大，则有可能是火线某处接触不良，需要排查；如果无论开关处于什么状态，电阻都为无穷大，则可能是断路故障，需要排查。

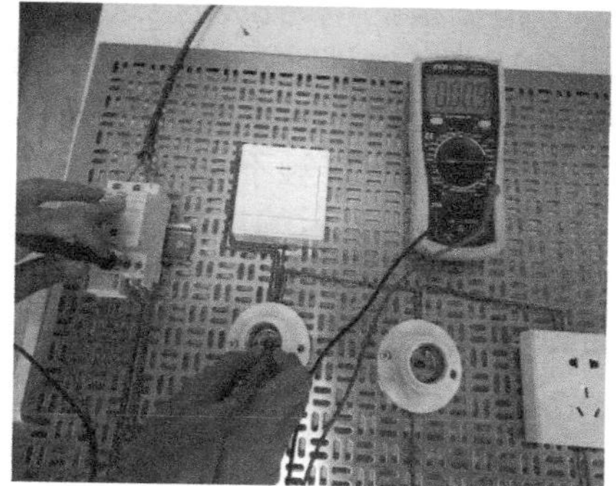

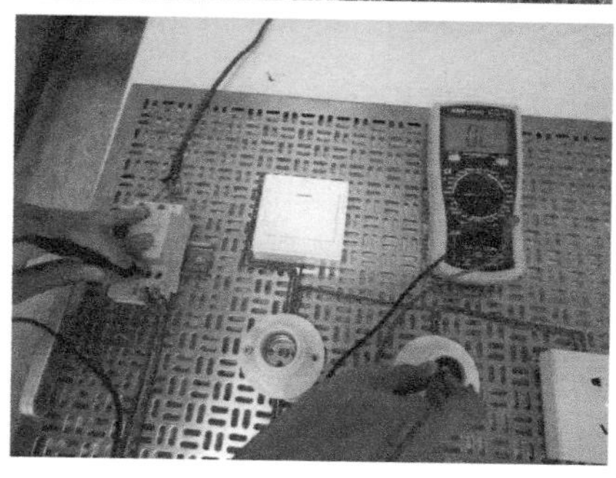

图 6-69 万用表检测照明电路

④ 将万用表的表笔一支置于零线进线端，另一支置于插座的零线端，将漏电保护器置于闭合状态，读出电阻值约等于零。如果测出的电阻较大，则有可能是零线某处接触不良，需要排查；如果电阻为无穷大，则可能是断路故障，需要排查。

⑤ 将万用表的表笔一支置于零线进线端，另一支置于灯座的零线端，将漏电保护器置于闭合状态，读出电阻值约等于零。如果测出的电阻较大，则有可能是零线某处接触不良，需要排查；如果电阻为无穷大，则可能是断路故障，需要排查。

⑥ 将万用表的表笔一支置于地线进线端，另一支置于插座的地线端，读出电阻值约等于零。如果测出的电阻较大，则有可能是地线某处接触不良，需要排查；如果电阻为无穷大，则可能是地线断路故障，需要排查。

（4）测漏电故障

① 将万用表置于 R×10 电阻挡，并进行欧姆调零。

② 将万用表的红黑笔一支置于火线或零线的进线端，一支置于地线的进线端，则无论漏电保护器、断路器和灯开关置于什么状态，电阻值都应该为无穷大。否则，很可能有漏电故障，需要排查。

（5）电压法检测照明电路

电压检测法是通过测量电路或电路中元器件的工作电压，并与正常值进行比较来判断故障电路或故障组件的一种检测方法。

通常采用万用表 AC250 电压挡测量照明电路的电压，正常值是 220V 左右。电压相差明显或电压波动较大的部位，一般来说就是故障所在部位。

3 试灯检测照明电路故障

试灯又称校验灯或校火灯，它是在灯泡两端接两根电源线做成的一种简单的测试工具。为方便检修故障，我们可以自制试灯，如图 6-70 所示。

试灯可用来检查电压是否正常、线路是否断线或接触不良等故障。

（1）检查电路是否有电

根据被测电路的电压选择合适的灯泡，如测量 220V 线路时，可用一只 220V/40W 或 60W 的白炽灯泡，然后将试灯的两端直接并联在被测电路上，如灯泡亮，则表明电路有电，否则说明电路可能停电或有一根导线断线。

（2）判断接触不良

图 6-71 所示的电路中，灯泡不亮，可能是熔丝熔断、导线断线，也可能是开关或灯口接触不良。检查时将试灯的两端依次并接在熔断器、开关、导线段、灯口两端，灯泡亮时，表明所并联的元件或导线断路。

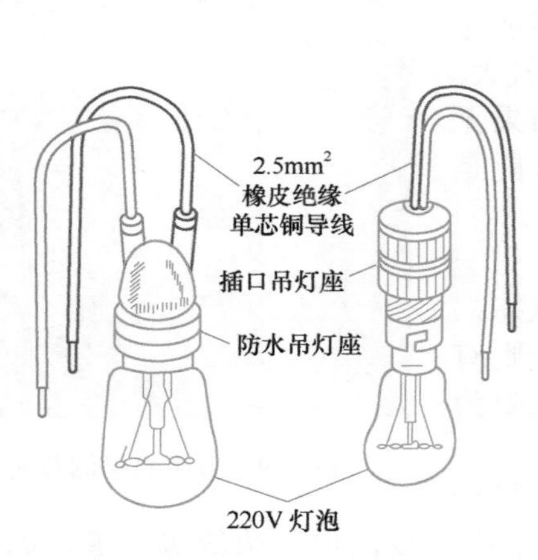

图 6-70 试灯

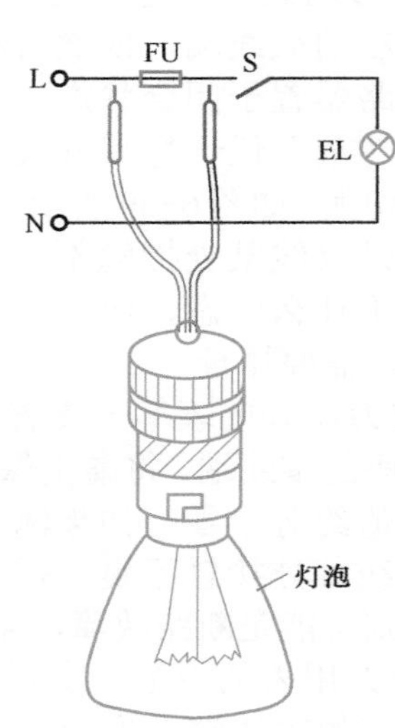

图 6-71 用试灯检查照明电路

（3）检查短路故障点

① 将有故障支路上所有灯开关都置于断开位置，并将插座保险的熔丝都取下（或者将低压断路器开关断开）。再将试灯接在该支路总熔断器的两端（熔断器中熔丝取下），串接在被测电路中，如图 6-72 所示，然后合闸，若试灯正常发光，说明短路故障在线路上；若试灯不发光，说明线路没有问题，再对每盏灯、每个插座进行检查。

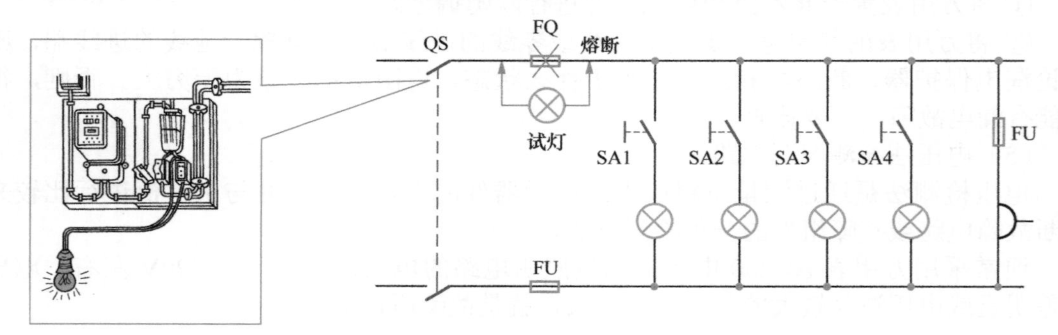

图 6-72 用试灯检查短路故障（一）

特别提醒

接通电源，试灯不发光，说明线路无短路现象存在，短路故障是由用电器所引起。这时可逐个接入用电器，正常现象是试灯发光，但远达不到正常亮度。若接入某一用电器时，试灯突然接近正常亮度，表明短路故障存在于该用电器内部或它的电源线内。这时可切断电源，仔细检查。

② 检查每盏灯，可顺次将每盏灯的开关闭合，每合一个开关都要观察试灯能否正常发光（试灯接在总熔断器处）。当合至某盏灯时，试灯正常发光，则说明故障在此盏灯，可断电后进一步检查。如试灯不能正常发光，说明故障不在此灯，可断开该灯开关，再检查下一盏，直至找出故障点为止。

③ 也可按①的方法检查线路无问题后，换上熔丝并合闸通电，再用试灯顺序对每一盏灯进行检查。将试灯接于被检查灯开关的两个接线端子上，如图6-73所示。如试灯正常发光说明故障在该灯处。若试灯不能正常发光说明该盏灯正常，再检查下一盏，直至查出故障点为止。

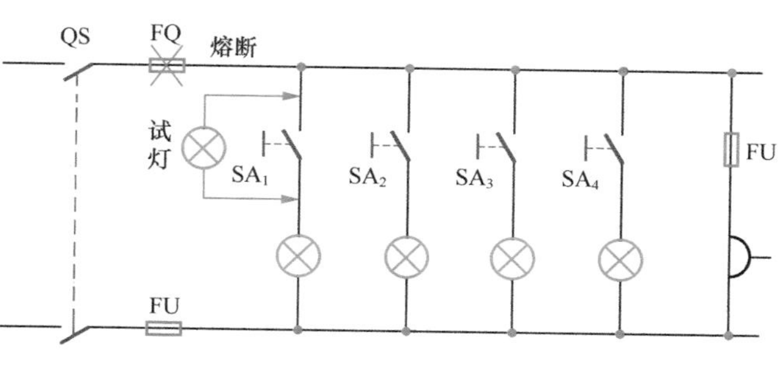

图6-73 用试灯检查短路故障（二）

（4）使用试灯的注意事项

① 灯泡的额定电压与被测电压相匹配，防止电压过高将灯泡烧坏。电压过低时，灯泡不亮。一般检查220V控制电路时，用一只220V灯泡；检查380V控制电路时，要用两只220V灯泡串联；检查36V控制电路，要用36V的低压灯泡。

② 查找断路故障时，宜用15～60W的灯泡；而查接触不良故障时，宜采用150～200W的灯泡。

③ 试灯的导线裸露部分不要太长，以防引起触电或短路事故。

第7章 电动机及其控制电路

7.1 认识电动机

7.1.1 电动机简介

现代的许多生活机械及绝大多数生产机械都广泛使用电动机来驱动。据有关资料统计，现在电网中的电能三分之二以上是由电动机消耗的，而且生活水平越高，工业越发达，现代化程度越高，其所占比例也越大。

1 电动机的种类

视频 7.1：电动机简介

电动机是一种把电能转换为机械能的电磁装置，其工作原理是利用磁场对电流受力的作用，使转子转动。我们一般是根据电动机的分类来区别电动机的。电动机的分类见表 7-1。

表 7-1　电动机的分类

<table>
<tr><th>分类方法</th><th colspan="3">种类</th></tr>
<tr><td rowspan="7">按工作电源分</td><td rowspan="5">直流电动机</td><td rowspan="2">有刷直流电动机</td><td>永磁直流电动机</td></tr>
<tr><td>电磁直流电动机</td></tr>
<tr><td rowspan="3">无刷直流电动机</td><td>稀土永磁直流电动机</td></tr>
<tr><td>铁氧体永磁直流电动机</td></tr>
<tr><td>铝镍钴永磁直流电动机</td></tr>
<tr><td rowspan="2">交流电动机</td><td colspan="2">单相电动机</td></tr>
<tr><td colspan="2">三相电动机</td></tr>
<tr><td rowspan="9">按结构及工作原理分</td><td rowspan="3">同步电动机</td><td colspan="2">永磁同步电动机</td></tr>
<tr><td colspan="2">磁阻同步电动机</td></tr>
<tr><td colspan="2">磁滞同步电动机</td></tr>
<tr><td rowspan="6">异步电动机</td><td rowspan="3">感应电动机</td><td>三相异步电动机</td></tr>
<tr><td>单相异步电动机</td></tr>
<tr><td>罩极异步电动机</td></tr>
<tr><td rowspan="3">交流换向器电动机</td><td>单相串励电动机</td></tr>
<tr><td>交直流两用电动机</td></tr>
<tr><td>推斥电动机</td></tr>
<tr><td rowspan="4">按启动与运行方式分</td><td colspan="3">电容启动式单相异步电动机</td></tr>
<tr><td colspan="3">电容运转式单相异步电动机</td></tr>
<tr><td colspan="3">电容启动运转式单相异步电动机</td></tr>
<tr><td colspan="3">分相式单相异步电动机</td></tr>
</table>

续表

分类方法	种类	
按用途分	驱动用电动机	电动工具用电动机（包括钻孔、抛光、磨光、开槽、切割、扩孔等工具用电动机）
		家电用电动机（包括洗衣机、电风扇、电冰箱、空调器等电动机）
		其他通用小型机械设备（包括各种小型机床、小型机械、医疗器械、电子仪器等用电动机）
	控制用电动机	步进电动机
		伺服电动机
按转子结构分	笼型感应电动机	
	绕线转子感应电动机	
按运转速度分	高速电动机	
	低速电动机	齿轮减速电动机
		电磁减速电动机
		力矩电动机
		爪极同步电动机
	恒速电动机	有级恒速电动机
		无级恒速电动机
	调速电动机	有级变速电动机
		无级变速电动机
		电磁调速电动机
		直流调速电动机
		PWM 变频调速电动机
		开关磁阻调速电动机
按额定工作制分	连续工作制（S1）、短时工作制（S2）、断续工作制（S3）	
按绝缘等级分	A 级、E 级、B 级、F 级、H 级、C 级	
按通风冷却方式分	自冷式、自扇冷式、他扇冷式、管道通风式、液体冷却、闭路循环气体冷却、表面冷却和内部冷却	
按防护形式分	开启式（如 IP11、IP22）、封闭式（如 IP44、IP54）、网罩式、防滴式、防溅式、防水式、水密式、潜水式、隔爆式	

特别提醒

电动机已经应用在现代社会生活中的各个方面，能提供的功率范围很大，从毫瓦级到千瓦级。

电动机的寿命与绝缘劣化或滑动部件磨损、轴承劣化等要素有关，大部分故障与轴承状况相关。

2 电动机的型号

电动机型号由电动机的类型代号、特点代号和设计序号等三个部分组成。

电动机类型代号用：Y—表示异步电动机；T—表示同步电动机。如：某电动机的型号标识为：Y2-160M2-8，其含义见表 7-2。

表 7-2 电动机型号 Y2-160M2-8 的含义

标识	含义
Y	机型，表示异步电动机
2	设计序号，2 表示第一次基础上改进设计的产品
160	中心高，是轴中心到机座平面的高度
M2	机座长度规格，M 是中型，其中脚注 2 是 M 型铁芯的第二种规格，2 型比 1 型的铁芯长
8	极数，“8”是指 8 极电动机

3 电动机的铭牌

铭牌上标注了该电动机的一些数据，要正确使用电动机，必须看懂铭牌，电动机的铭牌如图 7-1 所示。

交流异步电动机铭牌标注的主要技术参数的含义见表 7-3。

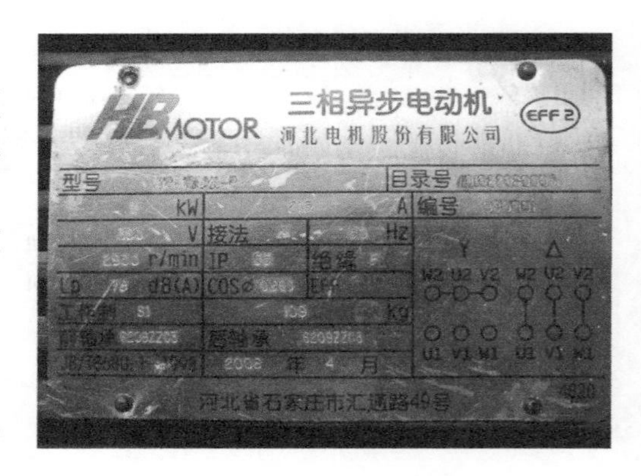

图 7-1 电动机铭牌示例

4 电动机的防护等级

电动机的外壳防护有两种：一是对固体异物进入内部以及对人体触及内部带电部分或运动部分的防护；二是对水进入内部的防护。

表 7-3 交流异步电动机铭牌标注的主要技术参数的含义

项目	含义
型号	表示电动机的系列品种、性能、防护结构形式、转子类型等产品代号
额定功率	电动机在制造厂所规定的额定情况下运行时，其输出端的机械功率，单位一般为千瓦（kW）或 HP（马力），1HP=0.736kW
电压	电动机额定运行时，外加于定子绕组上的线电压，单位为伏（V）。一般规定电动机的工作电压不应高于或低于额定值的 5%
电流	电动机在额定电压和额定频率下，输出额定功率时定子绕组的三相线电流
接法	指定子三相绕组的接法，应与电动机铭牌规定的接法相符。通常 3kW 三相异步电动机连接成星形（Y）；4kW 以上三相异步电动机连接成三角形（△）
额定频率	电动机所接交流电源的频率，我国规定为（50±1）Hz
转速	电动机在额定电压、额定频率、额定负载下，电动机每分钟的转速（r/min）与频率的公式为 $n=60f/p$ 其中，n——电动机的转速，r/min；60——每分钟，s；f——电源频率，Hz；p——电动机旋转磁场的极对数
额定效率	电动机在额定工况下运行时的效率，是额定输出功率与额定输入功率的比值。异步电动机的额定效率为 75% ～ 92%
绝缘等级	电动机绕组采用的绝缘材料的耐热等级。电动机常用的绝缘材料，按其耐热性可分为 A、E、B、F、H 五种等级
工作制	电动机的运行方式。一般分为“连续”（代号为 S1）“短时”（代号为 S2）“断续”（代号为 S3）
LP 值	电动机的总噪声等级。LP 值越小表示电动机运行的噪声越低。噪声单位为 dB

电动机防护等级的表示方法如图 7-2 所示。其中，第一位数字表示第一种防护形式等级；第二位数字表示第二种防护形式等级，见表 7-4。仅考虑一种防护时，另一位数字用“X”代替。前附加字母是电动机产品的附加字母，W 表示气候防护式电动机、R 表示管道通风式电动机；后附加字母也是电动机产品的附加字母，S 表示在静止状态下进行第二种防护形式试验的电动机，M 表示在运转状态下进行第二种防护形式试验的电动机。如不需特别说明，附加字母可以省略。

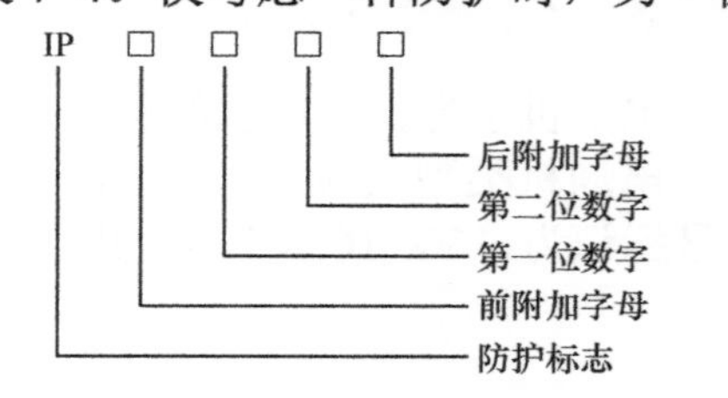

图 7-2 电动机外壳防护等级的表示方法

表 7-4 电动机的外壳防护等级

第 1 位数字	对人体和固体异物的防护等级	第 2 位数字	对防止水进入的防护等级
0	无防护型	0	无防护型
1	半防护型（防止直径大于 50mm 的固体异物进入）	1	防滴水型（防止垂直滴水）

续表

第 1 位数字	对人体和固体异物的防护等级	第 2 位数字	对防止水进入的防护等级
2	防护型（防止直径大于 12mm 的固体异物进入）	2	防滴水型（防止与垂直成 $\theta \leqslant 15°$ 的滴水）
3	封闭型（防止直径大于 2.5mm 的固体异物进入）	3	防淋水型（防护与垂直线成 $\theta \leqslant 60°$ 的淋水）
4	全封闭型（防止直径大于 1mm 的固体异物进入）	4	防溅水型（防护任何方向的溅水）
5	防尘型	5	防喷水型（防护任何方向的喷水）
—		6	防海浪型或强加喷水
—		7	防浸水型
—		8	潜水型

例如，外壳防护等级为 IP44，其中第 1 位数字 4 表示对人体触及和固体异物的防护等级（即电动机外壳能够防护直径大于 1mm 的固体异物触及或接近机壳内的带电部分或转动部分）；而第 2 位数字 4 则表示对防止水进入电动机内部的防护等级（即电动机外壳能够承受任何方向的溅水而无有害影响）。

特别提醒

电动机最常用的防护等级有 IP11、IP21、IP22、IP23、IP44、IP54、IP55 等。

7.1.2 认识单相异步电动机

1 单相异步电动机的结构

视频 7.2：单相异步电动机

单相异步电动机是利用单相交流电源 220V 供电的一种小容量电动机，其容量一般为几瓦到几百瓦。其外部结构如图 7-3 所示，主要由机座、铁芯、绕组、端盖、轴承、启动继电器、运行启动器、铭牌、接线盒、风扇罩等组成。

在单相异步电动机中，专用电动机占有很大比例，它们的结构各有特点，形式繁多。但就其共性而言，单相异步电动机的基本结构都由固定部分（定子）、转动部分（转子）和支撑部分（端盖和轴承）等三大部分组成，如图 7-4 所示。

图 7-3　单相异步电动机的外部结构

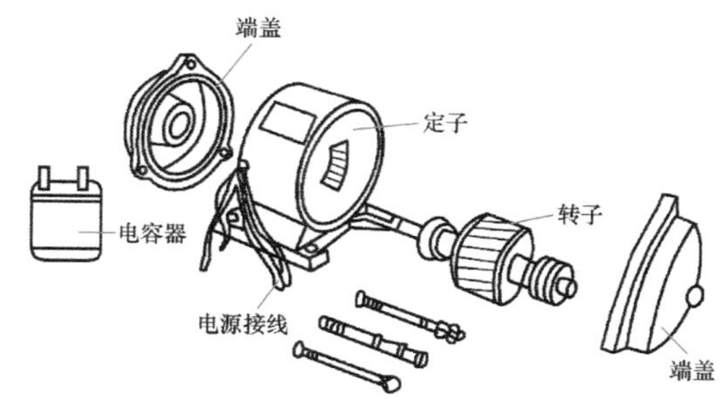

图 7-4　单相异步电动机的基本结构

2 单相异步电动机的种类

单相异步电动机种类很多，但在家用电器中使用的单相异步电动机按照启动和运行分，基本上只有单相罩极式电动机和分相式单相异步电动机两大类，见表 7-5。这些电动机的结构虽有差别，但其基本工作原理是相同的。

表 7-5　家用电器中使用的单相异步电动机

种类		实物图	结构图或原理图	结构特点
单相罩极式电动机	凸极式罩极单相电动机		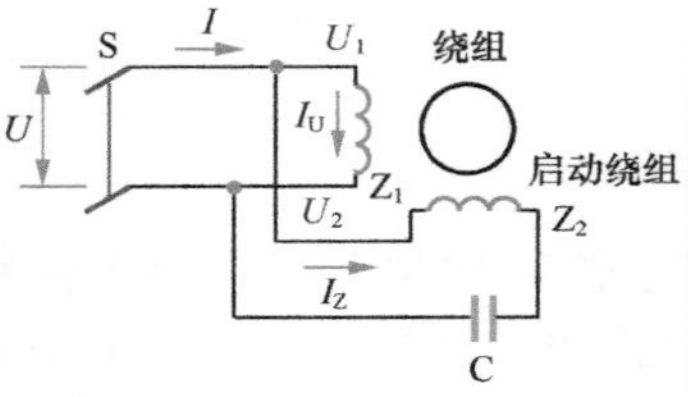	单相罩极式电动机的转子仍为笼型，定子有凸极式和隐极式两种，原理完全相同。一般采用结构简单的凸极式
	隐极式罩极单相电动机			
分相式单相异步电动机	电阻启动单相异步电动机		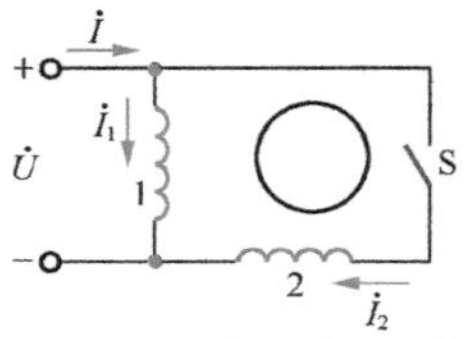	分相式单相异步电动机在定子上除了装有单相主绕组外，还装了一个启动绕组，这两个绕组在空间成 90°，启动时两绕组虽然接到同一个单相电源上，但可设法使两绕组电流不同相，这样两个空间位置正交的交流绕组通以时间上不同相的电流，在气隙中就能产生一个合成旋转磁场。启动结束，使启动绕组断开即可
	电容启动单相异步电动机		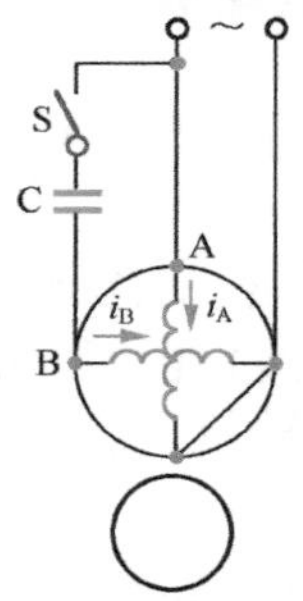	
分相式单相异步电动机	电容运转式单相异步电动机		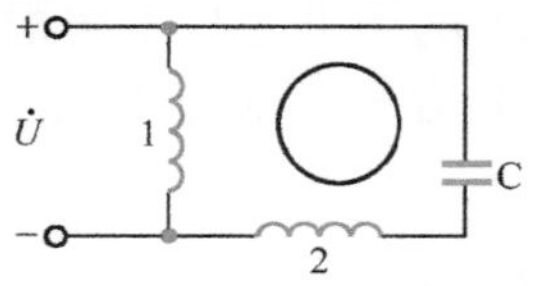	
	电容启动和运转单相异步电动机		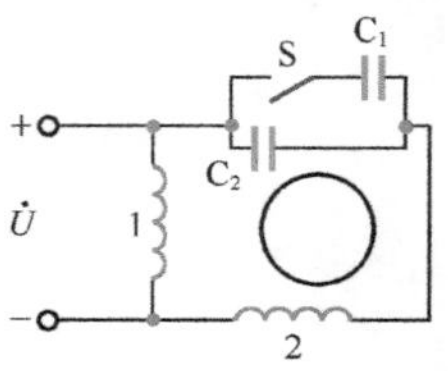	

3　启动方式

220 V 交流单相电动机启动方式分为以下 3 种。

（1）分相启动式

由辅助启动绕组来辅助启动，启动转矩不大。运转速率大致保持定值。主要应用于电风扇、空调风扇、洗衣机等电动机。

（2）离心开关断开式

电动机静止时，离心开关是接通的，给电后启动电容参与启动工作，当转子转速达到额定值的 70% ～ 80% 时，离心开关便会自动跳开，启动电容完成任务，并被断开。启动绕组不参与运行工作，而电动机以运行绕组线圈继续动作。

（3）双值电容式

单相双电容异步电动机有两个电容，一个电容是启动电容，另一个电容是运行电容。启动电容通过离心开关接在副绕组上，当转速达到一定速度后，离心开关在离心力的作用下断开，启动电容也与副绕组断开。运行电容则是一直接在副绕组上。这种接法一般用在空气压缩机、切割机、木工机床等负载大而不稳定的地方。

特别提醒

带有离心开关的电动机，如果电不能在很短时间内启动成功，那么绕组线圈将会很快被烧毁。

7.1.3　认识三相异步电动机

三相异步电动机是靠同时接入 380V 三相交流电源（相位差为 120°）供电的一类电动机，由于三相电动机的转子与定子旋转磁场以相同的方向、不同的转速旋转，存在转差率，所以叫三相异步电动机。

1　三相异步电动机的基本结构

视频 7.3：三相异步电动机

虽然三相异步电动机的种类较多，例如绕线式电动机、鼠笼式电动机等，但其结构基本是相同的，通常由磁路部分、电路部分和其他部件三部分组成，如图 7-5 所示。

（1）磁路部分

定子铁芯——由 0.35 ～ 0.5mm 厚表面涂有绝缘漆的薄硅钢片叠压而成，减少了由于交变磁通通过而引起的铁芯涡流损耗。铁芯内圆有均匀分布的槽口，用来嵌放定子绕圈。

转子铁芯——用 0.5mm 厚的硅钢片叠压而成，套在转轴上，作用和定子铁芯相同。一方面作为电动机磁路的一部分，另一方面用来安放转子绕组。

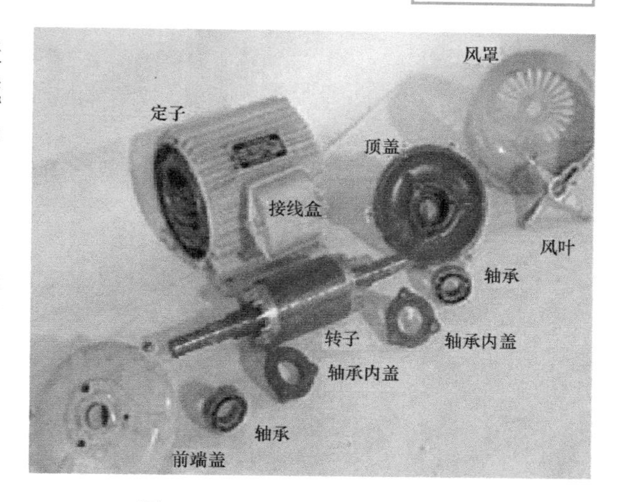

图 7-5　三相电动机的基本结构

（2）电路部分

定子绕组——三相绕组由三个彼此独立的绕组组成，且每个绕组又由若干线圈连接而成。线圈由绝缘铜导线或绝缘铝导线绕制。三相异步电动机的绕组有单层绕组、双层叠式绕组、单双层混合绕组等多种形式。

接线盒是电动机绕组与外部电源连接的重要部件。

（3）其他部件

机座——用于固定电动机。

端盖——可分为前、后端盖。

转轴——在定子旋转磁场感应下产生电磁转矩，沿着旋转磁场方向转动，并输出动力带动生产机械运转。

轴承——保证电动机高速运转并处在中心位置的部件。

风扇、风罩、风叶——用于冷却、防尘和安全保护。

出线盒——用于绕组与三相电源的接线。

特别提醒

定子与转子之间的气隙一般为 0.2 ~ 2mm。气隙的大小，对电动机的运行性能影响很大。气隙越大，由电网供给的励磁电流也越大，则功率因数 $\cos\phi$ 越低。要提高功率因数，气隙应尽可能减小；但由于装配上的要求及其他原因，气隙又不能过小。

2 三相异步电动机各部件的作用

三相异步电动机是一个整体，各个部件彼此依赖，不可或缺。任何一个部件损坏都会影响电动机的正常工作。三相异步电动机各部件的作用见表 7-6。

表 7-6　三相异步电动机各部件的作用

名称	实物图	作用
散热筋片		向外部传导热量
机座		固定电动机
接线盒		电动机绕组与外部电源连接
铭牌		介绍电动机的类型、主要性能、技术指标和使用条件
吊环		方便运输
定子		通入三相交流电源时产生旋转磁场
转子		在定子旋转磁场感应下产生电磁转矩，沿着旋转磁场方向转动，并输出动力带动生产机械运转
前、后端盖		固定

续表

名称	实物图	作用
轴承盖		固定、防尘
轴承		保证电动机高速运转并处在中心位置的部件
风罩、风叶		冷却、防尘和安全保护

3　三相定子绕组的连接

视频 7.4：三相电动机绕组的连接

三相异步电动机的定子绕组是异步电动机的电路部分。它由三相对称绕组组成并按一定的空间角度依次嵌放在定子槽内。

一般鼠笼式电动机的接线盒中有六根引出线，标有 A、B、C，X、Y、Z。其中，AX 是第一相绕组的两端；BY 是第二相绕组的两端；CZ 是第三相绕组的两端。如果 A、B、C 分别为三相绕组的始端（头），则 X、Y、Z 是相应的末端（尾）。这六根引出线端在接电源之前，相互间必须正确连接。

三相定子绕组按电源电压的不同和电动机铭牌上的要求，可接成星形（Y）或三角形（△）两种形式，见表 7-7。

表 7-7　异步电动机三相绕组的连接法

绕组连接法	接线实物图	接线示意图	接线原理图
星形连接（Y）		A B C X Y Z	A B C X Y Z
三角形连接（△）		A B C X Y Z	A B C X Y Z

（1）星形连接

将三相绕组的尾端 X、Y、Z 短接在一起，首端 A、B、C 分别接三相电源。

（2）三角形连接

把三相线圈的每一相绕组的首尾端依次相接。即将第一相的尾端 X 与第二相的首端B短接，第二相的尾端Y与第三相的首端C短接，第三相的尾端Z与第一相的首端A短接，然后将三个接点分别接到三相电源上。

【记忆口诀】

电机接线分两种，星形以及三角形。
额定电压220V，一般采用星形法，
三相绕组一端接，另端分别接电源，
形状就像字母Y。额定电压380V，
三相绕组首尾接，形成一个三角形（△），
顶端再接相电源，就是所谓角接法。
电机接法厂确定，不能随意去更改。

特别提醒

三相异步电动机不管是星形连接还是三角形连接，调换三相电源的任意两相，就可得到相反的转向（正转或者反转）。

无论星形连接还是三角形连接，其线电压、线电流都是相同的。不同的是线圈绕组的电流，电压不同。星形连接时，线圈通过的电压是相电压（220V），特点是电压低，电流大；三角形连接时，线圈通过的电压是380V，特点是电压高，电流小。

7.2 三相异步电动机基本控制电路

7.2.1 电动机控制电路图简介

1 常用器件图形符号的含义

视频7.5：电动机控制电路识图

电动机控制电路中常用器件的图形符号含义见表7-8。

表7-8　电动机控制电路中常用器件的图形符号含义

图形符号	含义	图形符号	含义
	动断触点		动合触点，该符号也可作为开关一般符号
	隔离开关		先断后合的转换触点
	当操作器件被吸合时，延时闭合的动合触点		当操作器件被吸合时，延时断开的动断触点
	当操作器件被释放时，延时闭合的动断触点		当操作器件被释放时，延时断开的动合触点
	位置开关，动合触点 限制开关，动合触点		位置开关，动断触点 限制开关，动断触点

续表

图形符号	含义	图形符号	含义
	接触器（在非动作位置触点断开）		按钮开关（不闭锁）
	多位开关，最多四位		多位开关
	线圈	M ~	交流电动机
	熔断器一般符号	11 12 13 14 15	端子板（可加端子标志）
	灯（指示灯）一般符号		按钮一般符号

2　电动机控制电气图的类型

电动机控制电气图可分为电路原理图、安装接线图和器件平面布置图。各种图的命名，主要是根据其所表达信息的类型和表达方式而确定的，见表 7-9。

表 7-9　电动机控制电气图的表达信息类型和表达方式

电气图	表达信息的类型	表达方式
电路原理图	主要表示电气设备和元器件的用途、作用和工作原理等	依据电路的工作原理，采用规定的电气符号绘制
安装接线图	主要表示电气设备和元器件的实际位置、配线方式和接线关系，不明显表示电气动作原理等	图形符号、文字符号和回路标记均与电路图中的标号一致
器件平面布置图	主要表示元器件在控制板上的实际安装位置，主要用于安装接线的检修	采用简化的外形符号绘制，各电器的文字符号必须与控制原理图和安装接线图的标注相一致

特别提醒

在电气安装及维修工作中，要把电路原理图、安装接线图和器件平面布置图等结合起来使用。

（1）电路原理图

电路原理图简称电路图，用于分析控制线路的工作原理（但不考虑其实际位置）。它根据简单、清晰的原则，采用电器元件展开的形式绘制而成。电路图包括系统中所有电器元件的导电部件和接线端点，反映了电器之间的连接关系。电路图是绘制电气接线图的依据，可指导系统或设备的安装、调试与维修。

电动机控制电路图一般由三部分组成，即电源电路、主电路和辅助电路（包括控制电路、保护电路、信号电路和照明电路）。比较简单的电气控制电路中一般没有信号电路和局部照明电路，大多数控制系统中，控制电路和保护电路融为一体，此时可将其统称为控制电路。

电动机正、反转控制电路原理图如图 7-6 所示，其各组成部分的作用及特点等介绍见表 7-10。

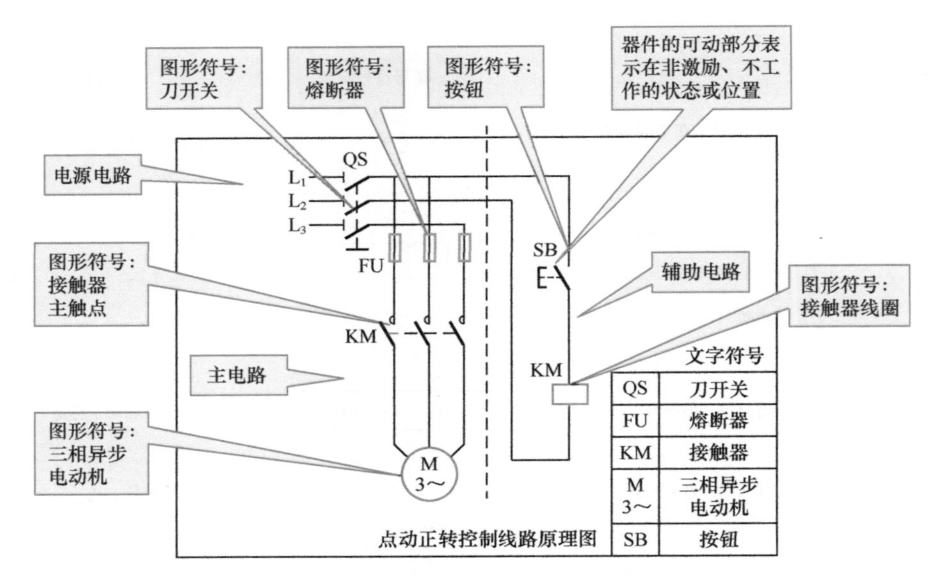

图 7-6　电动机正、反转控制电路原理图

表 7-10　电动机控制电路图组成部分、作用及特点介绍

电路	别称	作用	电流特点	电路画法
电源电路	开关电路	为主电路、用电器和辅助电路提供总电源	电流大	习惯上画成水平线，依相序自上而下或从左至右画出，电源开关水平画出
主电路	一次电路	电气控制电路中负载电流通过的电路，就是从电源到电动机的大电流通过的电路，由电源开关、接触器的主触点、热继电器的热元件、电动机定子绕组等组成。主电路是受辅助电路控制的电路	电流大	习惯上用粗实线画在图纸的左边或上部
辅助电路	二次电路	辅助电路包括控制电路、保护电路、各种联锁电路、信号报警电路等，有些还含有局部照明。辅助电路由继电器和接触器的线圈、继电器的触点、接触器的辅助触点、按钮、照明灯、信号灯、警铃（或电笛）、控制变压器等电器元件组成。辅助电路为主电路发出动作指令信号	电流回路多，但电流小，一般不超过 5A	习惯上用细实线画在图纸的右边或下部。同一电器元件的各部件可以不画在一起，但需用同一文字符号标出。若有多个同类电器，可在文字符号后加上数字序号，如 KM_1、KM_2 等。所有按钮、触点均按没有外力作用和没有通电时的原始状态画出。控制电路的分支线路，原则上按照动作先后顺序排列，两线交叉连接时的电气连接点须用黑点标出

电动机控制电气图中各电器的接线端子用国家标准规定的字母、数字和符号标记。

① 三相交流电源的引入线用 L_1、L_2、L_3、N（中性线）、PE（保护线）标记，直流系统电源正、负极、中间线分别用 L+、L− 与 M 标记。负载端三相交流电源及三相动力电器的引出线分别按 U、V、W 顺序标记。线路采用字母、数字、符号及其组合形式标记。

② 分级三相交流电源主电路采用 U、V、W 后加数字 1、2、3 等来标记，如 U_1、V_1、W_1 及 U_2、V_2、W_2 等。

③ 电动机分支电路各接点标记，采用三相文字代号后面加数字来表示，数字中的个位数表示电动机代号，十位数表示该支路各接点的代号，从上到下按数字大小顺序标记。如 U_{11} 表示 M_1 电动机 L_1 相的第一个接点代号，U_{21} 为 M_1 电动机 L_1 相的第二个接点代号，依此类推。电动机绕组首端分别用 U、V、W 标记，尾端分别用 U'，V'，W' 标记，双绕组的中点用 U"、V"、W" 标记。

④ 控制电路采用阿拉伯数字编号，一般由三位或三位以下的数字组成。在垂直绘制的电路中，标号顺序一般由上而下编号；水平绘制的电路中，标号顺序一般由左至

右编号。标记的原则：凡是被线圈、绕组、触点或电阻、电容元件等电器元件所隔开的线段，都应标以不同的线路标记（编号）。

（2）安装接线图

安装接线图简称接线图，按电器元件的实际布置位置和接线方法（不明显表示电气动作原理），采用规定的图形符号绘制，能清楚地表明各元件的安装位置和布线，如图 7-7 所示。接线图便于施工安装，所以在施工现场中得到了广泛的应用。

① 主电路：电源进线塑采用截面面积为 $4mm^2$ 的 BVR 线，四根线穿管 SC25（直径为 25mm），经过端子排上标号为 L_1、L_2、L_3 三个接线端子和 PE（接地端），穿入直径为 20mm 的电线管，接至 QF，经过 KM_1、KM_2 的并联主触点、热元件 FR 及端子排上标号为 U、V、W 三个接线端子后，穿管 SC25 引至电动机 M 的接线端。

② 辅助回路：从 KM_1 的主触点的第二相电源侧 FU 后 1 端点引出导线，穿入直径为 16mm 的塑料软管（管中共有 5 根 $1mm^2$ 的 BVR 导线），接到标号为 1 的接线端子，经过该外接端子穿 SC15 钢管（管中共有 5 根 $1mm^2$ 的 BVR 导线）引出，接到工作台停止按钮 STP_1。

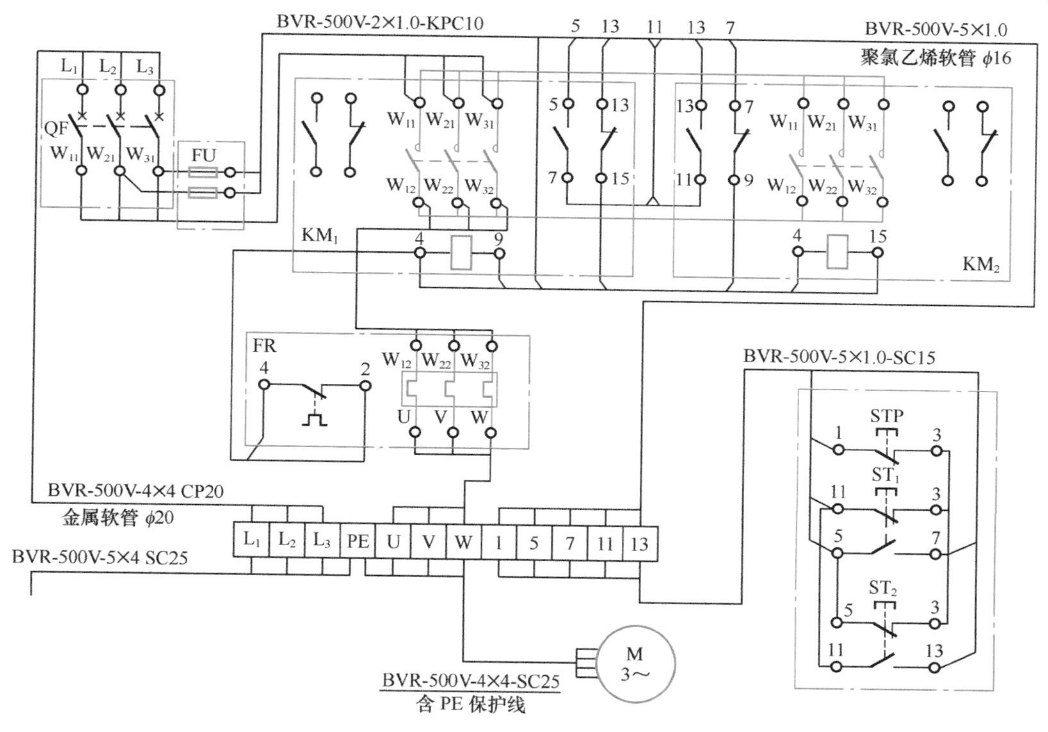

图 7-7 采用规定的图形符号绘制接线图示例

经过 STP 后，导线标号变为 3，然后分别与启动按钮 ST_1、ST_2 的动断触点连接，其中一根导线经过 ST_2 动断触点后标号变为 5，分别接到启动按钮 ST_1 和端子排标号为 5 的端子上，从端子引入控制箱后，经过线束连到接触器 KM_1 的动合辅助触点，经此触点后，标号变为 7。将其引至端子排接线端子 7 并与 ST_1 动合触点并联。即控制箱内 KM_1 常开辅助触点经过外接端子排接线端子 5、7 与工作台上启动按钮 ST_1 并联。7 号线另引出一根与 KM_2 的动断闭触点连接，经 KM_2 后标号变为 9，接于接触器 KM_1 线圈，对控制电路而言，线圈为一负载。因此，经过 KM_1 线圈后，标号变为双号 4。再连接热继电器 FR 动断触点，标号为 4，4 与 L_3 相熔断器 FU 相连，从而构成跨接 L_2、L_3 相的电源通路。

接线图是实际接线安装、检修和查找故障时所需的技术文件。接线图上应反映控制柜内、外各电器之间的连接，其回路标号是电器设备之间、电器元件之间、导线与导线之间的连接标记。它的图形符号、文字符号和回路标记均应与电路图中的标号一致。

特别提醒

实际安装时，处于不同配电箱（柜、屏）的各电器元件之间的导线连接必须通过接线端子排进行。同一配电箱（柜、屏）内的各电器元件之间的接线可直接相连。因此，在接线图中，应示出接线端子的情况。

（3）器件平面布置图

器件平面布置图是根据电气装置、元件在控制板上的实际安装位置，采用简化的外形符号（如正方形、矩形、圆形等）而绘制的一种简图，它不表达各电器的具体结构、作用、接线情况以及工作原理，主要用于电器元件的布置和安装。图中各电器的文字符号必须与控制电路图和电气安装接线图的标注相一致，如图 7-8 所示。

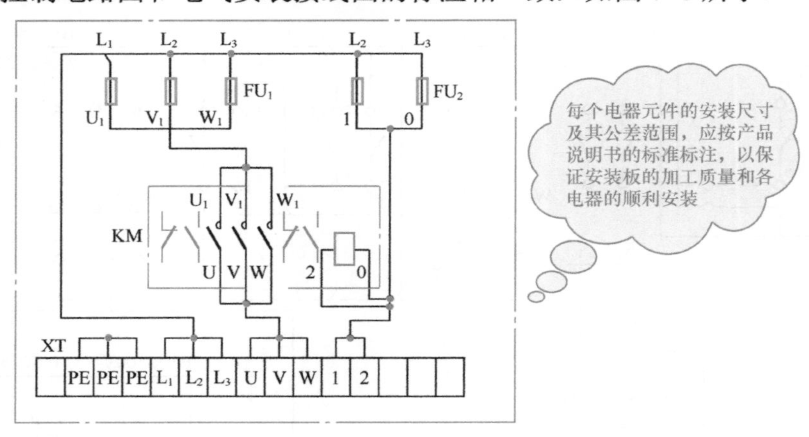

图 7-8　平面布置图示例

7.2.2　电动机自锁控制电路

1　电动机点动控制

所谓自锁就是依靠接触器自身辅助触点而使其线圈保持通电的现象。电动机点动控制不需要交流接触器自锁，单纯的点动控制可以用一个控制按钮来实现，如图 7-9 所示。

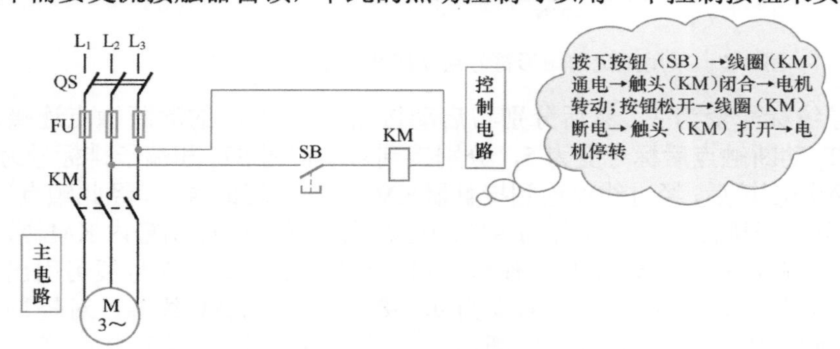

图 7-9　电动机点动控制

2 电动机长动控制

图 7-10 所示为电动机长动（连续运行）控制电路，按下按钮 SB_2，线圈（KM）通电，电动机启动；同时，辅助触头（KM）闭合，即使按钮松开，线圈保持通电状态（我们把这种工作状态称为自锁，起自锁作用的辅助触头称为自锁触头），从而实现连续运转控制。按下停止按钮 SB_1，接触器 KM 线圈断电，与 SB_2 并联的 KM 的辅助动合触点断开，KM 线圈持续失电，串联在电动机回路中的 KM 的主触点持续断开，电动机停转。

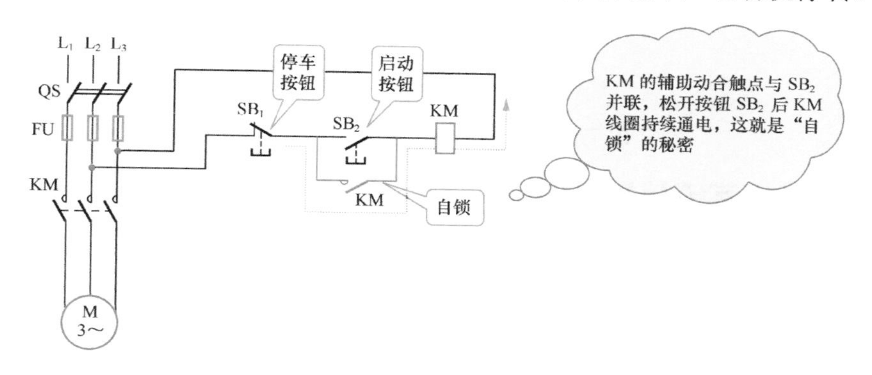

图 7-10　电动机长动控制

3 电动机点动与长动结合的控制

如果需要电动机既可以点动也可以连续运行，可以采用如图 7-11 所示的电路。

特别提醒

主电路中的熔断器 FU 起短路保护作用。一旦电路发生短路故障，熔体立即熔断，电动机立即停转。

自锁另一个作用：实现欠压和失压保护。当电源暂时断电或电压严重下降时，接触器 KM 线圈的电磁吸力不足，衔铁自行释放，使主、辅触点自行复位，切断电源，电动机停转，同时解除自锁。可见，该电路具有失压（或欠压）保护作用。

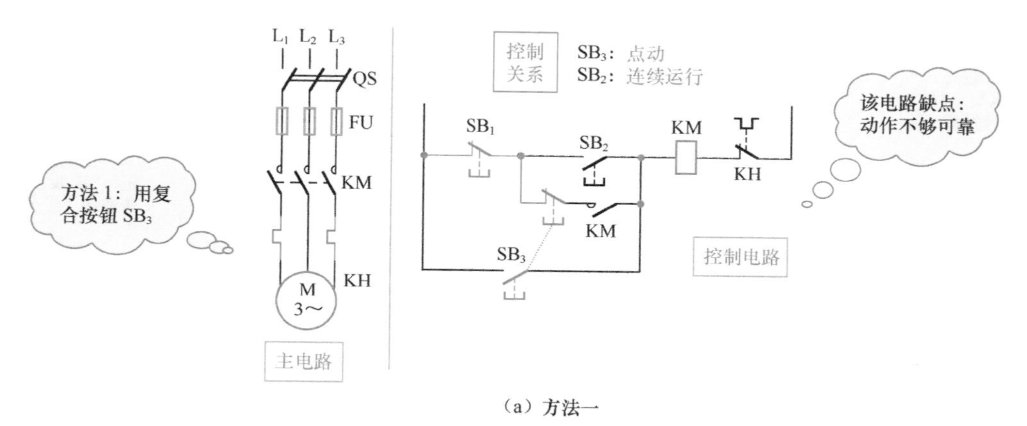

（a）方法一

图 7-11　点动 + 长动电路图

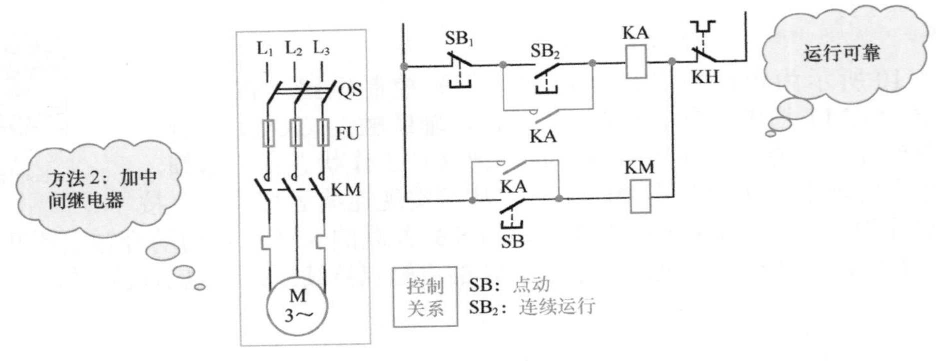

（b）方法二

图 7-11 点动＋长动电路图（续）

7.2.3 电动机互锁控制电路

在同一时间里两个接触器只允许一个工作的控制作用称为互锁（联锁）。即要求甲接触器工作时乙接触器不能工作，而乙接触器工作时甲接触器不能工作，此时应在两个接触器的线圈电路中互串入对方的动断触点。

1 接触器互锁电动机正、反转控制电路

视频 7.9：接触器互锁电动机正、反转控制

图 7-12 所示为接触器互锁电动机正、反转控制电路。KM_1 为正转接触器，KM_2 为反转接触器。这两个接触器的主触头所接通的电源相序不同，KM_1 按 L_1—L_2—L_3 相序接线，KM_2 则对调了两相的相序。控制电路有两条，一条由按钮 SB_2 和 KM_1 线圈等组成的正转控制电路；另一条由按钮 SB_3 和 KM_2 线圈等组成的反转控制电路。SB_1 为停止按钮，SB_2 为正转控制按钮，SB_3 为反转控制按钮。

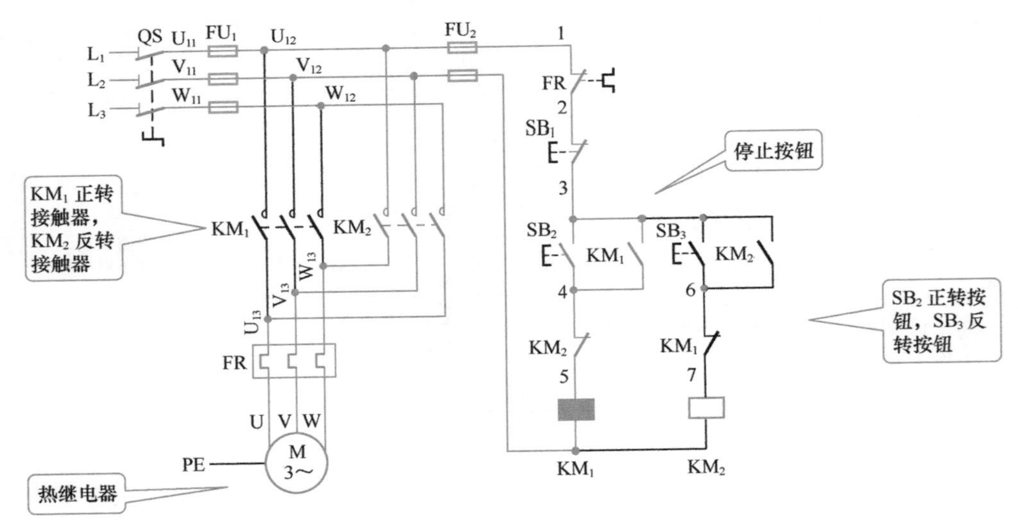

图 7-12 接触器互锁电动机正、反转控制电路

（1）正转控制

当按下正转启动按钮 SB_2 后，电源相通过热继电器 FR 的动断接点、停止按钮 SB_1 的动断接点、正转启动按钮 SB_2 的动合接点、反转交流接触器 KM_2 的动断辅助触头、正转交流接触器线圈 KM_1，使正转接触器 KM_1 带电而动作，其主触头闭合使电动机正向转动运行，并通过接触器 KM_1 的动合辅助触头自保持运行。

在正转控制过程中，有以下几个很关键的控制步骤值得读者注意。

① 按下正转启动按钮 SB_2，控制电路闭合，KM_1 线圈得电，如图 7-13（a）所示。

② KM_1 主触头闭合，主电路接通电动机 M 正向启动，如图 7-13（b）所示。

③ KM_1 辅助动合触头闭合，正转电路自锁，如图 7-13（c）所示。

④ KM_1 辅助动断触头断开，与 KM_2 互锁，如图 7-13（d）所示。

⑤ 松开正转启动按钮 SB_2，电动机 M 保持正转，如图 7-13（e）所示。

⑥ 按下停止按钮 SB_1，电路失电，电动机 M 停转。

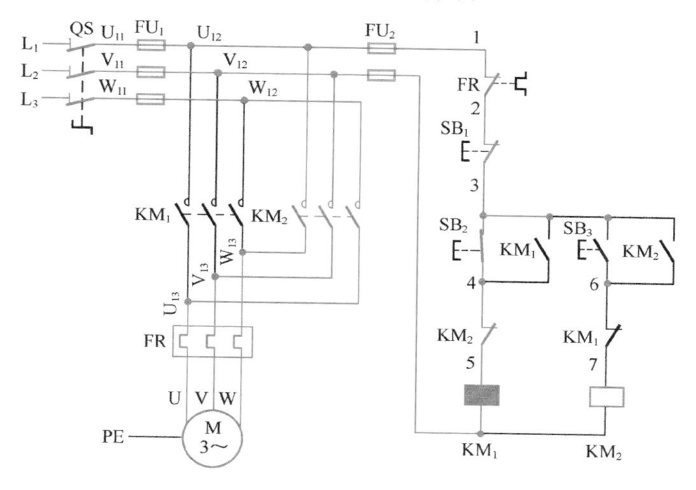

（a）KM_1 线圈得电

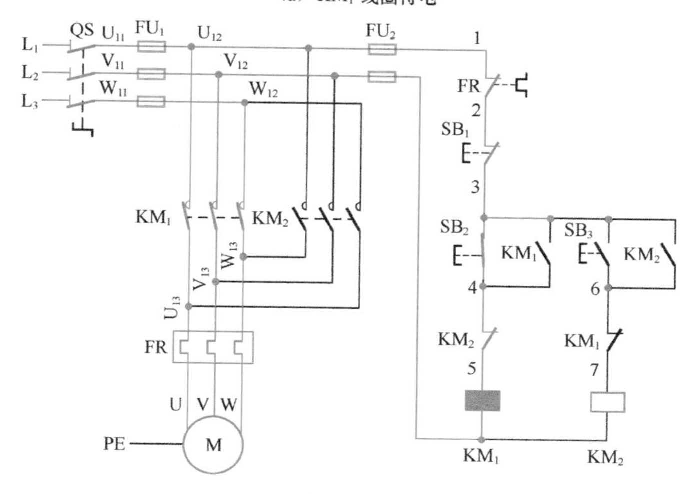

（b）电动机正向启动

图 7-13　接触器互锁电动机正转控制工作流程

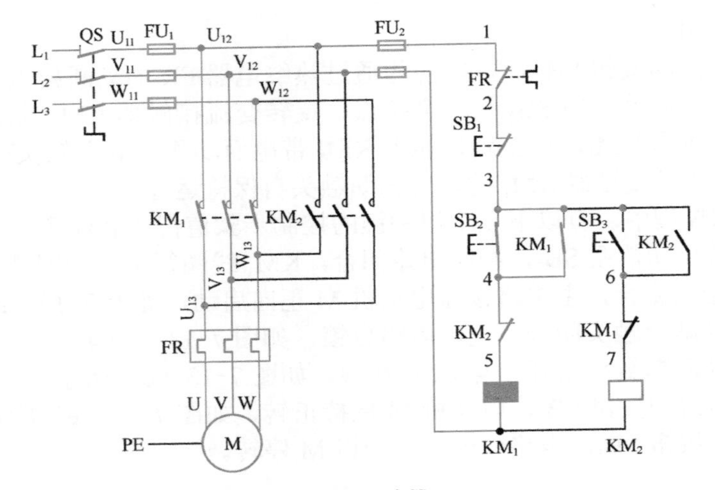

(c) KM_1 自锁

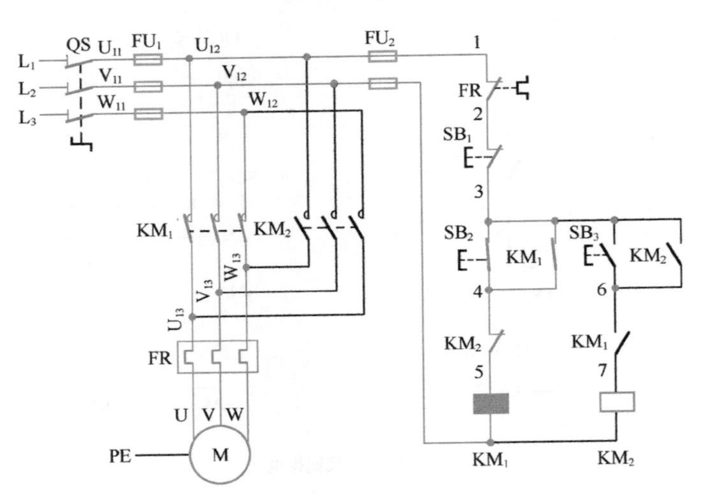

(d) KM_1 和 KM_2 互锁

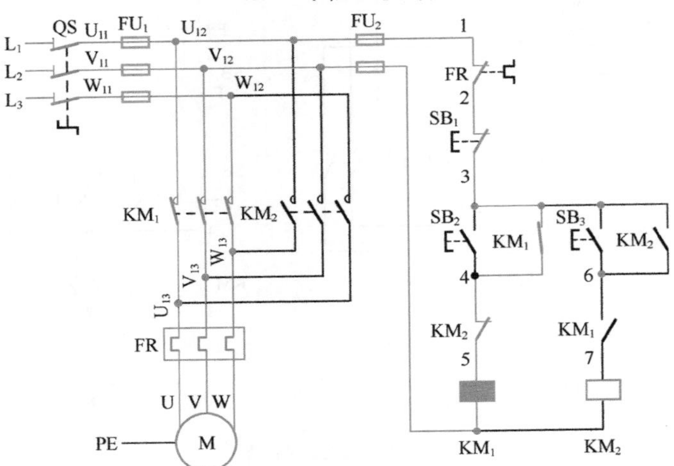

(e) 松开 SB_2 电动机保持正转

图 7-13　接触器互锁电动机正转控制工作流程（续）

（2）反转控制

反转启动过程与上面相似，只是接触器 KM_2 动作后，调换了两根电源线 U、W 相（即改变电源相序），从而达到反转目的。

电动机反转控制的工作流程如下。

① 按下反转按钮 SB_3，控制电路闭合，反转交流接触器 KM_2 线圈得电，如图 7-14（a）所示。

② KM_2 主触头闭合，主电路接通，电动机 M 正向启动，如图 7-14（b）所示。

③ KM_2 辅助动合触头闭合，反转电路自锁，如图 7-14（c）所示。

④ KM_2 辅助动断触头断开，与 KM_1 互锁，如图 7-14（d）所示。

⑤ 松开反转按钮 SB_3，电动机 M 保持反转，如图 7-14（e）所示。

⑥ 按下停止按钮 SB_1，电路失电，电动机 M 停转。

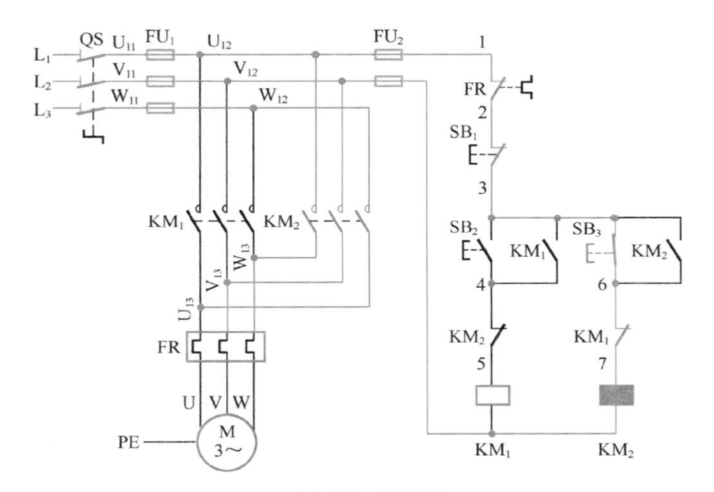

（a）KM_2 线圈得电

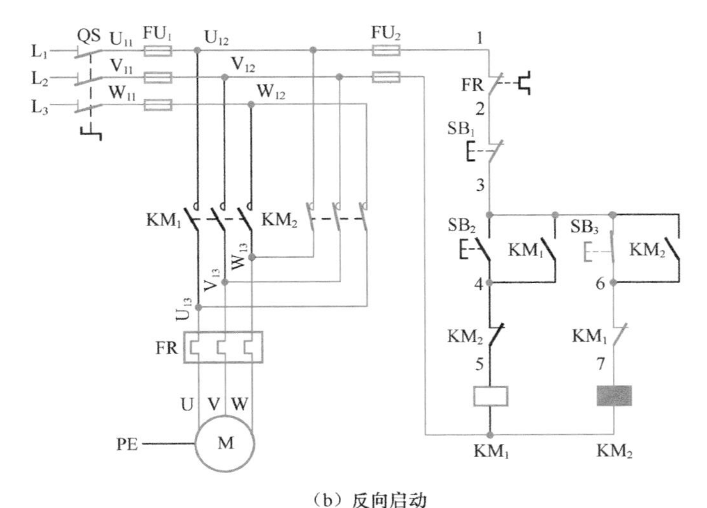

（b）反向启动

图 7-14　接触器互锁电动机反转控制工作流程

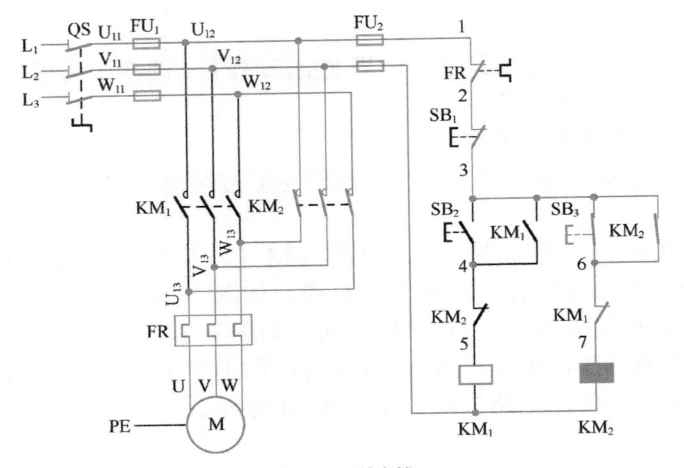

（c）KM_2 反转自锁

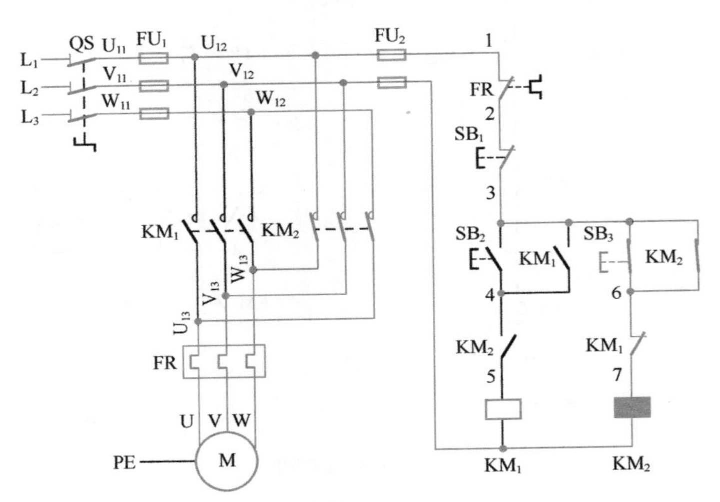

（d）KM_2 和 KM_1 互锁

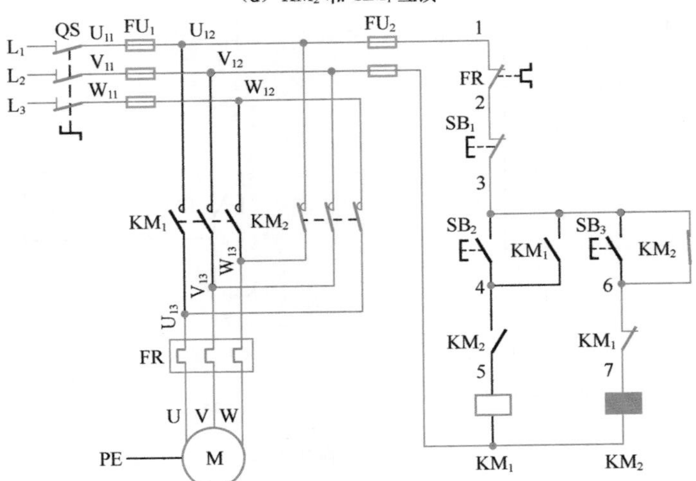

（e）松开 SB_3 保持反转

图 7-14　接触器互锁电动机反转控制工作流程（续）

特别提醒

该电路必须先停车，才能由正转到反转或由反转到正转。SB_2 和 SB_3 不能同时按下，否则会造成短路。因此，该控制电路没有多大的实用性。因为电动机从正转变为反转时，必须先按下停止按钮后，才能按反转控制按钮，否则由于接触器内部装置具体的联锁作用，不能实现反转。也就是说，正转接触器 KM_1 和反转接触器 KM_2 的主触头决不允许同时闭合，否则造成两相电源短路事故。

2 按双重互锁正、反转控制线路

为克服接触器互锁正、反转控制线路和按钮联锁正、反转控制线路的不足，在按钮互锁的基础上，又增加了接触器互锁，构成了按钮与接触器互锁正、反转控制线路，我们把它称为双重互锁正、反转控制线路，如图 7-15 所示。由于这种电路结构完善，所以常将它们用金属外壳封装起来，制成成品直接供给用户使用，其名称为可逆磁力启动器。所谓可逆是指它可以控制正、反转。

视频 7.10：双重互锁电动机正、反转控制

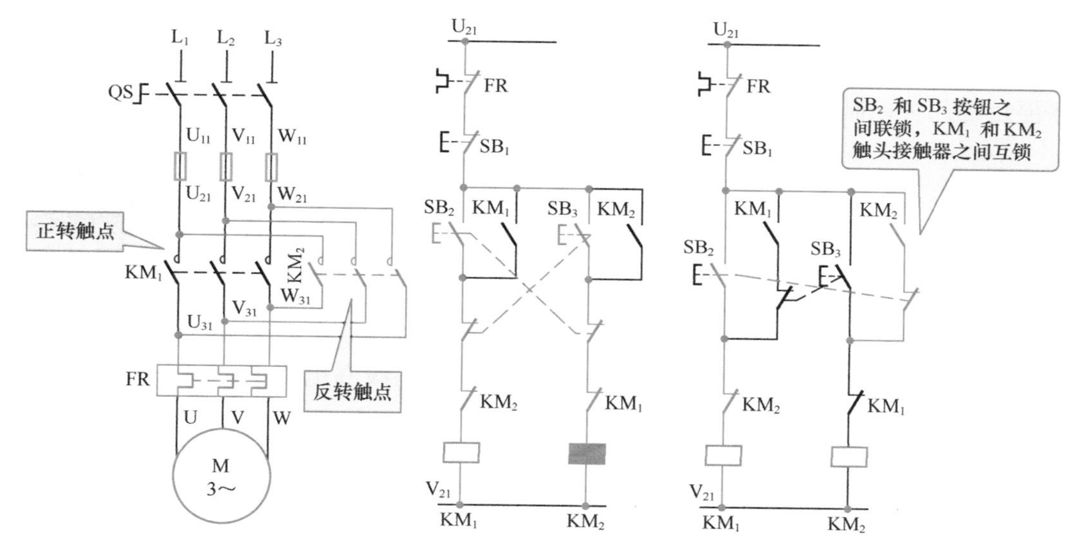

图 7-15 双重互锁正反转控制电路

主电路中开关 QS 用于接通和隔离电源，熔断器对主电路进行保护，交流接触器主触头控制电动机的启动运行和停止，使用两个交流接触器 KM_1、KM_2 来改变电动机的电源相序。当通电时，KM_1 使电动机正转；而 KM_2 通电时，使电源 L_1、L_3 对调接入电动机定子绕组，实现反转控制。由于电动机是长期运行，热继电器 FR 作过载保护，FR 的动断辅助触头串联在线圈回路中。

控制线路中，正反向启动按钮 SB_2、SB_3 都是具有动合、动断两对触头的复合按钮，SB_2 动合触头与 KM_1 的一个动合辅助触头并联，SB_3 动合触头与 KM_2 的一个动合辅助触头并联，动合辅助触头称为“自保”触头，而触头上、下端子的连接线称为“自保线”。由于启动后，SB_2、SB_3 失去控制，动断按钮 SB_1 串联在控制电路的主回路，用作停车控制。SB_2、SB_3 的动断触头和 KM_1、KM_2 的各一个动断辅助触头都串联在相反转向的接触器线圈回路，当操作任意一个启动按钮时，SB_2、SB_3 动断触头先分断，使相反转向的接触器断电释放，同时确保 KM_1（或 KM_2）要动作时必须是 KM_2（或 KM_1）确实复位，因而可防止两个接触器同时动作造成相间短路。每个按钮上起这种作用的触头叫作“联锁”触头，而两端的接线叫作“联锁线”。当操作任意一个按钮时，其动断触头先断开，而接触器通电动作时，先分断动断辅助触头，使相反方向的接触器断电释放，起到了双重互锁的作用。

特别提醒

按钮接触器双重互锁正、反转控制线路是正、反转电路中最复杂的一个电路，也是最完美的一个电路，也称为防止相间短路的正、反转控制电路。此控制电路操作方便，工作安全可靠。在按钮和接触器双重互锁正反转控制电路中，既用到了按钮之间的联锁，同时又用到了接触器触头之间的互锁，从而保证了电路的安全。

7.2.4 电动机顺序控制电路

所谓顺序控制主要是指有关设备之间的互相制约或相互配合。例如，某自动运料小车，必须在小车进到装料位时才允许卸料机动作；又如机械手必须在确保物体加紧后，机械手才能后退。这种动作的顺序体现了各电动机之间的相互联系和制约。

电动机顺序控制电路主要有：顺序启动、同时停止，顺序启动、顺序停止，顺序启动、逆序停止等几种控制线路。

1 两台电动机顺序启动、同时停止的控制电路

视频 7.11：两台电动机顺序控制

工业上的现场，经常需要对多台设备彼此间进行顺序启动和停车的控制，以防止设备运行时发生故障。电动机顺序控制的接线规律是：要求接触器 KM_1 动作后接触器 KM_2 才能动作，故将接触器 KM_1 的动合触点串接于接触器 KM_2 的线圈电路中。要求接触器 KM_1 动作后接触器 KM_2 不能动作，故将接触器 KM_1 的动断辅助触点串接于接触器 KM_2 的线圈电路中。图 7-16 所示为两台电动机顺序启动、同时停止的控制电路，下面介绍其工作原理。

（1）1 号电动机的启动与运行

按下 1 号电动机的启动按钮 SB_2，控制 1 号电动机启停的接触器 KM_1 的线圈得电，接触器 KM_1 吸合，1 号电动机启动并运行。同时，利用 KM_1 的动合辅助触点与 SB_2 的触点并联，形成 1 号电动机的自锁控制。

（2）2 号电动机的启动与运行

当 KM_1 吸合后，串联在与 2 号电动机启 / 停相关联的接触器 KM_2 线圈回路的动合触点闭合，这时按下 2 号电动机的启动按钮 SB_3，接触器 KM_2 的线圈得电，2 号电动机启动并运行。同时，利用 KM_2 的动合辅助触点与 SB_3 的触点并联，形成 2 号电动机的自锁控制。

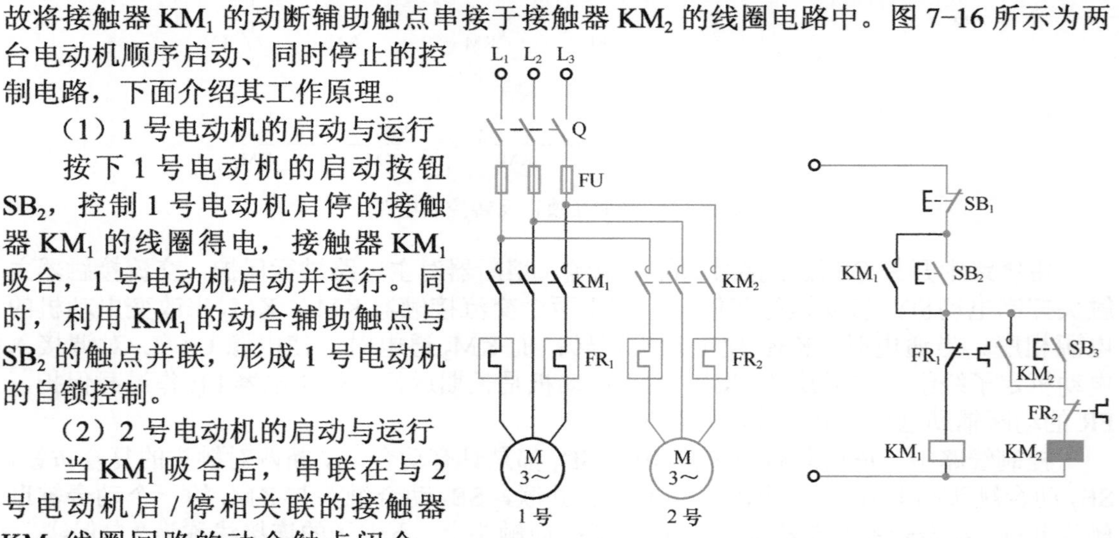

图 7-16 两台电动机顺序启动、同时停止的控制电路

（3）1 号、2 号两台电动机的停车

在 1 号、2 号电动机运行的情况下，按下停车按钮 SB_1，KM_1 和 KM_2 线圈均断电，两台电动机同时停车。

（4）电路中顺序控制的特点

这里的顺序控制是，在 1 号电动机没有启动运行的条件下，2 号电动机是无法启动运行的。因为在 2 号电动机的接触器 KM_2 的线圈控制回路中，串联了 1 号电动机接触器 KM_1 的动合辅助触点，当 KM_1 不吸合，1 号电动机不工作时，KM_2 的线圈控制回路在 KM_1 的闭锁下是断开的，KM_2 是无法吸合工作的。

（5）电动机的保护

电路中的两台电动机对应两台设备，因而对设备的保护也应该分别进行。图 7-17 中，分别设计了与电动机本身参数相适应的热继电器 FR_1 和 FR_2，对 1 号和 2 号电动机进行过载保护，对控制电路，则利用熔断器 FU 进行保护。

图 7-17 所示为采用时间继电器，按时间原则顺序启动、同时停止的控制电路。1 号电动机启动时间 t 后，2 号电动机自行启动。按下停止按钮 SB_1，两台电动机同时停止。

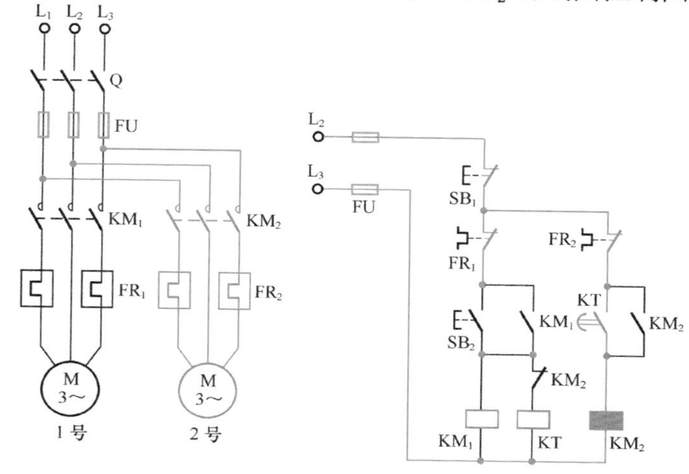

图 7-17 按时间原则顺序启动、同时停止的控制电路

2 两台电动机顺序启动、顺序停止的控制电路

图 7-18 所示为两台电动机顺序启动、顺序停止的控制电路。接触器 KM_1、KM_2 分别控制 1 号电动机和 2 号电动机。

KM_1 的一个辅助动合触点与 M_2 的启动按钮 SB_4 串联，另一个辅助动合触点与 M_2 的停止按钮 SB_2 并联。因此，只有在 KM_1 得电吸合后，M_2 才可以启动。即：M_1 先启动，M_2 后启动。

停止时，只有 KM_1 先断电，KM_2 才能断电。即：先停 KM_1，后停 KM_2。

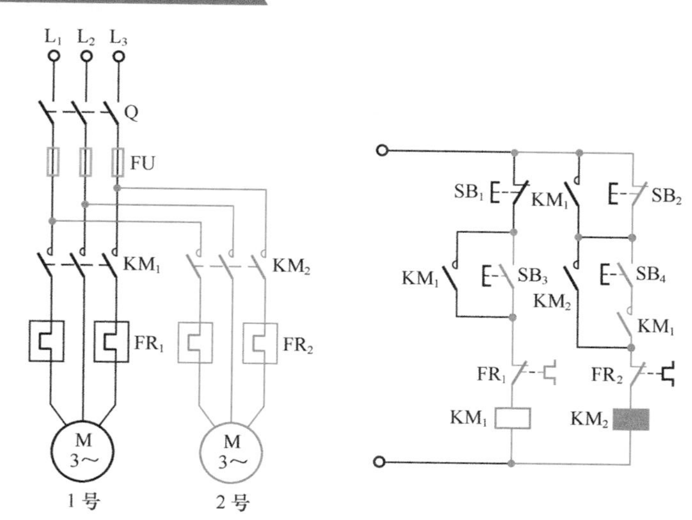

图 7-18 两台电动机顺序启动、顺序停止的控制电路

3 两台电动机顺序启动、逆序停止的控制电路

图 7-19 所示为两台电动机顺序启动、逆序停止的控制电路，KM_1、KM_2 分别控制

电动机 M_1 和 M_2。KM_1 的一个动合触点串联在 KM_2 线圈的供电线路上。KM_2 的一个动合触点并联在 KM_1 的停止按钮 SB_1 上。因此启动时，必须 KM_1 先得电，KM_2 才能得电。停止时，必须 KM_2 先断电，KM_1 才能断电。

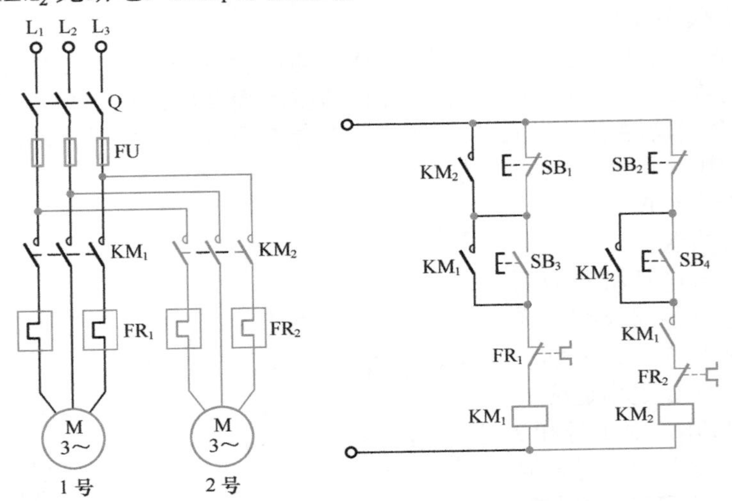

图 7-19　两台电动机顺序启动、逆序停止的控制电路

启动顺序为：先 KM_1 后 KM_2；停止时：先 KM_2 后 KM_1。

特别提醒

电动机的控制顺序由控制电路实现，不能由主电路实现。时间继电器不允许长时间供电。

7.3 三相异步电动机启动控制电路

7.3.1 电动机直接启动控制电路

1 三相异步电动机直接启动的条件

在三相电动机启动时，将电源电压全部加在定子绕组上的启动方式称为全压启动，也称为直接启动。全压启动时，电动机的启动电流可达到电动机额定电流的 4 ～ 7 倍。容量较大的电动机的启动电流对电网具有很大的冲击，将严重影响其他用电设备的正常运行。因此，直接启动方式主要应用于小容量电动机的启动。

视频 7.12：电动机直接启动控制

在实际生产中，鼠笼式异步电动机能否直接启动主要取决于下列条件。

① 电动机自身要允许直接启动。对于惯性较大，启动时间较长或启动频繁的电动机，过大的启动电流会使电动机老化，甚至损坏。

② 所带动的机械设备能承受直接启动时的冲击转矩。

③ 电动机直接启动时所造成的电网电压下降不致影响电网上其他设备的正常运行。具体要求：经常启动的电动机，引起的电网电压下降不大于 10%；不经常启动的电动

机，引起的电网电压下降不大于 15%；当能保证生产机械要求的启动转矩，且在电网中引起的电压波动不致破坏其他电气设备工作时，电动机引起的电网电压下降允许为 20% 或更大；由一台变压器供电给多个不同特性负载，而有些负载要求电压变动小时，允许直接启动的异步电动机的功率要小一些。

④ 电动机启动不能过于频繁。因为启动越频繁给同一电网上其他负载带来的影响越多。

2　采用刀开关直接启动电动机的控制电路

采用刀开关直接启动电动机的控制电路如图 7-20 所示。小型台钻、砂轮机、机床的冷却泵等小容量电动机的启动一般都采用这种启动控制方式。只要将刀开关 QS（或者组合开关）合上，电动机就开始运转；断开刀开关 QS，电动机立即停止运转。由于刀开关的灭弧能力差，如果线路中的电流太大，拉闸时要产生电弧，容易发生危险。

3　接触器自锁的电动机直接启动控制电路

采用接触器自锁的电动机直接启动控制电路如图 7-21 所示。

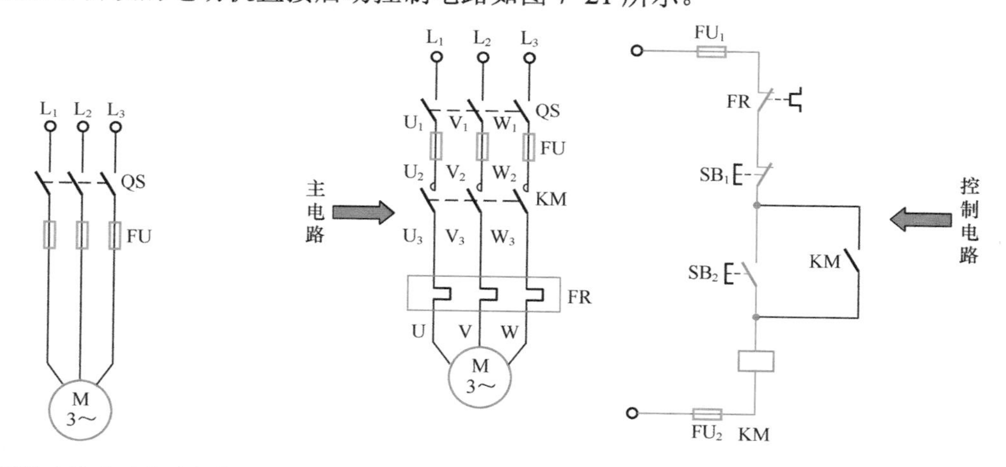

图 7-20　刀开关直接启动电动机的控制电路　　图 7-21　接触器自锁的电动机直接启动控制电路

主电路：三相电源经 QS、FU、KM 的主触点，连接到电动机三相定子绕组。

控制电路：用两个控制按钮 SB_1 和 SB_2，控制接触器 KM 线圈的通、断电，从而控制电动机（M）的启动和停止。

电路结构特点：接触器动合触点与按钮动合触点并联。KM 自锁触点（即与 SB_2 并联的动合辅助触点）的作用是当按钮 SB_2 闭合后又断开，KM 的通电状态保持不变，称为通电状态的自我锁定。停止按钮 SB_1，用于切断 KM 线圈电流并打开自锁电路，使主回路的电动机 M 定子绕组断电并停止工作。

启动自锁正转和停止运转工作原理如下：

启动自锁正转过程为：（先合上电源开关 QS）

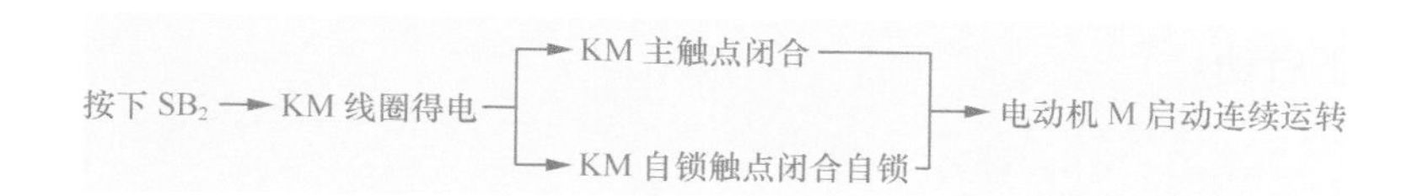

停止运转过程为：

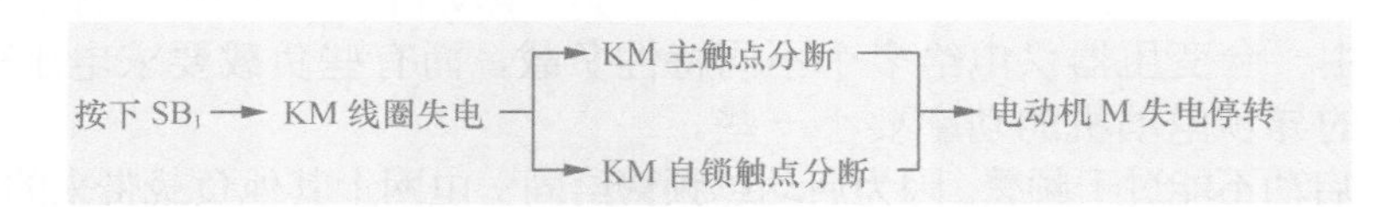

电路功能：本控制电路不但能使电动机连续运转，而且还有一个重要的特点，就是具有欠电压保护、失电压（或零电压）保护和过载保护等功能。

（1）欠电压保护

所谓欠电压保护是指当电路电压下降到低于额定电压的某一数值时，电动机能自动脱离电源电压而停转，避免电动机在欠电压下运行的一种保护。因为当电路电压下降时，电动机的转矩随之减小，电动机的转速也随之降低，从而使电动机的工作电流增大，影响电动机的正常运行，电压下降严重时还会引起“堵转”（即电动机接通电源但不转动）的现象，以致损坏电动机。

接触器自锁正转控制电路可避免电动机欠电压运行，这是因为当电路电压下降到一定值（一般指低于额定电压的 85% 以下）时，接触器线圈两端的电压也同样下降到一定值，从而使接触器线圈磁通减弱，产生的电磁吸力减小。当电磁吸力减小到小于反作用弹簧的拉力时，动铁芯被迫释放，带动主触点、自锁触点同时断开，自动切断主电路和控制电路，电动机失电停转，达到欠电压保护的目的。

（2）失电压（或零电压）保护

失电压保护是指电动机在正常运行中，由于外界某种原因引起突然断电时，能自动切断电动机电源。当重新供电时，保证电动机不能自行启动，避免造成设备和人身伤亡事故。采用接触器自锁控制电路，由于接触器自锁触点和主触点在电源断电时已经断开，使控制电路和主电路都不能接通。所以在电源恢复供电时，电动机就不能自行启动运转，保证了人身和设备的安全。

（3）过载保护

熔断器难以实现对电动机的长期过载保护，为此采用热继电器 FR 实现对电动机的长期过载保护。当电动机为额定电流时，电动机为额定温升，热继电器 FR 不动作；当过载电流较小时，热继电器要经过较长时间才动作；当过载电流较大时，热继电器很快就会动作。串接在电动机定子电路中的双金属片因过热变形，致使其串接在控制电路中的动断触点断开，切断 KM 线圈电路，电动机停止运转，实现过载保护。

7.3.2 电动机的降压启动电路

电动机的降压启动是在电源电压不变的情况下，降低启动时加在电动机定子绕组上的电压，限制启动电流，当电动机转速基本稳定后，再使工作电压恢复到额定值。

降压启动又称减压启动，当负载对电动机启动力矩无严格要求又要限制电动机启动电流，且电动机满足 380V/ △接线条件才能采用降压启动。

常见的降压启动方法：转子串电阻降压启动、Y-△降压启动、电抗降压启动、延边三角启动、软启动及自耦变压器降压启动等。这里仅介绍最常用的 Y-△降压启动和转子串电阻降压启动。

1　Y-△降压启动控制电路

视频 7.13：电动机 Y-△降压启动控制电路

额定运行为△连接且容量较大的电动机，在启动时将定子绕组作 Y 连接，当转速升到一定值时，再改为△连接，可以达到降压启动的目的。这种启动方式称为三相异步电动机的 Y-△降压启动。

Y-△降压启动就是在电动机启动时绕组采用星形接法，当电动机启动成功后再将绕组改接成三角形接线。Y-△降压启动方法简便、经济可靠。Y 连接的启动电压只有△接法的 $1/\sqrt{3}$，启动电流是正常运行△连接的 1/3，启动转矩也只有正常运行时的 1/3，因而，Y-△启动只适用于空载或轻载的情况。

图 7-22 所示为几种常用的电动机 Y-△降压启动控制电路。

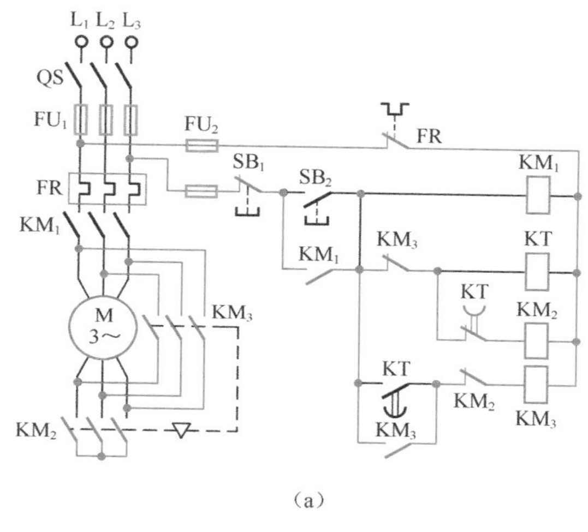

（a）

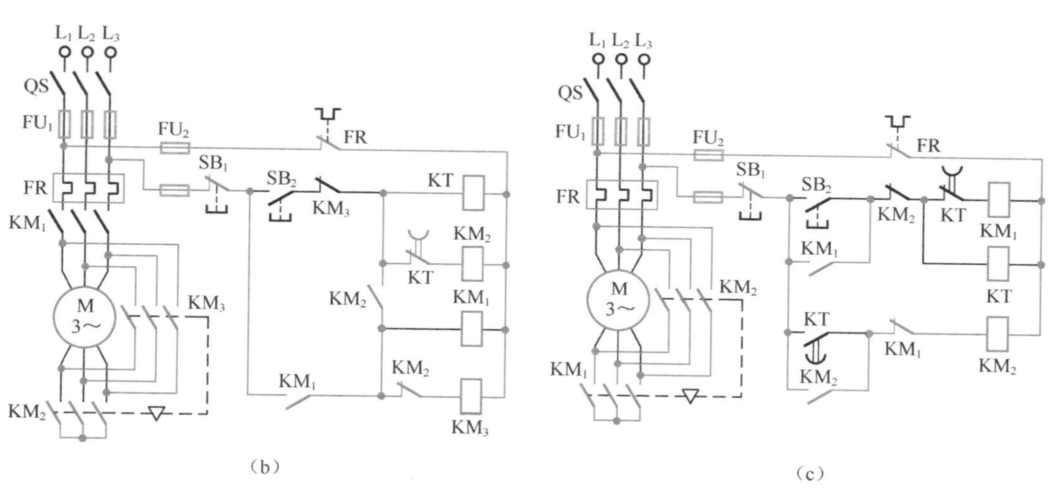

（b）　　（c）

图 7-22　三相异步电动机 Y-△降压启动电路

① 图 7-22（a）所示电路中，电动机 M 的三相绕组的 6 个接线端子分别与接触器 KM_1、KM_2 和 KM_3 连接。启动时，合上电源开关 QS，接触器 KM_1 主触点的上方得电，控制电路也得电。按下启动按钮 SB_2，接触器 KM_1 和 KM_2 的线圈同时得电（KM_2 是通过时间继电器 KT 的动断触点和 KM_3 的动断触点而带电工作的），此时异步电动机处

于Y接线的启动状态，电动机开始启动。由于KM_2与KM_3串联的动断辅助触点（互锁触点）断开，所以接触器KM_3此时不通电。

KM_1动作后，时间继电器KT线圈通电后开始延时，在KT经过设定的延时的时间里，异步电动机启动、加速。时间继电器KT延时时间到后，KT的所有触点改变状态，KM_2线圈断电，主触点断开，使Y连接的异步电动机的中心点断开；KM_2线圈断电后，串接在KM_3线圈回路的动断辅助触点KM_2闭合，解除互锁。KM_2闭合后，接触器KM_3的线圈回路接通，KM_3动作，其所有触点改变状态。KM_3线圈通电后，主触点闭合，此时电动机自动转换为△连接运行，进行二次启动；与KT动合触点并联的动合触点闭合自锁；与KT和KM_2线圈串联的动断辅助触点（互锁触点）断开，时间继电器KT和接触器KM_2线圈断电，启动过程结束。

在图7-22（a）所示的Y-△降压启动电路中，由于KM_2的主触点是带额定电压闭合的，要求触点的容量较大，而异步电动机正常运行时KM_2却不工作，会造成一定的浪费。同时，若接触器KM_3的主触点由于某种原因而熔粘，启动时，异步电动机将不经过Y连接的降压启动，而直接接成△连接启动，降压启动功能将丧失。因此，相对而言，该电路工作不够可靠。如果在KT和KM_3之间增加一个重动继电器（重动继电器实际和中间继电器的含义差不多，一般选用的是快速中间继电器，主要作用一是两个回路之间的电气隔离，二是提供了更多的接点容量），回路就会更加可靠。

② 比较而言，图7-22（b）所示的控制电路可靠性较高。只有KM_3动断触点闭合（没有熔粘故障存在），按下启动按钮SB_2，时间继电器KT和接触器KM_2的线圈才能通电。KT线圈通电后开始延时。KM_2线圈通电后所有触点改变状态。主触点在没有承受电压的状态下将异步电动机接成Y连接；动合辅助触点KM_2闭合使接触器KM_1线圈通电；与KM_3线圈串联的动断辅助触点（互锁触点）断开。KM_1线圈通电后，主触点KM_1闭合，接通主电路，由于此时电动机已经接成Y连接，电动机通电启动；KM_1的动合辅助触点（自锁触点）闭合，与停止按钮SB_1连接，形成自锁。

KT整定的延时时间到后，动断辅助触点KT断开，KM_2线圈失电，主触点KM_2将Y连接的异步电动机的中心点断开，为△连接做准备；与KM_3线圈串联的动断辅助触点（互锁触点）复位闭合，使接触器KM_3线圈通电。KM_3通电后，异步电动机接成△连接，进行二次启动，同时与启动按钮SB_2串联的互锁触点断开，启动过程结束。由于KM_2的主触点是在不带电的情况下闭合的，因此KM_2经常可以选择触点容量相对小的接触器。但在实际使用中，若选择触点容量过小，时间继电器的延时整定也较短时，容易造成KM_2主触点拉毛刺或损坏，这是在实际使用时应该注意的问题。

③ 图7-22（c）所示的控制电路只用了两个接触器，实际上是由图7-22（a）所示电路去掉KM_1后重新对接触器进行编号而得的。该电路适用于对控制要求相对不高、异步电动机容量相对较小的场合。

特别提醒

Y-△降压启动是三相异步电动机常用的启动方法。启动时，电动机定子绕组Y连接，运行时△连接，如图7-23所示。

额定运行状态是Y连接的电动机，不可以采用Y-△降压启动。

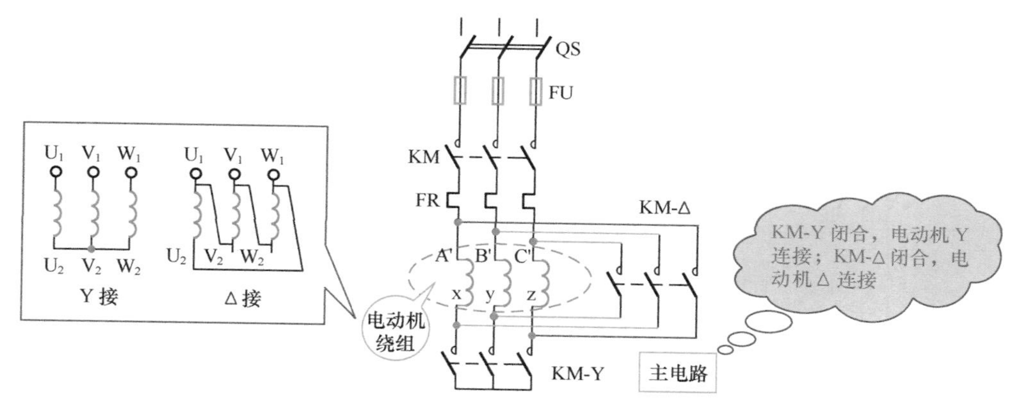

图 7-23　Y-△降压启动时绕组的接法

2 定子串电阻降压启动控制电路

图 7-24 所示为定子串电阻降压启动控制电路，其工作过程如下。

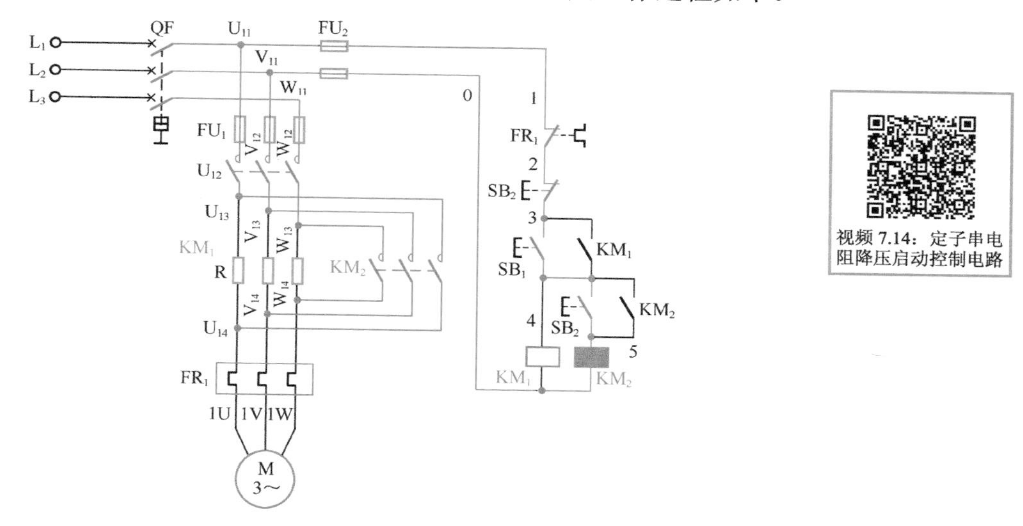

图 7-24　定子串电阻降压启动控制电路

合上开关 QF，按下启动按钮 SB_1，接触器 KM_1 线圈得电，电动机串联电阻降压启动，如图 7-25（a）所示。待电动机起动后，由操作人员按下转换开关 SB_2，接触器 KM_2 线圈得电，KM_2 触点闭合使电阻被短接，电动机全压运行，如图 7-25（b）所示。按下停止按钮 SB_3，电动机停机。

特别提醒

电动机启动时，在三相定子电路中串接电阻，使电动机定子绕组电压降低，启动后再将电阻短路，电动机仍然在正常电压下运行。这种启动方式由于不受电动机接线形式的限制，设备简单，因而在中小型机床中也有应用。机床中也常用这种串接电阻的方法来限制点动调整时的启动电流。

手动控制线路在实际使用过程中，既不方便也不可靠。故一般均采用接触器、时间继电器来实现自动控制电路，如图 7-26 所示，其工作原理分析请观看本书的链接视频。

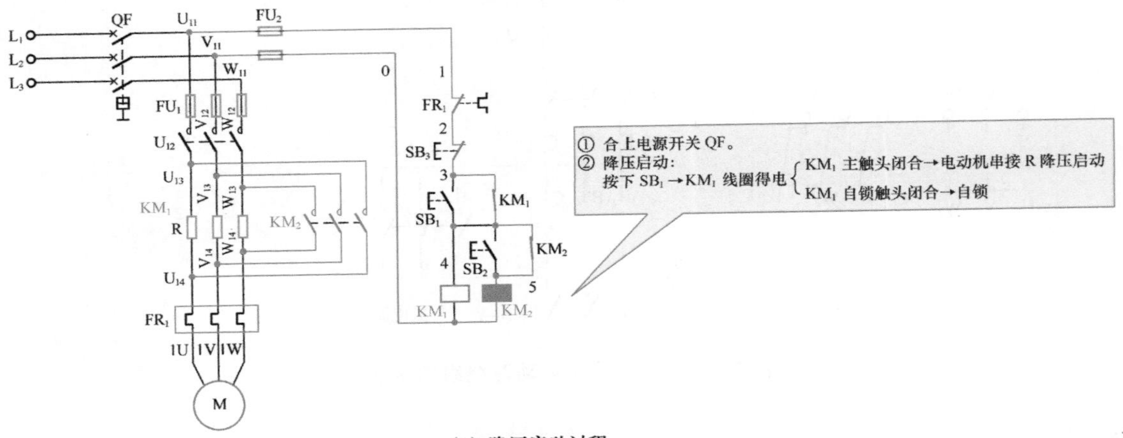

（a）降压启动过程

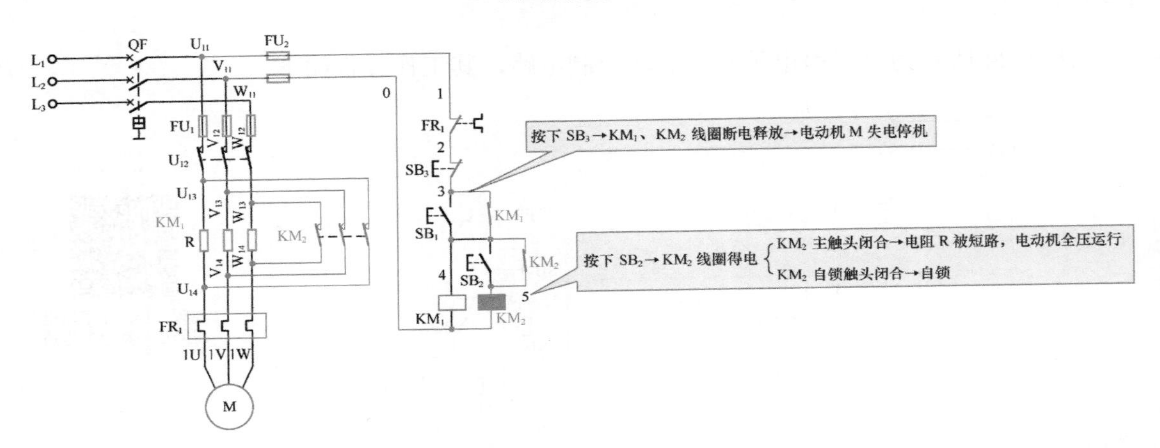

（b）全压运行

图 7-25　定子串电阻降压启动控制电路的工作原理

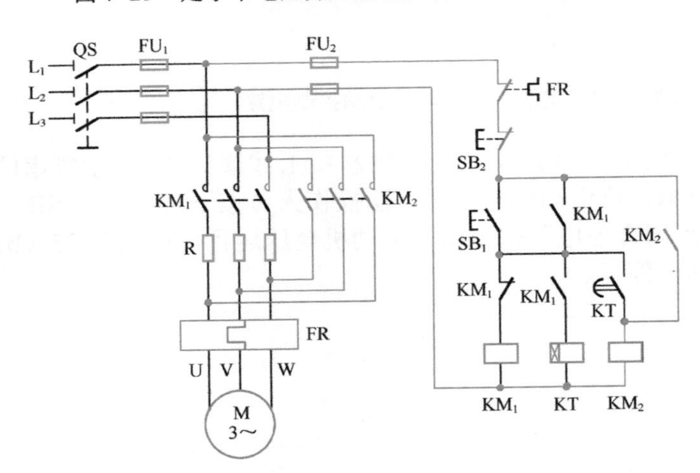

图 7-26　定子串电阻降压启动自动控制电路

7.4 三相异步电动机制动控制电路

在切断电源以后，利用电气原理或者机械装置使电动机迅速停转的方法称为电动机的制动。三相异步电动机的制动方法可分为机械制动和电气制动两大类。机械制动是利用外加的机械作用力，使电动机迅速停止转动。机械制动有电磁抱闸制动、电磁离合器制动等。电气制动是使电动机停车时产生一个与转子原来的实际旋转方向相反的电磁力矩（制动力矩）来进行制动。电气制动主要有反接制动、能耗制动、回馈制动等。

7.4.1 反接制动控制电路

所谓反接制动是在电动机切断正常运转电源的同时改变电动机定子绕组的电源相序，使之有反转趋势而产生较大的制动力矩的方法。反接制动的实质是使电动机欲反转而制动，因此当电动机的转速接近零时，应立即切断反接转制动电源，否则电动机会反转。实际控制中采用速度继电器来自动切除制动电源。图 7-27 所示为电动机反接制动控制电路图。

视频 7.15：电动机反接制动控制

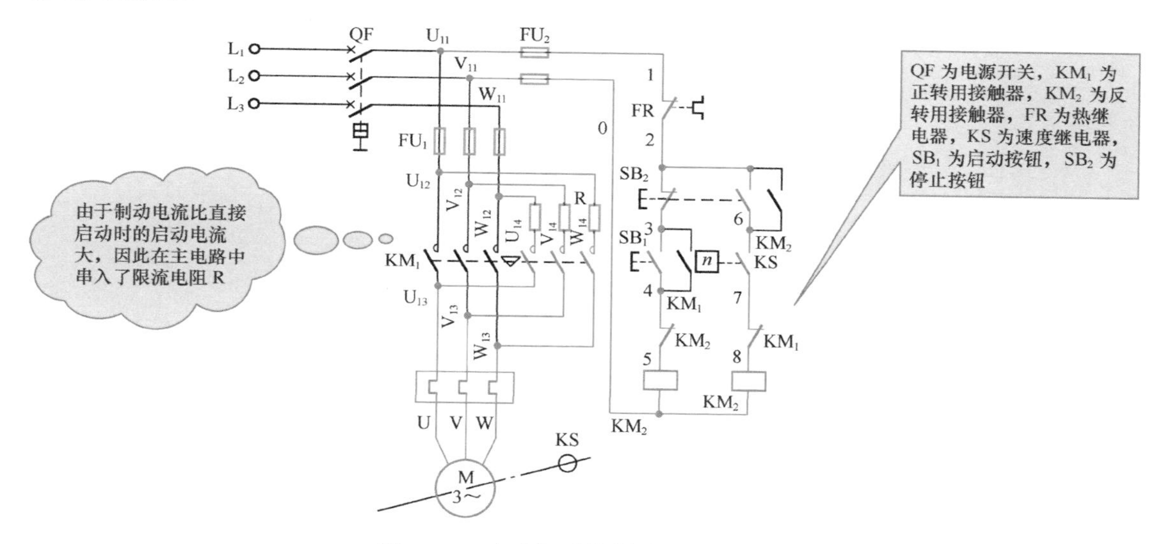

图 7-27　电动机反接制动控制电路图

（1）启动过程

先合上电源开关 QF。按下启动按钮 SB_1 →接触器 KM_1 线圈得电→ KM_1 主触头闭合（同时 KM_1 自锁触头闭合自锁；动断触点 KM_1 断开，对 KM_2 联锁）→电动机 M 直接启动，如图 7-28（a）所示。

（2）停止过程（反接制动）

当电动机转速升高后，速度继电器的动合触点 KS 闭合，为反接制动接触器 KM_2 接通做准备。

停车时，按下复合停止按钮 SB_2（动断触点断开，动合触点闭合）→接触器 KM_1 断电释放→动断联锁触点 KM_1 恢复闭合→ KM_2 线圈得电→ KM_2 主触头闭合（同时 KM_2 自锁触头闭合自锁；动断触点 KM_2 断开，对 KM_1 联锁）→电动机反接制动→（电动机转速迅速降低，当转速接近于零时）速度继电器的动合触点 KS 断开→ KM_2 断电释放→电动机制动结束。

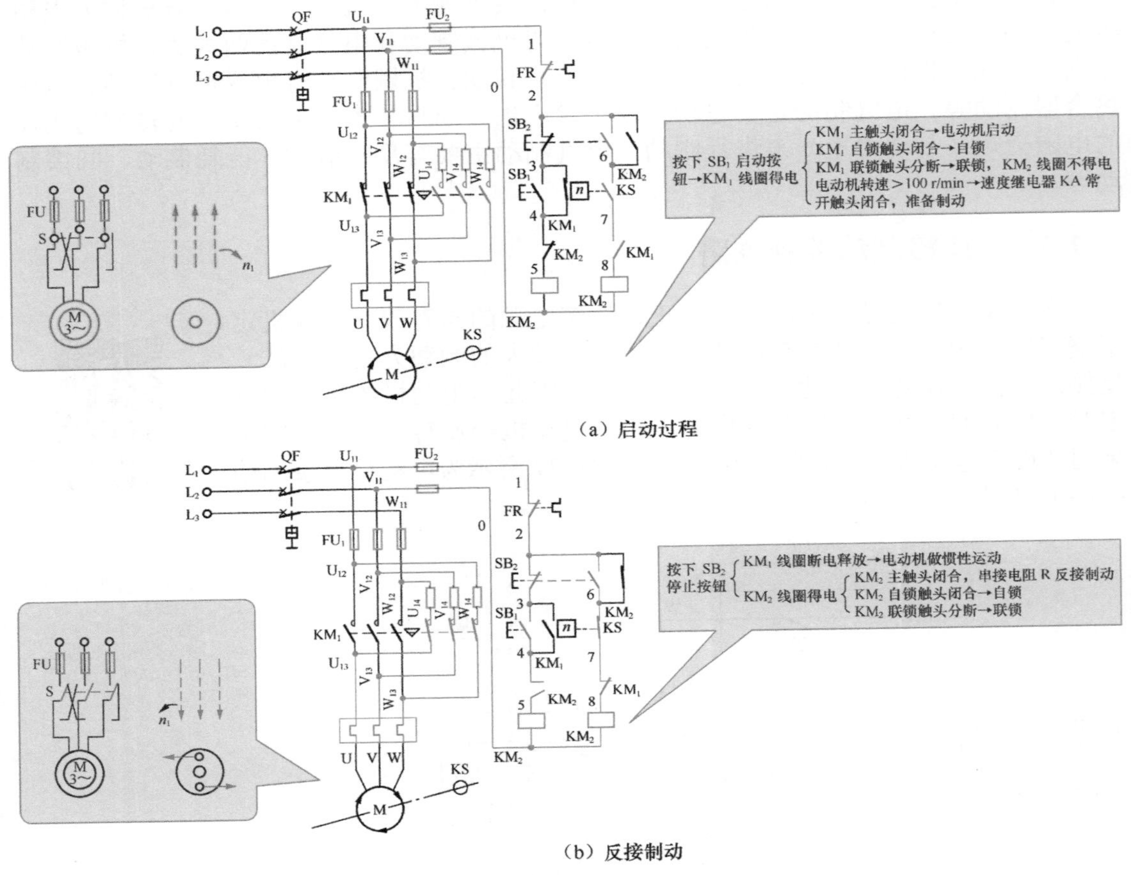

（a）启动过程

（b）反接制动

图 7-28　电动机反接制动控制电路工作原理

特别提醒

一般来说，速度继电器的释放值调整到 90r/min 左右，如释放值调整得太大，反接制动不充分；调整得太小，又不能及时断开电源而造成短时反转现象。

反接制动的制动力强，制动迅速，控制电路简单，设备投资少，但制动准确性差，制动过程中冲击力强烈，易损坏传动部件。因此适用于不频繁启动与停止的 10kW 以下小容量的电动机制动，如铣床、镗床、中型车床等主轴的制动控制。

视频 7.16：电动机能耗制动控制

7.4.2　能耗制动控制电路

所谓能耗制动即在电动机脱离三相交流电源之后，定子绕组通入直流电流，利用转子感应电流与静止磁场的作用来达到制动的目的。能耗制动可以采用时间继电器与速度继电器两种控制形式。图 7-29 所示为采用时间继电器按时间原则控制的能耗制动电路。

该电路中使用了 2 个接触器（KM_1 和 KM_2），1 个热继电器（FR），1 个时间继电器（KT），

SB_1 为启动按钮，SB_2 为停止按钮，TC 为电源变压器，VC 为整流器。还使用了由变压器和整流元件组成的整流装置，KM_2 为制动用接触器。R 为可调电阻，用于调节电动机制动时间的长短。

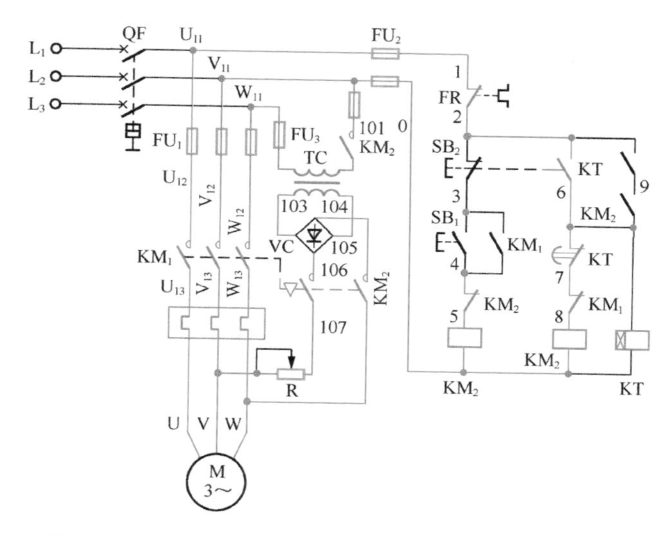

图 7-29　时间继电器按时间原则控制的能耗制动电路

（1）启动与运行

启动时，先合上电源开关 QF。

按下启动按钮 SB_1 → 接触器 KM_1 线圈得电→ KM_1 主触头闭合（同时 KM_1 自锁触头闭合自锁；动断触点 KM_1 断开，对 KM_2 联锁）→电动机 M 启动，如图 7-30（a）所示。

（2）停止过程（能耗制动）

按下复合停止按钮 SB_1（动断触点断开，动合触点闭合）→接触器 KM_1 断电释放（切断交流电源）→动断联锁触点 KM_1 恢复闭合→ KM_2 线圈得电→ KM_2 主触头闭合将整流装置接通（同时 KM_2 自锁触头闭合自锁；动断触点 KM_2 断开，对 KM_1 联锁）→电动机定子获得直流电源→能耗制动开始→ KM_2 得电使 KT 得电→经延时后使 KM_2 失电→ KT 也失电→能耗制动结束，如图 7-30（b）所示。

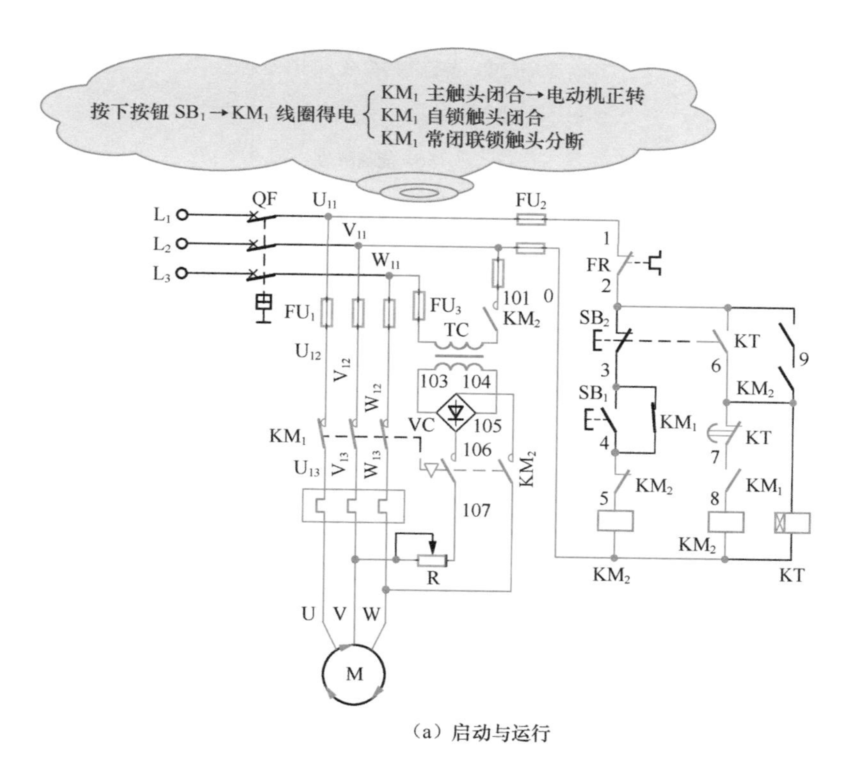

（a）启动与运行

图 7-30　按时间原则控制的能耗制动电路的工作原理

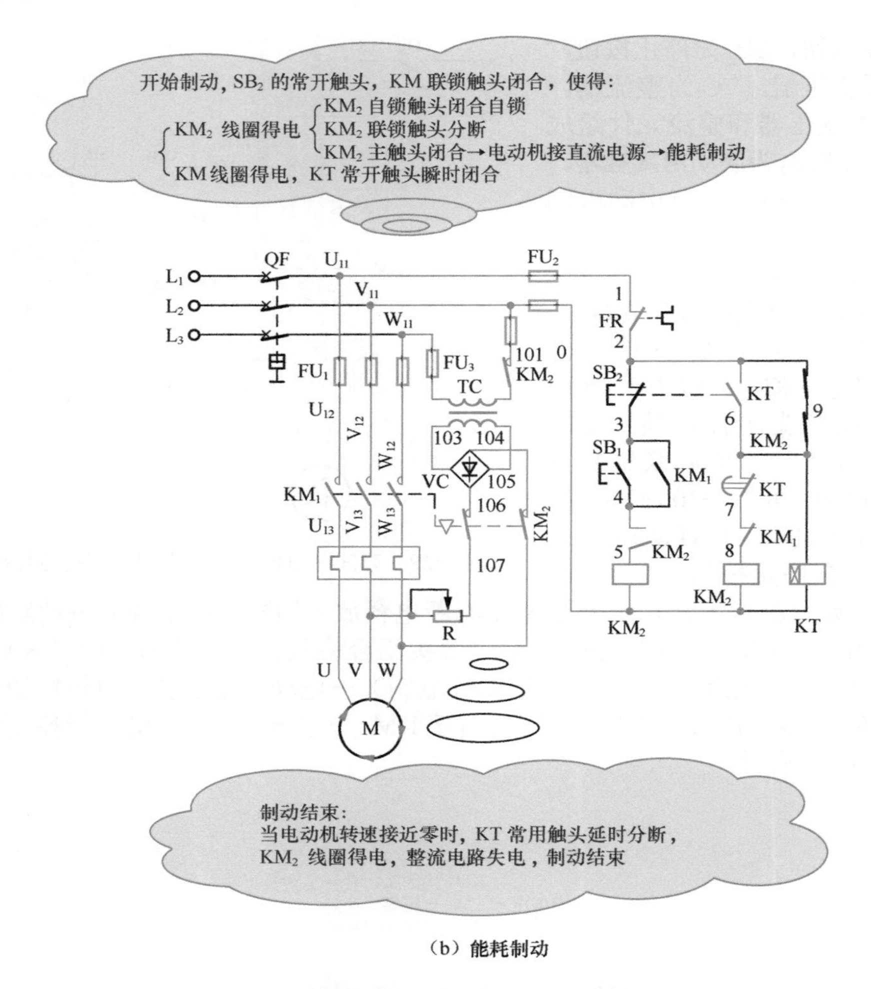

（b）能耗制动

图 7-30　按时间原则控制的能耗制动电路的工作原理（续）

能耗制动作用的强弱与通入直流电流的大小和电动机转速有关，在同样的转速下，电流越大制动作用越强。一般取直流电流为电动机空载电流的 3 ～ 4 倍，过大会使定子过热。图 7-30 所示电路的直流电源中串接的可调电阻 RP，可调节制动电流的大小。

特别提醒

能耗制动与反接制动相比较，具有制动准确、平稳、能量消耗小等优点，但制动力较弱，在低速时尤为突出。另外，它还需要直流电源，故适用于要求制动准确、平稳的场合，如磨床、龙门刨床及组合机床的主轴定位等。

在一些设备上，也可以采用一种手动控制的简单的能耗制动电路，如图 7-31 所示。要停车时，按下 SB_1 按钮，到制动结束时松开 SB_1 按钮即可。

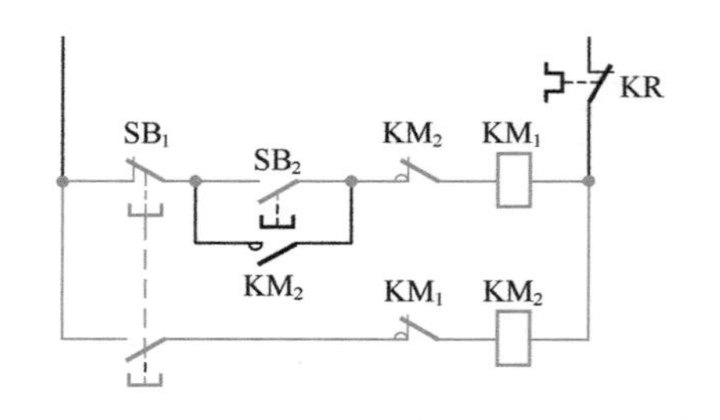

图 7-31　手动控制的简单的能耗制动回路

7.4.3　机械制动控制电路

电动机机械制动又称为电磁抱闸制动，就是靠电磁制动闸紧紧抱住与电动机同轴的制动轮来制动的。电磁抱闸制动的优点是制动力矩大，制动迅速，停车准确；缺点是制动越快冲击振动越大。电磁抱闸制动有断电型电磁抱闸制动和通电型电磁抱闸制动。

视频 7.17：电动机机械制动控制

断电型电磁抱闸制动在电磁铁线圈一旦断电或未接通时，电动机都处于抱闸制动状态，例如电梯、吊车、卷扬机等设备。断电型电磁抱闸制动电路如图 7-32 所示。

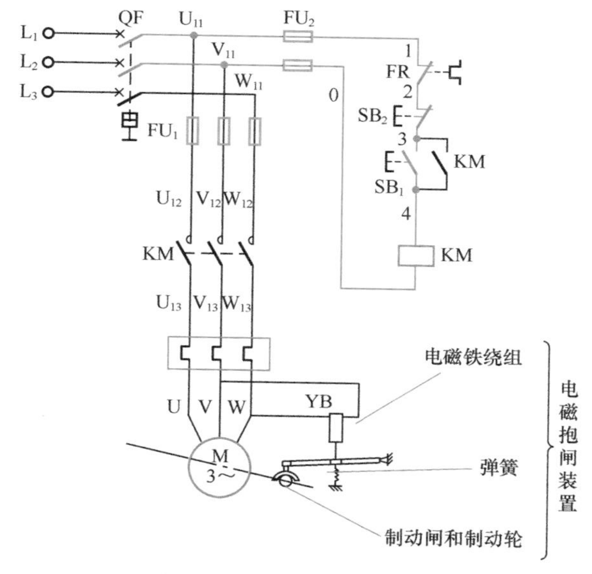

（a）断电型电磁抱闸制动电路图

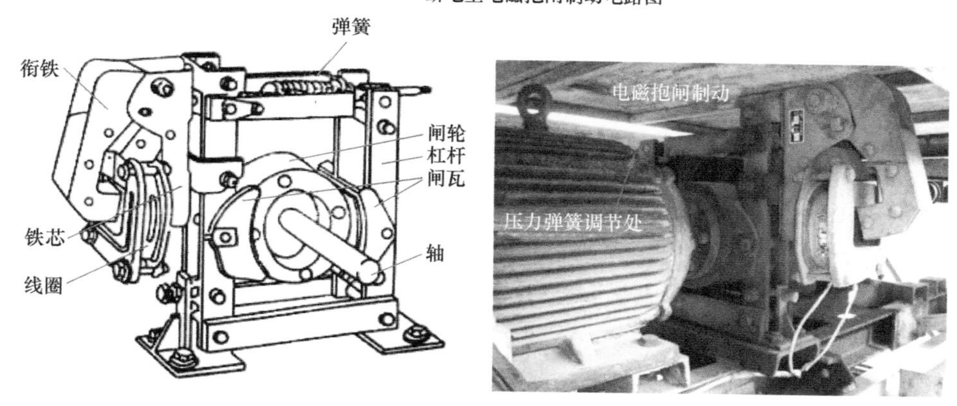

（b）电磁抱闸制动

图 7-32　断电型电磁抱闸制动控制电路

下面简要分析其工作过程。

① 合上电源开关 QF。

② 按下启动按钮 SB_1，接触器 KM 得电吸合，电磁铁绕组 YB 接入电源，电磁铁

芯向上移动，抬起制动闸，松开制动轮。KM得电后，电动机接入电源，启动运转，如图7-33（a）所示。

③ 按下停止按钮SB_2，接触器KM失电，电动机和电磁铁绕组均断电，制动闸在弹簧的作用下紧压在制动轮上，依靠摩擦力使电动机快速停车，如图7-33（b）所示。

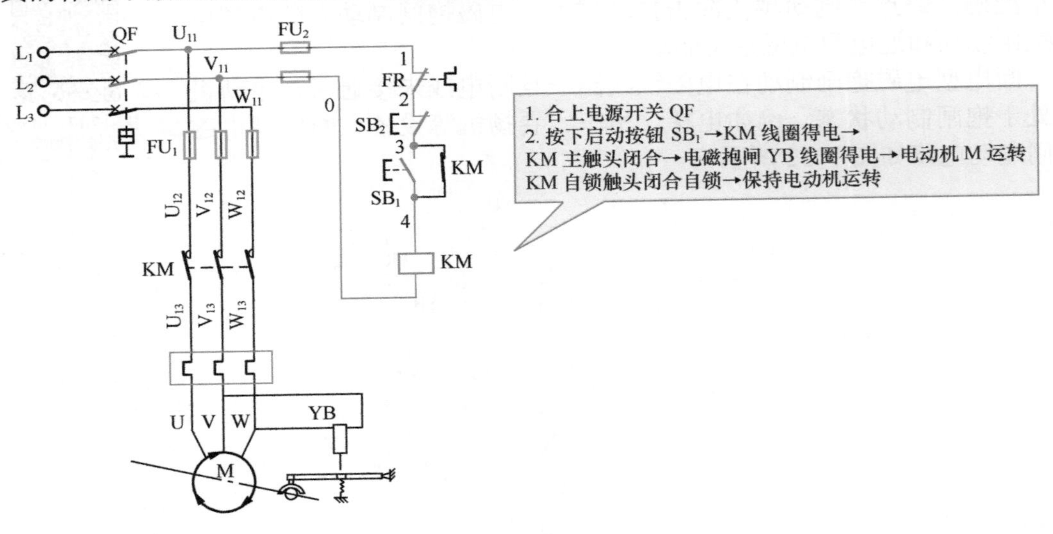

（a）启动与运行

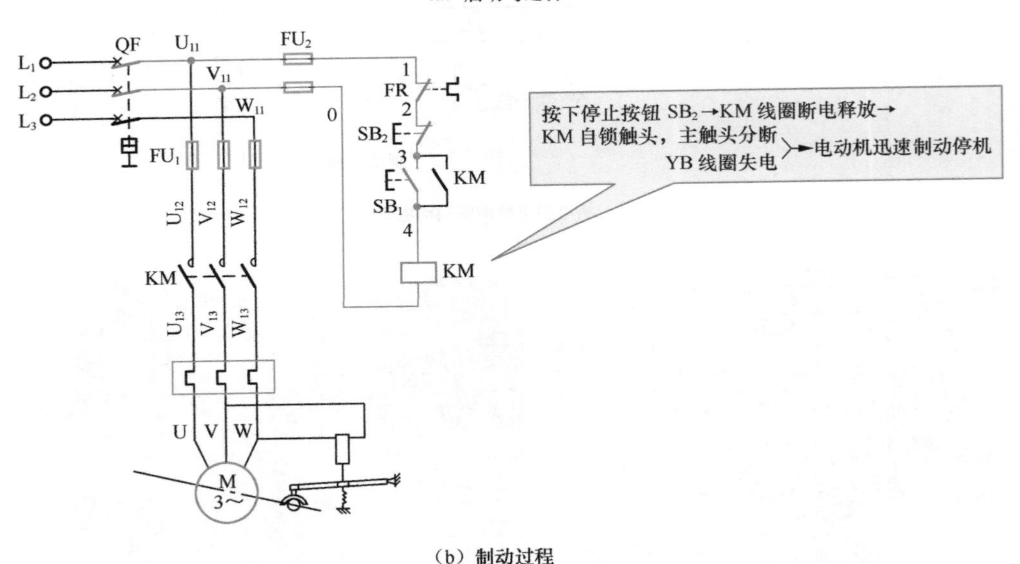

（b）制动过程

图7-33　断电型电磁抱闸制动控制电路工作过程

特别提醒

电磁抱闸装置一般安装在电动机的联轴器附近。电动机停止期间，电磁抱闸由弹簧机构压紧，电动机轴处于锁死状态。开启电磁抱闸靠电磁线圈的磁力，并且电磁线圈和电动机同步通电和停止。因此，断电型电磁抱闸制动控制不会因网络电源中断或电气线路故障而使制动的安全性和可靠性受影响。

7.5 三相异步电动机正、反转控制电路安装与检修

在日常生活和机械生产中，电动机的单向运转远不能满足生活和生产的需求，更多的场合要求运动部件能向正、反两个方向运动，如电梯门的开与关、机床工作台的前进与后退、万能铣床主轴的正转与反转、行车的前进与后退和吊钩的上升与下降等。三相异步电动机的正、反转控制就是在电动机的正向运转控制的基础上，在同一台电动机上加入反向运转控制。

根据电磁场原理，要改变电动机的运转方向，只需改变通入交流异步电动机定子绕组三相电源的相序（即把接入电动机的三相电源进线中的任意两相对调接线），就可以实现电动机反向运转。但我们不能每次需要电动机反转时，都靠人工对调电动机的接线，而要靠专用装置或控制线路来实现电动机的正、反转切换。

最常用的正反转控制线路有：倒顺开关正、反转控制，接触器联锁正、反转控制，按钮联锁正、反转控制；按钮、接触器联锁正、反转控制等。下面以接触器联锁正、反转控制电路为例介绍其线路安装及常见故障检修方法，举一反三，读者可分析与掌握电动机的其他控制电路。

视频 7.18：电动机正、反转控制电路

7.5.1 控制电路分析

接触器联锁的电动机正、反转控制电路如图 7-34 所示。

1 电路特点

电路中使用了两个接触器。其中，KM_1 为正转接触器，KM_2 为反转接触器。它们分别由正转按钮 SB_2 和反转按钮 SB_3 控制。从主电路图中可以看出，这两个接触器的主触点所接通的电源相序不同，KM_1 按 L_1—L_2—L_3 相序接线，KM_2 按 L_2—L_1—L_3 相序接线。相应的控制电路有两条，一条是由按钮 SB_2 和 KM_1 线圈等组成的正转控制线路；另一条是由按钮 SB_3 和 KM_2 线圈等组成的反转控制线路。

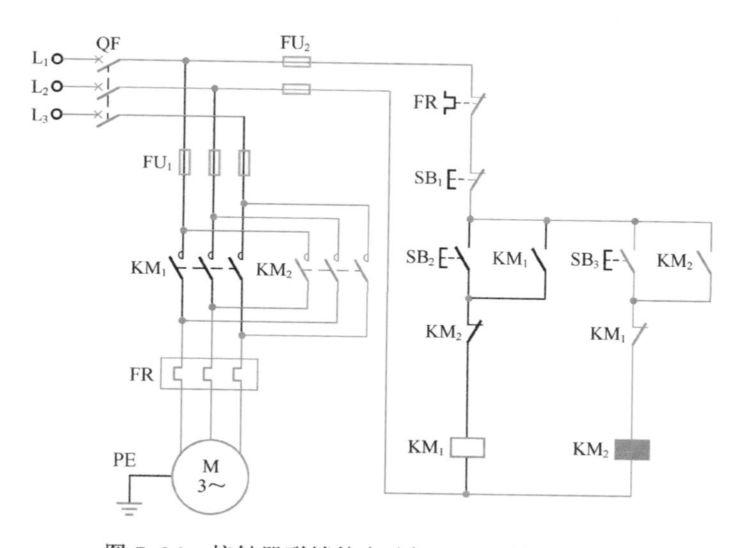

图 7-34 接触器联锁的电动机正、反转控制电路

2 联锁原理

由于接触器 KM_1 和 KM_2 的主触点绝对不允许同时闭合，否则将造成两相电源（L_1 和 L_2）短路事故。为避免两个接触器 KM_1 和 KM_2 同时得电动作，就在正、反转控制线路中分别串接了对方接触器的一对动断辅助触点，这样，当一个接触器得电动作时，通过其动断辅助触点断开对方的接触器线圈，使另一个接触器不能得电动作，接触器间这种相互制约的作用称为接触器联锁（或互锁）。实现联锁作用的动断辅助触头称

为联锁触点（或互锁触点）。

3 工作过程分析

（1）正转 / 保持控制

① 合上电源总开关 QF 后，按下正转按钮 SB_2 →接触器 KM_1 线圈得电→

{ KM_1 主触头闭合
KM_1 动合触头闭合形成自锁
KM_1 动断触头断开对 KM_2 线圈形成联锁 } →三相电动机 M 得电正转。

② 松开正转按钮 SB_2 →由于 KM_1 动合触头闭合形成自锁→交流接触器 KM_1 线圈仍然得电→ KM_1 的主触头仍然闭合→三相电动机 M 持续得电并保持正转。

（2）停止控制

当电动机正转之后，若要让电动机反转，则必须先让电动机停止。

按下停止按钮 SB_1 →接触器 KM_1 线圈断电→

{ KM_1 主触头断开
KM_1 动合触头断开解除自锁
KM_1 动断触头闭合，并解除对 KM_2 线圈形成的联锁 } →三相电动机 M 失电并停止转动。

（3）反转 / 保持控制

反转控制之前，必须先使三相电动机 M 处于停止状态。

① 按下反转按钮 SB_3 →接触器 KM_2 线圈得电→

{ KM_2 主触头闭合
KM_2 动合触头闭合形成自锁
KM_2 动断触头断开对 KM_1 线圈形成的联锁 } →三相电动机 M 得电并反转。

② 松开反转按钮 SB_3 →由于 KM_2 动合触头闭合形成自锁→交流接触器 KM_2 线圈仍然得电→ KM_2 的主触头仍然闭合→三相电动机 M 持续得电并保持反转。

特别提醒

从以上分析可见，接触器联锁正、反转控制线路的优点是工作安全可靠，缺点是操作不便。因电动机从正转变为反转时，必须先按下停止按钮后，才能按反转启动按钮，否则由于接触器联锁作用，不能实现反转。

7.5.2 元器件质量检测

1 交流接触器的检测

视频 7.19：交流接触器的检测

（1）测试交流接触器触点

将数字万用表置于二极管和蜂鸣共用挡，用两表笔分别测试各组主 / 辅助触点的阻值，闭合的触点阻值应为 0Ω，断开的触点阻值读数应显示“1”。再用螺丝刀等工具按压交流接触器的传动机构，模拟接触器处于吸合状态，此时各个触点的状态发生转换，再用万用表测试各组触点阻值，仍然满足触点闭合时阻值为 0Ω，断开时读数显示“1”的关系。

若触点闭合时，其阻值远大于 0Ω，以及触点断开时仍有一定阻值，都是不正常的，应查找原因并及时更换处理。

（2）测试交流接触器线圈

将数字万用表置于2k挡，用两表笔接触线圈两端，查看此时读数，如果读数显示“1”，则更换大一挡后再测试。

特别提醒

交流接触器 LC1E09 的线圈阻值在 1.7kΩ 左右，若实测阻值过大或过小，则该线圈可能已经损坏。

2 热继电器的检测

（1）测试热继电器触点

将数字万用表置于二极管和蜂鸣共用挡，用两表笔接触热继电器的动合（动断）触头，其阻值读数应为“1”（0Ω）；然后按压复位按钮并测同一触头阻值，此时阻值应转变为 0Ω（阻值读数为“1”）。

（2）测试热继电器热元件

将数字万用表置于二极管和蜂鸣共用挡，两表笔接触热继电器的热元件两端，测得阻值应该在 0Ω 左右，若阻值读数为“1”，则可能是其内部开路或接触不良。

3 断路器的检测

将数字万用表置于二极管和蜂鸣器共用挡（或电阻挡），断路器置于 OFF 状态，两表笔分别接触断路器对应的两个接线端，蜂鸣器应不响（显示屏显示“1”）。

将断路器置于 ON 状态，万用表两表笔分别接触断路器对应的接线端，蜂鸣器应发出响声（显示屏显示“0”）。

视频 7.20：断路器的检测

4 按钮开关的检测

将数字万用表置于二极管和蜂鸣共用挡，两表笔分别接触按钮的动合（动断）接线端，其阻值读数为“1”（0Ω）；然后按下按钮并重复之前操作，此时阻值应转变为 0Ω（阻值读数为“1”）。

若触点闭合时，其阻值远大于 0Ω，以及触点断开时仍有一定阻值，都是不正常的，应查找原因并及时更换处理。

5 熔断器的检测

将数字万用表置于二极管和蜂鸣共用挡，两表笔接触熔断器接线端，测得阻值应该在 0Ω 左右，若阻值读数为“1”，则可能是熔断管内部开路或接触不良。

视频 7.21：熔断器的检测（1）

视频 7.22：熔断器的检测（2）

6 端子排的检测

目视检查接线端子排外观应无缺损，螺钉、垫圈、接线桩等应完整且无变形，用螺丝刀旋动各个螺钉，丝口应无滑丝现象。

7.5.3 电路安装

1 固定元器件

安装低压电器的规则及方法见表 7-11。

表 7-11 安装低压电器的规则及方法

序号	规则	方法及说明
1	边界要留够	器件安装在网孔板正面，各器件距离网孔板边界不少于 50mm
2	横平竖直	低压电器器件按照横平竖直进行整齐排列，不能斜方向安装
3	横竖要对齐	有接线关联的器件应尽量在水平或竖直方向上对齐，以方便布线
4	分类分区域	开关、熔断器应排布在网孔板正上方区域；交流接触器排布在网孔板正中央区域；按钮排布在网孔板右边或右下方区域；接线端子排排布在网孔板左边；热继电器排布在网孔板正下方
5	同类同区域	同类低压电器器件应尽量排布在同一个区域，并保持适当的间距
6	异类留间距	不同类的器件之间要预留足够的空间，以方便布线
7	设计后固定	将实物在网孔板上进行排布设计，排布好后，再用螺钉固定各个器件

用螺钉将元器件固定在控制板（网孔板）上，如图 7-35 所示。

2 主电路接线

接线时，可先连接主电路。主电路由断路器 QF、熔断器 FU_1、接触器 KM_1 的主触头、接触器 KM_2 的主触头、热继电器 FR 的主触头、电动机 M 组成。主电路的接线步骤及方法如下。

（1）拉直导线

可以用脚踩住铜芯线的一端，双手向上使劲拉另一端，将单股铜芯线拉直，也可以用拉线器拉直导线，如图 7-36 所示。

图 7-35 元器件固定在网孔板上

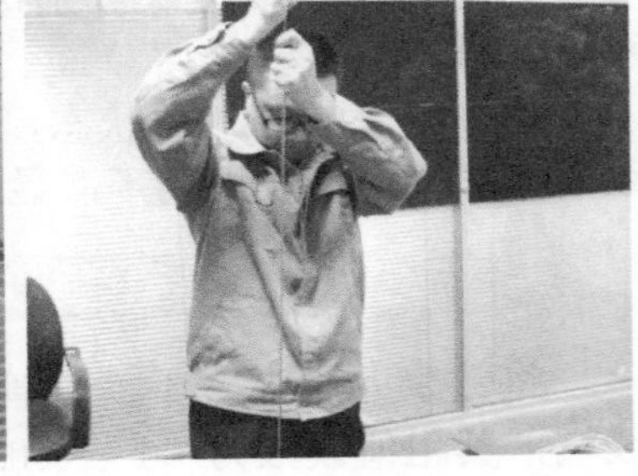

图 7-36 拉直导线

（2）剪切导线

根据连接器件之间的距离长短，用尖嘴钳剪切一段长度适中的截面面积为 $2.5mm^2$ 单股铜芯导线，如图 7-37 所示。

（3）穿号码管

将每根线的两个号码管穿到导线中间，注意不要让号码管掉落，如图 7-38 所示。

（4）剥削导线

距离导线端头 5mm 处，用剥线钳将导线一端的绝缘层剥去，注意把握剥削长度，如图 7-39 所示。

（5）计划弯折位置

将接线端的螺钉拧松，导线端头放入接线端。根据空间位置大小，在距离接线端头约 30mm（约两个指头宽）宽处，计划弯折位置，如图 7-40 所示。

（6）弯折导线

在计划弯折的位置，用螺丝刀抵住导线，用手将导线弯折成 90° 圆角，如图 7-41 所示。

图 7-37　剪切导线

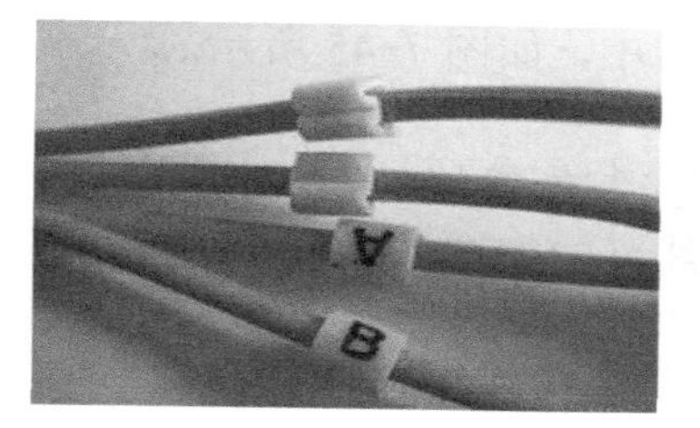

图 7-38　穿号码管

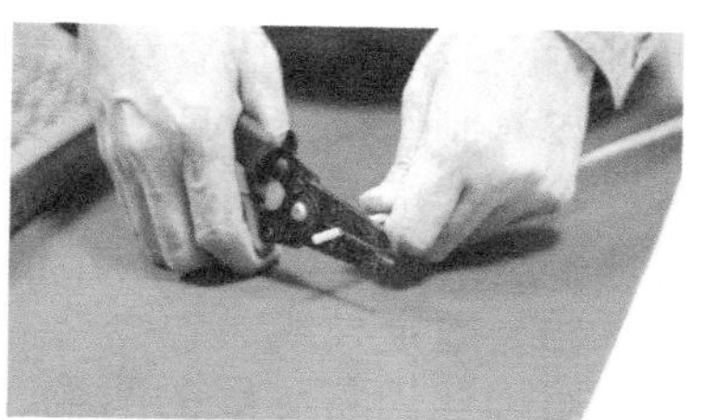

图 7-39　剥削导线

（7）再次弯折导线

将初次弯折的导线放到元器件之间，根据空间位置计划下一个弯折位置，用步骤（6）的方法弯折导线，如图 7-42 所示。

图 7-40　计划弯折位置

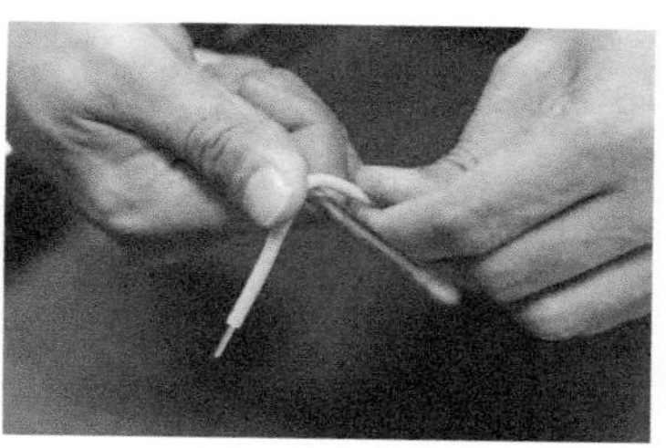

图 7-41　弯折导线

图 7-42　再次弯折导线

（8）连接导线

去掉导线两端绝缘层后，分别将导线的两端固定在相应的接线桩上，再将号码管移到导线的两个端头，如图 7-43 所示。

按照电路原理图和接线工艺要求安装好的主电路成品如图 7-44 所示。

图 7-43　连接导线

图 7-44　安装好的主电路成品

3　控制电路接线

控制电路由熔断器 FU_2、热继电器 FR 的动断触头、按钮 SB_1 的动断触头、按钮 SB_2 的动合触头、按钮 SB_3 的动合触头、接触器 KM_1 的动合和动断触头、接触器 KM_2 的动合和动断触头、接触器 KM_1 的线圈和接触器 KM_2 的线圈等组成。控制电路可用多芯铜软线进行连接，要严格按照编制的号码管从小号到大号的顺序进行安装，这样可以避免接线混乱，其接线步骤及方法如下。

（1）剪线，穿号码管

根据两个元器件接线端之间距离，剪切对应长度的导线，剪切时要留一定余量。

图 7-45 剪线，穿号码管

再将对应的两个号码管穿入导线中，如图 7-45 所示。

（2）制作接线针或接线叉

若接线端是瓦形接线桩，先制作接线针；若接线端是平压式接线桩，先制作接线叉，如图 7-46 所示。

（3）固定导线

用螺丝刀将导线的两端（已制作成接线针或接线叉）固定到接线桩上，并将号码管移动到接线端头上。然后依序连接各根控制线，如图 7-47 所示。

（4）检查接线

将所有控制导线按照上述方法连接完成后，检查每根控制线是否连接正确及工艺是否达标，如图 7-48 所示。

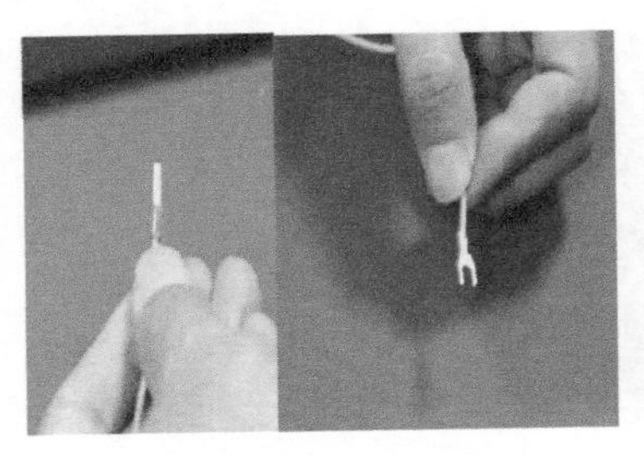

图 7-46 制作接线针或接线叉 图 7-47 固定和连接各根控制线

图 7-48 检查接线

特别提醒

接线完毕，要根据电路图进行逐一核对，检查接线有无错误，接头是否接触良好，及时处理发现的问题。

7.5.4 电路调试

1 外观检查

视频 7.23：电动机正、反转主电路检测

① 检查有无绝缘层压入接线端子。若有绝缘层压入接线端子，通电后会使电路无法接通。

② 检查裸露的导线线芯是否符合规定。

③ 检查所有端子与导线的接触情况，不允许有松脱。

2 通电前的检查

（1）短路测试

为了判断电路中是否有短路故障，需要对电路进行不同状态下的测试。具体的测试点、操作内容、正常阻值见表 7-12。

表 7-12 三相电动机正、反转电路短路测试

序号	操作内容	用数字万用表 2k 挡，测接线端子排上的接线端		
		L_1、L_2 之间阻值	L_2、L_3 之间阻值	L_1、L_3 之间阻值
（1）	不按任何按钮	无穷大	无穷大	无穷大
（2）	按下 SB_2	几百欧	无穷大	无穷大

续表

序号	操作内容	用数字万用表 2k 挡，测接线端子排上的接线端		
		L_1、L_2 之间阻值	L_2、L_3 之间阻值	L_1、L_3 之间阻值
（3）	按下 SB_3	几百欧	无穷大	无穷大
（4）	用螺丝刀压下 KM_1 的传动机构	几百欧	无穷大	无穷大
（5）	用螺丝刀压下 KM_2 的传动机构	几百欧	无穷大	无穷大

特别提醒

若实际测试值为 0Ω 或很小时，则电路可能有短路性故障，应及时查找原因，排除故障。

（2）开路测试

开路测试是为了判断电路中有无开路故障，具体的测试点、操作内容、正常阻值参看表 7-13。

表 7-13　三相电动机正、反转电路开路测试

序号	操作内容	用数字万用表 2k 挡，测接线端子排上的接线端			
		L_1、L_2 之间阻值	L_1 和电动机 U 之间阻值	L_2 和电动机 V 之间阻值	L_3 和电动机 W 之间阻值
（1）	按下 SB_2	几百欧	不测	不测	不测
（2）	按下 SB_3	几百欧	不测	不测	不测
（3）	用螺丝刀压下 KM_1 的传动机构	几百欧	0Ω	0Ω	0Ω
（4）	用螺丝刀压下 KM_2 的传动机构	几百欧	0Ω	0Ω	0Ω

特别提醒

若实际测试值为无穷大或很大时，则电路可能有开路性故障，应及时查找原因，排除故障。

3 通电试车

（1）不带负载试车

视频 7.24：不带负载试车（1）

先关闭三相电源，用三根导线将接线端子排上的 L_1、L_2、L_3 与三相电源相连，再闭合三相断路器，观察电路应无任何动作。

用单手按下按钮 SB_2，此时接触器 KM_1 应吸合；再按下 SB_1，此时接触器 KM_1 应复位；然后按下按钮 SB_3，此时接触器 KM_2 应吸合。若检查结果与此相符，则表明电路控制功能正常。

在通电状态下，分别在 KM_1、KM_2 吸合时，用数字万用表的 AC750V 挡，测接线端子排上的电动机接线端子 U、V、W 之间的电压（UV、UW、VW 三组），测得三组电压都应在 380V 左右。若测试值与此相符，则表明主电路功能正常，如图 7-49 所示。

视频 7.25：不带负载试车（2）

图 7-49　测接线排上电动机接线端电压

（2）带负载试车

在前述状态正常的情况下，关闭三相电源，将三相电动机的接线端与接线端子排上的 U、V、W 相连接。接通电源，分别按下按钮 SB_2、SB_1、SB_3，则电动机应正转、停止、反转。

视频 7.26：正、反转带负载试车

特别提醒

带负载试车时，由于电动机从转动到停止有一个惯性过程，所以操作按钮进行电动机状态转换时，要间隔足够的时间再进行下一步操作。禁止让电动机频繁转换，以防电动机被人为损坏。

4 整理线路

试车完毕，用扎带将控制线沿布线路径依序绑扎，绑扎间距为 50mm 左右，如图 7-50 所示。并剪去多余的线头。

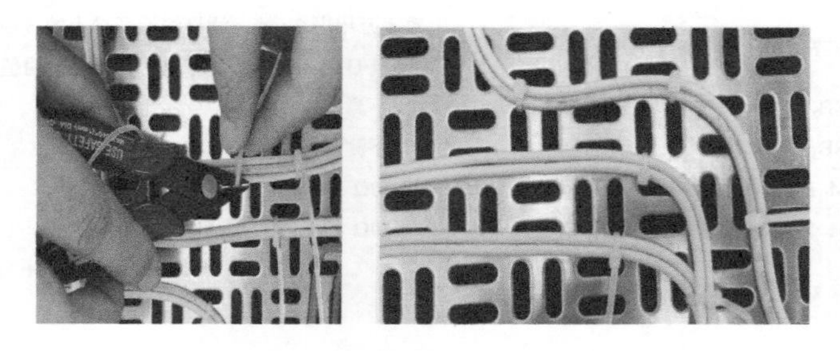

图 7-50　整理控制线路连接线

7.5.5　电路故障检修

1 常见故障分析与处理

视频 7.27：三相电动机正、反转电路故障检修

能够排除电路故障是维修电工的关键技能之一。排除故障，应先通电试车，根据故障现象分析原因，再判断故障可能发生的部位。

我们前面组装的电动机正、反转电路常见故障分析及处理见表 7-14。

表 7-14　电动机正、反转电路常见故障分析与处理

序号	故障现象	故障分析与处理
1	主电路不带电	此时可能开关没有闭合，或熔断器已烧坏，也有可能是主触点接触不良，可用万用表测量，然后确定问题所在
2	电路少相	表现为电动机转速慢，并产生较大的噪声，此时以此测量三相电路，确定少相的线路，并加以调整
3	电路短路	必须对整个电路进行测量检查
4	控制电路无自锁	这是因为交流接触器 KM_1（或 KM_2）的动合触点没有与开关 SB_2（SB_3）并联，并与线圈串联在一起，当出现此问题时，检测是 KM_1 无自锁还是 KM_2 无自锁，若是 KM_1 则应检测 KM_1 的动合触点，否则查看 KM_2
5	控制电路无互锁	这是因为两个交流接触器 KM_1、KM_2 的动断触点没有互相控制彼此的线圈电路，即 KM_1（KM_2）的动断触点没有串联于 KM_2（KM_1）的线圈电路中

2 检修实例

故障现象：电路接通三相电源后，按下按钮 SB_3 时，继电器 KM_2 不动作，电动机

不转动，其他功能正常。

故障分析：本电路按下按钮 SB_2 时，功能正常，说明主电路、控制电路中的熔断器 FU_2、热保护器 FR 都正常。故障范围在控制电路中的 SB_3、KM_2 辅助动合触头、KM_1 辅助动断触头、KM_2 线圈及连接导线部分。可按照下面的步骤进行维修。

（1）测输入端

将三相电源关闭，三相断路器拨到断开位置。再将数字万用表置于电阻 2k 挡，两支表笔接触熔断器 FU_2 的两个输入接线端，如图 7-51 所示。

（2）按下按钮时测试

按下按钮 SB_3，数字万用表显示阻值为“1”，此时正常阻值应为 800Ω 左右，说明电路内有开路故障，需要进一步测量来缩小故障范围，如图 7-52 所示。

图 7-51　测输入端

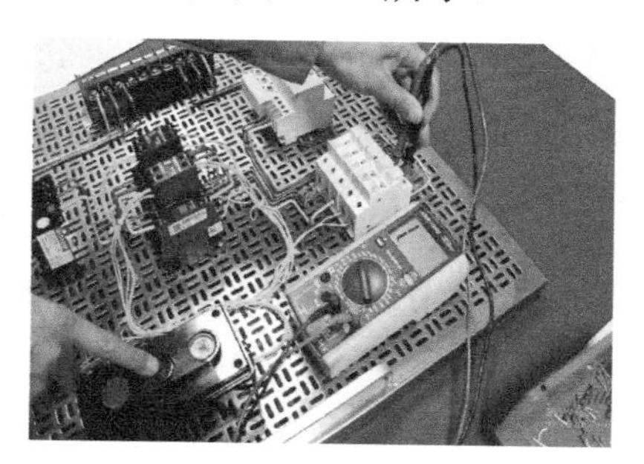

图 7-52　按下按钮时测试

（3）模拟吸合时测试

用螺丝刀按压交流接触器 KM_2 的机械传动部分，使 KM_2 处于吸合位置，测得此时的阻值为 798Ω，如图 7-53 所示阻值正常。根据电路原理可知：控制电路中的 KM_2 辅助动合触头、KM_1 辅助动断触头、KM_2 线圈及其连接线均正常。怀疑是 SB_3 按钮部分问题。

（4）修复

用螺丝刀拆下按钮盒的固定螺钉，取出三联按钮的外壳，发现按钮 SB_3 的一个接线端子已经松脱，如图 7-54 所示形成了开路故障，至此故障已经查明。用螺丝刀将该接线端重新拧紧固定，故障排除。

图 7-53　阻值正常

图 7-54　接线端子松脱

第8章 PLC和变频器应用基础

8.1 认识PLC

8.1.1 PLC简介

PLC即可编程控制器，是指以计算机技术为基础的新型工业控制装置。它采用一类可编程的存储器，用于其内部存储程序执行逻辑运算、顺序控制、定时、计数与算术操作等面向用户的指令，并通过数字或模拟式输入/输出控制各种类型的机械或生产过程。PLC是工业控制的核心部分，如图8-1所示。

视频8.1：认识PLC

1 PLC的主要作用

（1）用于顺序控制

顺序控制是根据有关输入开关量的当前与历史的状况，产生所要求的开关量输出，以使系统能按一定的顺序进行工作。这是PLC最基本、最广泛的应用领域，它取代传统的继电器电路，实现逻辑控制、顺序控制，既可用于单台设备的控制，也可用于多机群控及自动化流水线，如注塑机、印刷机、订书机械、组合机床、磨床、包装生产线、电镀流水线等。常用的顺序控制方式见表8-1。

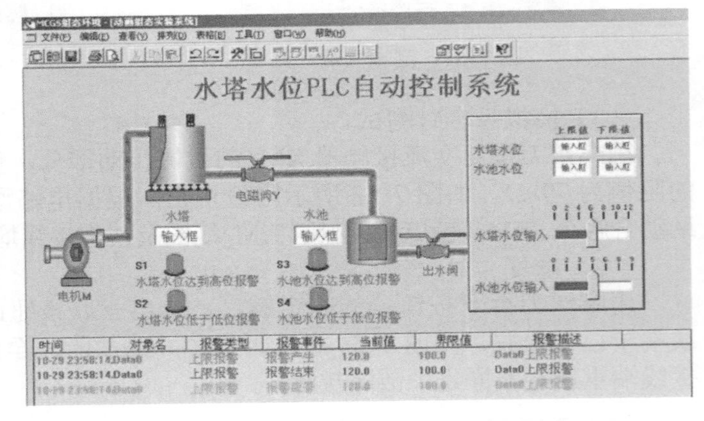

图8-1 PLC在工业控制中应用示例

表8-1 常用的顺序控制方式

序号	控制方式	说明
1	随机控制	根据随机出现的条件实施控制
2	动作控制	根据动作完成的情况实施控制
3	时间控制	根据时间推进的进程实施控制
4	计数控制	根据累计计数的情况实施控制
5	混合控制	包含有以上几种控制的组合

使用PLC实现顺序控制是PLC的初衷，也是它的强项。在顺序控制领域，至今还没有别的控制器能够取代它。

（2）用于过程控制

过程控制的目的是根据有关模拟量（如电流、电压、温度、压力等）的当前与历史的输入状况，产生所要求的开关量或模拟量输出，以使系统工作参数能按一定的要求工作。过程控制是连续生产过程最常用的控制。过程控制的类型很多。

由于各种过程控制模块的开发与应用，以及相关软件的推出及使用，用PLC进行过程控制已变得很容易，其编程也很简便。过程控制在冶金、化工、热炉控制等场合有非常广泛的应用。

（3）用于运动控制

运动控制主要指对工作对象的位置、速度及加速度所做的控制。它可以是单坐标，即控制对象做直线运动；也可是多坐标的，控制对象的平面、立体，以至于角度变换等运动。有时，还可控制多个对象，而这些对象间的运动可能还要有协调。

各主要PLC厂家的产品几乎都有运动控制功能，广泛用于各种机械、机床、机器人、电梯等场合。

（4）用于信息控制

信息控制也称数据处理，是指数据采集、存储、检索、变换、传输及数据表处理等。随着技术的发展，PLC不仅可用作系统的工作控制，还可用作系统的信息控制。

PLC用于信息控制有两种：专用（用作采集、处理、存储及传送数据）、兼用（在PLC实施控制的同时，也可实施信息控制）。

随着计算机控制的发展，工厂自动化网络发展得很快，各PLC厂商都十分重视PLC的通信功能，纷纷推出各自的网络系统。新近生产的PLC都具有通信接口，通信非常方便。

（5）用于远程控制

远程控制是指对系统的远程部分的行为及其效果实施检测与控制。PLC有多种通信接口，有很强的联网、通信能力，并不断有新的联网模块与结构推出。所以，PLC远程控制是很方便的。例如：PLC与PLC可组成控制网；PLC与智能传感器、智能执行装置（如变频器）也可联成设备网；PLC与可编程终端也可联网、通信；PLC可与计算机通信，加入信息网；利用PLC的以太网模块，可用其使PLC加入互联网，也可设置自己的网址与网页。

以上介绍的五大控制，前三个是为了使不同的系统都能实现自动化。信息控制是为了实现信息化，其目的是使自动化能建立在信息化的基础上，实现管理与控制结合，进而做到供、产、销无缝连接，确保自动化效益。远程控制则是在信息化基础上的自动化能远程化。

2 PLC的类型

（1）按结构分为整体型PLC和模块型PLC两类。

整体型PLC的I/O点数固定，因此用户选择的余地较小，用于小型控制系统，如图8-2（a）所示。

模块型PLC提供多种I/O卡件或插卡，因此用户可较合理地选择和配置控制系统的I/O点数，功能扩展方便灵活，一般用于大中型控制系统，如图8-2（b）所示。

由模块联结成系统有三种方法。

① 无底板，靠模块间接口直接相联，然后再固定到相应导轨上。OMRON公司的CQM1机就是这种结构，比较紧凑。

② 有底板，所有模块都固定在底板上。OMRON公司的C200Ha机、CV2000等中、

大型机就是这种结构。它比较牢固，但底板的槽数是固定的，如 3、5、8、10 槽等。槽数与实际的模块数不一定相等，配置时难免有空槽，造成浪费。

③ 用机架代替底板，所有模块都固定在机架上。这种结构比底板式的复杂，但更牢靠。一些特大型的 PLC 用的大多为这种结构。

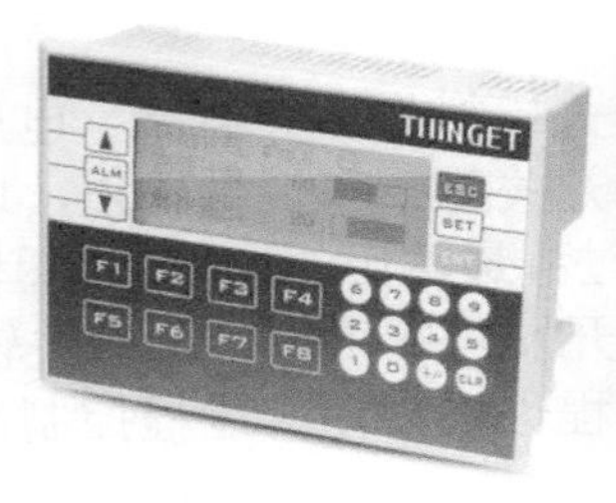

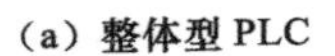
（a）整体型 PLC

（b）模块型 PLC

图 8-2　整体型和模块型 PLC

（2）按应用环境，可分为现场安装和控制室安装两类。

（3）按 CPU 字长，可分为 1 位、4 位、8 位、16 位、32 位、64 位等。

从应用角度出发，通常可按控制功能或输入 / 输出点数选型。

（4）按控制规模分。

控制规模主要指控制开关量的入、出点数及控制模拟量的模入、模出，或两者兼而有之（闭路系统）的路数。但主要以开关量计。模拟量的路数可折算成开关量的点，一路相当于 8 ～ 16 点。依这个点数，PLC 可分为微型机、小型机、中型机及大型机和超大型机。

微型机控制点仅几十点；小型机控制点可达 100 多点；中型机控制点数可达近 500 点，以至于千点；大型机的控制点数一般在 500 点以上；超大型机的控制点数可达万点，以至于几万点，如图 8-3 所示。以上这种划分是不严格的，只是大致的，目的是便于系统的配置及使用。

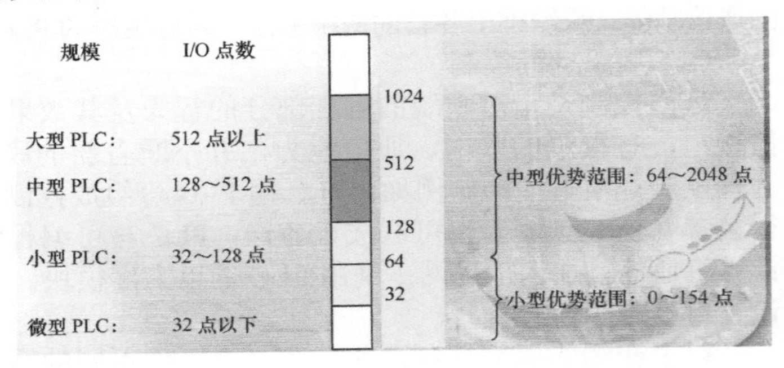

图 8-3　PLC 按 I/O 点数分类

3 PLC 的应用领域

目前，只要是涉及工业控制的任何地方，都可以采用 PLC 来控制。PLC 在国内外已广泛应用于钢铁、石油、化工、电力、建材、机械制造、汽车、轻纺、交通运输及文化娱乐等各个行业。

PLC 的应用领域仍在扩展，已从传统的产业设备和机械的自动控制，扩展到以下应用领域：中小型过程控制系统、远程维护服务系统、节能监视控制系统，以及与生活关联的机器、与环境关联的机器，而且均有急速的上升趋势。

4 PLC 的优缺点

PLC 技术之所以高速发展，除了工业自动化的客观需要外，主要是因为它具有一些独特的优点，如图 8-4 所示。它较好地解决了工业领域中普遍关心的可靠性、安全性、灵活性、方便性、经济性等问题。

① 可靠性高、抗干扰能力强
② 编程简单、使用方便
③ 功能完善、通用性强
④ 设计安装简单、维护方便
⑤ 体积小、质量轻、能耗低

图 8-4　PLC 的特点

PLC 的缺点是各 PLC 厂家的硬件体系互不兼容，

编程语言及指令系统也各异，当用户选择了一种 PLC 产品后，必须选择与其相应的控制规程，并且学习特定的编程语言。

8.1.2 PLC 硬件系统

PLC 实质上是一种工业专用的计算机，它比一般的计算机具有更强的与工业过程相连接的接口，更能适应于工业控制要求的编程语言。PLC 系统的组成与计算机控制系统的组成基本相同，即由硬件系统和软件系统两大部分组成。但是，其结构与一般微型计算机又有所区别。

视频 8.2：PLC 硬件系统

PLC 采用了典型的计算机结构，主要由中央处理模块、电源模块、存储模块、输入 / 输出模块和外围设备（编程器和专门设计的输入 / 输出接口电路等）组成，图 8-5 所示为典型的 PLC 硬件结构图。

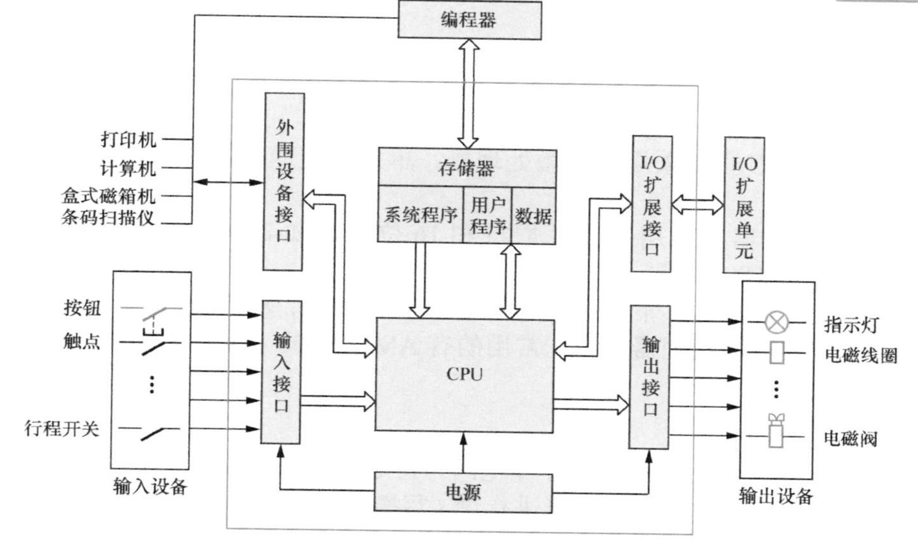

（a）内部结构

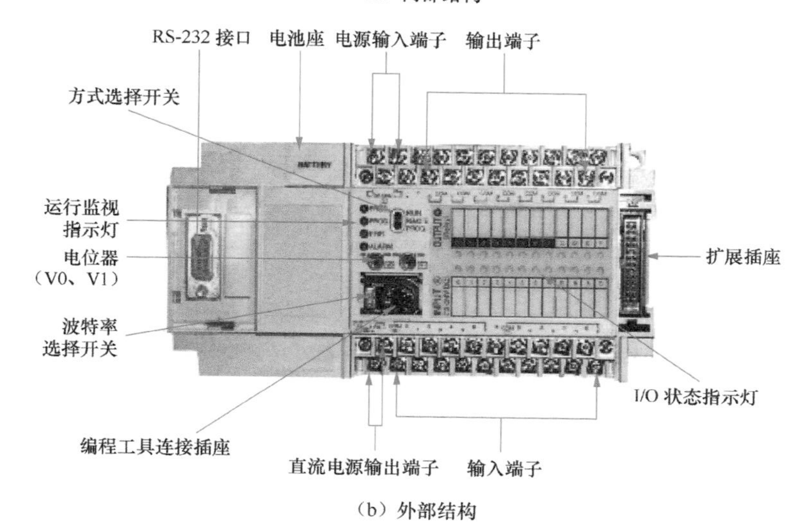

（b）外部结构

图 8-5　典型 PLC 的基本结构

主机内的各个部分通过电源总线、控制总线、地址总线连接。根据实际控制对象的需要，配置不同的外围设备，可构成不同档次的PLC控制系统。

1 中央处理模块（CPU）

（1）CPU的功能

中央处理模块（CPU）是PLC的核心，负责指挥与协调PLC的工作。CPU模块一般由控制器、运算器和寄存器组成，这些电路集成在一个芯片上。其主要功能如下。

① 接收并存储从编程器输入的用户程序和数据。

② 用扫描的方式接收现场输入设备状态或数据，并存入映像寄存器或数据寄存器中。

③ 检查电源、PLC内部电路工作状态和编程过程中的语法错误等。

④ PLC进入运行状态后，从存储器中读取用户程序并进行编译，执行并完成用户程序中规定的逻辑或算术运算等任务。

⑤ 根据运算的结果，完成指令规定的各种操作，再经输出部件实现输出控制、制表打印或数据通信等功能。

（2）CPU的种类

PLC常用的CPU主要采用通用微处理器、单片微处理器芯片、双极型位片式微处理器三种。

① 通用微处理器，常用的是8位机和16位机，如Z80A、8085、8086、6502、M6800、M6809、M68000等。

② 单片微处理器芯片，常用的有8039、8049、8031、8051等。

③ 双极型位片式微处理器选频，常用的有AMD2900、AMD2903等。

2 存储模块

存储模块是具有记忆功能的半导体电路，PLC的存储器是用来存储系统程序及用户的器件，主要有两大类：一种是可进行读/写操作的随机存取的存储器RAM；另一种为只能读出不能写入的只读存储器ROM，包括可编程只读存储器（PROM）、可擦除可编程只读存储器（EPROM）、带电可擦写可编程只读存储器（EEPROM）。

PLC配置有系统程序存储器（EPROM或EEPROM）和用户程序存储器（RAM）。

（1）系统存储器

系统存储器用于存储系统和监控程序，存储器固化在只读存储器ROM内部，芯片由生产厂家提供，用户只能读出信息而不能更改（写入）信息。其中：

监控程序——用于管理PLC的运行。

编译程序——用于将用户程序翻译成机器语言。

诊断程序——用于确定PLC的故障内容。

（2）用户存储器

用户存储器包括用户程序存储区和数据存储区，用来存放编程器（PRG）或磁带输入的程序，即用户编制的程序。

① 用户程序存储区的内容可以由用户任意修改或增删。用户程序存储器的容量一般代表PLC的标称容量，通常小型机容量小于8KB，中型机容量小于64KB，大型机容量在64KB以上。

② 用户数据存储区用于存放PLC在运行过程中所用到的和生成的各种工作数据。

用户数据存储区包括输入数据映像区、输出数据映像区、定时器、计算器的预置值和当前值的数据区和存放中间结果的缓冲区等。这些数据是不断变化的，但不需要长久保存，因此采用随机读写存储器RAM。由于随机读写存储器RAM是一种挥发性的器件，即当供电电源关掉后，其存储的内容会丢失，因此在实际使用中通常为其配备掉电保护电路。当外接电源关断后，由备用电池为它供电，保护其存储的内容不丢失。

PLC 中已提供了一定容量的存储器供用户使用。若不够用，大多数 PLC 还提供了存储器扩展功能。

特别提醒

当用户程序确定不变后，可将其固化在只读存储器中。写入时加高电平，擦除时用紫外线照射。而 EEPROM 存储器除可用紫外线照射擦除外，还可用电擦除。

3 输入 / 输出模块（I/O 模块）

输入 / 输出模块是 CPU 与现场 I/O 装置或其他外围设备之间的连接部件。PLC 提供了各种操作电平与驱动能力的 I/O 模块和各种用途的 I/O 组件供用户选用。例如，输入 / 输出电平转换、电气隔离、串 / 并行转换数据、误码校验、A/D 或 D/A 转换以及其他功能模块等。

I/O 模块将外界输入信号变成 CPU 能接受的信号，或将 CPU 的输出信号变成需要的控制信号去驱动控制对象（包括开关量和模拟量），以确保整个系统正常工作。

输入的开关量信号接在 IN 端和 OV 端之间，PLC 内部提供 24V 电源，输入信号通过光电隔离，通过 R/C 滤波进入 CPU 控制板，CPU 发出输出信号至输出端。

（1）输入接口电路

PLC 的输入接口有直流输入接口、交流输入接口、交流 / 直流输入接口三种，如图 8-6 所示。

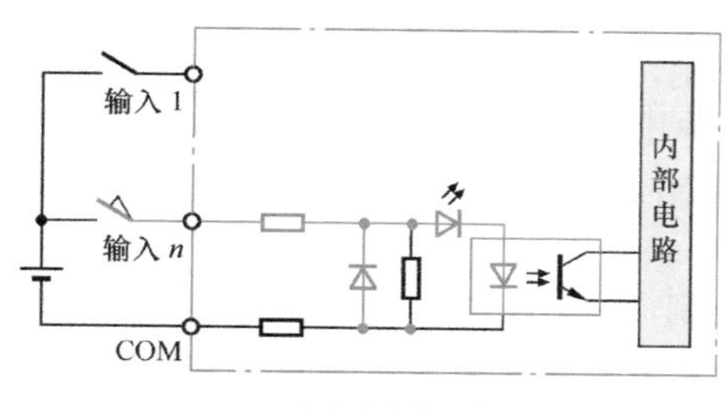

（a）直流输入接口

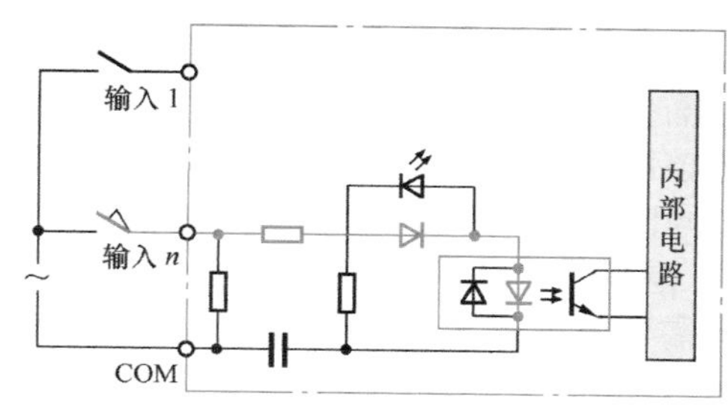

（b）交流输入接口

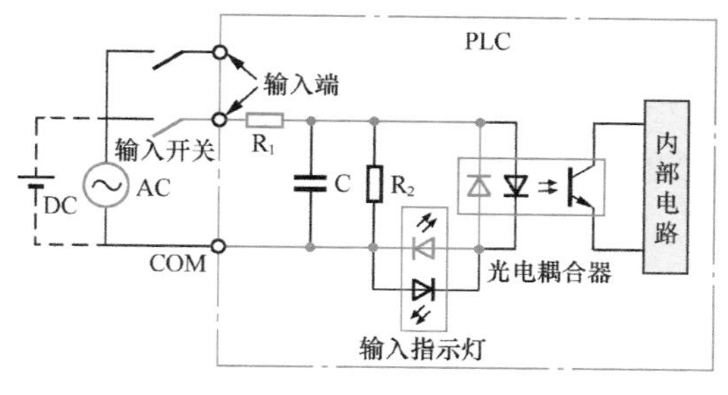

（c）交流 / 直流输入接口

图 8-6　PLC 的输入接口电路

（2）PLC 输出接口

PLC 输出接口的作用是将 PLC 的输入信号，即用户程序的逻辑运算结果传给外部负载即用户输出设备，并将 PLC 内部的低电平信号转换为外部所需电平的输出信号，并具有隔离 PLC 内部电路与外部执行元件的作用。

PLC 输出接口电路有三种方式：晶体管方式、晶闸管方式和继电器方式，如图 8-7 所示。

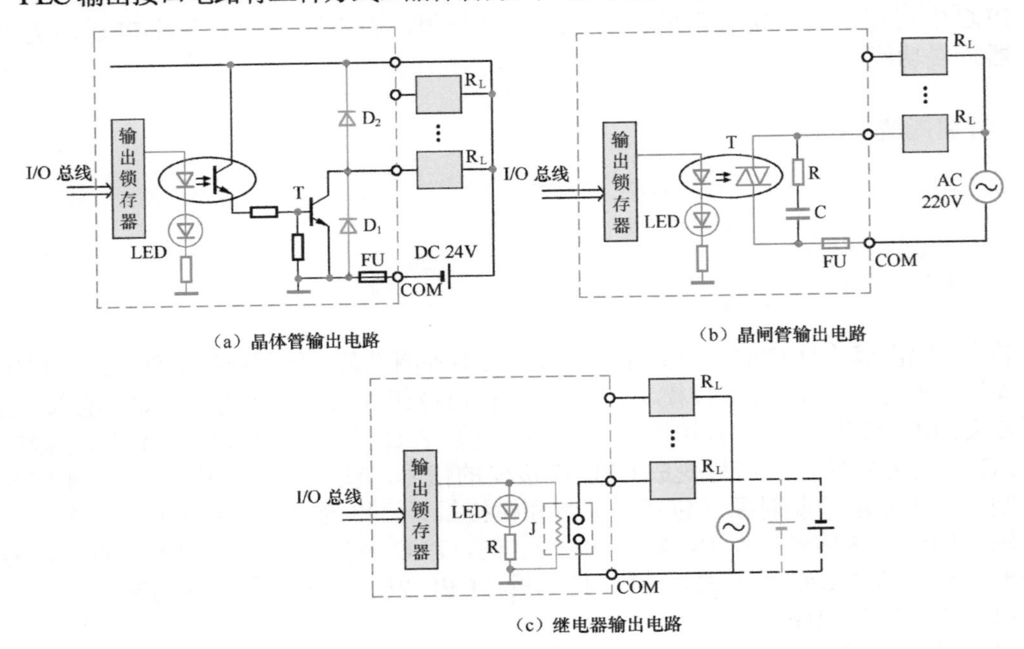

图 8-7　输出接口电路

1）晶体管输出方式（直流输出接口）

当需要某一输出端产生输出时，由 CPU 控制，将用户程序数据区域相应的运算结果调至该路输出电路，输出信号经光电耦合器输出，使晶体管导通，并使相应的负载接通，同时输出指示灯亮，指示该路输出端有输出。负载所需直流电源由用户提供。

2）晶闸管输出方式（交流输出接口）

当需要某一输出端产生输出时，由 CPU 控制，将用户程序数据区域相应的运算结果调至该路输出电路，输出信号经光电耦合器输出，使晶闸管导通，并使相应的负载接通，同时输出指示灯亮，指示该路输出端有输出。负载所需交流电源由用户提供。

3）继电器输出方式（交 / 直流输出接口）

采用继电器作开关器件，既可带直流负载，也可带交流负载。

为了满足工业自动化生产更加复杂的控制需要，PLC 还配有很多 I/O 扩展模块接口，图 8-8 所示为 FX_{2N} 系列 PLC 的 I/O 扩展模块接口。

4　电源模块

PLC 电源模块的作用是将电网中的交流电转换成 PLC 内部电子电路工作所需的直流稳压电源（直流 5V、±12V、24V），供 PLC 各个单元正常工作。一般采用开关电源，因此对外部电源的稳定性要求不高，一般允许外部电源电压的额定值在 ±10% 的范围内波动。

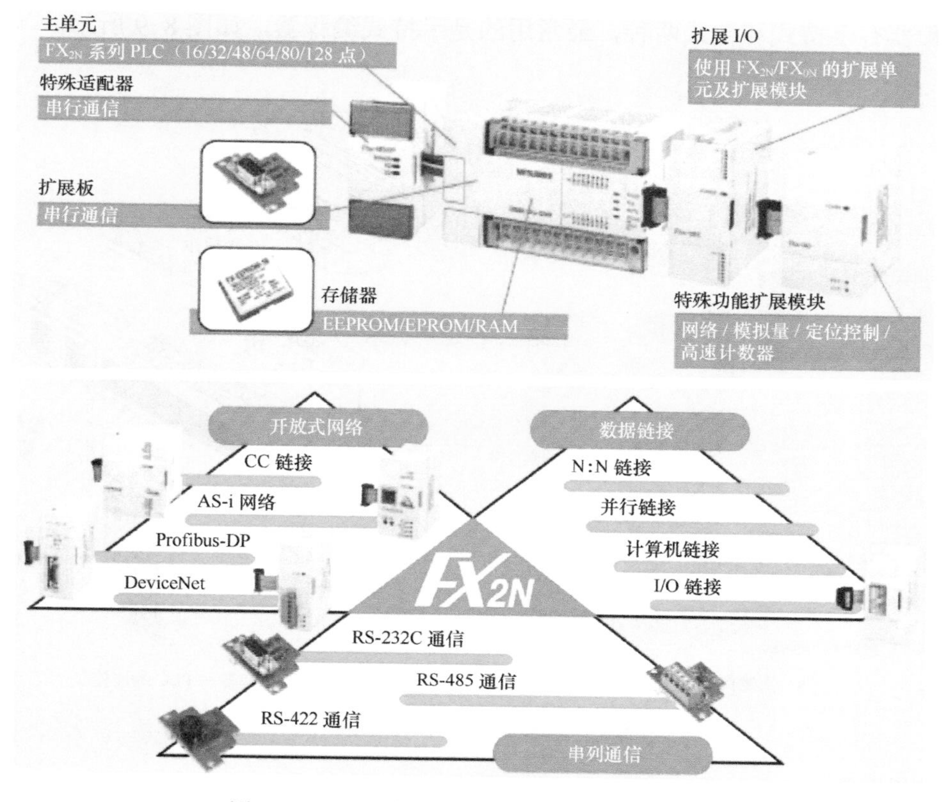

图 8-8 FX_{2N} 系列 PLC 的 I/O 扩展模块接口

有些 PLC 的电源模块能向外提供直流 24V 稳压电源，用于对外部传感器供电（仅供输入端子使用，驱动 PLC 负载的电源由用户提供）。

特别提醒

为了防止在外部电源发生故障的情况下，PLC 内部程序和数据等重要信息的丢失，PLC 用锂电池做停电时的后备电源。在停电更换电池时，首先要备份用户程序。

PLC 一般使用 3.6V 的锂电池，要想不丢失程序就要保证足够的电池电压，建议在 PLC 通电的时候更换电池。

5 外围设备

（1）编程器

编程器是 PLC 系统的人机接口，用户可以利用编程器对 PLC 进行程序的输入、编辑、修改和调试，还可以通过其键盘去调用和显示 PLC 的一些内部状态和系统参数。它通过通信端口与 CPU 联系，从而完成人机对话。

编程器上有供编程用的各种功能键和显示灯以及编程、监控转换开关。编程器的键盘采用梯形图语言键符式命令语言助记符，也可以采用软件指定的功能键符，通过屏幕对话的方式进行编程。

编程器分为简易型和智能型两类。前者只能连机编程，而后者既可连机编程又可脱机编程。同时前者输入梯形图的语言键符，后者可以直接输入梯形图。根据不同档次的 PLC 产品选配相应的编程器。

编程器有手持式和台式两种，最常用的是手持式编程器，如图 8-9 所示。

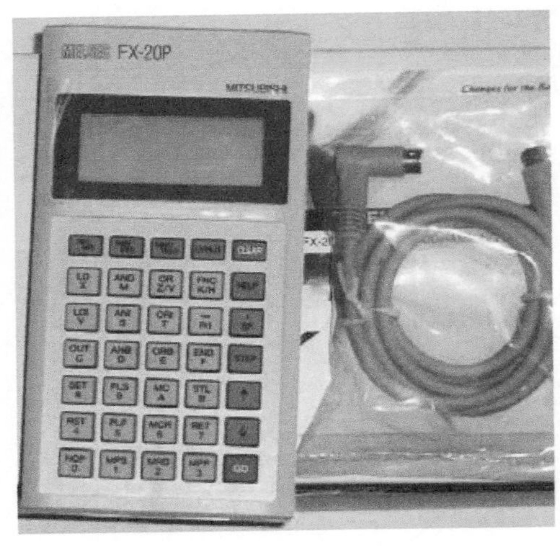

(a) 实物图

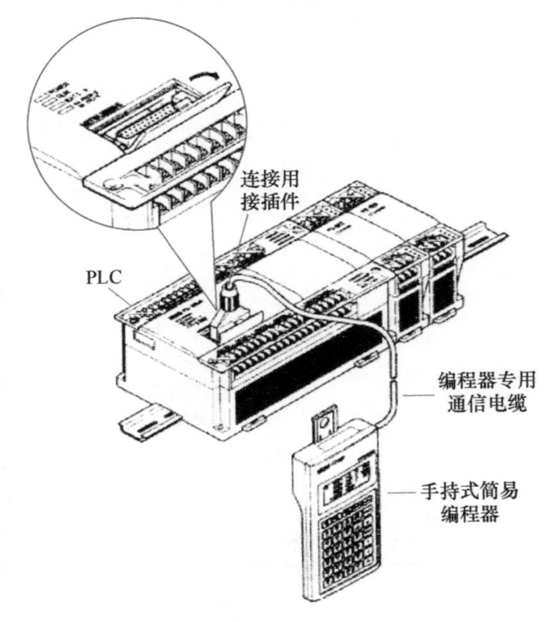

(b) 编程器与 PLC 的连接

图 8-9　三菱 FX 系列手持式编程器

特别提醒

PLC 编程器是工业自动控制的专用装置，其主要使用者是广大工程技术人员及操作维护人员，为了满足他们的传统习惯和掌握能力，采用了具有自身特色的编程语言或方式。

（2）其他外围设备

一般 PLC 都配有盒式录音机、打印机、EPROM 写入器、高分辨率屏幕彩色图形监控系统等外围设备。

8.1.3 PLC 软件系统

无论 PLC 的硬件有多么出色，还必须有软件（即程序）系统支撑，其软件系统包括系统软件和应用软件两大部分。

1　PLC 的系统软件

系统软件是系统的管理程序、用户指令解释程序和一系列用于系统调用的标准程序块等。系统软件由 PLC 制造厂家编制并固化在 ROM 中，ROM 安装在 PLC 上，随产品提供给用户。即系统软件在用户使用系统前就已经安装在 PLC 内，并永久保存，用户不能更改。

特别提醒

改进系统软件可以在不改变硬件系统的情况下大大改善 PLC 的性能，所以 PLC 制造厂家对系统软件的编制极为重视，使产品的系统软件不断升级和改善。

2　PLC 的应用软件

应用软件又称为用户软件、用户程序，是由用户根据生产过程的控制要求，采用PLC 编程语言自行编制的应用程序。应用软件包括开关量逻辑控制程序、模拟量运算程序、闭环程序和操作站系统应用程序等。

视频 8.3：梯形图编程语言

（1）开关量逻辑控制程序

开关量逻辑控制程序是 PLC 中最重要的一部分，一般采用梯形图、助记符或功能表图等编程语言编制。不同 PLC 生产厂家提供的编程语言有不同的形式，至今还没有一种能全部兼容的编程语言。

（2）模拟量运算程序及闭环控制程序

通常，模拟量运算程序及闭环控制程序是在大型 PLC 上实施的程序，由用户根据需要按 PLC 提供的软件和硬件功能进行编制，编程语言一般采用高级语言或汇编语言。

（3）操作站系统应用程序

操作站系统应用程序是大型 PLC 系统经过通信联网后，由用户为进行信息交换和管理而编制的程序，包括各类画面的操作显示程序，一般采用高级语言实现。

PLC 的编程语言主要有梯形图语言（LD）、指令表语言（IL）、功能模块图语言（FBD）、顺序功能流程图语言（SFC）及结构化文本语言（ST）5 种，可归纳两种类型：一是采用字符表达方式的编程语言，如语句表等；二是采用图形符号表达方式的编程语言，如梯形图等。

图 8-10 所示为电动机正、反转控制电路，分别用继电 - 接触器控制原理图和 PLC 梯形图绘制的，仔细对比，这两种控制电路还是有许多区别。

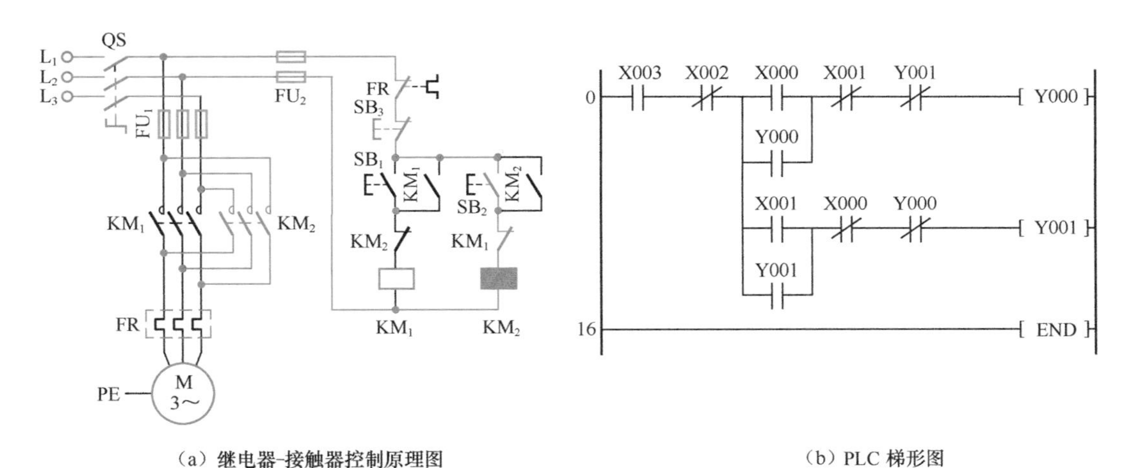

（a）继电器-接触器控制原理图　　（b）PLC 梯形图

图 8-10　电动机正、反转控制电路

① 本质区别：继电器 - 接触器控制原理图使用的是硬件继电器和定时器等，靠硬件连接组成控制线路；而 PLC 梯形图使用的是内部软继电器、定时器等，靠软件实现控制，因此 PLC 的使用具有更高的灵活性，修改控制过程非常方便。

② 梯形图由触点、线圈和应用指令等组成。梯形图中的触点代表逻辑输入器件，例如外部的开关、按钮和内部条件等。梯形图中的线圈可以用圆圈（内部有文字标记，如 Y0、Y1 等）表示，通常代表内部继电器线圈、输出继电器线圈或定时 / 计数器的逻

辑运算结果，用来控制外部的指示灯、交流接触器和内部的输出标志位等。应用指令就是梯形图中的应用程序，它将梯形图中的触点、线圈等按照设计的控制要求联系在一起，完成相应的控制功能。

③ 梯形图中的软继电器不是物理继电器，每个软继电器为存储器中的一位，相应位为“1”，表示该继电器线圈得电，因此称其为软继电器。用软继电器就可以按继电器控制系统的形式来设计梯形图。

④ 梯形图中流过的“电流”是“能量流”，“能量流”不允许倒流，它只能从左到右、自上而下流动。“能量流”到，表示线圈接通。“能量流”流向的规定表示 PLC 的扫描是按照自左向右、自上而下的顺序进行；而继电器控制系统中的电流是不受方向限制的，导线连接到哪里，电流就流到哪里。

8.1.4 PLC 的主要性能指标

1 描述 PLC 性能指标的常用术语

视频 8.4：PLC 主要性能指标

在描述 PLC 性能时，经常用到位（bit）、数字（Digit）、字节（Byte）及字（Word）等术语，见表 8-2。知晓了这些术语的含义，才能正确理解 PLC 的性能指标的含义。

表 8-2　描述 PLC 性能指标的常用术语

序号	术语	含义及说明
（1）	位（bit）	位指二进制数的一位，仅有 1、0 两种取值。 一个位对应 PLC 的一个软继电器，某位的状态为 1 或 0，分别对应该继电器线圈得电（ON）或失电（OFF）
（2）	数字（Digit）	4 位二进制数构成一个数字，这个数字可以是 0000 ～ 1001（十进制数），也可是 0000 ～ 1111（十六进制数）
（3）	字节（Byte）	2 个数字或 8 位二进制数构成一个字节
（4）	字（Word）	2 个字节构成一个字。 在 PLC 术语中，字也称为通道。一个字含 16 位，或者说一个通道含 16 个继电器

2 PLC 主要技术性能指标

PLC 的种类很多，各个厂家的 PLC 产品技术性能不尽相同，表 8-3 列出了 PLC 的常用基本技术性能指标。

表 8-3　PLC 的常用基本技术性能指标

性能指标	说明
存储容量	一般以 PLC 所能存放的用户程序的多少来衡量（也就是说，存储容量指的是用户程序存储器的容量）。用户程序存储器容量决定了 PLC 可以容纳用户程序的长短，一般以字节为单位来计算、每 1024 个字节为 1KB。中、小型 PLC 的存储容量一般在 8KB 以下，大型 PLC 的存储容量为 256KB ～ 2MB。也有的 PLC 用存放用户程序的指令条数来表示容量
I/O 点数	指输入 / 输出点，I 代表 INPUT，指输入；O 代表 OUTPUT，指输出。输入 / 输出都是针对控制系统而言，输入是指从仪表进入控制系统的测量参数，输出是指从控制系统输出到执行机构的参量，一个参量叫作一个点。一个控制系统的规模有时按照它最大能够控制的 I/O 点的数量来定 I/O 点数，即 PLC 面板上的输入 / 输出端子的个数。 I/O 点数是衡量 PLC 性能的重要指标之一。I/O 点数越多，外部可接的输入器件和输出器件就越多，控制规模就越大
扫描速度	扫描速度是指 PLC 执行程序的速度，是衡量 PLC 性能的重要指标。一般以扫描 1KB 字所用的时间来衡量扫描速度，通常以 ms/KB 为单位。通过比较各种 PLC 执行相同的操作所用的时间，可衡量其扫描速度的快慢
指令系统	PLC 编程指令种类越多，软件功能越强，其处理能力及控制能力就越强；用户的编程越简单、方便，越容易完成复杂的控制任务。 指令系统是衡量 PLC 能力强弱的主要指标

续表

性能指标	说明
内部器件的种类和数量	内部器件包括各种继电器、计数器 / 定时器、数据存储器等。其种类越多、数量越大，存储各种信息的能力和控制能力就越强
扩展能力	PLC 的扩展能力包括 I/O 点数的扩展、存储容量的扩展、联网功能的扩展，以及各种功能模块的扩展等。在选择 PLC 时，常常要考虑 PLC 的扩展能力
特殊功能模块的数量	PLC 除了主控模块外，还可以配置各种特殊功能模块。特殊功能模块种类的多少和功能的强弱是衡量 PLC 产品水平高低的一个重要指标
通信功能	通信可分为 PLC 之间的通信和 PLC 与其他设备之间的通信两类。通信主要涉及通信模块、通信接口、通信协议和通信指令等内容。PLC 的组网和通信能力也是 PLC 产品水平重要的衡量指标之一

8.2 PLC 工作原理

PLC 的工作原理可以简单地表述为在系统程序的管理下，通过运行应用程序完成用户任务。个人计算机与 PLC 的工作方式有所不同，计算机一般采用等待命令的工作方式。而 PLC 在确定了工作任务，装入了专用程序后成为一种专用机，它采用循环扫描的工作方式，系统工作任务管理及应用程序执行都是采用循环扫描方式完成的。

视频 8.5：PLC 工作原理

8.2.1 PLC 的工作方式

最初研制生产的 PLC 主要用于代替传统的由继电器 - 接触器构成的控制装置，但这两者的运行方式是不相同的。

继电器控制装置采用硬逻辑并行运行的方式，即如果这个继电器的线圈通电或断电，该继电器所有的触点（包括其常开或常闭触点）在继电器控制线路的那个位置上都会同时动作。

PLC 的 CPU 则采用顺序逻辑扫描用户程序的运行方式，即如果一个输出线圈或逻辑线圈被接通或断开，该线圈的所有触点（包括其常开或常闭触点）不会立即动作，必须等扫描到该触点时才会动作。

为了消除二者之间由于运行方式不同而造成的差异，考虑到继电器控制装置各类触点的动作时间一般在 100ms 以上，而 PLC 扫描用户程序的时间一般均小于 100ms，因此，PLC 采用了一种不同于一般微型计算机的运行方式——扫描技术。这样在对于 I/O 响应要求不高的场合，PLC 与继电器控制装置的处理结果就没有什么区别了。

1 扫描工作方式

PLC 运行时，用户程序中有许多操作需要去执行，但一个 CPU 每一时刻只能执行一个操作而不能同时执行多个操作，因此 CPU 按程序规定的顺序依次执行各个操作。这种多个作业依次按顺序处理的工作方式被称为扫描工作方式。这种扫描是周而复始无限循环的，每扫描一次所用的时间称为扫描周期。

当 PLC 投入运行后，其工作过程一般分为三个阶段，即输入采样、用户程序执行和输出刷新三个阶段，如图 8-11 所示。完成上述三个阶段称作一个扫描周期。在整个运行期间，PLC 的 CPU 以一定的扫描速度重复执行上述三个阶段。

扫描工作方式是 PLC 的基本工作方式。这种工作方式会对系统的实时响应产生一定的滞后影响。有的 PLC 为了满足某些对响应速度有特殊需要的场合，特别指定了特

定的输入 / 输出端口以中断的方式工作，大大提高了 PLC 的实时控制能力。

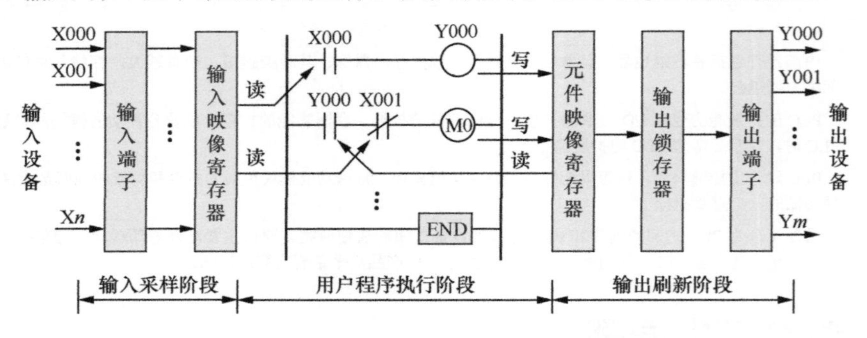

图 8-11　PLC 工作过程的三个阶段

2　PLC 扫描工作流程

在 PLC 中，用户程序是按先后顺序存放的。在没有中断或跳转指令时，PLC 从第一条指令开始顺序执行，直到程序结束符后又返回到第一条指令，如此周而复始地不断循环执行程序。PLC 的工作采用循环扫描的工作方式。顺序扫描工作方式简单直观，程序设计简化，并为 PLC 的可靠运行提供保证。有些情况下需要插入中断方式，允许中断正在扫描运行的程序，以处理紧急任务。

不同型号的 PLC 的扫描工作方式有所差异。典型 PLC 扫描工作流程如图 8-12 所示。

PLC 上电后，首先进行初始化，然后进入顺序扫描工作过程。一次扫描过程可归纳为公共处理阶段、程序执行阶段、扫描周期计算处理阶段、I/O 刷新阶段和外设端口服务阶段等 5 个工作阶段，各阶段要完成的任务如下。

（1）公共处理阶段

公共处理是每次扫描前的再一次自检，如果有异常情况，除了故障显示灯亮以外，还判断并显示故障的性质。一般性故障则只报警不停机，等待处理。属于严重故障的则停止 PLC 的运行。

公共处理阶段所用的时间一般是固定的，不同机型的 PLC 有所差异。

（2）程序执行阶段

在程序执行阶段，CPU 对用户程序按先左后右、先上后下的顺序逐条地进行解释和执行。

CPU 从输入映像寄存器和元件映像寄存器中读取各继电器当前的状态，根据用户程序给出的逻辑关系进行逻辑运算，运算结果再写入元件映像寄存器中。

执行用户程序阶段的扫描时间长短主要取决以下几个因素。

① 用户程序中所用语句条数的多少。为了减少扫描时间，应使所编写的程序尽量简洁。

② 每条指令的执行时间不同。在实现同样控制功能的情况下，应选择那些执行时间短的指令来编写程序。

③ 程序中有改变程序流向的指令。

由此可见，执行用户程序的扫描时间是影响扫描周期时间长短的主要因素。而且，在不同时段执行用户程序的扫描时间也不尽相同。

（3）扫描周期计算处理阶段

若预先设定扫描周期为固定值，则进入等待状态，直至达到该设定值时扫描再往下进行。若设定扫描周期为不确定的，则要进行扫描周期的计算。

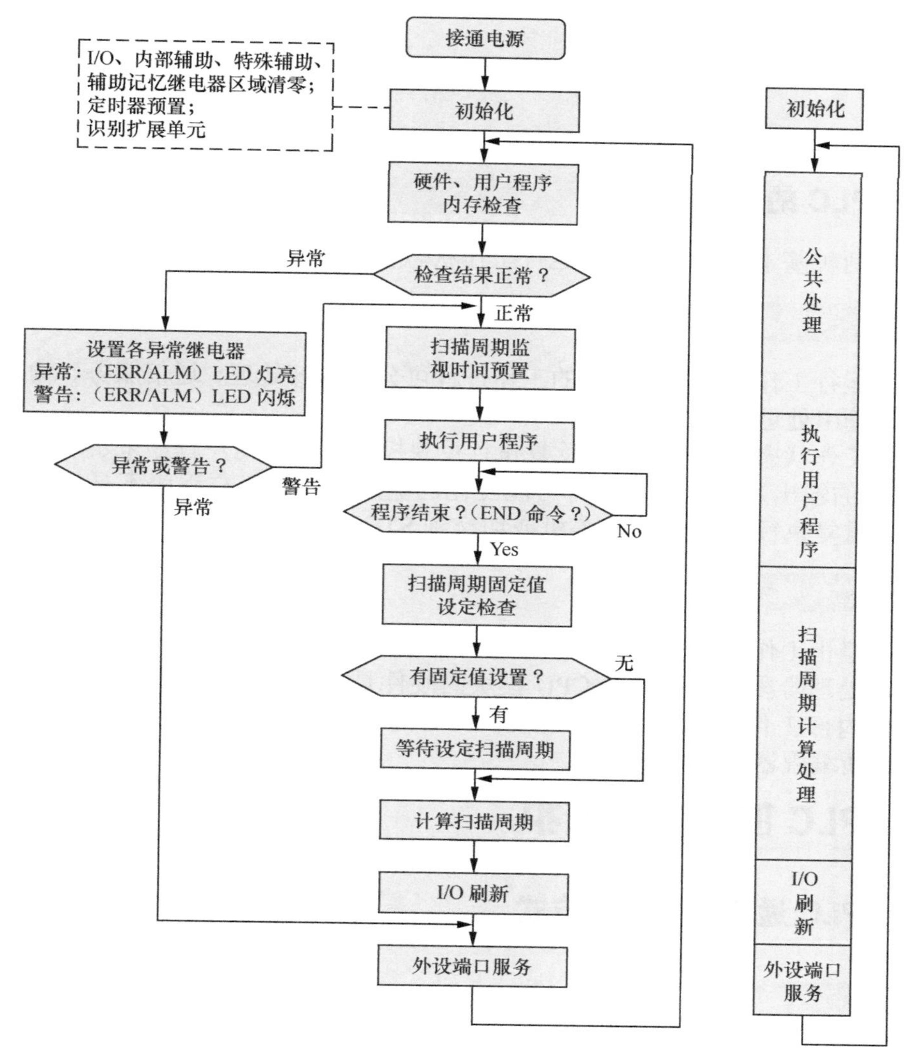

图 8-12　PLC 扫描工作流程

扫描周期计算处理所用的时间非常短，对于 CPM1A 系列的 PLC，可将其视为零。

（4）I/O 刷新阶段

在 I/O 刷新阶段，CPU 要做两件事情：一是刷新输入映像寄存器的内容，即采样输入信号；二是输出处理结果，即将所有输出继电器的元件映像寄存器的状态传送到相应的输出锁存电路中，再经输出电路的隔离和功率放大部分传送到 PLC 的输出端，驱动外部执行元件动作。这个步骤的操作称为输出状态刷新。

I/O 响应时间指从 PLC 的某一输入信号变化开始到系统有关输出端信号的改变所需的时间。I/O 刷新阶段的时间长短取决于 I/O 点数的多少。

（5）外设端口服务阶段

在本阶段里，CPU 完成与外设端口连接的外围设备的通信处理。

特别提醒

PLC 在运行（RUN）模式，反复不停地重复上述 5 个阶段的任务。不要把 PLC 机器周期和 PLC 扫描周期的概念混淆了，这是截然不同的两个概念。扫描周期内包含许多内容，例如上电初始化、CPU 自诊断、通信、外设信息交换、用户程序执行一遍、I/O 刷新，这些步骤合起来的时间是一个扫描周期。

8.2.2 PLC 的工作状态

PLC 有两种基本工作状态，即运行工作状态和停止工作状态。

1 运行工作状态

当处于运行工作状态时，PLC 的工作过程可分为内部处理、通信服务、输入处理、程序执行、输出处理等 5 个阶段。

在运行工作状态下，PLC 通过反复执行反映控制要求的用户程序来实现控制功能，为了使 PLC 的输出及时地响应随时可能变化的输入信号，用户程序不是只执行一次，而是不断地重复执行，直至 PLC 停机或切换到 STOP 工作模式。

2 停止工作状态

当处于停止工作状态时，PLC 只进行内部处理和通信服务等内容。

在内部处理阶段，PLC 检查 CPU 模块的硬件是否正常，复位监视定时器，以及完成一些其他内部工作。在通信服务阶段，PLC 与一些智能模块通信，响应编程器键入的命令，更新编程器的显示内容等。

8.3 PLC 的通信和维护

8.3.1 PLC 通信的任务及方式

1 PLC 通信的任务

视频 8.6：PLC 通信与接口

当任意两台设备之间有信息交换时，它们之间就产生了通信。PLC 通信是指 PLC 与 PLC、PLC 与计算机、PLC 与现场设备或远程 I/O 之间的信息交换。

PLC 通信的任务就是将地理位置不同的 PLC、计算机、各种现场设备等，通过通信介质连接起来，按照规定的通信协议，以某种特定的通信方式高效率地完成数据的传送、交换和处理，如图 8-13 所示。

PLC 数据通信主要有并行通信和串行通信两种方式。

2 并行通信方式

并行通信是以字节或字为单位的数据传输方式，除了 8 根或 16 根数据线、1 根公共线外，还需要通信双方联络用的控制线。

并行通信时，一个数据的所有位同时传送，因此，每个数据位都需要一条单独的传输线，信息有多少二进制位组成就需要多少条传输线，如图 8-14 所示。

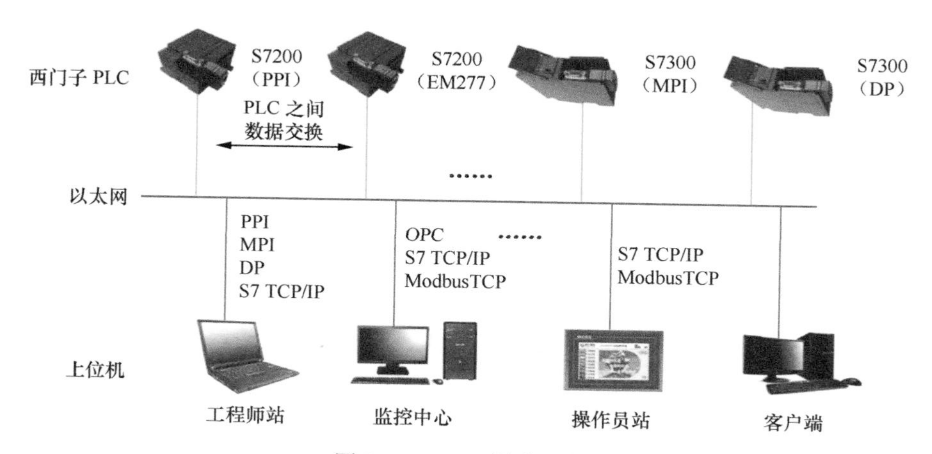

图 8-13　PLC 通信示例

并行通信的传送速度快，但传输线的根数多，抗干扰能力较差。

特别提醒

并行通信一般用于 PLC 的内部，如 PLC 内部元件之间、PLC 主机与扩展模块之间，或者近距离智能模块的处理器之间的数据通信。

图 8-14　并行通信

3 串行通信方式

串行数据通信是以二进制的位（bit）为单位的数据传输方式，每次只传送一位，最少需要两根线（双绞线）就可以连接多台设备，组成控制网络。计算机和 PLC 都有通用的串行通信接口，例 RS-232C 或 RS-485 接口。

串行通信需要的信号线少，但传送速度较慢。

串行通信时，数据的各个不同位分时使用同一条传输线，从低位开始一位接一位按顺序传送，数据有多少位就需要传送多少次，如图 8-15 所示。

在串行通信中，传输速率（又称波特率）的单位是 bit/s，即每秒传送的二进制位数。常用的标准传输速率为 300 ～ 38400bit/s。不同的串行通信网络的传输速率差别很大，有的每秒只有数百位，高速串行通信网络的传输速率可达 1Gbit/s。

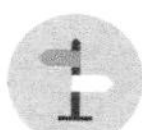

特别提醒

计算机和 PLC 都备有通用的串行通信接口，工业控制中一般使用串行通信。串行通信多用于 PLC 与计算机之间、多台 PLC 之间的数据通信。

（1）单工通信与双工通信

串行通信按信息在设备间的传送方向又为分单工、半双工和全双工三种方式，如图 8-16 所示。

① 单工通信方式只能沿单一方向传输数据，如图 8-16（a）所示。

② 双工通信方式的信息可以沿两个方向传送，每一个站既可以发送数据，也可以接收数据。双工方式又分为半双工和全双工。

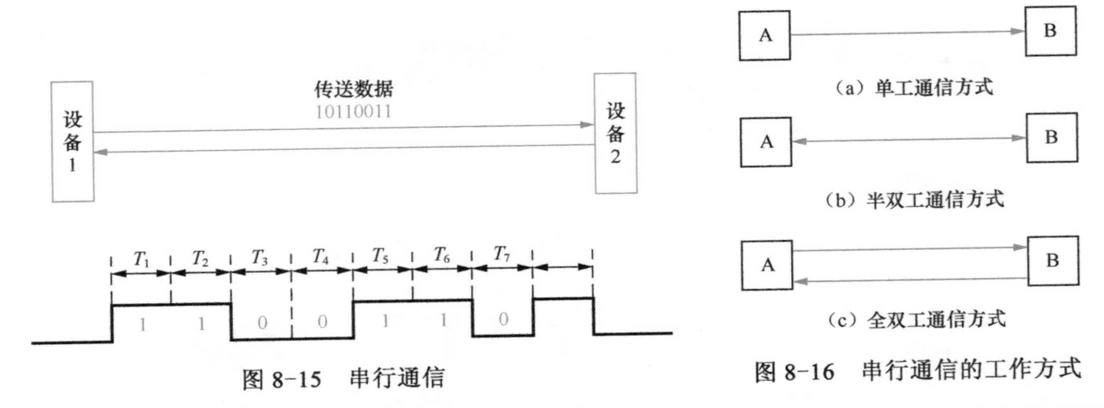

图 8-15　串行通信

图 8-16　串行通信的工作方式

a. 半双工方式用同一组线接收和发送数据，通信的双方在同一时刻只能发送数据或只能接收数据，如图 8-16（b）所示。

b. 全双工方式中数据的发送和接收分别由两根或两组不同的数据线传送，通信的双方都能在同一时刻接收和发送信息，如图 8-16（c）所示。

特别提醒

在 PLC 通信中，常采用半双工和全双工通信方式。

（2）异步通信与同步通信

在串行通信中，通信的速率与时钟脉冲有关，接收方和发送方的传送速率应相同。但是实际的发送速率与接收速率之间总是有一些微小的差别，如果不采取一定的措施，在连续传送大量的信息时，将会因积累误差造成错位，使接收方收到错误的信息。为了解决这一问题，需要使发送和接收同步。按同步方式的不同，串行通信分为异步通信和同步通信。

① 同步通信。

同步通信以字节为单位（一个字节由 8 位二进制数组成），每次传送 1 ～ 2 个同步字符、若干个数据字节和校验字符。同步字符起联络作用，用它来通知接收方开始接收数据。在同步通信中，发送方和接收方要保持完全的同步，这意味着发送方和接收方应使用同一时钟脉冲。在近距离通信时，可以在传输线中设置一根时钟信号线。在远距离通信时，可以在数据流中提取出同步信号，使接收方得到与发送方完全相同的接收时钟信号。由于同步通信方式不需要在每个数据字符中加起始位、停止位和奇偶校验位，只需要在数据块（往往很长）之前加一两个同步字符，所以传输效率高，但是对硬件的要求较高，一般用于高速通信。

采用同步通信，传送数据时不需要增加冗余的标志位，有利于提高传送速度，但要求由统一的时钟信号来实现发送端和接收端之间的严格同步，而且对同步时钟信号的相位一致性要求非常严格。

② 异步通信。

异步通信的信息格式是发送的数据字符，由一个起始位、7 ～ 8 个数据位、1 个奇偶校验位（可以没有）和停止位（1 位、1.5 或 2 位）组成。通信双方需要对所采用的信息格式和数据的传输速率做相同的约定。接收方检测到停止位和起始位之间的下降沿后，将它作为接收的起始点，在每一位的中点接收信息。由于一个字符中包含的位数不多，即使发送方和接收方的收发频率略有不同，也不会因两台机器之间的时钟周期的误差积累而导致错位。异步通信传送附加的非有效信息较多，它的传输效率较低，一般用于低速通信，PLC 一般使用异步通信。

异步通信时，允许传输线上的各个部件有各自的时钟，在各部件之间进行通信时没有统一的时间标准，相邻两个字符传送数据之间的停顿时间长短是不一样的，它是靠发送信息时一并发出字符的开始和结束标志信号来实现的，如图 8-17 所示。

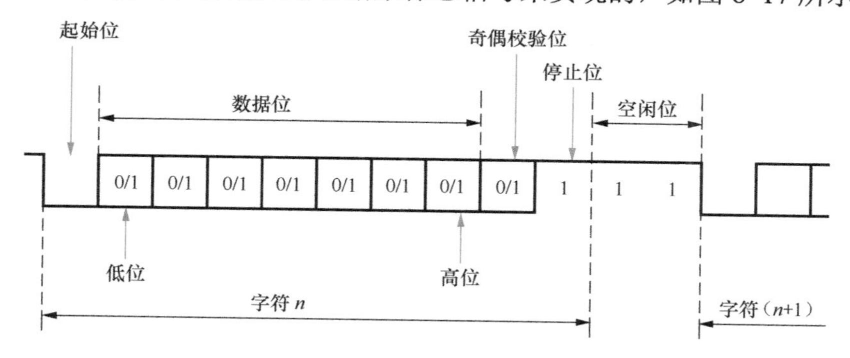

图 8-17　异步通信

4 数据传输形式

通信网络中的数据传输形式基本上可分为两种，基带传输和频带传输。

（1）基带传输

基带传输是按照数字信号原有的波形（以脉冲形式）在信道上直接传输，它要求信道具有较宽的通频带。基带传输不需要调制解调，设备花费少，适用于较小范围的数据传输。

基带传输时，通常对数字信号进行一定的编码，常用数据编码方法有非归零码、曼彻斯特编码和差分曼彻斯特编码等。后两种编码不含直流分量，包含时钟脉冲，便于双方自同步，所以应用广泛。

（2）频带传输

频带传输是一种采用调制解调技术的传输形式。发送端采用调制手段，对数字信号进行某种变换，将代表数据的二进制“1”和“0”，变换成具有一定频带范围的模拟信号，以适应在模拟信道上传输；接收端通过解调手段进行相反变换，把模拟的调制信号复原为“1”或“0”。

常用的调制方法有频率调制、振幅调制和相位调制。具有调制、解调功能的装置称为调制解调器，即 Modem。频带传输较复杂，传送距离较远，若通过市话系统配备 Modem，则传送距离可不受限制。

特别提醒

PLC 通信中，基带传输和频带传输两种传输形式都有采用，但多采用基带传输。

8.3.2 PLC 的通信接口

PLC 串行通信里，分为 D 口和 USB 口。D 口有三种协议，分别为 RS-232，RS-422 和 RS-485。不同的通信协议，链接方式也不一样，常用的标准接口有 RS-232C 接口、

RS-485 接口和 RS-422A 接口。

1 RS-232C 接口

RS-232C 接口一般使用 9 针和 25 针 D 型连接器，其中 9 针连接器最常用。

当通信距离比较近时，通信设备进行一对一的通信可以直接连接，最简单的方法只需要 3 根线（发送线、接收线和信号地线）便可以实现全双工异步串行通信。RS-232C 接线方式采用负逻辑，用 -5 ～ -15V 表示逻辑状态“1”，用 5 ～ 15V 表示逻辑状态“0”，最大通信距离为 15m，最高传输速率为 20kbit/s。PLC 通过 RS-232C 与 PC 连接接线图如图 8-18 所示。

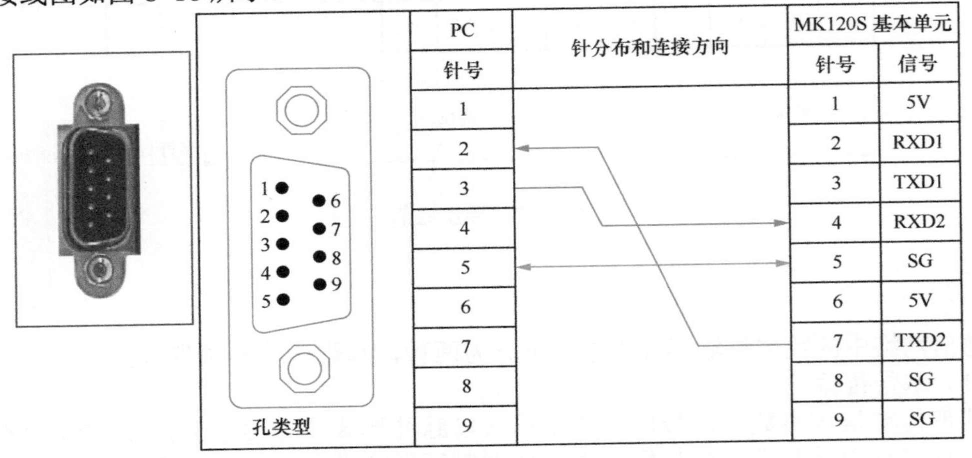

图 8-18　PLC 通过 RS-232C 与 PC 连接接线图

2 RS-485 接口

RS-485 接口为半双工通信方式，只有一对平衡差分信号线，不能同时发送和接收。

使用 RS-485 通信接口和双绞线可以组成串行通信网络，如图 8-19 所示，构成分布式系统，系统中最多可以有 32 个站，新的接口器件已允许连接 128 个站。

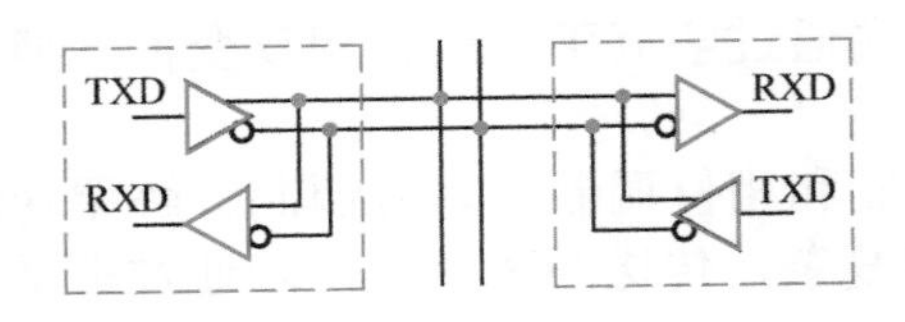

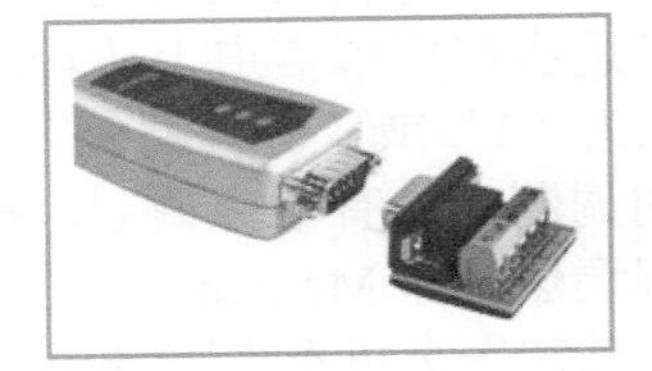

图 8-19　RS-485 接口的连接

3 RS-422A 接口

RS-422A 接口采用平衡驱动、差分接收电路，从根本上取消了信号地线。RS-422A 接口的通信接线方式如图 8-20 所示，图中的小圆圈表示反相。

只要接收器有足够的抗共模干扰能力，就能从干扰信号中识别出驱动器输出的有用信号，从而克服外部干扰的影响。

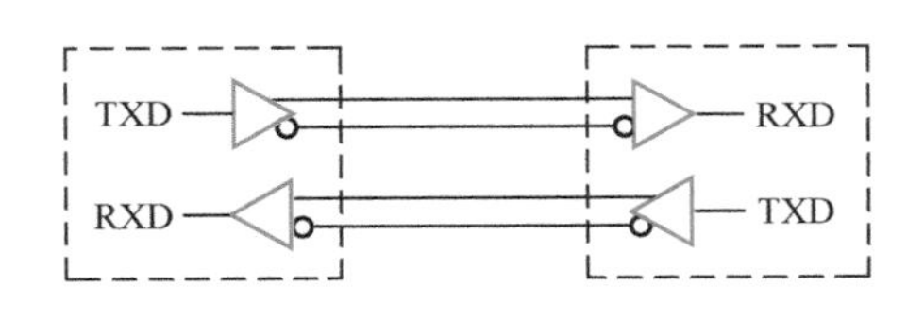

图 8-20　RS-422A 接口的通信接线方式

RS-422A 接口接线方式在最大传输速率为 10Mbit/s 时，允许的最大通信距离为 12m；传输速率为 100kbit/s 时，最大通信距离为 1200m，一台驱动器可以连接 10 台接收器。

特别提醒

PLC 与上位机之间的通信一般是通过 RS-232C 接口或者 RS-422A 接口来实现的。

8.3.3 PLC 的网络平台

为提高 PLC 的控制性能，往往要把处于不同地理位置的 PLC 与 PLC、PLC 与计算机、PLC 与智能装置间通过传输介质连接起来实现通信，以构成功能更强、性能更好的控制系统，这一般称为 PLC 联网。若不是多台 PLC 和计算机，而是两个 PLC 或一个 PLC 和计算机的连接则称为链接。PLC 联网后还可以进行网与网互联，以组成更为复杂的 PLC 控制系统。

1 PLC 联网的作用

视频 8.7：PLC 联网

（1）提高控制范围及规模

PLC 多安装在工业现场用于本地控制，进行联网则可实现远程控制。近距离的可到几十米、几百米；远距离的可达上千米或更远，这样可大大提高 PLC 的控制范围。联网后还可增加 PLC 的控制点数，虽然每台 PLC 控制的本地点数不变，但通过远程单元可增加 I/O 点数。

（2）实现综合及协调控制

用 PLC 实现对单台设备的控制是很方便的，但若干个设备协调工作用 PLC 控制较好的办法是联网，即每个设备各用一台 PLC 控制，而这些 PLC 再进行联网。设备间的工作协调，则靠联网后的 PLC 间数据交换来解决，以达到协调控制的目的。

（3）实现计算机的监控及管理

当 PLC 和计算机连接后，使用相应的编程软件可直接编程。使用计算机编程，可对所编的程序进行语法检查，方便调试。

2 PLC 联网的功能

由于计算机有强大的信息处理和信息显示功能，工业控制系统已越来越多地利用计算机对系统进行监控和管理，PLC 和计算机联网可以实现以下功能：

① 读取 PLC 的工作状态及 PLC 控制的 I/O 位的状态。

② 读取 PLC 采集的数据并进行处理存储、显示及打印。

③ 改变 PLC 的工作状态，向 PLC 发送数据，这可改变 PLC 所控制的设备的工作状况或改变位状态，起到人工干预控制的作用。

④ 可简化布线。PLC 和 PLC 间要交换的数据很多，但线仅两根。联网后的各 PLC 可独立工作，只要协调好了，个别站出现故障并不影响其他站的工作，更不至于全局瘫痪。

⑤ 可对现场智能装置、智能仪表、温控表、智能传感器等进行通信管理。

3 PLC 的网络平台结构

PLC 网络平台的结构有简单网络结构和多级网络结构。

（1）简单网络结构

多台设备通过传输线相连，可以实现多设备间的通信，形成网络结构。图 8-21 所示为一种最简单的网络结构，它由单个主设备和多个从设备构成。

（2）多级网络结构

现代大型工业企业中，一般采用多级网络的形式，PLC 制造商经常用生产金字塔结构来描述其产品可实现的功能。这种金字塔结构的特点是：上层负责生产管理，底层负责现场检测与控制，中间层负责生产过程的监控与优化。国际标准化组织（ISO）对企业自动化系统确立了初步的模型，如图 8-22 所示。

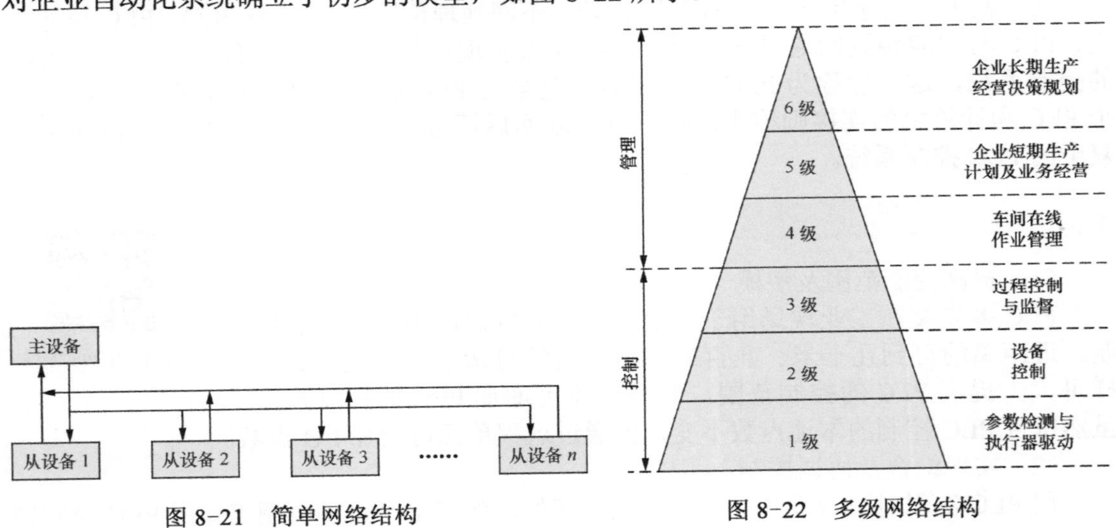

图 8-21 简单网络结构

图 8-22 多级网络结构

8.3.4 PC 与 PLC 通信

在计算机（PC）监控系统中，首先遇到的就是通信问题，只有通信问题解决了，才有可能实现计算机对 PLC 整个工作系统的监控。

1 PC 与 PLC 实现通信的条件

带异步通信适配器的计算机（PC）与 PLC 只有满足以下三个条件，才能互联通信。

视频 8.8：PC 与 PLC 的通信

① 带有异步通信接口的 PLC 才能与带异步通信适配器的 PC 互联，还要求双方采用的总线标准一致，否则要通过“总线标准变换单元”

变换之后才能互联。

② 双方均初始化，使波特率、数据位数、停止位数、奇偶校验都相同。

③ 要对 PLC 的通信协议分析清楚，严格按照协议的规定及帧格式编写 PC 的通信程序。PLC 配有通信机制，一般不需要用户编程。

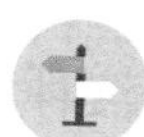

特别提醒

如果只是下载程序和上传程序，一般计算机中安装相应的编辑软件就连上了，如果是想进行比较复杂的控制，需要安装组态软件，通过计算机的 RS-232C 接口实现。

2　PC 和 PLC 之间的数据流通信方式

目前 PC 与 PLC 互联通信方式主要有以下几种。

① 通过 PLC 开发商提供的系统协议和网络适配器，构成特定公司产品的内部网络，其通信协议不公开。互联通信必须使用开发商提供的上位组态软件，并采用支持相应协议的外设。这种方式显示画面和功能往往难以满足不同用户的需要。

② 购买通用的上位组态软件，实现 PC 与 PLC 的通信。这种方式除了要增加系统投资外，其应用的灵活性也受到一定的局限。

③ 利用 PLC 厂商提供的标准通信口或由用户自定义的自由通信口实现 PC 与 PLC 互联通信。这种方式不需要增加投资，有较好的灵活性，特别适合于小规模控制系统。

PC 和 PLC 之间的数据流通信有三种形式：PC 从 PLC 中读取数据，PC 向 PLC 中写入数据，PLC 向 PC 中写入数据。

（1）PC 读取 PLC 的数据

PC 从 PLC 中读取数据的过程分为以下三个步骤。

① PC 向 PLC 发送读数据命令。

② PLC 接收到命令后，执行相应的操作，将 PC 要读取的数据发送给它。

③ PC 在接收到相应的数据后，向 PLC 发送确认响应，表示数据已接收到。

（2）PC 向 PLC 中写入数据

PC 向 PLC 中写入数据的过程分为以下两个步骤。

① PC 向 PLC 发送写数据命令。

② PLC 接收到写数据命令后，执行相应的操作。执行完成后向 PC 发送确认信号，表示写数据操作已完成。

（3）PLC 发送请求式（on-demand）数据给 PC

PLC 直接向上位 PC 发送数据，PC 收到数据后进行相应的处理，然后向 PLC 发送确认信号。

3　PC 与 PLC 的连接方式

根据需要，PC 与 PLC 的连接有一对一连接方式和一对多连接方式，如图 8-23 所示。

（1）一对一连接方式

通信时，上位机发出指令信息

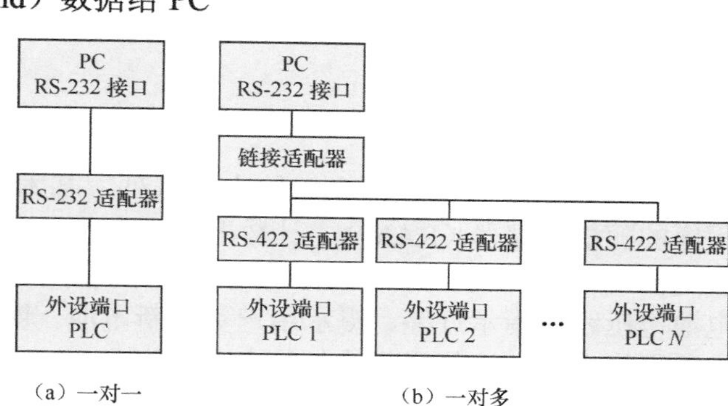

图 8-23　PC 与 PLC 的连接方式

给 PLC，PLC 返回响应信息给上位机。这时，上位机可以监视 PLC 的工作状态，例如可跟踪监测、进行故障报警、采集 PLC 控制系统中的某些数据等。还可以在线修改 PLC 的某些设定值和当前值，改写 PLC 的用户程序等。

（2）一对多连接方式

一对多通信时，一台上位机最多可以连接 32 台 PLC。在这种通信方式下，上位机要通过链接适配器与 PLC 连接，每台 PLC 都要在通信口配一个 RS-422 适配器。这种通信方式，可以用一台上位机监控多台 PLC 的工作状态，实现集散控制。

8.3.5 PLC 的维护

虽然 PLC 的故障率很低，PLC 构成的控制系统可以进行长期稳定和可靠的工作，但对它进行维护和检查是必不可少的。

1 日常检查

一般每半年应对 PLC 系统进行一次周期性检查。检修内容及标准见表 8-4。

表 8-4　PLC 周期性检查一览表

检查项目		检查内容	标准
供电电源	① 供电电压 ② 稳定度	① 测量加在 PLC 上的电压是否为额定值； ② 电压电源是否出现频繁急剧的变化； ③ I/O 端电压是否在工作要求的电压范围内	交流电源工作电压的范围为 85 ～ 264V，直流电源电压应为 24V。 ① 电源电压必须在工作电压范围内； ② 电源电压波动必须在允许范围内
环境条件	① 温度 ② 湿度 ③ 振动 ④ 粉尘	温度和湿度是在相应的范围内（当 PLC 安装在仪表板上时，仪表板的温度可以认为是PLC的环境温度）	温度 0 ～ 55℃； 相对湿度 85% 以下； 振幅小于 0.5mm（10 ～ 55Hz）； 无大量灰尘、盐分和铁屑
安装条件		① 基本单元和扩展单元的连接电缆是否完全插好； ② 接线螺钉是否松动； ③ 外部接线是否损坏； ④ 基本单元和扩展单元是否安装牢固	① 连接电缆不能松动； ② 连接螺钉不能松动； ③ 外部接线不能有任何外观异常
使用寿命		① 锂电池电压是否降低； ② 继电器输出触点	① 工作 5 年左右（定期检测 CPU 的电池电压，正常情况下为 3V） ② 寿命 300 万次（35V 以上）

特别提醒

为确保 PLC 系统能够长期稳定工作，应定期对构成 PLC 系统的相关设备进行维护，定期对控制软件进行人工备份。

2 日常维护

PLC 除了锂电池和继电器输出触点外，基本没有其他易损元器件。由于存放用户程序的随机存储器（RAM）、计数器和具有保持功能的辅助继电器等均用锂电池保护，锂电池的寿命约为 5 年，当锂电池的电压逐渐降低达到一定程度时，PLC 基本单元上电池电压跌落指示灯亮，提示用户更换新电池。锂电池所支持的程序保留一周左右后，必须更换电池，这是日常维护的主要内容。

更换锂电池的步骤如下。

① 在拆装前，应先让 PLC 通电 15s 以上（这样可使作为存储器备用电源的电容器

充电，在锂电池断开后，该电容可对 PLC 做短暂供电，以保护 RAM 中的信息不丢失）。

② 断开 PLC 的交流电源。

③ 打开基本单元的电池盖板。

④ 取下旧电池，装上新电池，如图 8-24 所示。

⑤ 盖上电池盖板。

图 8-24 更换锂电池

特别提醒

要尽量缩短更换电池的操作时间，一般不超过 3min。如果时间过长，RAM 中的程序将消失。

8.4 认识变频器

8.4.1 变频器简介

1 变频器调速的优点

视频 8.9：认识变频器

变频器是把工频电源（50Hz 或 60Hz）变换成频率为 0 ～ 400Hz 的交流电源，以实现电机变速运行的设备，它可与三相交流电机、减速机构（视需要）构成完整的传动系统。

在交流调速技术中，变频调速具有绝对优势，特别是节电效果明显，而且易于实现过程自动化，深受工业行业的青睐。

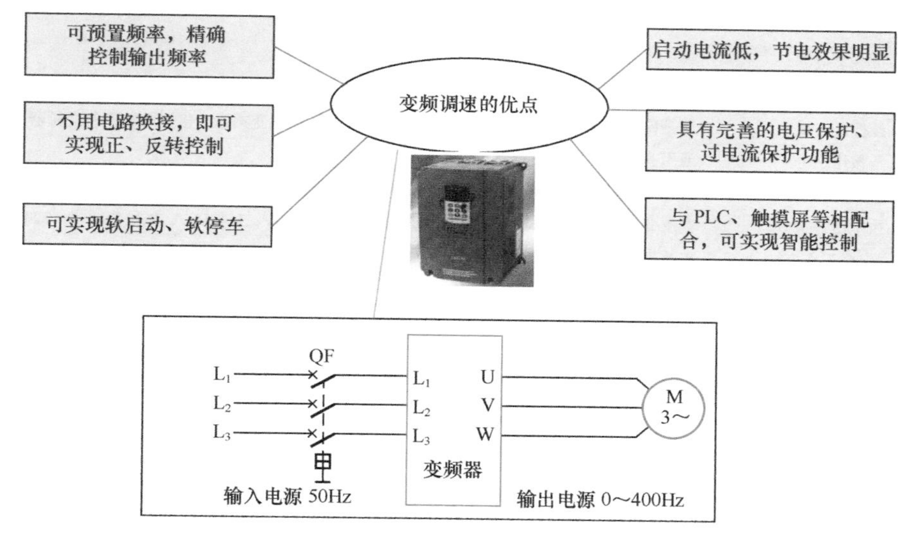

特别提醒

使用变频器的电动机，启动和停机的过程平稳，可减少对设备的冲击力，延长电动机及生产设备的使用寿命。

2 变频器的作用

变频器的主要作用是调整电机的转速，实现电机的变速运行，以达到节能的目的。具体来说，变频器具有以下作用。

① 可以减少对电网的冲击，不会造成峰谷差值过大的问题。

② 加速功能可控制，从而按照用户的需要进行平滑加速。

③ 电机和设备的停止方式可控制，使整个设备和系统更加安全，寿命也会相应增加。

④ 控制电机的电流，充分降低电流，使电机的维护成本降低。

⑤ 可以减少机械传动部件的磨损，从而提高系统的稳定性。

⑥ 降低电动机启动电流，提供更可靠的可变电压和频率。

⑦ 有效地减少无功损耗，增加了电网的有功功率。

⑧ 优化工艺过程，能通过远控 PLC 或其他控制器来实现速度变化。

特别提醒

变频器的应用范围很广，从小型家电到大型的矿场研磨机及压缩机。能源效率的显著提升是使用变频器的主要原因之一。

使用变频器具体的节能效果与电动机运行的工艺有关。如果电动机经常运行是低速，采用变频器能大量节能；如果电机自始至终是满负荷运行，那么没有必要采用变频器。

3 变频器的分类

变频器的种类很多，分类方法见表 8-5。通过对变频器分类方法的熟悉，可以对变频器有一个整体的了解，这是正确选择和使用变频器的前提。

表 8-5 变频器的分类

序号	分类依据	种类
（1）	按变频原理分	交 – 交变频器、交 – 直 – 交变频器
（2）	按控制方式分	压频比控制变频器、转差频率控制变频器、矢量控制变频器、直接转矩控制变频器
（3）	按用途分	通用变频器、专用变频器
（4）	按逆变器开关方式分	PAM（脉冲振幅调制）变频器、PWM（脉宽调制）变频器
（5）	按电压等级分	高压变频器（3kV、6kV、10kV）、中压变频器（660V、1140V）、低压变频器（220V、380V）
（6）	按主电路工作方法分	电压型变频器、电流型变频器

特别提醒

常见的中小容量变频器主要有两大类：节能型变频器和通用型变频器。

（1）节能型变频器

由于节能型变频器的负载主要是风机、泵、二次方律负载，它们对调速性能的要求不高，因此节能型变频器的控制方式比较单一，一般只有 V/F 控制，功能也没有那么齐全，但是其价格相对要便宜些。

（2）通用型变频器

通用型变频器主要用在生产机械的调速上。而生产机械对调速性能的要求（如调速范围，调速后的动、静态特性等）往往较高，如果调速效果不理想会直接影响到产品的质量，所以通用型变频器必须使变频后电动机的机械特性符合生产机械的要求。这种变频器功能较多，价格也较贵。它的控制方式除了 V/F 控制，还使用了矢量控制技术。因此，在各种条件下均可保持系统工作的最佳状态。

除此之外，高性能的变频器还配备了各种控制功能。例如，PID 调节、PLC 控制、PG 闭环速度控制等，为变频器和生产机械组成的各种开、闭环调速系统的可靠工作提供了技术支持。

4 交 – 交变频器与交 – 直 – 交变频器的性能

交 – 交变频器与交 – 直 – 交变频器的性能比较见表 8-6。

表 8-6 交 – 交变频器与交 – 直 – 交变频器的性能比较

类别 比较项目	交 – 交变频器	交 – 直 – 交变频器
换能形式	一次换能，效率较高	两次换能，效率略低
换流方式	电源电压换流	强迫换流或负载谐振换流
装置元器件数量	元器件数量较多	元器件数量较少
调频范围	一般情况下，输出最高频率为电网频率的 1/3 ～ 1/2	频率调节范围宽
电网功率因素	较低	用可控整流调压时，功率因素在低压时较低；用斩波器或 PWM 方式调压时，功率因素高
适用场合	特别适用于低速大功率拖动	可用于各种电力拖动装置、稳频稳压电源和不停电电源

特别提醒

专用变频器是一种针对某一种特定的应用场合而设计的变频器，为满足某种需要，这种变频器在某一方面具有较为优良的性能。如电梯及起重机用变频器等，还包括一些高频、大容量、高压等专用变频器。

8.4.2 变频器的结构及简明原理

1 变频器的基本结构

虽然变频器的种类很多，其结构各有特点，但大多数通用变频器都具有如图 8-25 所示的基本结构。它们的主要区别是控制软件、控制电路和检测电路实现的方法及控制算法等不同。

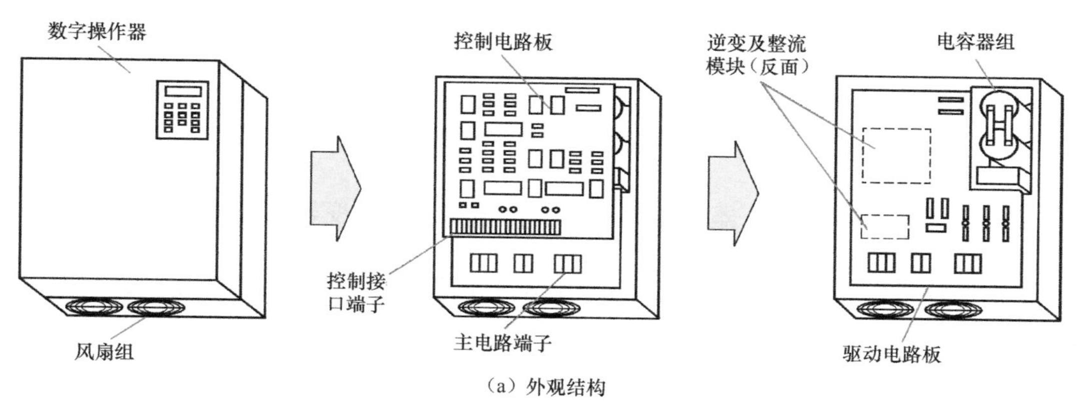

(a) 外观结构

图 8-25 变频器的基本结构

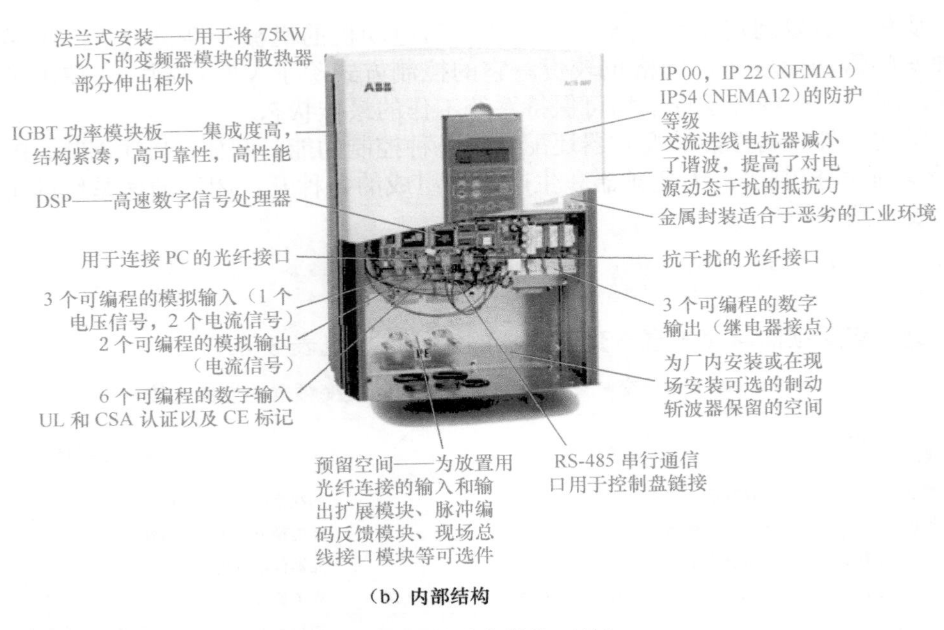

（b）内部结构

图8-25　变频器的基本结构（续）

2 电路结构

变频器的电路结构如图8-26所示，主要包括三个部分：一是主电路接线端，包括接工频电网的输入端（R、S、T），接电动机的频率、电压连续可调的输出端（U、V、W）；二是控制端子，包括外部信号控制端子、变频器工作状态指示端子、变频器与微机或其他变频器的通信接口；三是操作面板，包括液晶显示屏和键盘。

通用变频器由主电路和控制电路组成，其基本构成如图8-27所示。其中，给异步电动机提供调压调频电源的电力变换部分称为主电路。主电路包括整流器、中间直流环节（又称平波回路）和逆变器等。

（1）整流器

电网侧的变流器为整流器，其作用是把工频电源变换成直流电源。三相交流电源一般需经过压敏电阻网络引入到整流桥的输入端。压敏电阻网络的作用是吸收交流电网浪涌过电压，从而避免浪涌侵入，导致过电压而损坏变频器。

整流电路按其控制方式可以是直流电压源，也可以是直流电流源。电压型变频器的整流电路属于不可控整流桥直流电压源，当电源线电压为380V时，整流器件的最大反向电压一般为1000V，最大整流电流为通用变频器额定电流的2倍。

（2）逆变器

负载侧的变流器为逆变器。与整流器的作用相反，逆变器是将直流功率变换为所需求频率的交流功率。

逆变器最常见的结构形式是利用6个半导体主开关器件组成的三相桥式逆变电路。通过有规律地控制逆变器中主开关的导通和关断，可以得到任意频率的三相交流输出波形。

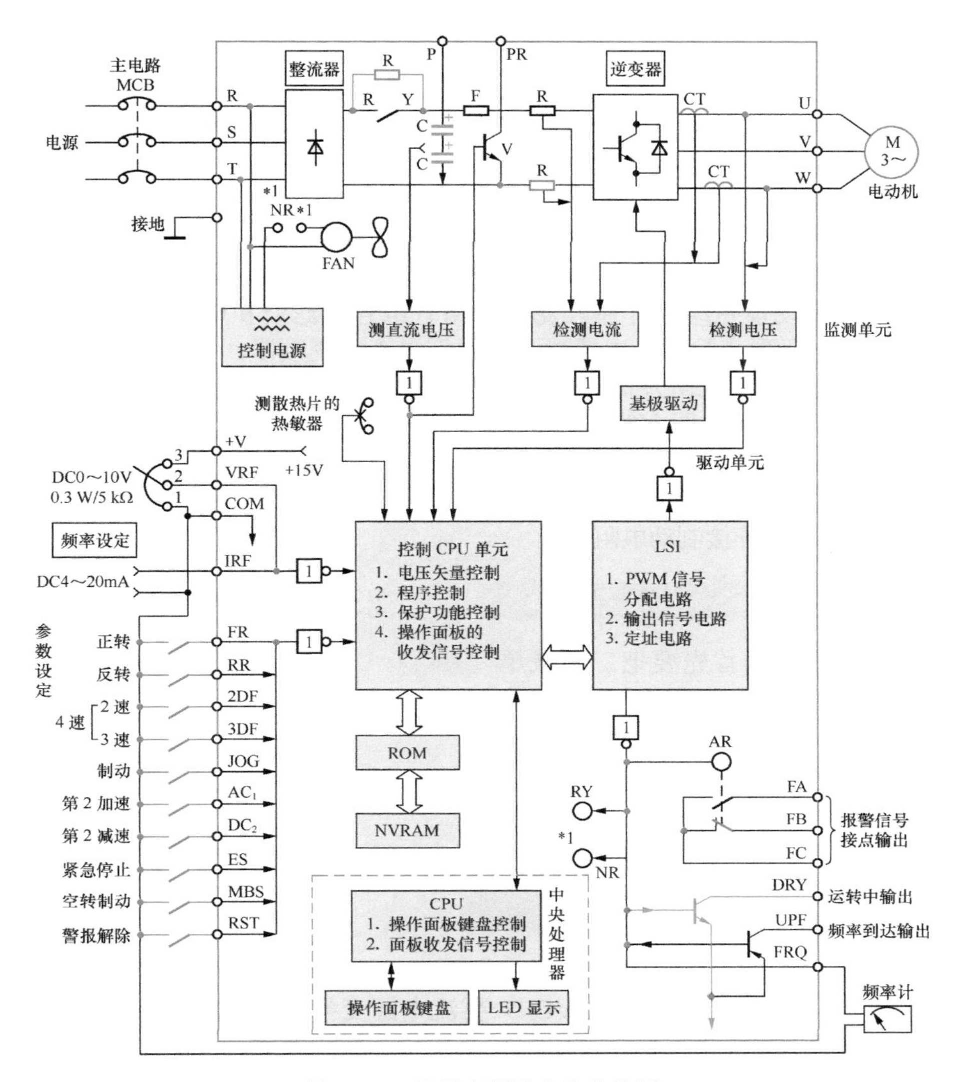

图8-26 通用变频器电路结构图

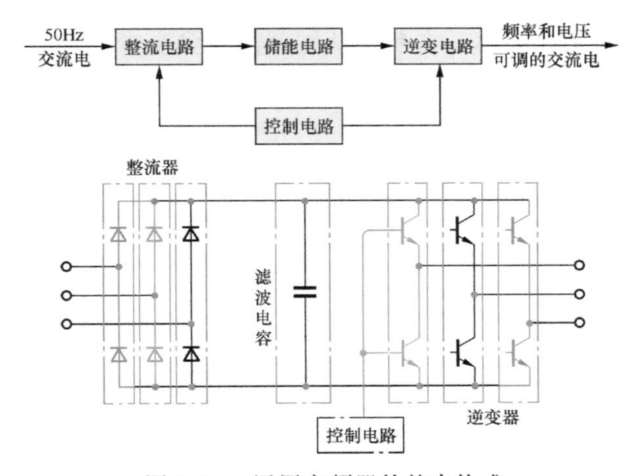

图8-27 通用变频器的基本构成

（3）控制电路

控制电路常由运算电路，检测电路，控制信号的输入、输出电路，驱动电路和制动电路等构成。其主要任务是完成对逆变器的开关控制，对整流器的电压控制，以及完成各种保护功能等。

（4）中间直流环节

变频器的中间直流环节电路有滤波电路和制动电路等。

变频器的滤波电路可以吸收由整流器和逆变器电路产生的电压脉动，也称储能电路，起抗干扰及无功能量缓冲作用。滤波电路有电容器滤波和电感器滤波。其中，电容器滤波适用于电压型变频器，电感滤波适用于电流型变频器。

制动电路由制动电阻或动力制动单元构成，图 8-28 所示为制动电路原理图。制动电路介于整流器和逆变器之间，图中的制动单元包括晶体管 VB、二极管 VD_B 和制动电阻 R_B。如果回馈能量较大或要求强制动，还可以选用接于 H、G 两点上的外接制动电阻 R_{EB}。

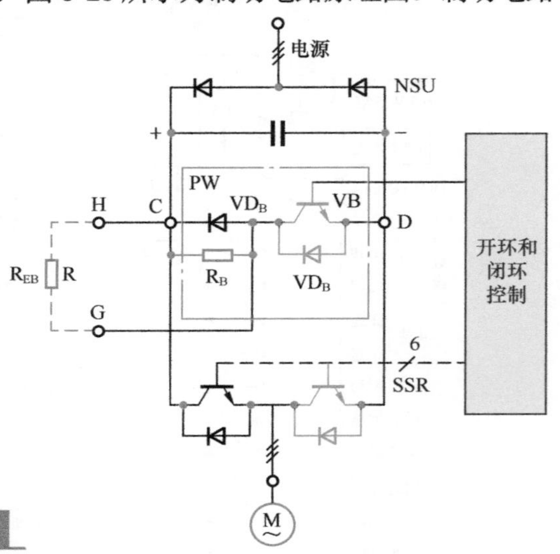

图 8-28　制动电路原理图

3　交-直-交变频器的基本工作原理

交-直-交变频器首先要把三相或单相交流电变换为直流电（DC），再把直流电（DC）变换为三相或单相交流电（AC）。变频器同时改变输出频率与电压。因此，变频器可以使电机以较小的电流，获得较大的转矩，即变频器可以重载负荷。

4　交-交变频器的基本工作原理

交-交变频器是指无直流中间环节，直接将电网固定频率的恒压恒频（CVCF）交流电源变换成变压变频（VVVF）交流电源的变频器，因此称之为“直接”变压变频器或交-交变频器。

在有源逆变电路中，若采用两组反向并联的晶闸管整流电路，适当控制各组晶闸管的关断与导通，就可以在负载上得到电压极性和大小都改变的直流电压。若再适当控制正反两组晶闸管的切换频率，在负载两端就能得到交变的输出电压，从而实现交-交直接变频。交-交变频器的主电路原理如图 8-29 所示。

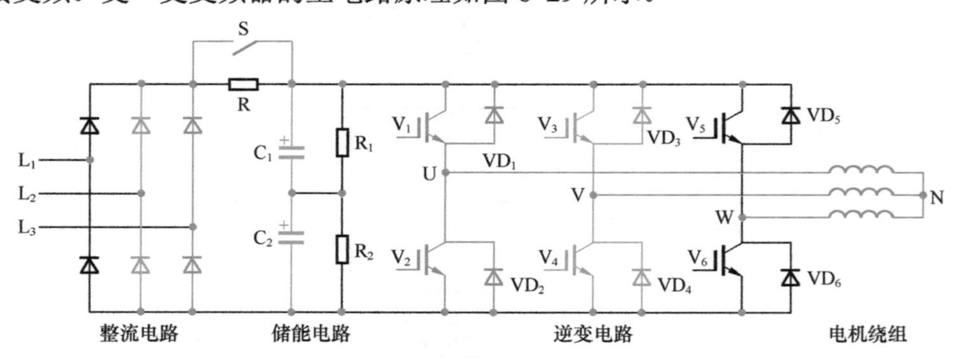

图 8-29　交-交变频器的主电路原理

特别提醒

交 - 交变频器主要用于大容量交流电动机调速，几乎没有采用单相输入的，主要采用三相输入。主回路有三脉波零式电路（有 18 个晶闸管）、三脉波带中点三角形负载电路（有 12 个晶闸管）、三脉波环路电路（有 9 个晶闸管）、六脉波桥式电路（有 36 个晶闸管）、十二脉波桥式电路等多种。

5　变频调速控制方式

变频调速控制方式主要有 U/F 控制方式和矢量控制方式两种。

（1）U/F 控制方式

U/F 控制方式是指在变频调速过程中，为了保持主磁通的恒定，而使 U/F= 常数的控制方式，这是变频器的基本控制方式，也是一种粗略的简单的控制方式。U/F 控制曲线如图 8-30 所示。

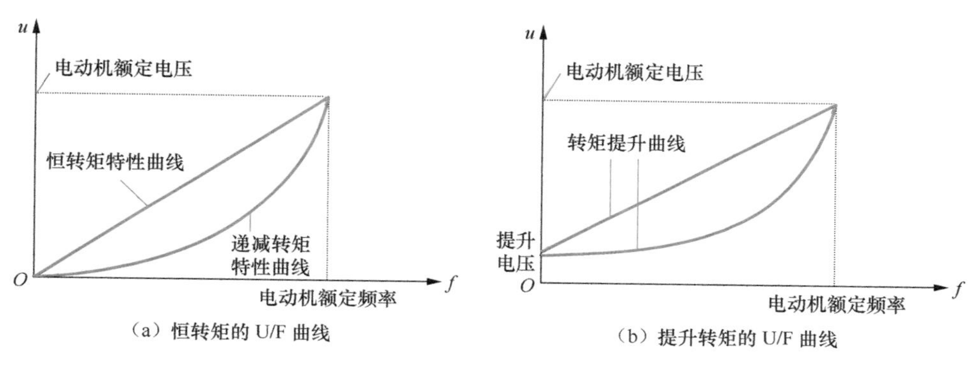

（a）恒转矩的 U/F 曲线　　（b）提升转矩的 U/F 曲线

图 8-30　U/F 控制曲线

（2）矢量控制方式

矢量控制（VC）就是将交流电机调速通过一系列等效变换，等效成直流电机的调速特性。矢量控制方式是变频器的高性能控制方式，特别是低频转矩性能优于 U/F 控制方式。

8.4.3　变频器的应用领域

近年来，变频器在国民经济各部门得到了迅速的推广和应用，按照负载机械的种类来分，其应用的领域主要有风力水力机械类、工作机械类、搬运机械类、食品加工机械类、木工机械类、化学制品机械类和纤维机械类，见表 8-7。

表 8-7　变频器的应用领域

序号	类别		应用情况
（1）	风力水力机械类	冷却塔冷却水温度控制	用温度传感器检测出冷却水温度，用以控制冷却风扇的转速（变频调速），使冷却水温度自动保持一定，可节电和降低噪声
		农业栽培用房室内温度与采光控制	用风量的大小改变反光板的角度，以控制室内温度与采光量，促进作物生长。如加光电传感器控制变频器的输出频率而改变风机转速，可实现自动控制
		畜舍用换气风扇的风量控制	现代养猪、养鸡场中，在畜舍内加装温度传感器，随温度的变化，自动改变换气风扇的转速（例如温度为 30℃时，100% 额定转速；夜间 25℃时，则降为 75% 额定转速），使畜类有最合适的环境，并可以节能，降低噪声

续表

序号	类别		应用情况
(1)	风力水力机械类	制冰机鼓风量控制	在制冰过程中，为了使冰中不要有气泡，以便制出透明的冰块，就要改变冷风的风量。在冷冻初期，加大冷风量；而在冷冻的中期和后期，将冷风量降到50%以下，使冰透明
		工厂操作台有害气体排气风机的控制	当一个操作台上有人正在操作，有害气体放出时，操作台上方抽风风道的阀门即打开，同时送出一个调频调速信号。根据风道阀门开闭的多少调节抽风机的转速。这样既可以充分地排出有害气体，又可以节电；同时避免了因风道阀门闭合，但抽风机转速不变产生刺耳的尖噪声
		自动给水装置的恒压给水控制	例如，学校的自来水，在课间休息时间和晚间洗漱时间用水量增大，而夜间则减至最少。用水压传感器检测水压，通过变频调速以恒压供水，可以节电，并防止夜间因水压过高而导致水管破裂漏水
		水塔水位自动控制	检测水箱水位的高低，调节扬水泵的转速，使水位保持一定。这样既可以防止水箱内的水溢出，又可防止枯水，同时又可以节电
(2)	工作机械类	轧滚整形机	由一台变频器同时带动两台电动机同速运转，电动机带动滚道轧滚将钢板整形。按板材厚薄、整形要求以及尺寸可任意设定滚道的速度
		平面磨床	用变频器驱动平面磨床的磨头电动机。在研磨超硬质材料时，必须高速研磨。这时使用专用高速电动机，要求变频器的输出频率达一百至数百赫兹。使用变频器不但可以方便地获得可调的高速，而且可以提高加工精度
		冲压机	传统冲压机的电动机为直流电动机或滑差电动机。改为标准的交流电动机后由变频器驱动，不仅可根据冲压材料的材质、板厚和加工内容，任意调节冲压速度，而且安全、节电
		机床工作台走行装置	机床工作台走行装置原来由变极电动机驱动。改用普通电动机后，由变频器驱动，可平滑地调速，使操作性能提高，并且使电动机小型化、轻量化
(3)	搬运机械类	传送带驱动	多台电动机用一台变频器驱动，可控制传送速度协调一致，使生产操作方便，并可根据不同的产品调节传送的速度
		起重机运行小车电动机的控制	起重机（行车）运行小车的电动机改用变频器供电驱动后，可平稳地启动和停车，避免因启动和突停造成起吊重物的摆动；可低速移动，使起吊重物正确定位，同时可降低噪声
		饲料粉碎机送料量的控制	检测粉碎机的电动机的电流，用以控制送料量，因为该电流的大小反映了送料量的多少。这样，可避免因送料太多造成粉碎机的电动机过载，使整机运转稳定、可靠
		液体搬运台车的驱动	用变频器驱动液体搬运台车，由于可以平滑地加速、减速运转，可防止液体振荡溢出
(4)	食品加工机械类	肉类搅拌机驱动	做香肠、火腿肠等的肉类需要搅拌、混合着味。由一台变频器驱动两台电动机，通过摩擦轮带动肉槽旋转，可根据肉的种类不同和处理过程不同任意调节转速
		轧面机与后续传送带的协调控制	由两台变频器分别驱动轧面机与传送带传动电机，根据轧面机的压面厚薄的不同，使两者协调运转
(5)	木工机械类	木工车床主轴的驱动	用变频器驱动木工车床主轴电动机。根据木材的种类不同，以及加工形状的要求，调节主轴的转速，可提高加工精度和工作效率。电动机要采用全封闭、外风扇式电动机，变频器也要使用全封闭式，以适应木工场的环境
		木工数字铣床的驱动	木材的雕刻、铣钻孔等数控车床，其主轴驱动需要高速。用变频器和高速电动机可以很容易实现。原来大多使用电动发电机组得到高频电源，其设备大、能耗高、噪声大。使用变频调速可克服原来的缺点
(6)	化学制品机械类	制药混合装置的驱动	在制药工业的丸剂、锭剂加工中，将药粉与胶黏剂倒入混合槽中搅拌，根据黏度的不同需要调节搅拌的转速。使用变频器驱动可使设备小型化，提高了操作的灵活性
		流体混合机的驱动	在化学药品制造过程中，由于有易爆气体，用变频器与防爆电动机组合驱动，将变频器置于远离危险区的安全场所，使操作安全并且灵活
		挤出成型造粒机驱动	在原料粉末中加入水或某种液体，进行充分混合，然后以强压力由喷头压出、切断，制成颗粒。造粒机的电动机由变频器驱动，检测挤出压力进行闭环控制，可保持压力一定，并可选择最适合的线速度

续表

序号	类别		应用情况
（7）	纤维机械类	精纺机的驱动	纤维原料通过喷头拉成细丝，卷到纺锤上。纺锤的驱动电动机由变频器供电，可按纤维丝的种类不同而调节转速。启动时，为防止瞬时冲击力拉断纤维丝，可适当设定变频器软启动时间
		刺绣机驱动	用变频器驱动在布料上刺绣的工业刺绣机，可平滑地调速；可缩短刺绣针上、下动作时间，提高产品质量

8.4.4 变频器的额定值

1 输入侧的额定值

输入侧的额定值主要是电压和相数。我国的中小容量变频器中，输入电压的额定值有以下几种情况（均为线电压）。

① 380V/50Hz，三相，用于绝大多数电器中。

② 220 ～ 230V/50Hz 或 60Hz，三相，主要用于某些进口设备中。

③ 200 ～ 230V/50Hz，单相，主要用于精细加工和家用电器中。

2 输出侧的额定值

（1）输出电压额定值 U_N

由于变频器在变频的同时也要变压，所以输出电压的额定值是指输出电压中的最大值。在大多数情况下，它就是输出频率，等于电动机额定频率时的输出电压值。通常，输出电压的额定值总是和输入电压相等。

（2）输出电流额定值 I_N

输出电流的额定值是指允许长时间输出的最大电流，是用户在选择变频器时的主要依据。

（3）输出容量 S_N（kV·A）

S_N 与 U_N 和 I_N 的关系为

$$S_N=\sqrt{3}\,U_N I_N$$

（4）配用电动机容量 P_N（kW）

变频器说明书中规定的配用电动机容量，是根据下式估算出来的。

$$P_N=S_N\eta_M\cos\varphi_M$$

式中 η_M——电动机的效率；

$\cos\varphi_M$——电动机的功率因数。

由于电动机容量的标称值是比较统一的，而 η_M 和 $\cos\varphi_M$ 值却很不一致，所以容量相同的电动机配用的变频器容量往往是不相同的。

变频器铭牌上的“适用电动机容量”是针对四极的电动机而言，若拖动的电动机是六极或其他电动机，那么相应的变频器容量应加大。

（5）过载能力

变频器的过载能力是指其输出电流超过额定电流的允许范围和时间。大多数变频器规定为 150%I_N，60s，或 180% I_N，0.5s。

8.4.5 变频器的频率指标

1 关于频率的几个术语

（1）基底频率 f_b

基底频率也就是变频器的基准频率，用来作为调节频率的基准。变频器的电压和频率的比值是可以在一定范围内调节的，因此就有必要设定一个标准的频率和电压，例如在国内 380V 对应 50Hz，那么设定基准频率为 50Hz，也就是在输出 50Hz 时，输出的电压是 380V，5Hz 基本上输出对应的电压是 38V（没有考虑电压补偿）。如果设定基准频率为 40Hz，那么在运行到 40Hz 时电压就已经到达了 380V，4Hz 基本上输出对应的电压是 38V（没有考虑电压补偿）。但是基准频率不能不切实际的设定过低，要防止出现磁饱和引起过流的情况。实际应用中，这个参数，对节能及驱动转矩都具有重要的意义。

在大多数情况下，基底频率等于额定频率，即 $f_b=f_N$。

（2）最高频率 f_{max}

当变频器的频率给定信号为最大值时，变频器的给定频率就是变频器的最高工作频率的设定值。

（3）上限频率 f_H 和下限频率 f_L

根据拖动系统的工作需要，变频器可设定上限频率和下限频率，如图 8-31 所示。与 f_H 和 f_L 对应的给定信号分别是 X_H 和 X_L，则上限频率的定义是：当 $X \geqslant X_H$ 时，$f_x=f_H$；下限频率的定义是：当 $X \leqslant X_L$ 时，$f_x=f_L$。

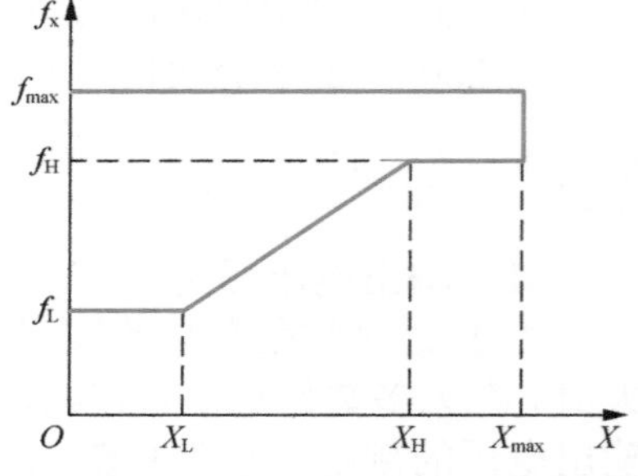

图 8-31 上限频率和下限频率

（4）跳变频率 f_J

生产机械在运转时总是有振动的，其振动频率和转速有关。有可能在某一转速下，机械的振动频率与它的固有振荡频率相一致而发生谐振的情形，这时，振动将变得十分强烈，使机械不能正常工作，甚至损坏。

为了避免机械谐振的发生，机械系统必须回避可能引起谐振的转速。与回避转速对应的工作频率就是跳变频率，用 f_J 表示。

（5）点动频率 f_{JOG}

生产机械在调试过程中，以及每次新的加工过程开始前，常常需要“点一点、动一动”，以便观察各部位的运转情况。

如果每次在点动前后，都要进行频率调整的话，既麻烦，又浪费时间。因此，变频器可以根据生产机械的特点和要求，预先一次性地设定一个“点动频率 f_{JOG}”，每次点动时都在该频率下运行，而不必变动已经设定好的给定频率。

2 变频器的频率指标

（1）频率范围

频率范围即变频器能够输出的最高频率 f_{max} 和最低频率 f_{min}。各种变频器规定的频率范围不尽一致。通常，最低工作频率为 0.1 ～ 1Hz，最高工作频率为 120 ～ 650Hz。

（2）频率精度

频率精度指变频器输出频率的准确程度。用变频器的实际输出频率与设定频率之间的最大误差与最高工作频率之比的百分数表示。

例如，用户给定的最高工作频率为f_{max}=120Hz，频率精度为 0.01%，则最大误差为：

$$\Delta f_{max}=0.0001\times120=0.012\ (\text{Hz})$$

（3）频率分辨率

频率分辨率指输出频率的最小改变量，即每相邻两挡频率之间的最小差值。一般分模拟设定分辨率和数字设定分辨率两种。

例如，当工作频率为f_x=25Hz 时，如变频器的频率分辨率为 0.01Hz，则上一挡的最小频率（f_x'）和下一挡的最大频率（f_x''）分别为：

$$f_x' = 25+0.01=25.01\ (\text{Hz})$$

$$f_x'' = 25-0.01=24.99\ (\text{Hz})$$